海洋史研究丛书

大航海时代
西太平洋与印度洋
海域交流研究

（下册）

STUDIES ON
THE MARITIME EXCHANGES
BETWEEN THE WESTERN PACIFIC
AND THE INDIAN OCEAN DURING
THE AGE OF GREAT EXPLORATION · II

李庆新　胡　波

主编

社会科学文献出版社
SOCIAL SCIENCES ACADEMIC PRESS (CHINA)

中国海图史研究现状及思考

韩昭庆[*]

一

　　早期海图多为航海所用。中国地处世界最大的大陆亚欧大陆东部，东临世界最大洋太平洋，具有绵长的海岸线，这样的地理位置决定了历史上我国沿海人民很早就有航海实践。史料记载，春秋时代的孔子曾感叹其思想难行于中国，曾寄希望于乘着小筏子渡海，将其传播四方。[①] 战国时期中国沿海出现吴、越、齐等强大的诸侯国，造船业在广泛应用中得以迅速发展。秦代之前船上已经使用的风帆将自然风力作为船舶动力，为船舶航行提供动力资源，使之更便于海上远距离行驶。[②] 秦汉时期有许多著名的造船基地，能建造载人逾千的大船，并开辟了一些固定航线。[③] 徐福东渡的史实说明秦代不仅有近岸航行，更有对远航的期望和试航。据史料分析，徐福最后一次东渡，秦始皇帝"遣振男女三千人，资之五谷种种百工而行"，[④] 说明徐福当时率领的是一个大型的船队。章巽通过对《汉书·地理志》中有关东南沿海航行途中地名的考证发现，两千年前就存在一条由我国南海沿岸的徐闻、合浦等地出发，沿中南半岛和马来半岛南下，转过马六甲海峡北上，绕孟加

---

　*　作者韩昭庆，复旦大学历史地理研究中心教授。

① "道不行，乘桴浮于海"，《论语注疏》解经卷第五，清嘉庆二十年南昌府学重刊宋本《十三经注疏本》。

② 张良群：《从秦代航海条件看徐福东渡的可能性》，《日本研究》1998年第1期，第58~62页。

③ 王子今：《秦汉交通史稿》，中共中央党校出版社，1994，第182~242页。

④ 《史记》卷一一八《淮南衡山列传》，中华书局，2002，第3086页；徐福东渡的考证另见赵志坚《〈史记〉中有关徐福史料的考察》，《古籍研究》1995年第4期，第31~34页。

拉湾而至印度半岛南部以及斯里兰卡岛的航线。① 现存汉代马王堆地形图已可以找到南海的踪迹。② 南海贸易的研究也佐证，早在 3 世纪，来自马来地区的林产品被运往中国各个港口，以宗藩国向宗主国朝贡的名义进行贸易。③

　　古代的航海活动还可从政区沿革得到佐证。至迟，到西汉末年已经在闽江口和灵江口各设置一个县城，一个是闽江口的治县（今福州市），一个是灵江口的回浦县（今台州市），两个县城皆孤悬海滨，与内地往来全靠海路。④ 此后，唐、宋、元代的海上运输也非常活跃，留下了许多记载，学者也进行了一些研究。⑤ 北宋时期成图的《九域守令图》上一艘行进在今海南岛东部海域惊涛骇浪中的帆船，以及南宋时期石刻《舆地图》上标注在今淮河口东侧的海洋面上的"海道舟船路"文字皆是宋代海上运输的图证。元代定都大都，每年都要从南方调运大量粮食，南粮北运先是采取水陆联运的方法，从 1283 年开始采用海运，开辟了多条从刘家港到大沽口的航线，海运成为元代主要运输方式。⑥明代更有众所周知的郑和下西洋的壮举，其至今仍是中国航海史上一个值得着重书写的事件。有学者把中华海洋文明的演进划分为先秦东夷百越时代中华海洋文明的兴起、秦汉到明代宣德年间传统海洋时代的繁荣、1433 年罢下西洋到 1949 年海国竞逐时代中华海洋文明的顿挫，以及 1949 年以来的复兴四个阶段。⑦ 由此可见，从先秦到近代，我国海洋活动连绵不断，史料中也有许多关于航海的记载，但是与文字资料相比较，留传至今的实物航海图却很晚，这是

---

① 章巽：《我国古代的海上交通》，商务印书馆，1986，第 18~19 页。

② 张修桂：《中国历史地貌与古地图研究》，社会科学文献出版社，2006，第 444~445 页。

③ Derek Heng Thiam Soon, "The Trade in Lakawood Products between South China and the Malay World from the Twelfth to Fifteenth Centuries AD," *Journal of Southeast Asian Studies*, Vol. 32, No. 2 (Jun., 2001), pp. 133-149.

④ 周振鹤：《从历史地理角度看古代航海活动》，《历史地理研究》第 2 辑，复旦大学出版社，1990，第 304~311 页。

⑤ 章巽：《我国古代的海上交通》，商务印书馆，1986；李金明：《唐代中国与阿拉伯海上交通航线考释》，李庆新主编《海洋史研究》第一辑，社会科学文献出版社，2010，第 3~17 页；叶显恩：《唐代海南岛的海上贸易》，李庆新主编《海洋史研究》第七辑，社会科学文献出版社，2015，第 9~17 页；楼锡淳、朱鉴秋编著《海图学概论》，测绘出版社，1993，第 72~74 页。

⑥ 赖家度：《元代的河漕和海运》，《历史教学》1958 年第 5 期，第 23~26 页。

⑦ 杨国桢主编《中国海洋文明专题研究》第一卷"海洋文明论与海洋中国"，人民出版社，2016，第 101~112 页。

因为我国古代航海图作为"舟子秘本"，世所罕见。《海道指南图》是目前所知最早的实物航海图，①成图年代或为永乐九年（1411）至永乐十三年（1415）。②

二

目前有关中国海图史的研究很少关注海图定义及分类问题，已有海图史研究亦缺乏全面性和系统性，笔者认为，理清这个问题将有助于海图史研究的深入。按照《地理学词典》的定义，海图是专题性地图，"根据航海和开发海洋等需要测制或运用各种航海资料编制的地图。包括海岸图、港湾图、航海图、海洋总图、专用图等。一般采用墨卡托投影，着重表示海岸性质、海底地貌、底质、海洋水文、航海要素（如沿岸显著目标、航路标志、航行障碍物、地磁偏角）等"③。该定义言简意赅，同时充分考虑到海图的内容，但是也要看到，这是对现代海图的定义，并不完全适合历史时期尤其是古代的中国海图。因为海图是地图的一种，而地图随着时代和社会的演进，尤其是科技进步，地图载体、绘制方式、内容及用途皆处于不断变化之中。海图与地图一样，其定义、绘制方式、内容及用途等亦会随着人们对所处地理环境认知的深入、科技的发展、社会的进步而不断变化，早期的海图主要与航海和海防有关，故主要为航海图、航海指南和海防图等。理查德·弗莱德勒对航海图的定义较为全面："海图是以海洋及其主要特征为主要描绘对象的一种特殊的地图类型，海岸线在描绘海洋边界时最为重要，陆地的地位退居其次，往往留着空白；海图覆盖的范围或大到可以囊括一个大洋，或小到一片海湾甚至一个海口，但不管其描述范围大小，描述内容一般都相同。这些信息包括海岸线的形状及类型、水深数字、航行危险的地方、表示方向或位置的指示物，如玫瑰罗盘或经纬度的比例尺等。这些海图技术含量很高，其主要目的一般都是保证从一处海岸尽快安

① 《海道经》所见的最早版本是明代嘉靖袁褧编纂的《金声玉振集》本，据目录页，系明代崔旦撰，但序言称，"照旧刻二本校过模画"，见（明）袁褧编《金声玉振集》史部政书类总目卷八十四第84号政书存《海运编》二卷，明嘉靖时期袁氏嘉趣堂刊本，哈佛大学图书馆藏。

② 章巽：《论〈海道经〉》，《章巽全集》，广东人民出版社，2016，第1382~1390页。

③ 《地理学词典》，上海辞书出版社，1983，第613页。

全地航行到另一处海岸。"①

　　近几十年来，受海洋资源开发动力的驱动，海洋工程迅速兴起，而海图的内容也更加丰富多彩，出现了许多历史时期没有的内容，如海底地质构造图、海洋重力图等。与海图的发展相适应，不同历史时期，不同地区或国家对海图亦有不同的分类方法，在只有航海图的漫长历史时期，只能对航海图进行分类，如俄国从 18 世纪初到 19 世纪末，把海图分成总图、分图和平面图三类。我国到 20 世纪 50 年代仍为航海图分类法，将其分为总图、航洋图、航海图、海岸图及港湾图五类。这些海图又被称为普通海图，当时出现的一些航海图以外的海图新品种则被称为特种海图或专用海图。② 现代海图的内容已远超出传统海图的范畴，其利用范围也得到很大的拓展。海图按不同的标准有不同的分类方法，目前按照用途可分为通用海图、专用海图和航海图三类，其下又分为若干类，如图 1 所示。

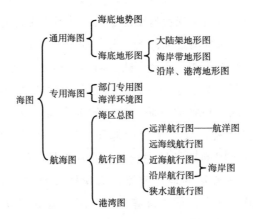

图 1　按照用途划分的海图类型

资料来源：楼锡淳、朱鉴秋编著《海图学概论》，第25页。

　　按照内容则可把海图分为普通海图、专题海图和航海图三类，如图 2 所示。

①　Richard Pflederer, *Finding Their Way at Sea: The Story of Portolan Charts, the Cartographers Who Drew Them and the Mariners Who Sailed by Them*, The Netherlands: HES & De Graaf Publishers Bv, Houten, Netherlan, 2012, p. 17。

②　楼锡淳、朱鉴秋编著《海图学概论》，测绘出版社，1993，第 18 页。

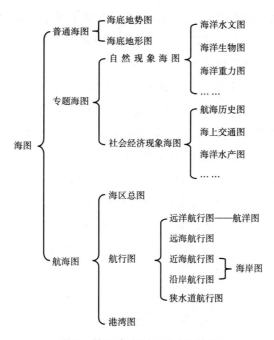

图 2　按照内容划分的海图类型

资料来源：楼锡淳、朱鉴秋编著《海图学概论》，第 27 页。

　　由上面的分类可知，无论是按照用途还是内容进行的分类，皆以航海图为独立的一类地图。同时，也要注意到，按照目前海图分类，许多种类以前是没有的，它们的出现是近百年或几十年的事，故在谈中国海图史研究现状前，我们还需要先对我国海图史的发展进行分期。

　　楼锡淳、朱鉴秋的《海图学概论》把中国海图发展简史分成五个阶段，即中国早期的海图，这种山屿岛礁图是我国古代原始类型的航海图；明代《郑和航海图》、海防图及海运图，《郑和航海图》综合运用多种定位方法，把航海技术提到了一个新的高度；清代的海图，与明代相比，出现了体现世界地域观念的《四海总图》，而沿海形势图的内容比明代海防图更加详细、准确，清代中期出现了外国人在华测绘航海图的情况；民国时期海图的测绘于民国十八年（1929）发生了重大变化，即民国政府正式成立海军部，测绘科隶属海政司，同年 11 月公布《海道测量局暂行条例》，从此中国水道测绘统一由海军部海道测量局主持；最后一个阶段是 1949 年以来海图绘制向标准化、国际化发展。① 这种分期方法充分考虑到中国海图史上几个重要的发展阶段，但是也要看到，中国海图史的发展并非直线式上升发展，即便早期分成明代以前、明、清等时代，在缺乏国家行政干预，实行统一的标准化之前，海图的绘制并没有发生本质性的变化，绘制特点也呈现多样化特点。笔者认为，或可以 1929 年海图绘制开始实现国家层面的统一管理为界，把中国海图史分成前后两期。这种时代划分，还考虑到传统海图绘制对近代西方测绘方法的接纳过程，这个过程是从最初的模仿到学习，并逐渐摒弃应用海道针经和山形水势的传统方法改用经纬定位方法的过程；可以认为，1929 年海图绘制已开始实现标准化。故本文主要评析已有有关 1929 年前绘制的航海图、海防图以及方志海图等的研究。除了分期，还需要对中国海图史研究范围进行界定。笔者认为，中国海图史研究范围指以中国沿海及近海地区为主的区域，研究内容包含海图本身及其外延的相关研究，如航海史、贸易史及海防史等的研究。

三

据邹振环研究，拉开近代郑和研究序幕的文章是发表在光绪二十九年八月初十日（1903 年 9 月 30 日）出版的《大陆报》上的《支那航海家郑和传》一文。② 其后，梁启超也对郑和航海展开研究。③ 由此角度看，中国学者对航海史研究已有一百多年的历史。相比而言，中国学者对于航海图及图经的研究要晚半个世纪。徐玉虎在 20 世纪 50 年代梳理过之前国内外学者对《郑和航海图》的研究，认为菲力卜思（Philips）在其论文 The Seaports of India and Ceylon 中首次转载《郑和航海图》，系最早研究该图的学者，继有伯希和等，而国内最早对其进行研究的是 1943 年出版的范文涛的《郑和航海图考》。他还根据《郑和航海图》用了近一半长度地图表示中国沿海的情况推测，绘图者一为中国人，一为熟悉中国沿海地理者。④ 范氏的研究由郑

---

① 楼锡淳、朱鉴秋编著《海图学概论》，第 72~119 页。

② 邹振环：《〈支那航海家郑和传〉：近代国人研究郑和第一篇》，《社会科学》2011 年第 1 期，第 146~153 页。

③ 梁启超：《祖国大航海家郑和传》，《新民丛报》第 3 卷第 21 期，1904，见《饮冰室专集之九》第 1~12 页，《饮冰室合集》专集第三册，中华书局，民国二十五年。

④ 徐玉虎：《郑和航海图》，《大陆杂志》（台湾）第 9 卷第 3 期，1954。

和之生平、航海确期、航海图说明、释航海图、结论及附录组成。利用相关资料考证了郑和生平、郑和七次下西洋出发及返京的确切日期，此外就航海图中个别字眼如"取"、"平"及"丹"的含义进行诠释，考证了马来半岛一带四十处地名意义及今地地名，指出这些地名有自创、音译、意译、音意合译者。①

若以范文涛首开中国海图史研究之滥觞，至今中国海图史研究已逾七十年，取得许多丰硕的成果，这些成果特点及内容可简述如下。

其一，研究对象相对集中。目前开展的海图研究对象主要是航海图和海防图两类。航海图中研究最多最深入的非《郑和航海图》莫属。据笔者统计，到 2003 年为止，包含该图名称的文章少说也有 50 篇，② 之后又发表了一些相关成果，以中国知网为例，若以"郑和航海图"作关键词，2003 年后可检索到 11 条文献，近期研究除了继承传统的对图中地名的今地复原，还探讨了郑和当时所用的导航技术。③ 由于中国留传至今的古航海图数量十分匮乏，故每当发现新图，便会掀起一阵关于研究海图的热潮。如章巽对 20 世纪 50 年代意外发现的一套古海图的研究；近年分别在耶鲁大学和牛津大学发现两种海图，也引发学者们从不同角度对这两幅海图进行研究。此外，是对诸如《海道指南图》或相关的航海手册的零星研究和整理，国内学者向达整理出版的《两种海道针经》首开风气，《两种海道针经》包括《顺风相送》和《指南正法》两书，原件藏于英国牛津大学的鲍德林图书馆，向达先生发现后将其抄录下来，带回国内、整理校注，1961 年由中华书局出版。除了航海图和指南，中国沿海地区的海防图、方志中的地图构成中国海图的另两个重要体系，但直到最近才引起学者的关注，形成海图的另一个研究热点。④

其二，研究内容与方法以古地名的考证为主。梁启超首启这项工作，他通过对《瀛涯胜览》和《星槎胜览》中记载的四十国名的考证，推定郑和航线从中国南海出发，经越南、泰国、马来西亚、苏门答腊群岛、斯里兰

① 范文涛：《郑和航海图考》，商务印书馆，1943。
② 朱鉴秋主编《百年郑和研究资料索引》（1904~2003），上海书店出版社，2005。
③ 如张箭《郑和航海图的复原》，《四川文物》2005 年第 2 期，第 80~83 页；张江齐《郑和牵星图导航技术研究》，《地理信息世界》2017 年第 5 期，第 86~96 页。
④ 曹婉如：《郑若曾的〈万里海防图〉及其影响》，《中国古代地图集》（明代），文物出版社，1995，第 69~72 页；成一农：《明清海防总图研究》，《社会科学战线》2020 年第 2 期，第 137~150 页。

卡等地，"掠马达加斯岛之南端回航"。根据其他文献分析，郑和足迹亦达中国台湾、吕宋、文莱等地。① 尽管这只是对文献记载的考证，实开启了古地今释之风，只不过后来学者考证的对象变成海图上的地名而已，如范文涛对马来半岛的地名考释，章巽对现存古海图上的地名考释等，② 地名考证及今释仍然是目前中国海图研究的主要内容。③ 陈佳荣等的《古代南海地名汇释》系南海地区地名研究的集大成之作。④

其三，除了对地名考证，对图面内容的研究还集中在图名、成图时间及绘图人员的研究。现存多数中国古代绘制地图的图名、绘制时间和绘图人员的信息往往是缺失的，海图也不例外，故对这些内容的考辨也是海图研究的内容。如最早被发现的耶鲁藏航海图，⑤ 随着研究人员视角和关注点的不同，分别被赋予《中国古航海图》、《中国古航海图集》、《十九世纪中国航海图》、《东亚海岸山形水势图》、《清代唐船航海图》、《中国北直隶至新加坡海峡航海针路图》以及《清代东南洋航海图》等名称。⑥ 由于航海图册画出了在海中航行的船体从不同角度下观察到的近岸山形和海中岛屿等目标物的轮廓特征，并注记了水深和海底底质等情况，故该图又被赋予《耶鲁藏中国山形水势图》的图名。⑦ 这些论著在对该图命名的同时，也对该图绘制的时代和制图人进行了探讨。

2008年来自美国的巴契勒（Robert Bachelor）在英国牛津大学鲍德林图书馆发现了一幅中国航海古地图，因捐赠人约翰·雪尔登（John Selden）得

---

① 梁启超：《祖国大航海家郑和传》，《新民丛报》第3卷第21期，1904年，见《饮冰室专集之九》第1~12页，《饮冰室合集》专集第三册，中华书局，民国二十五年。

② 章巽：《古航海图考释》，海洋出版社，1980；范文涛：《郑和航海图考》，商务印书馆，1943。

③ 如周运中《明代〈福建海防图〉台湾地名考》，《国家航海》第13辑，第157~174页；丁一《耶鲁藏清代航海图北洋部分考释及其航线研究》，《历史地理》第25辑，第431~455页；陈佳荣《〈明末疆里及漳泉航海通交图〉编绘时间、特色及海外交通地名略析》，《海交史研究》2011年第2期，第52~66页；郑永常《〈耶鲁藏山形水势图〉的误读与商榷》，《海洋史研究》第九辑，社会科学文献出版社，2016，第175~192页。

④ 陈佳荣、谢方、陆峻岭：《古代南海地名汇释》，中华书局，1986。

⑤ 李弘祺：《美国耶鲁大学图书馆珍藏的古中国航海图》，《中国史研究动态》1997年第8期，第23~24页。

⑥ 钱江、陈佳荣：《牛津藏〈明代东西洋航海图〉姐妹作——耶鲁藏〈清代东南洋航海图〉推介》，《海交史研究》2013年第2期，第1~101页。

⑦ 刘义杰：《〈耶鲁藏中国山形水势图〉初解》，《海洋史研究》第六辑，社会科学文献出版社，2014，第18~32页。

名《雪尔登中国地图》（或称《塞尔登中国地图》）。该图由钱江率先引介于国内，他建议更名为《明中叶福建航海图》，认为系中国现存最早手工绘制的彩色航海图。① 随着研究深入，郭育生等学者结合地图描绘的区域，建议更名为《东西洋航海图》，认为该图绘制时间在 1566~1602 年。② 陈佳荣把该图命名为《明末疆里及漳泉航海通交图》，认为该图绘制于 1624 年，并对图上所有海外交通地名进行了初步的注解，随后又依据该图中国部分源自《二十八宿分野皇明各省地舆全图》以及收录此图的《学海群玉》的刊刻时间，认为该图成图不可能早于万历三十五年（1607）。③ 龚缨晏根据图上注记和地名的考证，把该图的成图时间修正为 1607~1624 年，图名相应更正为《明末彩绘东西洋航海图》。④ 卜正民的著作主要探讨了该图的来历及产生的时代背景，以及与地图密切相关的人员及其故事。⑤ 有学者认为，该图表示海区与相关陆地的概貌，供研究海区形势和制订航行计划之用，其比例尺应为 1∶500 万~1∶400 万，皆小于今日航海总图 1∶300 万的标准，指出该图系中国古代航海总图的首例，⑥ 这是很有创见的看法。除此之外，最近兴起关乎港区图出版日期、作者、刊者及影响的研究。⑦

其四，有关海图的通史研究。前述楼锡淳、朱鉴秋的《海图学概论》把中国海图发展简史分成早期、明代、清代、民国及新中国成立以来五个阶段。在另一篇文章中进一步阐述了中国古代航海图由明代以前、明代及清初

---

① 钱江：《一幅新近发现的明朝中叶彩绘航海图》，《海交史研究》2011 年第 1 期，第 1~7 页；关于此图近年的研究综述详见龚缨晏、许俊琳《〈雪尔登中国地图〉的发现与研究》，《史学理论研究》2015 年第 3 期，第 100~105 页。

② 郭育生、刘义杰：《〈东西洋航海图〉成图时间初探》，《海交史研究》2011 年第 2 期，第 67~81 页。

③ 陈佳荣：《〈明末疆里及漳泉航海通交图〉编绘时间、特色及海外交通地名略析》，《海交史研究》2011 年第 2 期，第 52~66 页；陈佳荣：《〈东西洋航海图〉绘画年代上限新证——〈二十八宿分野皇明各省地舆全图〉可定 "The Selden Map of China"（《东西洋航海图》）绘画年代的上限》，《海交史研究》2013 年第 2 期，第 102~109 页。

④ 龚缨晏：《国外新近发现的一幅明代航海图》，《历史研究》2012 年第 3 期，第 156~160 页。

⑤ 〔加〕卜正民：《塞尔登的中国地图——重返东方大航海时代》，刘丽洁译，中信出版集团股份有限公司，2015；张丽玲：《卜正民〈塞尔登的中国地图——重返东方大航海时代〉评述》，《海洋史研究》第九辑，社会科学文献出版社，2016，第 377~393 页。

⑥ 孙光圻、苏作靖：《中国古代航海总图首例——牛津大学藏〈雪尔登中国地图〉研究之一》，《中国航海》2012 年第 2 期，第 84~88 页。

⑦ 金国平：《关于〈亚马港全图〉的若干考证》，《海洋史研究》第八辑，社会科学文献出版社，2015，第 124~131 页。

三个阶段构成的观点，肯定明代的《郑和航海图》是我国航海图发展史上一个重要的里程碑。清代早期的航海图可以"旧抄本古航海图"为代表。① 除了对航海图的通史研究，还有对特定区域海图发展史的介绍，如汪家君按照时间顺序分别介绍了自清嘉庆（1796~1820）到清末浙江海区的近代海图发展简史。②

其五，方志海图是我国特有的海图类型，直到最近才引起有关学者的注意，但主要是对这类海图的收集整理，其深入研究还有待开展。方志海图指方志中主要描绘海洋及其毗邻陆地的舆图，分为专门的海图和陆海图，前者又分海疆图、海防图、海岛图、港口海道图、海塘图以及迁海展界图等，后者描绘重点在陆不在海，这类舆图给出的海洋部分不多，但包含了一些重要的海洋信息。③ 据统计，方志海图中海防图最多，其次是海岛图、海疆图和海塘图。海防图内容包括沿海府县、卫所、墩汛寨台以及海中重要的岛礁。④

其六，利用海图进行相关问题研究，这是近年海图史研究的一个新兴领域。如丁一和郑永常在考释图中地理名词的基础上，借助 GPS 定位诸山与岛屿现今相对位置，复原图中显示的航线，并借此海图与航线，勾勒出明代中叶以降，中国海商移民东亚各港口形成的东亚海域贸易网络。⑤ 廉亚明通过考察《郑和航海图》对宋代第一次提到的阿曼海岸线罗列了一大批地名的事实，推知中国在 15 世纪初已经对该地的地理情况有了相当全面的认识。⑥ 周鑫通过对宣统元年石印本《广东舆地全图》中《广东全省经纬度图》中"东沙岛""西沙群岛"的资料来源的考订反映晚清以来中国海疆理念、海疆知识的活力与不足。⑦ 龚缨晏利用《郑和航海图》《章巽航海图》《清代东南洋航海图》等古航海图和文献来破解 2014 年在浙江省象山县渔

① 朱鉴秋：《中国古代航海图发展简史》，《海交史研究》1994 年第 1 期，第 13~21 页。
② 汪家君：《浙江海区近代历史海图初探》，《中国航海》1989 年第 1 期，第 67~75 页。
③ 何沛东：《清代浙闽粤三省方志海图的整理与研究》，复旦大学博士学位论文，2018，第 17~18 页。
④ 何沛东：《清代浙闽粤三省方志海图的整理与研究》，第 21~26 页。
⑤ 丁一：《耶鲁藏清代航海图北洋部分考释及其航线研究》，《历史地理》第 25 辑，第 431~455 页；郑永常：《明清东亚舟师秘本：耶鲁航海图研究》，远流出版公司，2018。
⑥ 廉亚明：《汉语文献中的阿曼港口》，《海洋史研究》第六辑，社会科学文献出版社，2014，第 3~17 页。
⑦ 周鑫：《宣统元年石印本〈广东舆地全图〉之〈广东全省经纬度图〉考——晚清南海地图研究之一》，《海洋史研究》第五辑，社会科学文献出版社，2013，第 216~276 页。

山列岛的小白礁附近发现的一艘清代沉船的航行之谜。[1] 他还认为,《雪尔登中国地图》的出现迫使我们重新研究中国沿海民众对海外贸易的反应问题,重新审视中国在世界贸易体系形成初期所起的作用。[2] 在杨国桢的带领下,周志明的研究按照先图后说,尝试用图来研究中国古代海洋文明,他的方法是在介绍历史海图的基础上,提取图中的航海文明、海洋贸易、海洋开发管理信息,并利用历史海图讨论海洋生存发展空间的问题,期望从观念深处提升读者的海洋意识。[3] 此外,一些绘制有争议地区岛屿的"海图"[4] 为各国学者争取本国海洋权益的诉求提供了宝贵的历史图证,我国学者也曾利用这类"海图"和更路簿为钓鱼岛、黄岩岛以及南沙群岛的归属问题进行了富有现实意义的探讨。[5]

四

早期中国地图史研究中,由于研究人员多采用陆地视角,海图往往是缺失的内容。如在中国地图史的开山之作《中国地图史纲》中,王庸除了在"纬度测量和利玛窦世界地图"一章里提到《郑和航海图》和《广东舆地全图》中的《海夷图》的图名,[6] 再看不到其他海图之名,更谈不上利用专篇来讨论海图了,此后成书的《中国地图史》也无专篇讨论海图史的绘制。[7]

---

[1] 龚缨晏:《远洋航线上的渔山列岛》,《海洋史研究》第十辑,社会科学文献出版社,2017,第365~377页。

[2] 龚缨晏、许俊琳:《〈雪尔登中国地图〉的发现与研究》,《史学理论研究》2015年第3期,第100~105页。

[3] 周志明:《16~18世纪的中国历史海图》,杨国桢主编《中国海洋文明专题研究》第二卷,人民出版社,2016,第4页。

[4] 这里的"海图"打了双引号,因为它们往往包含一片海域附近的多个国家,是与海洋有关的地图,虽然画出海域,但描绘对象主要还是陆地国家。

[5] 韩昭庆:《从甲午战争前欧洲人所绘中国地图看钓鱼岛列岛的历史》,《复旦学报》(社会科学版)2013年第1期,第88~98页;李孝聪:《从古地图看黄岩岛的归属——对菲律宾2014年地图展的反驳》,《南京大学学报》(哲学·人文科学·社会科学)2015年第4期;张江齐、宋鸿运、欧阳宏斌等:《〈更路簿〉及其南沙群岛古地名释义》,《测绘科学》2017年第12期。

[6] 王庸:《中国地图史纲》,生活·读书·新知三联书店,1958,第78页。

[7] 如陈正祥《中国地图学史》(香港商务印书馆,1979)、卢良志《中国地图学史》(测绘出版社,1984)。

放眼世界的李约瑟博士，把"中国的航海图"作为单独的一节，[①] 对《郑和航海图》产生的时代背景和内容也只是做了非常简要的介绍。[②] 直到 21 世纪出版的《中国测绘史》，才开辟专门章节，并按时间顺序介绍自先秦至今历代航海测绘的情况以及相关的地图资料。[③] 与三十年前的研究相比，中国海图史近年来取得了十分显著的成绩，进步迅速。由于古代中国航海图没有使用经纬坐标或直角坐标，航海图的地理位置全部由图中的岛礁名及表示近岸地形或地物等的小地名来定位，因此，除了通过地名定位的方法，几乎别无他法，故对近代西方测绘方法传入前绘制的海图中岛礁小地名的考证、复原研究仍然是今后海图主要的研究方法和重要内容。但是也要看到，以往这些研究多专注于对某种图或某几幅图图面内容的考证或分析，尽管这种研究从多方面展开，每个研究人员针对图的某个或几个要素进行研究，可以立体全方面复原该图的绘制背景、内容、作用等，但是我们也看到，由于缺乏对长时段、多源海图的综合研究，以往研究缺乏全面性和系统性，或规律性的总结，近来有学者开始注意到此问题。[④]

基于前人的研究，本人对今后中国海图史研究提出以下几点不成熟的思考或建议，供大家讨论斧正。

其一，可以 1929 年为界，把中国海图史分成两期，在对现存 1929 年前中国海图分类的基础上，对海图开展收集整理和命名工作。海图的收集整理长期以来一直落后于陆上地图的整理，或者成为陆图的附属品。当代汇编的古代地图集或以时代为序，如《中国古代地图集》[⑤]、《中华古地图珍品选集》[⑥]，或以地区为分类，如《舆图要录》是北京图书馆（现改为国家图书馆）藏 6827 种中外古旧地图目录之一，其编纂方式先按照地图表示的地区排列，再按照地图内容排列，由此分为世界地图和中国地图两大类，世界地

---

① 〔英〕李约瑟：《中国科学技术史》第五卷《地学》第一分册中的制图学，《中国科学技术史》翻译小组译，科学出版社，1976，第 159~181 页。

② 〔英〕李约瑟：《中国科学技术史》第五卷《地学》第一分册中的制图学，第 88~95 页。

③ 《中国测绘史》编辑委员会编《中国测绘史》第一卷、第二卷、第三卷，测绘出版社，2002。

④ 钟铁军在简单分类的基础上对现存明清沿海舆图图目开展了一些整理工作，见《明清传统沿海舆图初探》，载李孝聪主编《中国古代舆图调查与研究》，中国水利水电出版社，2019，第 262~286 页。

⑤ 曹婉如、郑锡煌、黄盛璋、钮仲勋等编《中国古代地图集》，文物出版社，分战国至元（1990 年出版）、明（1995 年出版）、清（1997 年出版）三册。

⑥ 中国测绘科学研究院编纂《中华古地图珍品选集》，哈尔滨地图出版社，1998。

图按世界总图和各洲总图及各国分图顺序排列，中国地图下分中国总图和六大地区，同一地区地图依普通地图、专题地图顺序排列，专题地图再按照自然、社会经济、政治军事、历史、名胜古迹等顺序排列。同一地区、同一种类地图按照年代先后顺序排列。① 按照该分类，《郑和航海图》被列到世界地图的亚洲总图之下，而像《万里海防图》《七省沿海全图》等皆列入中国地图的总图之下。最近出版的《舆图指要：中国科学院图书馆藏中国古地图叙录》开始对编纂的地图分类，分成全国总图、历史地图、区域地图、专题图等，在卷四专题图下，分河流、海洋和水利图，列入《中国沿海图》《七省沿海全图》等海洋图，② 故海图仍未单独成为一个体系。近来已开展一些有关港口、特殊岛屿或近海区域的海图整理工作。目前整理出版的地图集有《钓鱼岛图志》，编者从古今中外历史、地理资料中，选择整理有关钓鱼岛的重要地图 400 多幅，并对地图内容及历史背景加以简要说明。③《南海地图选编》系我国首次以地图为主论证南海归属问题的成果，书中搜集、整理了古今中外与南海相关的代表性地图，共 200 余幅。④《驶向东方——全球地图中的澳门》，⑤ 以及续图《明珠星气，白玉月光——全球地图中的澳门》⑥ 系统收集了世界各地绘制地图中含澳门的系列地图，与之相应的还有《16～19 世纪西方绘制台湾相关地图》，收录台湾相关地图 300 多幅。⑦牛津大学珍藏明代海图图录《针路蓝缕——牛津大学珍藏明代海图及外销瓷》，主要收集了包括《明代东西洋航海图》《郑和航海图》《坤舆万国全图》等在内的明代海图和海道针经等。⑧

　　已有海图整理相对我国现存海图数量、种类是很不够的，也不成系统，我们需要对整理工作有个总体规划，笔者觉得，开展在海图分类基础上的全

① 北京图书馆善本特藏部舆图组编《舆图要录》前言，北京图书馆出版社，1997。
② 孙靖国：《舆图指要：中国科学院图书馆藏中国古地图叙录》，中国地图出版社，2012。
③ 徐永清、宁镇亚编撰《钓鱼岛图志》，国家测绘地理信息局测绘发展研究中心，2015。
④ 《南海地图选编》编委会编《南海地图选编》，国家测绘地理信息局，2012。
⑤ 张曙光、戴龙基主编，杨迅凌、龚缨晏执行主编《驶向东方——全球地图中的澳门》，澳门科技大学，2014。
⑥ 戴龙基、杨迅凌主编《明珠星气，白玉月光——全球地图中的澳门》，澳门科技大学，2017。
⑦ 吕理政、魏德文：《16～19 世纪西方绘制台湾相关地图》第二版，台湾历史博物馆、南天书局有限公司，2011。
⑧ 焦天龙总编《针路蓝缕——牛津大学珍藏明代海图及外销瓷》，香港海事博物馆有限公司、中华书局（香港）有限公司，2015。

面整理有助于我们达到这个目的。为此，我们可以1929年为界分两个阶段，先对海图绘制实行标准化前的海图进行整理。前期海图主要为航海图、航海指南和海防图等。航海图又可分为海区总图、航行图和港湾图，航行图又可按照航行的距离和地区细分为远洋、远海航行图和近洋、近海图，以及沿岸航行图等。由于有的海图具有不同特征，可同时分属不同类型。以此划分，则《郑和航海图》既属沿岸航行图，也可归为远洋航行图。以哪种为主，还需要进一步讨论。海图还包括方志海图和海防图。方志中的海防图可以划出，归入专门的海防图。分好类后，再对海图进行分门别类的整理。除了对我国绘制的古海图进行分类，还应广泛收集外国人绘制的中国沿海及中国海域的总图及航海图等，它们很早就采用与今日相同的测绘理论，完全不同于我国传统绘制的方法，并对我国海图绘制的发展产生巨大影响，事实上，1929年前的中国海图就包括一部分向西方学习测绘方法或者直接模仿西方绘制的地图产生的地图，而这方面的研究还较少，需要加强。

此外，鉴于上述耶鲁大学藏图和牛津大学藏图的图名皆众说纷纭、莫衷一是，同一幅海图往往会有众多图名，既会给人们带来困惑，也不便于海图的研究。笔者认为，学界今后应该就类似海图的命名问题进行研究，并提出众人认可的规范，相信随着交流的增多，没有名称的海图还会不断涌现，这样将有助于对这些海图进行命名。

其二，在分类整理海图的基础上，加强对相同谱系海图的比较研究。所谓地图谱系指的是由于同源性在内容和绘制风格上相似的不同时代的地图系列。海图的绘制如同陆图绘制一样，在未实行标准化的年代之前，其方向、内容、绘制方法等没有一定规律可循，故对这些地图绘制特点进行总结归纳，注定会遭遇尴尬的局面。如曾有学者根据郑若曾的海防图方向是"以海居上、地居下"，且以郑若曾的话证明海防图考虑到内外有别，归纳出海上陆下的方向规律。事实上，这个结论并不完全正确，因为明清海防图方向并不完全一致，而且如果考虑到受印刷格式的限制，以及古代由右到左的读图习惯，那么，海防图的方向应该更多地受制于绘制的起点，郑若曾的海防图以广东为起点，即右为南，故海居上；有的海防图以辽东为起点，即右为北，则陆变而为上。但是针对同源性的地图，我们可以总结出一些规律性的东西，只要我们判断的方法和选择的要素得当，就可以对同源地图进行研究，发现相互之间的继承性，并从中找出变化的特点，再结合时代特点分析这些变化，既可以丰富海图史研究，又可以从海图的变化反映当时的一些历史背景。尤其历史时期的航海图，它们有着一个共同的特点，即实用性，海图绘制虽然没有官方的规定，但是实用性使得不同时期不同的人绘制的海图具有实用的目的、航海的目的和长期固定的路线，因此具有相同的特点，并构成一定的承前启后的谱系。所以，如果从实用性的角度去研究这些航海图，则可期待一些规律性的发现。事实上，已有学者将谱系的研究方法引入地图史研究和海图史的研究。[1] 但是判断不同时代、不同作者绘制的海图之间是否存在承继关系，抑或是不是同一谱系的海图时，需要细化同一谱系的独特之处。

其三，关注历史时期海图与沿海地图的界定，这也是目前很少涉及的问题。如何界定历史时期的中国海域？海洋广袤无垠，古代中国除了沿海极少数居民，其他绝大多数人并不直接与海洋产生联系，故不会想到给海洋划界的问题，只有受到来自海洋其他居民的物质诱惑的引力或者武力掠夺的压力之后，为了贸易或者防御的需要，才会对海洋产生划界的想法，由此产生航海图和海防图。早期中国对东部海区只有"东海"、"东北海"或"南海"等大方位的概念，并没有专门明确对某一海域的划定。宋代出现"南北洋"、"南洋"和"北洋"的专称，或以长江口为划分南北洋的分界。明代在"南洋""北洋"之外出现了"东西洋""东洋""西洋""内洋""外洋"等海域名称，且有更加明确的方位和空间范围，但是并不统一。如东、西洋或以文莱所在加里曼丹岛为界，其以北、以东为东洋，以西、以南属西洋，但也有以福建的漳州和泉州为界的；南北洋的分界或以山东半岛的成山角为界，或以浙江的嵊泗列岛为界。[2] 清代把接近大陆海岸和岛屿的海域由近及远划分成内洋、外洋以及深水洋或黑水洋。[3] 清代方志舆图中也把中国领海内的界线分为三种，一是省、府、州、县的辖境海界，一是水师营汛的巡防海界，另一种是内外洋界，主要用来划分地方与水

① 钟翀：《中国近代城市地图的新旧交替与进化系谱》，《人文杂志》2013年第5期，第90~104页；石冰洁：《大清万年一统地图研究》，复旦大学硕士学位论文，2017；陈佳荣：《再说〈顺风相送〉源自吴朴的〈渡海方程〉》，《海洋史研究》第十辑，第354~363页；李新贵、白鸿叶：《明万里海防图筹海系研究》，《文献》2019年第1期，第176~191页。
② 李孝聪：《中国历史上的海上空间与沿海地图》，李孝聪主编《中国古代舆图调查与研究》，中国水利水电出版社，2019，第287~303页。
③ 王宏斌：《清代内外洋划分及其管辖问题研究——兼与西方领海观念比较》，《近代史研究》2015年第3期，第67~89页。

师、内洋水师与外洋水师管辖和防御的界线，[①] 规定不同界线是为了明确不同官员的职权。

由上可知，明代开始慢慢形成有空间范围的海疆的认识，并出现相应的海防图，目前有人把中国历史上绘制的王朝疆域图直接等同于海疆图，因此，宋代《禹迹图》变成了"最早最精确的海疆地图"，康熙时期绘制的《皇舆全览图》也成为中国古代海洋地图。[②] 这种把陆疆等同于海疆的看法很成问题，既不符合历史发展规律，就现实意义而言，亦与《联合国海洋法公约》相背，大大缩减了我国的海洋权益。按照 1994 生效的《联合国海洋法公约》，中国拥有领海海域 38 万余平方公里，专属经济区 300 万平方公里。所谓领海是指与海岸平行并具有一定宽度的带状海域，沿海国对领海拥有全部主权，领海的宽度为 12 海里；专属经济区是在领海之外并接领海的海域，从领海基线起算不超过 200 海里，相当于 371 公里。清朝的内洋有点类似于今日的领海，外洋似专属经济区，外洋之外才是公海。那么我们如何来区分早期的海图与绘制了部分海域的地图？首先依据海图的分类来确定；对于无法明确分类的海图，采用图名中是否含有"海"字来界定较为可行；对于面状的绘制海洋的区域总图和方志海图应该视图面上海面占据的百分比来定，若这个比例超过 50%，则属海图；但这个比例仍须依照该图重点表示的内容来定，如果重点表示海陆形势，则这个比例或可适当缩小；对于线状的航海图，只要以中国为起讫点的线状航线图皆属中国海图史研究范围。

其四，开展与世界海图史的比较研究。航海活动尤其是远洋航行都是跨界的，我国与东亚、东南亚一带很早就有贸易往来，虽然中国海图史研究区域有所侧重，但是如果把我们的视野放到邻近国家甚至世界范围内进行同类海图的比较分析，通过他人视野和比较的方法，就同一海域的绘制特点进行同时或历时的比较，既可深化海图史研究，亦可借助海图的研究发现新的历史问题。

最后应加强海图史研究在历史学及其他学科中应用的研究，范文涛曾在半个多世纪前指出，研究地图的意义在于"吾人自今溯昔，按昔推今，是

---

① 何沛东：《清代浙闽粤三省方志海图的整理与研究》，第 165 页。

② 梁二平：《中国古代海洋地图举要》，海洋出版社，2011。

图又为一桥梁焉"①，故研究海图史不止于海图本身，而应在此基础上推动其他相关的历史研究，这才是海图史研究的意义所在。

An Introduction of the Study of Chinese Sea Chart History and Suggestions for its Future

Han Zhaoqing

Abstract: Early Chinese sea charts have changed greatly in their contents and their ways of mapmaking compared to contemporary Chinese sea charts. This article suggests that the development of Chinese sea chart can be divided into two phases by 1929. After a general review of previous research, this paper provides five suggestions for the study of Chinese sea chart history in the future. Firstly, conduct a systematic collection of the early sea charts based on chart classification of China. Secondly, enforce comparative studies of sea charts with same or similar origins. Thirdly, focus on the differences between sea chart and those maps of coastal area. Fourthly, conduct comparative studies of sea charts in South East Asian and the rest of the world. Lastly, strengthen the application of sea charts in the studies of other disciplines.

Keywords: Chinese Sea Chart; Study of Sea Chart; Division of Sea Chart by Time Periods; Classification of Sea Chart

（执行编辑：申斌）

---

① 范文涛:《郑和航海图考》，商务印书馆，1943，第 46 页。

Some Notes on the Ports of the South Arabian Coast in the "Zheng He hanghai tu" 郑和航海图

Ralph Kauz[*]

The *History of the Ming Dynasty* (*Mingshi* 明史) lists only three harbours at the coast of South Arabia: Dhofar (Ẓafār, Zufa'er 祖法儿), Aden ('Adan, Adan 阿丹), and Lahsā (Lasa 剌撒).[①] Hormuz (Hulumosi 忽鲁谟斯) is also mentioned in this chapter, but it is, as well-known, situated on the Iranian side of the entrance of the Persian Gulf, the Strait of Hormuz. Mecca (Tianfang 天方, together with Medina [Modena 默德那]) is found in the 4th chapter of the 'Western Regions' (Xiyu 西域) section,[②] which implies that Mecca should be

* 作者廉亚明 (Ralph Kauz), 德国波恩大学汉学系教授。

① Zhang Tingyu 张廷玉 e. a. , *Mingshi* 明史, Beijing: Zhonghua Book Company, 1975, Vol. 326, pp. 8439, 8448, 8450, 8451 (now abbreviated MS) . The location of Lahsā is discussed in Ma Huan 马欢 (author), J. V. G. Mills (tr. , ed.), *Ying-yai Sheng-lan. The Overall Survey of the Ocean's Shores* (*1433*), Cambridge: Cambridge University Press, 1971, pp. 347 – 348 (now abbreviated Mills, Ma Huan); see also Fei Xin 费信 (author), J. V. G. Mills (tr.), Roderich Ptak (rev. , ed.), *Hsing-ch'a sheng-lan. The Overall Survey of the Star Raft* (South China and Maritime Asia 4), Wiesbaden: Harrassowitz Verlag, 1996, p. 72, esp. n. 201 (now abbreviated Fei Xin, Mills, Ptak, *Hsing-ch'a sheng-lan*).

② MS, Vol. 332, pp. 8597, 8621 – 8625. The rather complicated question of Tianfang in Ming dynasty sources and its 'normal' route to China shall not be discussed in this paper, though (转下页注)

accessed overland. However, the overland and the overseas routes were obviously both accessible for envoys who really came from Mecca and were not "fake" envoys entering China from some place while pretending to come from the holy city of Islam. Thus, two embassies from Mecca which arrived overseas in China can be found in the *Ming shilu* 明实录.[①] As the question of Tianfang/Mecca (sometime it seems to be a denotation for the whole of Arabia) is rather intricate and the term is found in an enormous number of sources of the Ming dynasty, a discussion would far exceed the scope of this short article. In Ma Huan's 马欢 *Yingya shenglan* 瀛涯胜览, only two places at the South Arabian coast are described: Dhofar and Aden,[②] and the same is true for Gong Zhen's 巩珍 similar *Xiyang fanguo zhi* 西洋番国志.[③] Fei Xin 费信 adds in his *Xingcha shenglan* 星槎胜览 Lasa (Lahsā) which is together with Hormuz described in the *qianji* 前集 part, viz. among the places he allegedly visited himself.[④] This is astonishing as the two other South Arabian ports, Aden and Dhofar, are listed in the *houji* 后集 part, viz. among those places he knew only from hearsay.[⑤] The geographical locations of these ports will be described below, but if we follow the above cited explanations of Mills, Lasa is situated just in between Aden and Dhofar and it is thus rather improbable that Fei Xin visited Lasa without going onshore at the two other

---

（接上页注②）it was visited by Zheng He 郑和 and other members of his crew (Mills, Ma Huan, pp. 19 - 20, 177 - 178). For Hormuz in Chinese sources, see Ralph Kauz and Roderich Ptak, "Hormuz in Yuan and Ming Sources," *Bulletin de l'École Française d'Extrême-Orient* 88 (2001), pp. 27 - 75; see also Valeria Fiorina Piacentini, "Hormuz-Qalhat-Kij: A New Maritime and Mercantile System," in Abdulrahman al-Salimi, Eric Staples (eds.), *The Ports of Oman*, Hildesheim e. a.: Georg Olms Verlag, 2017, pp. 283 - 355.

① Geoff Wade, *Southeast Asia in the Ming Shi-lu* (http://epress. nus. edu. sg/msl/place/mecca, access 2021/8/25).

② We find also Tianfang and Hormuz in Ma Huan's book: Ma Huan 马欢 (author), Wan Ming 万明 (ed.), *Yingya shenglan* 瀛涯胜览, Guangzhou: Guangdong People's Publishing House, 2018, p. 2; Mills, Ma Huan, p. viii.

③ Gong Zhen 巩珍 (author), Xiang Da 向达 (ed.), *Xiyang fanguo zhi* 西洋番国志 (Zhongwai jiaotong shiji congkan 中外交通史籍丛刊), Beijing: Zhonghua Book Company, 2000, p. 2.

④ Fei Xin, Mills, Ptak, *Hsing-ch'a sheng-lan*, pp. 29, 72.

⑤ Fei Xin, Mills, Ptak, *Hsing-ch'a sheng-lan*, p. 79; Fei Xin 费信, *Xingcha shenglan* 星槎胜览 (Liujingkan congshu 六经堪丛书, https://ctext. org/library. pl? if = en&file = 89005&page = 1, access 2021/8/25), Vol. 2, p. 33.

（more important） ports. ① And in the late 16th century novel on Zheng He's 郑和 expedition， *Sanbao taijian Xiyang ji tongsu yanyi* 三宝太监西洋记通俗演义 by Luo Maodeng 罗懋登，we find again only these three ports in South Arabia-Aden，Lasa，and Dhofar （besides Hormuz and Mecca，the latter takes a special，concluding position in the novel） . ② Regarding the background of Chinese knowledge on the Western part of the Eurasian landmass and especially the West of the Indian Ocean as reflected in pre-Ming dynasty geographical and historical texts，it seems rather improbable that only such a few places at this coast were familiar to the navigators under admiral Zheng He. Even Paul Wheatley discusses in his classical study on Song commodities the rather elaborate knowledge on the western part of the Indian Ocean and beyond in Zhao Rushi's 赵汝适 *Zhufan zhi* 诸蕃志. ③

Thus，we should assume a rather detailed knowledge of the South Arabian coast during the Ming period than exemplified in the mentioned sources. As the maritime expeditions during the early Ming Dynasty （1405 – 1433） were an endeavor commissioned by the Yongle 永乐 （1403 – 1424） and Xuande 宣德 （1426 – 1435） emperors and did not have any basis in a social class，they met major opposition among the officials and academic scholars. Europe's maritime enterprises，especially those in Northern Italy，in the same centuries were supported by a broad social class—the ascending merchants. The economic basis of the ruling academic officials in China was agriculture and their opposition against tradesmen could never be effectively challenged. Against this background，Xu

---

① Ptak discusses this problem in a footnote （Fei Xin，Mills，Ptak，*Hsing-ch'a sheng-lan*，p. 72，n. 201） .

② Ralph Kauz，"Islamische Länder und Regionen im ' Xiyang ji'：Lasa，Dhofar，Hormuz und Aden," in Shi Ping and Roderich Ptak （eds. ），*Studien zum Roman Sanbao taijian Xiyang ji tongsu yanyi/*《三宝太监西洋记通俗演义》之研究 （Maritime Asia 23），Wiesbaden：Harrassowitz，2011，pp. 55 – 69; Roderich Ptak，"Zheng He in Mekka：Anmerkungen zum *Sanbao taijian Xiyang ji tongsu yanyi*," in Roderich Ptak and Claudine Salmon （eds. ），*Zheng He：Images and Perceptions / Bilder und Wahrnehmungen* （South China and Maritime Asia 15），Wiesbaden：Harrassowitz，2005，pp. 91–112.

③ Paul Wheatley，"Geographical Notes on Some Commodities Involved in Sung Maritime Trade," *Journal of the Malayan Branch of the Royal Asiatic Society*，Vol. 32，No. 2 （1959），pp. 3，5–41，43–139，here pp. 5–18.

Zhenxing 许振兴 shows convincingly how the maritime expeditions were disregarded in official sources—which were basically compiled by these academic officials—even before the relevant archives were destroyed by the initiative of the alleged culprit Liu Daxia 刘大夏 . [1]

However, some traces of the material compiled during Zheng He's expeditions survived and the exceptional "Zheng He Map" (*Zheng He hanghai tu* 郑和航海图, hereafter *ZHHHT*) shows the extraordinary achievements of Chinese seafarers in the early 15th century. As this map was already thoroughly discussed and researched, [2] we will not go into details here, but it should be stressed that it shows the knowledge of Chinese geographers of the maritime world in that time. As the Western Indian Ocean is shown on the map, it was most probably drawn after Zheng He sailed to this area from his 4th expedition (1413- 1415) onwards, probably at the end of his expeditions to the West. [3] Zhou Yunzhong 周运中 points out that Zheng He's ships arrived only during the last, seventh expedition (1431 - 1433) in Mecca which is not shown on the *ZHHHT*. [4] This could indicate that the information on the map was obtained before Zheng He started for his last journey.

On the basis of earlier researches, J. V. G. Mills identified the numerous toponyms on the *ZHHHT* and lists 13 places at the South Arabian coast. [5] He notes that 12 places are "identified with reasonable certainty", but does not says about which toponym he raises doubts. As Ahuna 阿胡那 is marked with a

---

[1]　Xu Zhenxing 许振兴, " 'Huang Ming zuxun' yu Zheng He xia Xiyang《皇明祖训》与郑和下西洋," *Journal of Chinese Studies*, Vol. 51 (2010), pp. 67-85, esp. pp. 70-71.

[2]　For a recent introduction into the *ZHHHT* with many references see: Roderich Ptak, "Selected Problems Concerning the 'Zheng He Map': Questions without Answers," *Journal of Asian History*, Vol. 53, No. 2 (2019), pp. 179-214; For a discussion of the different versions of the map, see: Zhou Yunzhong 周运中, "Lun 'Wubei zhi' he 'Nanshu zhi' zhong de 'Zheng He hanghai tu' 论《武备志》和《南枢志》中的《郑和航海图》," *Zhongguo lishi dili luncong* 中国历史地理论丛, No. 2 (2007), pp. 145-152.

[3]　Roderich Ptak, "Selected Problems Concerning the 'Zheng He Map': Questions without Answers," p. 179.

[4]　Zhou Yunzhong, "Zheng He xia Xiyang Alabohai hangxian kao 郑和下西洋阿拉伯海航线考," *Jinan shixue* 暨南史学, No. 7 (2012), pp. 132-146, here p. 133.

[5]　Mills, Ma Huan, pp. 298 - 299. Mills divides his list correctly in an Eastern and a Southern part. For the sake of simplification, we speak here only about the "South Arabian coast".

question mark, Mills probably meant this toponym (see below); the location of Lasa is discussed in a short appendix of his work. ① These are the names according to Mills (however, *pinyin* is used, Chinese characters are added and the Arabic names are adjusted in some places. The occasional mentioning of the Polaris is not repeated):

(1) Salamo xu 撒剌抹屿 (Salama island), as-Salāma, 26° 30′ N [according to Google maps: 26. 50° N, 56. 51° E]

(2) Yashuzaiji xu 亚束灾记屿, Daimaniyat islands, 23° 51′N [Juzur ad-Dīmānīyāt, according to Google maps: 23. 86° N, 58. 08° E]

(3) Gui xu 龟屿, (Tortoise island), Fahl islet, 23° 41′ N [al-Faḥl, according to Google maps: 23. 68° N, 58. 50° E]

(4) Mashiji 麻实吉, Muscat town, 23° 38′ N [Masqaṭ, according to Google maps: 23. 56° N, 58. 38° E]

(5) Guliya 古里牙, Quraiyat village, 23° 16′ N [Qurayyāt, according to Google maps: 23. 28° N, 58. 90° E]

(6) Diewei 迭微, Tiwi village, 22° 49′ N [Ṭīwī, according to Google maps: 22. 83° N, 59. 25° E]

(7) Da wan 大湾, (Great bay), Gulf of Masira, northern entrance 20° 09′ N, southern entrance 19° 00′ N [Ma ṣīra]

(8) Ahuna 阿胡那, Ras al-Madraka, 19° 00′ N, 57° 51′ E [according to Google maps: 18. 98° N, 57. 78° E]②

(9) Zuofa'er 佐法儿, Dhufar, al-Mansura town (name obsolete), 17° 00′ N, 54° 06′ E [Ẓufār, the place of the ancient harbor is at al-Balīd, in the east of modern Ṣufāralāla, according to Google maps: 17. 01° N, 54. 14° E]

(10) Shili'er 失里儿, ash-Shihr town, 14° 45′ N, 49° 34′ E [ash-Shi ḥr, according to Google maps: 14. 76° N, 49. 60° E]

---

① Mills, Ma Huan, pp. 347-348.

② Mills marks Ahuna with a question mark as mentioned. He writes that the Polaris altitude written on the *ZHHHT* suggests a place south of the Gulf of Masira, while the name could point to "Onganon" of Behaim which has been, however, identified with Masira island (Mills, Ma Huan, p. 299, n. 2).

(11) Lasa 剌撒, La'sa village, c. 49° 04′ E [Mills identifies it to an
ancient place nearby al-Mukallā, according to Google maps: 14. 53° N,
49. 12° E]①

(12) Adan 阿丹, Aden town, according to Google maps: 12° 47′
N, 44° 59′ E

(13) Luofa 罗法, Luhaiya town, 15° 42′ N [al-Lu ḥayya, according
to Google maps: 15. 81° N, 42. 68° E, the only port on the *ZHHHT*
situated at the Red Sea coast]

Two more toponyms can be found in the sailing directions of the *ZHHHT*
towards the Persian Gulf: Qalhāt (Jialaha 加剌哈, according to Google maps:
22. 70° N, 59. 36° E) and Ra's Musandam (Duli Maxinfu/dang 都里马新富
[当/當], according to Google maps: 26. 28° N, 56. 39° E).② Qalhāt is even
mentioned four times as a destination for Chinese sailors—an evidence for its major
importance in navigation at the Western end of the Indian Ocean. Though today
situated in Oman, Qalhāt was a dependency of the kingdom of Hormuz and
functioned as its "second capital".③ The Chinese ships headed thus for Qalhāt
first, before steering up along the coast further north.④ Duli Maxinfu should be
Ra's Musandam, the peninsula located at the south of the strait of Hormuz. Mills
reads "Tell" for "Duli" and "dang" for "fu". Ra's Musandam gave also the
name for the whole Persian Gulf in Matteo Ricci's map where we read
Moshengding hai 默生丁海.⑤

Six of these toponyms were certainly not ports, but significant landmarks
important for sailing: Salamo xu, Yashuzaiji xu, Gui xu, Da wan, Ahuna,

---

① Mills, Ma Huan, pp. 347-348; see also *Encyclopaedia of Islam*, Second Edition (online, access
2021/9/3), s. v. al-Mukallā.

② Mills, Ma Huan, pp. 296-297.

③ *Encyclopaedia of Islam*, Second Edition (online, access 2021/9/3), s. v. Ḳalhāt; Tom Vosmer,
"Qalhat and Sur," in: Abdulrahman al Salimi and Eric Staples (eds.), *The Ports of Oman*
(Studies on Ibadism and Oman 10), Hildesheim e. a.: Georg Olms, 2017, pp. 117-138.

④ Mills, Ma Huan, p. 25.

⑤ Zhang Qiong, *Making the New World Their Own: Chinese Encounters with Jesuit Science in the Age
of Discovery*, Leiden: Brill, 2015, p. 207.

and Duli Maxinfu/dang. The mentioning of such places highlights the importance of the *ZHHHT* as a tool for navigation, and shows the conversant knowledge of Chinese navigators with the maritime and topographical conditions of the western part of the Indian Ocean.

Additional information on the Arabian coast is found in the *Shunfeng xiangsong* 顺风相送 (hereafter *SFXS*), a book on navigation of the late Ming dynasty which may be related to Zheng He's voyages. The manuscript is stored in the Bodlein Library in Oxford and was edited by Xiang Da 向达. [1] Zhou Yunzhong researched with great accuracy the sea routes from Calicut to Hormuz and from Calicut to Aden as described in the *SFXS*. [2]

Calicut to Hormuz [3]

The first place at the Arabian shores on this route is written Guma shan 姑马山 in Xiang Da's edition, while Mills writes "Sha ku ma mountain" （［沙姑马山］ Jabal Quraiyat, 23° 10′ N, 58° 44′ E), probably because this name is written in the part of the return directions. Zhou Yunzhong, however, states that these two places could not be the same. He also identifies the "mountain" Meizhina shan 美之那山, which can be seen with strong winds, as the Masira island. The next name Jialitama shan 伽里塔马山 is probably correctly identified by him with the cape of Qalhāt. The next place names are well known from the *ZHHHT*: Tiwi, Muscat (written Malishiji 马里实吉), Fahl islet (written Tortoise mountain, Gui shan 龟山), Daimaniyat islands (written Yalashiji shan 亚剌食机山), as-Salāma (written Shalamo shan 沙剌抹山). Then Hormuz is reached. On the return journey, the Chinese ships departed the Arabia peninsula already at Ra's ash-Shajar, a few kilometers north of Tiwi, to the open seas, as

---

① Wolfgang Franke and Liew-Herres Foon Ming, *Annotated Sources of Ming History*, *Including Southern Ming and Works on Neighbouring Lands*, 1368 – 1661, 2 Vols. , Kuala Lumpur: University of Malaya Press, 2011, Vol. 2, pp. 706 – 707; Xiang Da 向达 (ed.), *Liangzhong haidao zhenjing* 两种海道针经 (Zhongwai jiaotong shiji congkan 中外交通史籍丛刊), Beijing: Zhonghua Book Company, 2000.

② Zhou Yunzhong, "Zheng He xia Xiyang Alabohai hangxian kao," pp. 132 – 139. The third direction to Dhufar (written Zufa'er 祖法儿) mentions only this toponym on the Arabian Peninsula (Xiang Da, *Liangzhong haidao zhenjing*, pp. 80 – 81).

③ Zhou Yunzhong, "Zheng He xia Xiyang Alabohai hangxian kao," pp. 132 – 138; Xiang Da, *Liangzhong haidao zhenjing*, pp. 78 – 79; Mills, *Ma Huan*, p. 300.

Zhou Yunzhong remarked.

Calicut to Aden[①]

On this route, a number of minor toponyms are mentioned, which do not correspond with larger ports, but are rather landmarks along the coastline on the way to Aden. The first of these toponyms is Zhijiaotana shan 直蕉塔那山, identified by Mills with Ra's al-Kalb, Tabalifu shan 塔巴里付山 with Balhaf (confirmed by Zhou Yunzhong). Xiaochitami'er 小赤塔密尔 could be Jilah, just a little west to Balhaf. Naijiani 乃加泥 on the return way to India could be Mukalla, if we believe Mills. From Ra's Fartak (Fatala shan 法塔喇山) the Chinese ships again went to open waters back to India.

The *ZHHHT* and the *SFXS* show remarkable differences to the other textual sources of the Zheng He expeditions. Contrary to them, they prove a profound knowledge of the more ports at the South Arabian coast and of the steering directions as well. Even if there are mistakes on directions or localizations of places, they still prove that the Chinese navigators of the Ming period were very well acquainted with the most northwestern part of the Indian Ocean.

This is not as astonishing as it seems at first sight as the two final destinations outlined in the *SFXS*, Hormuz and Aden, were the capitals of the two most important "commercial" dynasties in the west of the Indian Ocean, viz. the Kingdom of Hormuz and the Rasūlids. The Kingdom of Hormuz was conquered by the Portuguese Afonso de Albuquerque in 1515, while the Rasūlids were overthrown by the Ṭāhirids in 1454,[②] but in the period of the early 15th century, both dynasties were major players in Indian Ocean trade, and Hormuz and Aden were the final harbors for commercial vessels trading with the Middle East and North Africa. However, besides these two major ports, a number of other ports are mentioned in the two Chinese navigational texts. These are all the ports mentioned in them (the navigational landmarks are not listed): Luhaiya, Aden,

① Zhou Yunzhong, "Zheng He xia Xiyang Alabohai hangxian kao," pp. 138 – 139; Xiang Da, *Liangzhong haidao zhenjing*, p. 80; Mills, Ma Huan, p. 300.
② Ralph Kauz, "The Formation of the Strait of Hormuz," in Li Qingxin 李庆新 (ed.), *Studies of Martime History* 海洋史研究, No. 2, Social Sciences Academic Press, 2011, pp. 23 – 39; *Encyclopaedia of Islam*, Second Edition (online, access 2021/9/3), s. v. Rasūlids.

Lasa, Sihr, Dhufar, Qalhat, Tiwi, Quraiyat, Muscat, and Hormuz.

Unfortunately, something like an "historical gazetteer" of South Arabia where the geographical history of the various ports is explained could not be found. But, during the last years, Omani scholars in collaboration with foreign scholars researched the history of Oman and Ibadism on a large scale, and in the series "Studies on Ibadism and Oman", a volume can be found which focusses on the ports of Oman. ①Some of the ports discussed in this volume are not of interest for the period here, for example, Sumhuram in the Dhofar region which flourished before the venture of Islam. But other ports are exhaustively described.

Because of larger-volume traffic in the later Middle Islamic period, ports with a sufficient supply of water became necessary, and this was the beginning of the preeminence of al-Balīd, that is the famous Dhofar mentioned in the Chinese texts. ②Marco Polo described this port, called Zafar by him, as well as Shihr to the West, some years after the place came under the control of the Rasulids. ③ Zarins and Newton discuss also the inland routes of the Arabian coasts which are an important aspect of maritime trade. This often neglected aspect of maritime relations is rather seldom researched, ④ but they illuminate in their article the route from South Arabia crossing the vast Rub'al-khali Desert up to East Arabia and even Iraq. An interesting note is the resulting connection of the Qarmatians with the Indian Ocean trade network, and one is inclined to wonder if they could spread their movement to places overseas. ⑤ The two authors discuss further Shisr and the

---

① Al-Salimi, Eric Staples, *The Ports of Oman.*

② Juris Zarins and Lynne Newton, "Northern Indian Ocean Islamic Seaports and the Interior of the Arabian Peninsula," in Al-Salimi, Eric Staples, *The Ports of Oman*, pp. 57-86, here p. 66.

③ Juris Zarins and Lynne Newton, "Northern Indian Ocean Islamic Seaports and the Interior of the Arabian Peninsula," p. 68.

④ Mohammad-Bāgher Vosoughi wrote an elucidating article on the Lārestān routes which connected the Hormuz Strait with the hinterland: "Welfare and Security Establishments on the Hormūz Strait. Lārestān Caravan Routes between the fourteenth and Sixteenth Centuries CE," *Orientierungen*, Themenheft: *Asian Sea Straits*: *Functions and History* (c. 500 to 1700), 25 (2013), pp. 86-109.

⑤ Juris Zarins and Lynne Newton, "Northern Indian Ocean Islamic Seaports and the Interior of the Arabian Peninsula," pp. 68-70; for the Qarmatians see the study: Peter Priskil, *Die Karmaten oder Was arabische Kaufleute und Handwerker schon vor über 1000 Jahren wußten : Religion muß nicht sein*, Freiburg: Ahriman, 2007.

trade in frankincense, myrrh and horses. The aromatics were a monopoly and thus
the profits in Indian Ocean trade enormous, but horses were also a most wanted
commodity, even to the 19th century. ①

The next important ports in the volume "The Ports of Oman" are Qalhat
and Sur which are discussed by Tom Vosmer. He basically distinguishes between
ports relying on nearby agriculture and others at the mouth of mountain wadis, Sur
is categorized under the first group and Qalhat under the second. ② The major
importance of Qalhat, at least to Chinese navigation and probably also as a first stop
at the coast before the Chinese ships headed for their final destination Hormuz, was
already mentioned above. As the twin city of Hormuz, it must have been of prime
importance in Indian Ocean trade during the heyday of the Hormuzi kingdom. Liu
Yingsheng has already investigated the close relations between China and this port
at the Arabian coast. ③ The regions at the Arab Peninsula and the Iranian shores of
the Persian Gulf show some common features. Vosmer argues with Alpers that at
the Omani coast only one or two harbors were prominent at the same time
(Qalhat taking this role from about the 12th century), ④ and the same can be
observed at the Iranian coast where Siraf, Kish and finally Hormuz took
successively the leading role as major entrepôt of the Persian Gulf. ⑤ It is not finally
decided if Qalhat really had an harbor in the later silted mouth of the Wadi Hilm or
if the ships anchored rather offshore as in many other places in the western part of
the Indian Ocean, but the offshore option seems more likely. ⑥ Vosmer describes
also the archaeological researches at Qalhat and states: "Qalhat, the satellite capital
of the Hormuzi empire, was one of the main ports of the Islamic world, an

---

① Juris Zarins and Lynne Newton, "Northern Indian Ocean Islamic Seaports and the Interior of the
Arabian Peninsula," pp. 75-81.

② Tom Vosmer, "Qalhat and Sur," p. 17.

③ Liu Yingsheng, "An Inscription in Memory of Sayyid Bin Abu Ali: A Study of Relations between
China and Oman from the Eleventh to the Fifteenth Century," in Vadime Elisseeff (ed.), *The
Silk Roads: Highways of Culture and Commerce*, New York: Berghahn Books, Paris UNESCO
Pub., 2000.

④ Tom Vosmer, "Qalhat and Sur," pp. 117-118.

⑤ Ralph Kauz, "Formation of the Strait of Hormuz," *Orientierungen*, *Themenheft*: *Asian Sea
Straits: Functions and History* (c. 500 to 1700), 25 (2013), pp. 110-125, here pp. 119-122.

⑥ Tom Vosmer, "Qalhat and Sur," p. 124.

emporium for Indian, Chinese and Persian goods and the principal center for the export of Arab horses to India, as well as a checkpoint on the maritime routes of the Gulf of Oman. "[1] Qalhat's position was decreased by an earthquake in the late 15th century, before it was destroyed by Afonso de Albuquerque in 1507. [2]

Thus, the importance of Qalhat in the *ZHHHT* as the major aim when heading to the Persian Gulf is sufficiently explained, but not the mentioning of Tiwi which lies close to Qalhat and al-Quraiyat which is more or less halfway from Qalhat to Muscat. They were probably major stops at the coast but did not hold a prime position as Qalhat. However, Qalhat's position seems to have been started to be rivalled by Muscat in the time of Zheng He's voyages as it was exuberantly described by Ahmad ibn Majid and later also by Albuquerque. [3] This shift could be also hint to the year of the compilation of the *ZHHHT* as Qalhat, though it is not marked on the map as an harbor. It seems to be more important for the Chinese navigators as Muscat which is on the map, but not on the lines of sailing directions.

The ports of the Omani part of the South Arabian coast present a rather clear picture of the ports in Indian Ocean trade, and the toponyms mentioned on the *ZHHHT* can be identified as important ports in other texts and according to archaeological researches. The western side of the coast, however, cannot so clearly be explained. While the two ports of Aden and Shihr leave few doubts, as they were known as important ports for many centuries, [4] Lasa and Luhaiya leave many questions open as they are both minor ports. Lasa has been thoroughly explained by Mills and to his notes nothing can be added. [5] This place is only mentioned in Fe Xin's work and it may be possible that it became somewhat

---

① Tom Vosmer, "Qalhat and Sur," p. 127.

② Tom Vosmer, "Qalhat and Sur," p. 122; Alina Marie Ermertz et al., "Geoarchaeological Evidence for the Decline of the Medieval City of Qalhat, Oman," *Open Quaternary*, Vol. 5, No. 8 (2019), pp. 1–14.

③ Quoted in Heinz Gaube, "Muscat and Mutrah," in Al-Salimi, Eric Staples, *The Ports of Oman*, pp. 141–157, here p. 142, p. 143.

④ R. B. Serjeant, "The Ports of Aden and Shihr (mediaeval period)," *Les Grandes Escales*, 10. *Colloque d'Histoire Maritime*, 1. *Antiquité et Moyen âge* (1974), pp. 207–224, Claire Hardy-Guilbert; "The Harbour of al-Shihr, Ḥaḍramawt, Yemen: sources and archaeological data on trade," *Proceedings of the Seminar for Arabian Studies*, 35 (2005), pp. 71–85.

⑤ Mills, Ma Huan, pp. 347–348.

common in Chinese sources because of this mentioning. For the Chinese ships this
small, insignificant place nearby al-Mukalla could have been only a stopover on the
route along the coastal route to Aden. This was probably the reason that it found its
place on the *ZHHHT* and in Fei Xin's report. Even more weird is the mentioning
of al-Luhaiya because it is a Red Sea port which began to flourish only in the
course of the 15th century. It was mentioned by Albuquerque when he entered the
Red Sea in 1513.[①] As above mentioned, Zhou Yunzhong supposes that the
ZHHHT was drawn before ships of Zheng He's last voyage arrived in Jidda. On the
way to the port of Mecca, the passage of al-Luhaiya would be obvious, but
certainly not before. Unfortunately, a positive answer to this riddle cannot be
given yet.

Many place names in the *ZHHHT* and the *SFXS* at the South Arabian coast
would deserve accurate comparison with historiographical and archaeological data
on this area. But in a very recent article on "Islamic archaeology", Andrew
Petersen complains that "Arabia's central place within Muslim religion and culture
has not also made it the primary focus for archaeologists specializing in the Islamic
period."[②] The above article can be thus only offering a collection of information
available to the author without shedding much light on the early 15th century
relationship between Arabia and China. However, as already stated above, it can
be confirmed that the Chinese had a peculiar high level of geographical wisdom of
these distant lands in the Arab World.

《郑和航海图》里的南阿拉伯海岸港口

廉亚明

摘　要：中国对欧亚大陆西部特别是印度洋西部的知识背景，在明代以

---

① *Encyclopaedia of Islam*, Second Edition (online, access 2021/9/3), s. v. al-Lu ḥayya.

② Andrew Petersen, "Arabia and the Gulf," in *The Oxford Handbook of Islamic Archaeology*, 2020,
https://www.oxfordhandbooks.com/view/10. 1093/oxfordhb/9780199987870. 001. 0001/
oxfordhb-9780199987870 (online, access 2021/9/3).

前的历史地理文本中已有所反映。汉文典籍中可以发现很多南阿拉伯海岸的地名记录，表明古代中国人对这一地区拥有丰富的地理学知识。《郑和航海图》代表了15世纪上半叶中国地理学家对海洋世界的认识，本文主要利用该文献，结合波斯、阿拉伯及中国其他史料搜集时人对南阿拉伯海岸港口与航路的记载，考订港口位置、名称与作用，展示中国与印度洋、阿拉伯半岛、波斯湾地区广阔的贸易联系。

关键词：郑和航海图；地理学知识；南阿拉伯；港口

（执行编辑：王潞）

17~18 世纪中国南海知识的转型：
以汪日昂《大清一统天下全图》
为线索*

在 17~19 世纪即清代康熙朝至光绪朝的士大夫之间，刊绘和观览《大清万年一统天下全图》系列舆图颇为盛行，许多版本都遗存至今。收藏机构和学人们大都已据各版的名称与识文、清朝内陆与边疆政区的变动判断其年代，梳理其系统，并以之阐明清代疆域图的绘制及其知识。但大多没有仔细分析其中南海（包括南海诸国、南海诸岛、南海航路）的知识来源。[①] 研

---

* 作者周鑫，广东省社会科学院历史与孙中山研究所（海洋史研究中心）研究员。

  本文在资料收集过程中，得到中山大学滨下武志教授、中国第一历史档案馆陈小东研究馆员的帮助；原稿曾有一部分在 2018 年、2019 年海洋史研究青年学者论坛上宣读，得到李庆新研究员、刘迎胜教授、陈尚胜教授、韩昭庆教授、丁雁南副研究员、孙靖国副研究员、夏帆博士及苏尔梦（Salmon Claudine）教授、罗燚英副研究员、林珂（Elke Papelitzky）博士的指正，在此深表谢意。2019 海洋史研究青年学者论坛上，韩教授告知，其学生石冰洁 2017 年硕士学位论文《清代私绘"大清一统"系全图研究》对汪图已有系统研究。经韩教授居中联系，石冰洁老师惠赐大作。捧读后，深感石老师用功之勤、创见之富，故本文尽力征引其观点，与之对话。拙文亦得到石老师的教正，特致谢忱。

① 各收藏机构对《大清万年一统天下全图》年代和系统的判断，可参国立北平故宫博物院文献馆编《清内务府造办处舆图房图目初编》，1936，第 2 页；北京图书馆善本特藏部舆图组编《舆图要录：北京图书馆藏 6827 种中外文古旧地图目录》，北京图书馆出版社，1997，第 40~41 页；李孝聪《欧洲收藏部分中文古地图》，国际文化出版公司，1996，第 16~17、173~175 页；周敏民编《地图中国：图书馆特藏》，香港科技大学图书馆，2003，Plate 48；李孝聪《美国国会图书馆藏中文古地图 （转下页注）

（转下页注）

究南海诸岛历史的学者尽管已经引用《大清万年一统天下全图》的诸多版本彰显当时中国知识阶层的南海诸岛知识及清朝对南海的管辖主权，但并未深入观察其知识流变。① 在《大清万年一统天下全图》系列舆图中，南海诸国与南海诸岛的绘制以雍正三年（1725）汪日昂重订的《大清一统天下全图》为分界点，呈现前后截然不同的情势。故本文不揣谫陋，尝试通过讨

（接上页注①）叙录》，文物出版社，2004，第12、15~20页；台湾博物馆主编《地图台湾：四百年来相关台湾地图》"图录"，台湾：南天书局，2007，第138页；林天人主编《河岳海疆：院藏古舆图特展》，台北故宫博物院，2012，第149、161页；孙靖国《舆图指要：中国科学院图书馆藏中国古地图叙录》，中国地图出版社，2012，第22~25页；林天人撰，张敏英文编译《皇舆搜览：美国国会图书馆所藏明清舆图》，"中研院"数位文化中心，2013，第84~89页、402~405页；朱鉴秋等编著《中外交通古地图集》，中西书局，2017，第262~263、279~280页。此外还有数份由拍卖公司拍出，参见孙果清《海外对中国古地图的搜集与收藏》，《地图》2005年第3期；中国嘉德国际拍卖有限公司编《中国嘉德2011春季拍卖会古籍善本图录》，2011年5月；北京泰和嘉成拍卖有限公司编《2011春季艺术品拍卖会古籍文献图录》，2011年5月；香港普艺拍卖有限公司编《S402中国书画及艺术品·玉器专场》，2014年5月。相关研究，见Walter Fuchs, "Materialien zur Kartographie der Mandju-Zeit Ⅰ," *Monumenta Serica*, Vol. 1, No. 2, 1935, pp. 394–395; Walter Fuchs, "Materialien zur Kartographie der Mandju-Zeit Ⅱ," *Monumenta Serica*, Vol. 3, 1938, pp. 208–217; 鲍国强《清乾隆〈大清万年一统天下全图〉辨析》（《文津学志》第2辑，北京图书馆出版社，2008），收入陈红彦主编《古旧舆图善本掌故》，上海远东出版社，2017，第33~43页；鲍国强《大清万年一统地理全图》，国家图书馆、国家古籍保护中心编《西域遗珍：新疆历史文献暨古籍保护成果展图录》（国家图书馆出版社，2011，第238~241页），收入陈红彦主编《古旧舆图善本掌故》，第45~49页；〔日〕海野一隆《黄宗羲の作品とその流布》，氏著，要木佳美编《地图文化史上の广舆图》第四章第三节，东洋文库，2010，第238~259页；鲍国强《清嘉庆拓本〈大清万年一统地理全图〉版本考述》，《文津学志》第8辑，北京图书馆出版社，2015；席会东《清嘉庆〈大清万年一统地理全图〉与清代民绘本疆域图的演变》，《中国古代地图文化史》，中国地图出版社，2013，第113~117页；石冰洁《从现存宋至清"总图"图名看古人"由虚到实"的疆域地理认知》，《历史地理》第33辑，2016；石冰洁《清代私绘"大清一统"系全图研究》，硕士研究生论文，复旦大学历史地理研究中心，2017。石文提及李明喜2011年北京大学博士学位论文《清代全国总图研究》对《大清万年一统天下全图》亦有深入研究，惜未得见。

①　林金枝：《东沙群岛主权属中国的历史根据》，《南洋问题》1979年第6期；吴凤斌：《南沙群岛历来就是我国领土》，《南洋问题》1979年第6期；林金枝：《东沙群岛历史考略》，《厦门大学学报》（哲学社会科学版）1981年第2期；吴凤斌：《明清地图记载中南海诸岛主权问题的研究》，《南洋问题》1984年第4期；韩振华：《我国历史上的南海海域及其界限（续完）》，《南洋问题》1984年第4期；韩振华主编《我国南海诸岛史料汇编》，东方出版社，1988，第88~89页；林荣贵：《历代中国政府对南沙群岛的管辖》，《中国边疆史地研究导报》1990年第2期；林荣贵、李国强：《南沙群岛史地问题的综合研究》，《中国边疆史地研究》1991年第1期；吴凤斌：《我国拥有南沙群岛主权的历史证据》，《南洋问题研究》1992年第1期；李国强：《南中国海研究：历史与现状》，黑龙江教育出版社，2003，第159页；李国强：《南海记忆》，《光明日报》2016年7月10日。

论汪日昂《大清一统天下全图》的刊绘脉络与知识源流，勾画 17~18 世纪中国南海知识转型的多元面相。

一　汪日昂《大清一统天下全图》刊绘脉络

> 一统舆图，余所见者有五本：一为阁中书咏所刊，一为黄梨洲先生所定、其孙证孙刊之于泰安；一为新安汪户部日昂本；一为山阳阮太史学濬重订阁中书本；又有湖南藩库所藏本，不知何人所刊。凡此五本虽有小异，然大约梨洲本，其权舆也。其误处不少，惜未有能取武英殿开方铜板图一订正之。①

这段话出自盛百二（字秦川，浙江秀水人）乾隆三十四年（1769）刊刻的《柚堂笔谈》。盛百二是乾隆二十一年（1756）举人，官至淄川县知县，著有《尚书释天》六卷。② 他见到的五种"一统舆图"除不知何人所刊的湖南布政使司藩库藏本外，其余四种分别是康熙五十三年（1714）阁咏（字复申，山西太原人）所刊《大清一统天下全图》，乾隆三十二年（1767）黄千人（字证孙，浙江余姚人，1694~1771）所绘《大清万年一统天下全图》，雍正三年（1725）汪日昂（字希赵，江南休宁人）所刻《大清一统天下全图》及雍正年间阮学濬（字澂园，江南山阳人）重订阁咏《大清一统天下全图》。

阁咏所刊《大清一统天下全图》据 1936 年出版的《清内务府造办处舆图房图目初编》载：

> 大清一统天下全图 景印纸本，纵 1.1 公尺，横同。图之右下角注："康熙五十三年甲午四月既望太原阁咏复申图并识。"③

---

① 盛百二：《柚堂笔谈》卷四，清乾隆三十四年潘莲庚刻本，第 6 页 a-b。
② 阮元等撰，冯立俊等校注《畴人传合编校注》之《畴人传正续编》卷四十二，"盛百二"条，中州古籍出版社，2012，第 377 页。周中孚在著名的《郑堂读书记》中评骘道："其随意涉猎经史，辄有妙悟，不与世人同。因成是编（即《柚堂笔谈》），凡一百七十。则议论纯正，颇有裨于风教。其所考证，亦皆精切不移，虽大鼎之一脔，然已足餍饫后生矣。"
③ 国立北平故宫博物院文献馆编《清内务府造办处舆图房图目初编》，第 2 页。

《清内务府造办处舆图房图目初编》是 1936 年北平故宫博物院文献馆
整理原存造办处舆图房的舆图，参照乾隆二十五、二十六年造办处受命清理
舆图房所得的《萝图荟萃》旧目"先将留平部分编目"而成。① 但将《萝
图荟萃》与之比对，发现《萝图荟萃》中并无《大清一统天下全图》，亦不
见此图录于乾隆六十年（1795）整理舆图房新收舆图的《造办处舆图房图
目续》，可见《大清一统天下全图》当是乾隆朝以后所收。② 1960 年代，中
国第一历史档案馆归并整理原舆图房舆图及当时收集到的清宫其他各类舆
图，编制《内务府舆图目录》二册。秦国经先生等将该目录同《萝图荟萃》
及历朝舆图房清档目录逐条核对，发现舆图房所藏的 2548 件珍贵舆图大多
被保存下来，其中就有《大清一统天下全图》。③

早在 1930 年代，福克斯（Walter Fuchs）就曾观览、研究过当时北平故
宫博物院文献馆收藏的阎咏《大清一统天下全图》，并将其制成论文插图。
该图右下角题识末尾写道："康熙五十三年甲午四月既望太原阎咏复申图并
识。男学机心织校字。"它显系原清宫所藏、今存中国第一历史档案馆的
《大清一统天下全图》无疑。阎咏在题识中对其所据底本和绘图过程有所
说明：

> 余姚黄黎洲先生旧有舆图，较他本为善。而蒙古四十九旗屏藩口外
> 与目前府、州、县、卫、所改置分并之处，及红苗、八排、打箭炉之开
> 辟，并哈密、喀尔喀、西套、西海厄鲁特、俄罗斯、达赖喇嘛、西洋荷
> 兰诸国暨河道、海口新制，皆未订补。咏幼奉先征君指示，近承乏各馆
> 收掌、纂修，谨按《典训》《方略》《会典》《一统志》诸书，又与同

---

① 秦国经、刘若芳：《清朝舆图的绘制与管理》，曹婉如等编《中国古代地图集（清代）》，
文物出版社，1997，第 75～77 页；李孝聪《故宫博物院图书文献处藏清代舆图的初步整理
与认识》，《故宫学术季刊》（台湾）第 25 卷第 1 期，2007。

② 汪前进编选《中国地图学史研究文献集成（民国时期）》第五册，附录《萝图荟萃》《造
办处舆图房图目续》，西安地图出版社，2007，第 1873、1883 页。《萝图荟萃》虽载有一部
"天下全图"，但当即《清内务府造办处舆图房图目初编》列出的"舆地"第一种"天下
全图一幅 墨印纸本 纵 0.8 公尺横 1.11 公尺，康熙三十三年印"，分见汪前进编选《中国地
图学史研究文献集成（民国时期）》第五册，附录《萝图荟萃》，第 1873 页；国立北平故
宫博物院文献馆编《清内务府造办处舆图房图目初编》，第 2 页。

③ 秦国经、刘若芳：《清朝舆图的绘制与管理》，曹婉如等编《中国古代地图集（清代）》，
第 77 页。

里杨编修禹江共参酌之，绘为全图，以志圣代大一统之盛。①

　　阎咏是清初著名学者阎若璩（字百诗，1638~1704，山西太原人）的长子。阎若璩祖籍山西，侨居淮安府山阳县，"生平长于考证"②。他不仅"殚精经学，佐以史籍"，以《尚书古文疏证》名世，而且"于地理尤精审，凡山川形势、州郡沿革瞭如指掌"。③康熙二十五年，礼部尚书徐乾学（字原一，江南昆山人，1631~1694）充任一统志馆、会典馆、明史馆三馆总裁，阎若璩受邀入局纂修。二十八年，徐乾学罢官返乡。次年归家，开局洞庭东山，纂辑《一统志》，仍延请阎与精擅地理之学的胡渭（字胐明，浙江德清人，1633~1714）、顾祖禹（字瑞五，南直隶常州人，1631~1692）等分纂。④由此可见，阎若璩舆地之学的造诣之深为时人所推重。"咏幼奉先征君指示"指的当是阎咏自幼就随其父学习舆地之学。

　　阎咏克绍家学，又富文学，康熙己丑（四十八年，1709）科进士，任中书舍人。⑤中书舍人为内阁中书科官员，亦称内阁中书，顺治初置，"职专缮写册宝诰敕等事"⑥。康熙朝例开实录馆、圣训馆、玉牒馆等，常开国史馆、方略馆、上谕馆和特开会典馆、明史馆、一统志馆等纂修史籍。中书舍人常充诸馆所修史籍的誊录、收掌等职。康熙四十七年（1708）修成的《亲征平定朔漠方略》，在"汉文誊录"的名录下便有"内阁中书 臣阎咏"。⑦"近承乏各馆收掌、纂修"当指其承充某些史馆的收掌和纂修。但诚如后文引证的汪日昂《大清一统天下全图》识文所显示，阎咏只做到中书舍人，并未升任纂修，此处多少有些自夸。不过，正因为拥有其父的学术资源和自身出入史馆的经历，他能够见到《典训》《方略》《会典》《一统志》等纂而未成或已成编的国家典志。

　　阎咏最后能绘成《大清一统天下全图》，还要得益于杨开沅（字用九，

---

① 阎咏：《〈大清一统天下全图〉识语》。
② 李元度：《国朝先正事略》卷三十二《经学·阎百诗先生事略》，易孟醇点校，岳麓书社，1991，第905页。
③ 张穆：《阎潜丘先生年谱》，道光二十七年寿阳祁氏刊本，第65页b。
④ 可参王大文《康雍乾初修〈大清一统志〉的纂修与版本》，《历史地理》第35辑，2016。
⑤ 张穆：《阎潜丘先生年谱》，西塞阎氏家族、西塞历史文化研究会，2016，第109页a。
⑥ 伊桑阿等：《康熙朝大清会典》卷一百六十《中书科》，台湾：文海出版社，1992，第7726~7727页。
⑦ 温达等：《进方略表》，《亲征平定朔漠方略》，中国藏学出版社，1994，第9页。

江南山阳人）的帮助，"与同里杨编修禹江共参酌之"。杨开沅，号禹江，同阎氏父子相若，祖籍山西，世居山阳县，康熙四十二年（1703）中进士，官翰林编修，故被阎咏称为"同里杨编修禹江"。"余姚黄黎洲先生旧有舆图"是指康熙十二年（1673）黄宗羲（字太冲，浙江余姚人，1610~1695）刊刻的地图。杨开沅不仅是阎咏的同里，而且同属黄宗羲学问一脉，杨是黄宗羲的及门弟子，阎父若璩则被黄许纳门墙。① 杨开沅亦精通舆地，并得益于阎若璩。② 故能与阎咏共同参酌黄宗羲地图，改绘成《大清一统天下全图》。

　　黄宗羲地图今已不可见，但在康乾时期颇流行于士大夫之间。康熙年间，据其改绘的除阎咏《大清一统天下全图》外，似乎还有二十六年（1687）后绘制的《中国地图》和六十一年（1722）吕抚（字安世，浙江新昌人，? ~1742）校绘的《三才一贯图》之《大清万年一统天下全图》。不过，据笔者考证，吕抚虽然参考过黄宗羲地图，但实际仍以罗洪先（字达夫，江西吉水人，1504~1564）嘉靖三十三至三十四年（1554~1555）完稿的《广舆图》之《舆图总图》为底本，采用"每方五百里，止载府州，不书县"的计里画方绘法。《中国地图》最接近黄宗羲地图原貌，在绘法上基本采用"每方百里，下及县、卫"的计里画方法，糅合扬子器跋《舆地图》山水画法；在内容上则是将《广舆图》中的各省舆图和《九边舆图》《海运图》《黄河图》《东南海夷图》《西南海夷图》《西域图》《朔漠图》等拼合。它亦未绘出"蒙古四十九旗屏藩口外……及红苗、八排、打箭炉之开辟，并哈密、喀尔喀、西套、西海厄鲁特、俄罗斯、达赖喇嘛、西洋荷兰诸国暨河道、海口新制"，所绘南海中的"长沙"和两个"石塘"及"婆利""干陀利""三万六十屿"，也明显依循《广舆图》之《东南海夷图》的绘法。因此，黄宗羲地图很可能还是袭用《广舆图》的旧南海知识，并未吸收 17 世纪新的南海知识。③

---

① 阎若璩：《潜邱札记》卷四《南雷黄氏哀词序》，《清代诗文集汇编》第 141 册，乾隆九年眷西堂刻本影印，上海古籍出版社，2010，第 133 页。

② 石冰洁：《清代私绘"大清一统"系全图研究》，第 17 页。

③ 相关研究请参见拙文《吕抚〈三才一贯图〉之〈大清万年一统天下全图〉源流考》《黄宗羲地图考》（未刊稿）。有关吕抚《三才一贯图》的研究，亦可参考李孝聪《欧洲收藏部分中文古地图》，第 17 页；氏著《美国国会图书馆藏中文古地图叙录》，第 12 页；欧阳楠《中西文化调适中的前近代知识系统——美国国会图书馆藏〈三才一贯图〉研究》，《中国历史地理论丛》2012 年第 3 期；杨雨蕾《〈天地全图〉和 18 世纪东亚社会的世界地理知识：中国和朝鲜的境遇》，《社会科学战线》2013 年第 10 期；〔日〕海野一隆著，要木 （转下页注）

　　阎咏《大清一统天下全图》大体沿袭这一知识传统，不但绘出"婆利""干陀利"等南海诸国，还订补了"西洋荷兰诸国暨河道、海口新制"。康熙二十一年（1682），阎若璩客游福建，见到荷兰国人。他将所见荷兰人服饰写入《尚书古文疏证》卷五中。[1] 阎咏在任中书舍人期间曾尝试刊刻《尚书古文疏证》，惜未果。[2] 这或许是阎咏特别注意荷兰国，在《大清一统天下全图》中增绘的原因之一。不过，他并未关注南海诸岛，其《大清一统天下全图》连"长沙"都不见踪迹。

　　阎咏《大清一统天下全图》行世后，流传也颇广。如吕抚似乎就耳闻过，结合《三才一贯图》中《历代帝王图》之"大清皇帝万万世"，将其所绘之图名为《大清万年一统天下全图》。阎的好友傅泽洪（字育甫）对其所绘之金沙江也颇为赞许，在雍正三年（1725）成书的《行水金鉴》中辨析"金沙江"时专门引述：

　　　　吾友阎中书咏刊《大清一统天下全图》。据云"本之《政治典训》《方略》《会典》《一统志》诸书"，其山川位置自无苟且。[3]

　　傅泽洪显然非常熟识阎咏的《大清一统天下全图》。从前文所引盛百二的见闻可知，阮学濬（字澂园，江南山阳人）曾重订阎咏《大清一统天下全图》。阮学濬，雍正十一年（1733）中进士，乾隆元年（1736）任翰林编

　　（接上页注③）佳美编《地图文化史上の広舆图》第四章第三节，第 240 页。石冰洁也已指出，吕抚的《三才一贯图》之《大清万年一统天下全图》在比例、修订者、行政建置、地名、图例符号和文字注记上，同其他《大清万年一统天下全图》系列迥异，见石冰洁《清代私绘"大清一统"系全图研究》，第 29~30 页。有关康熙二十六年后绘制的《中国地图》的研究，可参王庸编《国书馆特藏清内阁大库 新购舆图目录》，北平图书馆，1934，第 1~2 页；国立北平故宫博物院文献馆编《清内务府造办处藏图房图目初编》"凡例"，第 2 页；李孝聪《故宫博物院图书文献处藏清代舆图的初步整理与认识》，第 152 页；〔日〕青山定雄《古地誌地圖等の調查》（续编），《东方学报》1935 年第 5 册，第 162~169 页；〔日〕海野一隆著，要木佳美编《地图文化史上の広舆图》，第 238~239 页；Walter Fuchs, "Materialien zur Kartographie der Mandju-Zeit Ⅰ," pp. 394–395；Von Walter Fuchs, "Materialien zur Kartographie der Mandju-Zeit Ⅱ," pp. 208-216。海野一隆并未追查到该图后来归藏台北故宫博物院，因此收藏地记为"北京图书馆?"。
① 张穆：《阎潜丘先生年谱》，第 51 页 a。
② 张穆：《阎潜丘先生年谱》，第 112 页 b。
③ 傅泽洪：《行水金鉴》卷九十一《运河水》，《文渊阁四库全书》本，第 24 页 a。

修，乾隆七年（1742）充贵州省乡试主考官，后因事谪居吴中。① 因其曾任翰林编修，故盛二百称其为"太史"。阮学濬是淮安山阳人，恰与共同参酌绘制阎图的翰林前辈杨开沅同里。阮学濬得获并重订阎咏的《大清一统天下全图》，不仅得益于《大清一统天下全图》的流行，还可能得益于其身所处的乡里士人知识网络和全国的知识中心翰林院。其重订本当在雍正、乾隆之际，惜今无遗存，也未见诸其他记载，无法窥其一二。雍正朝另一重要改绘本便是汪日昂《大清一统天下全图》，后文再叙。

乾隆朝以后，阎图仍有流传。清宫内务府造办处舆图房所收、今中国第一档案馆所藏便是明证，但行世者日少。张穆（字石舟，山西平定人，1808~1849）在道光二十六年（1846）完成的《阎潜丘先生年谱》中"（长咏）纂修天下全图一幅"下就无奈地注明"案：图未见"。② 之所以如此，相当大的原因是乾隆三十二年（1767）黄千人刊刻的《大清万年一统天下全图》确立起了新一统图典范。③

黄千人《大清万年一统天下全图》集此前几种一统舆图之大成。其名当采自吕抚的《三才一贯图》之《大清万年一统天下全图》，此后的天下舆图大都会冠以"大清万年一统"之名。④ 其依据底图和增绘内容则在乾隆三十二年初刻本、后刻本《大清万年一统天下全图》的题识中有所陈述：

> 康熙癸丑，先祖黎洲公旧有舆图之刻，其间山川、疆索（原刻讹为"棠"）、都邑、封坼靡不绮分绣错，方位井然。顾其时，台湾、定海未入版图，而蒙古四十九旗之屏藩，红苗、八排、打箭炉之开辟，哈密、喀尔喀、西套、西海诸地及河道、海口新制犹阙焉。
>
> 既自圣化日昭，凡夫升州为府、改土归流、厅县之分建、卫所之裁并，声教益隆，规制益善。近更安西等处扩地二万余里，悉置郡县。千

---

① 秦国经等主编《清代官员履历档案全编》卷一，华东师范大学出版社，1997，第219页。

② 张穆：《阎潜丘先生年谱》，第109页b。

③ 可参见鲍国强《清乾隆〈大清万年一统天下全图〉辨析》《大清万年一统地理全图》《清嘉庆拓本〈大清万年一统地理全图〉版本考述》，及〔日〕海野一隆《黄宗羲の作品とその流布》。据石冰洁统计，自乾隆朝至光绪朝，黄千人《大清万年一统天下全图》系列舆图现存的馆藏至少就有59幅，见石冰洁《清代私绘"大清一统"系全图研究》附录，第118~120页。

④ 石冰洁认为，其名源自黄千人在康熙五十二年摹绘的《天长地久图》，见石冰洁《清代私绘"大清一统"系全图研究》，第27页。

人不揣固陋，详加增辑，敬付开雕，用彰我盛朝大一统之治，且亦踵成祖志云尔……塞徼荒远莫考，海屿（原刻讹为"与"）风汛不时，仅载方向，难以里至计。鲜见寡闻，恐多舛漏，幸海内博（原刻讹为"博博"）雅君子厘正（原刻讹为"工"）为望也。乾隆三十二年岁次丁亥，清和月吉，余姚黄千人证孙氏重订。①

　　黄千人系黄宗羲子黄百家之次子，监生，考授州同，乾隆二十五年（1760）借补山东泰安县丞，三十三年（1768）受代而归，三十六年（1771）卒。② 他工诗能文，先后撰有《餐秀集》《希希集》《岱游草》《宁野堂诗草》《竹浦稼翁词》，乾隆二十五年泰安县丞上任伊始即参校厘正《泰安府志》。③ 黄千人以辑校其祖黄宗羲遗稿为己任，乾隆二十六年（1761）重校黄宗羲晚年所作尚未编定的《病榻集》，刊刻《南雷文定五集》三卷，④ 适值黄千人任泰安县丞的第二年。而据前文摘引盛百二的谈论，黄千人重订黄宗羲地图"刊之于泰安"，时乾隆三十二年四月（"清和月"）⑤，正是其离任泰安县丞的前一年。

　　"先祖黎洲公旧有舆图之刻"自然是黄千人的重要参考，但是否是其底图呢？稍加观览，他指出其祖地图缺憾之语"顾其时，台湾、定海未入版图，而蒙古四十九旗之屏藩，红苗、八排、打箭炉之开辟，哈密、喀尔喀、西套、西海诸地及河道、海口新制犹阙焉"便发现，这完全脱胎于阎咏《大清一统

---

① 黄千人：《〈大清万年一统天下全图〉镌语》，转引自鲍国强《清乾隆〈大清万年一统天下全图〉辨析》、孙靖国《舆图指要：中国科学院图书馆藏中国古地图叙录》，第22~23页。

② 黄钤修、萧儒林等纂《（乾隆）泰安县志》卷八《职官·县丞》，乾隆四十七年刻本，第9页a；黄政敷等辑《余姚竹桥黄氏宗谱》卷十一《文苑列传·谔哉先生（讳千人）》，余姚市档案馆藏道光四年惇伦堂木活字本。对黄千人生平的考证，可参见鲍国强《清乾隆〈大清万年一统天下全图〉辨析》；孙靖国《舆图指要：中国科学院图书馆藏中国古地图叙录》，第23页；石冰洁《清代私绘"大清一统"系全图研究》，第26~28页；华建新《余姚竹桥黄氏家族研究》，浙江大学出版社，2017，第260~261页。

③ 颜希深修、成城等纂《（乾隆）泰安府志》卷首《纂修姓氏》，乾隆二十五年刻本，第2页a；黄炳垕纂辑《黄氏世德传赞》，光绪十六年庚寅洞留书种阁刻本；周炳麟修、邵友濂等纂《（光绪）余姚县志》卷十七《艺文下·黄千人》，光绪二十五年刻本，第15页a-b。

④ 沈善洪主编《黄宗羲全集》第11册《南雷诗文集》（下）、《南雷诗文五集序》（沈廷芳）、《南雷诗文五集议言》（黄千人）、《黄宗羲遗著考（六）·南雷诗文诸集及散佚诗文考》（吴光），浙江古籍出版社，1993，第447~449、480页。

⑤ 美国国会图书馆藏嘉庆十六年增刻本《大清万年一统天下全图》的识语将黄千人地图系于乾隆丁亥年二月，见林天人编撰《皇舆搜览：美国国会图书馆所藏明清舆图》，第87页。

天下全图》题识所表。因此，黄千人肯定见过阎咏的《大清一统天下全图》。
既然阎咏以黄宗羲地图为底本订补了诸多陆疆和海域的新知，黄千人又完全
接受，他当不至于因尊崇其祖父而选择已经过时的黄宗羲地图作为底本。

　　那么，阎咏《大清一统天下全图》是否是其底图呢？答案也是否定的。
与阎咏《大清一统天下全图》没有绘出南海诸岛形成鲜明对照的是，黄千
人《大清万年一统天下全图》不仅以"南澳气""干豆""万里长沙""万
里石塘"分绘南海诸岛，而且在沙洲环绕的环状岛礁"南澳气"下注明
"水至此趋下不回，船不敢近"之语。其所绘的南海诸政权亦非"婆利"
"干陀利"，而是"吕宋""大泥""旧港""咖嘟吧"等。海上的欧洲诸国
也不只是"荷兰"，还增绘了"英圭黎""干丝腊""和兰西"等国。黄千
人《大清万年一统天下全图》呈现一整套新的南海知识。这套新知识在其
后的《大清万年一统天下全图》系列舆图中都得到相当彻底的贯彻。可以
说，它构成乾嘉以降清朝士大夫南海知识的重要组成部分。黄千人所用的底
图既非黄宗羲地图，亦非阎咏《大清一统天下全图》，那么究竟是何种地图
呢？答案正是阎咏《大清一统天下全图》的雍正朝重要改本，本文要重点
讨论的雍正三年（1725）汪日昂《大清一统天下全图》。

　　汪日昂《大清一统天下全图》目前仅见于韩国首尔大学奎章阁图书馆。
该图为手绘彩图，尺寸138厘米×117厘米。右下角镌有汪日昂的识文：

　　　　粤稽禹步，仰溯成平，西被东渐，朔南攸暨，固已功昭圈外矣。昔
　　中翰阎复申先生刻《一统全图》，行于海内。悬诸座右，满目河山，瞭
　　如指掌。今圣天子御极以来，至德神功，弥纶六合，每于要地，锡号画
　　疆，版章之盛，超于千古。日昂（图中书写为"昻"）承乏户曹，躬
　　逢熙泰，自公之暇，每见旧图而惜其未备，爰于添置之所，按其疆界，
　　补入新名。其省从……一仍其旧。而于新设之府州县，则另添入字面，
　　以昭四表光被之象。其分设县治，仍与凡例同符。付之剞劂，俾志在游
　　览者同申其瞻玩。交庆皇舆之大迈于禹迹，诚万世承平之极致也。雍正
　　三年乙巳嘉平上浣，海阳汪日昂（图中书写为"昻"）识。①

────────────

① 韩国首尔大学奎章阁图书馆藏汪日昂《大清一统天下全图》，编号M/F81-103-463-Q，数
　字地址 http：//kyujanggak. snu. ac. kr/home/MOK/CONVIEW. jsp? type = MOK&ptype =
　list&subtype = sm&lclass = AL&mclass = &sclass = &ntype = pf&cn = GR33484_ 00。

"嘉平"即腊月，这篇识文当写于雍正三年十二月上旬。汪日昂在识文中书写为"昂"，石冰洁比对史料后因无法断定"汪日昂"是否为"汪日昂"的误刻，故暂据落款以"汪日昂"名之。① 不过，中国第一历史档案馆藏宫中全宗雍正履历折明载：

> 臣汪日昂，江南徽州府休宁县人，年四十七岁。由岁贡于康熙五十一年三月内遵请旨补足等事例，在户部捐兵马司副指挥用。康熙五十五年八月，选授北城副指挥，历俸三年零七日。任内获选，议叙加六级。康熙五十八年，遵奏闻具呈事例，在户部以现任副指挥捐升员外郎。康熙六十一年三月，分选授户部四川司员外郎。本年四月十三日到任，连闰历俸二年七个月零七日，今升兵部职方司郎中缺。②

这份履历折虽由书手抄写，但事关汪日昂的身家性命，应当书其正名。履历折中自称"江南徽州府休宁县人"，海阳为休宁县治所在，同识文所称"海阳汪日昂"若合符节。汪日昂在康熙五十一年（1712）三月，由岁贡"遵请旨补足等事例，在户部捐兵马司副指挥用"，此后一直在户部当差，康熙六十一年（1722）四月十三日到任户部四川司员外郎，"连闰历俸二年七个月零七日，今升兵部职方司郎中缺"，即雍正二年（1724）约十月十九日升兵部职方司郎中。兵部职方司的工作之一便是整理舆图和档案。他很可能在兵部职方司任上得睹朝廷库藏的舆图和档案资料，以资增补。汪日昂在识文中自道"承乏户曹"，《（道光）休宁县志》提及"汪日昂，字希赵，西门人，户部广东司郎中"，因此他很可能在雍正三年底已回到户部，担任户部广东司郎中。③ 或许如石冰洁所推测，他掌核广东钱粮奏销，"对于广东的地理位置与地情应比其他官员更为了解，对于海洋以及海上航道的重要性也理应更为关注和敏感"。④

"中翰"为内阁中书之别称，前文即由此判断阎咏最后所任仍只是中书

①　石冰洁：《清代私绘"大清一统"系全图研究》，第 21 页。
②　秦国经等主编《清代官员履历档案全编》卷十四，第 64 页。
③　何应松修、方崇鼎纂《（道光）休宁县志》卷十一《仕宦》"汪日昂"条，道光三年刻本，第 30 页 a。
④　石冰洁：《清代私绘"大清一统"系全图研究》，第 21 页。

舍人。汪日昂对阎咏的《大清一统天下全图》颇为推崇，但惋惜其没有反映雍正朝政区的变动，便在旧图上"于添置之所，按其疆界，补入新名"，"于新设之府州县，则另添入字面"。显而易见，他所绘的地图是以阎咏《大清一统天下全图》为底本改绘而成的。

返诸汪图，发现"添置之所""新设之府州县"的改绘，主要围绕雍正二年政区调整的重点——江南苏、松二府诸县一析为二，甘肃宁夏、西宁、凉州、肃州诸卫裁置府县——展开（见表1）。苏、松二府新设诸县添入新名，甘肃宁夏、西宁、凉州、肃州诸卫则主要是更换图例。当然，汪日昂还对阎图绘成的康熙五十三年（1714）之后的变动进行了些许修订。如康熙五十七年（1718）置柳沟、靖逆二直隶厅，雍正二年柳沟直隶厅裁撤，故只标出靖逆直隶厅；康熙五十九年（1720）岳池县复置，亦在大致方位添入县名与图例。

表1　汪日昂《大清一统天下全图》据雍正二年政区调整之一览

时间	区域	政区调整	汪日昂《大清一统天下全图》
雍正二年九月	苏州府	析太仓州地置镇洋县，析长洲县地置元和县，析吴江县地置震泽县，析常熟县地置昭文县，析昆山县地置新阳县，析嘉定县地置宝山县	长洲县、元和县、吴江县、震泽县、常熟县、嘉定县、宝山县，昆山、新阳县
雍正二年九月	松江府	再割华亭县地置立奉贤县，并析娄县地设金山县，分上海县地设立南汇县，析青浦县置立福泉县	华亭县、奉贤县、娄县、金山县、上海县、南汇县、青浦县
雍正二年十月二十六日	宁夏卫	裁宁夏卫，置宁夏府，属甘肃布政使司；裁左屯卫置宁夏县，裁右屯卫置宁朔县，均为府之附郭县；裁灵州所置灵州，裁宁夏所入之；裁平罗所置平罗县；裁宁夏中卫置中卫县，均属宁夏府	宁夏府、宁朔县、灵州、平罗县、中卫县
雍正二年十月二十六日	西宁卫*	裁卫置西宁府，置府之附郭西宁县；裁碾伯所置碾伯县，于北川营地置大通卫，一并属府	西宁府、西宁县、碾伯县
雍正二年十月二十六日	凉州卫	裁卫置凉州府，置府之附郭武威县；裁镇番卫置镇番县，裁永昌卫置永昌县，裁庄浪所置平番县，裁古浪所置古浪县，一并来属	凉州府、武威县、镇番县、永昌县、平番县、古浪县

时间	区域	政区调整	汪日昂《大清一统天下全图》
雍正二年十月二十六日	甘州卫	裁左、右二卫，置甘州府，同置张掖县为府之附郭县；裁山丹卫置山丹县；裁高台所置高台县，裁镇彝所入之；裁肃州卫置肃州厅，一并来属	甘州府、张掖县、山丹县、高台县、肃州厅

　　* 石冰洁已注意到西宁卫改为西宁府的行政建置变化，见《清代私绘"大清一统"系全图研究》，第19页。

　　资料来源：牛平汉主编《清代政区沿革综表》，中国地图出版社，1990。

　　有意思的是，汪在图例上"一仍其旧"，以致其改绘之处遗下诸多阁图的痕迹。如裁卫置县，汪基本都将标识卫的图例□改为标识县的○。但山丹县却仍袭用卫的图例。又如康熙朝末年至雍正朝初年大量新设、改设直隶厅，阁图没有相关的图例，汪图只得沿用卫的图例标识厅。当然，汪日昂的重订工作不只是在变动的政区上添入新名和更改图例，更重要的是依据南海知识重新绘制南海诸岛、诸国地图。

二　汪日昂《大清一统天下全图》的南海知识及其源流

　　汪日昂《大清一统天下全图》重新绘入的南海知识，无论在南海诸政权还是在南海诸岛上，都有非常充分的呈现。汪图绘出28个南海诸政权，包括"广南""占城""柬埔寨""暹罗""大泥""六坤""斜仔""彭亨""柔佛""麻六甲""旧港""丁机宜""万丹""哑齐""下港""咖嘟吧""宋圭勝（讹作"勝"）""思吉港""巫来由""池闷""马神""速巫""米六合""蚊蛟虱""吕宋""网巾礁脑""苏禄""文莱"。

　　为完整绘出南海诸国但又不至影响大清一统天下的中心位置，该图大概以中南半岛与马来半岛的"暹罗""大泥""六坤"一线为中间点，其东部从"安南"至"暹罗"的部分大约沿顺时针90度斜摆，其南部从"地盘山"以下则沿逆时针90度横折，导致中南半岛的濒海地域、马来半岛的南段和巽他群岛发生偏移。如果照式将其复位，会惊奇地发现汪图所绘的南海诸国同其实际位置大体一致。因此，汪日昂选用的南海地图的底本应当是相当精确而翔实的。

　　不仅如此，汪日昂还标注了其中 17 国的来历、旧名或别名，如"广南，本安南地……"，"占城，即林邑，古越裳氏之界"，"柬埔寨，即真（讹作"占"）腊"，"暹罗国，即古赤土"，"大泥，即渤泥"，"彭亨（讹作"亨"），即彭坑"，"柔佛，一名乌丁樵林"，"麻六甲，即满（讹作"蒲"）剌加"，"旧港，即三佛齐故址"，"哑齐，即苏门答剌"，"下港，古阇婆，元爪哇"，"巫来由，一名白头番"，"池闷，即吉里地闷"，"马神，古称文狼"，"文莱，即（婆）罗国"；"吕宋"和"咖嚼吧"更是分别直指"今为干系腊所属之国，一名敏林腊"，"系荷兰互市之地，亦称红毛"。

　　稍检这些注文，可清楚看到"广南""占城""柬埔寨""暹罗""大泥""彭亨""柔佛""麻六甲""旧港""哑齐""下港""马神""文莱"13 国的名实都来自《东西洋考》；"吕宋"条中前半句"今为干系腊所属之国"亦然。[1] 没有注文的"六坤""思吉港""苏禄""丁机宜"4 国也是《东西洋考》中书写的正式名称。[2] 显而易见，汪日昂重点参考《东西洋考》，以标注南海诸国的地名与文字。考虑到张燮著《东西洋考》的笔法，"舶人旧有航海针经，皆俚俗未易辨说；余为稍译而文之。其有故实可书者，为铺饰之"，[3] 汪选择这一更能代表士人文化的航海文献来订正、注解南海诸国的国名、地名也就不足为奇了。不过《东西洋考》所载《东西海洋诸夷国图》与之相比实有云泥之别，其所据底图当另有出处。[4]

　　汪图所绘的南海诸国有 10 个国名不同于《东西洋考》的写法或称谓。标注文的有 2 个：一是"池闷"，《东西洋考》正书为"迟闷"，但在卷九《舟师考》"西洋针路"中亦有"池闷（即吉里地闷）"之语；[5] 一是"咖嚼吧"，《东西洋考》正书为"加留吧"，不过在卷九《舟师考》"西洋针路"中也有"再进入为咖嚼吧"的记载。[6]《东西洋考》中的针路本就是张燮搜集整理"舶人旧有航海针经"而成的，"池闷""咖嚼吧"当是"舶

① 张燮著，谢方点校《东西洋考》卷一至卷五，中华书局，2000，第 9、21、31、41、48、55、59、66、70、77、80、85、89 页。
② 张燮著，谢方点校《东西洋考》卷四、卷五，第 82、83、96 页。
③ 张燮著，谢方点校《东西洋考》凡例，第 20 页。
④ 张燮著，谢方点校《东西洋考》，万历四十六年序刊本，第 1 页 b 至第 5 页 a。
⑤ 张燮著，谢方点校《东西洋考》卷四、卷九，第 87、181 页。
⑥ 张燮著，谢方点校《东西洋考》卷三、卷九，第 41、179 页。

人"所书的俗名。这在"米六合"的称谓上表现得更为直白："绍武淡水港（此处大山凡四，进入即美洛居，舶人称米六合）。"①

在这 3 个国名上，汪日昂并未遵从张燮的意见，反而更偏好"舶人"的俗名。剩下的 7 个国名的写法则没有在《东西洋考》出现过。"网巾礁脑"，《东西洋考》作"网巾礁老""魍根礁老"。②此种写法较早见诸顾祖禹康熙三十一年（1692）前成书的《读史方舆纪要》之《沙漠海夷图》，不过《沙漠海夷图》应在康熙三十一年之后。③"万丹"，不见诸《东西洋考》和《读史方舆纪要》之《沙漠海夷图》，较早载诸 17 世纪上半叶成书的《顺风相送》，最接近汪日昂绘刻时代的是康熙五十一年（1712）至六十年（1721）福建水师提督施世骠（字文秉，福建晋江人，1667~1721）向朝廷进呈的《东洋南洋海道图》及以之为底本绘制、由其上司闽浙总督觉罗满保（字凫山，满洲正黄旗人，？~1725）进呈的《西南洋各番针路方向图》。④《读史方舆纪要》之《沙漠海夷图》，以及《东洋南洋海道图》《西南洋各番针路方向图》都是以欧洲测绘的南海地图为底本，绘制的南海诸国位置皆相当精确。⑤但就标绘的南海的名称而言，《东洋南洋海道图》《西南洋各番针路方向图》要比《沙漠海夷图》和其他几种海图丰富许多（见表 2）。后文将要讨论的东洋、南洋航路和南海诸岛的地名更是如此。职是之故，《东洋南洋海道图》或《西南洋各番针路方向图》极有可能就是汪日昂绘制《大清一统天下全图》南海诸国的底图。

---

① 张燮著，谢方点校《东西洋考》卷九，第 184 页。另"美洛居，俗讹为米六合，东海中稍蕃富之国也"，见《东西洋考》卷五，第 101 页。

② 张燮著，谢方点校《东西洋考》卷五、卷九，第 98、183 页。

③ 顾祖禹：《读史方舆纪要》之《舆图要览·沙漠海夷图》，贺次君、施和金点校，中华书局，2005，第 6237~6259 页。《读史方舆纪要》之《沙漠海夷图》的成图年代，一般都依据《读史方舆纪要》成书时间判断为康熙三十一年前，但林珂博士认为如果从该图所绘的库页岛和北海道来看，时间应该在康熙三十一年以后，笔者从之。

④ 中国第一历史档案馆、澳门"一国两制"研究中心选编《澳门历史地图精选》，华文出版社，2000，第 15、18 页；陈佳荣等编《古代南海地名汇释》，中华书局，1986，第 123 页。李孝聪教授将施世骠编绘《东洋南洋海道图》、觉罗满保进呈的《西南洋各番针路方向图》分别系于康熙五十六和五十五年，见李孝聪《中外古地图与海上丝绸之路》，《思想战线》2019 年第 3 期。

⑤ 有关两图的基本概况和南海诸国地名，可参见朱鉴秋等编著《中外交通古地图集》，第 193~195 页。

表 2　17~18 世纪数种南海文献的南海诸国名称对照

张燮《东西洋考》（1616 年）	《塞尔登明末彩色航海图》（约 1624 年）	顾祖禹《读史方舆纪要》之《沙漠海夷图》（1692 年后）	《东洋南洋海道图》、《西南洋各番针路方向图》（1712~1721 年）	汪日昂《大清一统天下全图》（1725 年）
广南	广南		广南	广南
占城	占城	占城	占城	占城
柬埔寨	柬埔寨	真腊	柬埔寨	柬埔寨
暹罗	暹罗	暹罗	暹罗	暹罗
大泥	大泥	大泥	大呴（大呢）	大泥
六坤			六坤	六坤
			斜仔	斜仔
彭亨	彭坊	彭亨	彭亨	彭亨
柔佛	乌丁礁林	柔佛	柔佛	柔佛
麻六甲	麻六甲	满剌加	麻六甲	麻六甲
旧港	旧港	三佛齐	旧港	旧港
丁机宜	丁机宜		丁佳奴	丁机宜
			万丹	万丹
哑齐	亚齐	苏门答腊	亚齐	哑齐
下港		爪哇	爪蛙	下港
加留吧	咬嚼吧	交留巴	咬嚼吧	咖嚼吧
			宋龟勝	宋圭勝
思吉港苏吉丹			苏吉丹（吉兰丹）	思吉港
				巫来由
迟闷池闷	池汶		吉里文	池闷
马神	马辰	马神	马辰	马神
朔雾宿雾	束务		淑务	速巫
美洛居米六合	万老高	美洛居	万老高	米六合
	傍伽虱		芒加虱	蚊蚊虱
吕宋	吕宋	吕宋	吕宋	吕宋
网巾礁老魍根礁老	马军礁老	网巾礁脑	蚊巾礁荖	网巾礁脑
苏禄	苏禄	苏禄	苏禄	苏禄
文莱	汶莱	文莱	文来	文莱

资料来源：作者依据表中文献整理。

最值得注意的是，《东洋南洋海道图》《西南洋各番针路方向图》是较早绘出"斜仔""宋龟勝"的舆图文献。① "斜仔"写法相同，"宋龟勝"显然就是"宋圭勝"。汪日昂或许嫌"龟"字太俗，便擅改为同音的"圭"。这种擅改在《东西洋考》没有出现过的"速巫"和"蚊蛟虱"上就犯下错误。"速巫"，今菲律宾宿务岛（Is. Cebu）；《东西洋考》作"朔雾"，"俗名宿雾"；《塞尔登明末彩色航海图》（"The Selden Map of China"）作"束务"；《东洋南洋海道图》《西南洋各番针路方向图》作"淑务"。② "蚊蛟虱"，今印度尼西亚苏拉威岛西南端的望加锡（Macassar），《塞尔登明末彩色航海图》作"傍伽虱"；《东洋南洋海道图》《西南洋各番针路方向图》作"芒加虱"。③ 可汪图将"速巫"放入南洋航线，"蚊蛟虱"绘入东洋航线，同实际情况南辕北辙。这便牵涉到汪图标绘南海诸国的另一个突出之处：较形象绘出自福建前往南海诸国的航线。

更具体地说，是"厦门"经"澎湖""将军澳"与"南澳气"之间海域；从"打狗子山"与"沙马崎头"出发，来往"吕宋""网巾礁脑""苏禄""文莱""蚊蛟虱"的东洋航路；"铜山"经"南澳"与"南澳气"之间海域；"七洲洋""大洲头""万里石塘"海域，在"外罗山"分四路的南洋航路。四条南洋航路：一条直达"安南"；一条依次分达"广南""顺化港""占城""浦梅""毛蟹洲""柬埔寨"；一条径往"浦梅""毛蟹洲""柬埔寨"；一条经"玳瑁洲""鸭洲""大昆仑""小昆仑"。第四条在"大昆仑""小昆仑"又分两路：一路经"大真屿""小真屿""笔架山"达"暹罗"，或经"笔架山"至"大泥""六坤""斜仔"；一路经"彭亨"外的"地盘山"，分抵"柔佛""麻六甲""旧港""丁机宜""万丹""哑齐""下港""咖嚕吧""宋圭勝""思吉港""池闷""马神""速巫"，并由此至"西洋诸国"。

尽管汪日昂擅改"速巫""蚊蛟虱"与实际有出入，但其所绘航路大体无误。以东洋航路来说，福建来往"吕宋""网巾礁脑""苏禄""文莱"

---

① 陈佳荣等编《古代南海地名汇释》，第 452 页。

② 张燮著，谢方点校《东西洋考》卷五，第 96 页；陈佳荣：《〈明末疆里及漳泉航海通交图〉编绘时间、特色及海外交通地名略析》，《海交史研究》2011 年第 2 期；朱鉴秋等编著《中外交通古地图集》，第 193 页；陈佳荣等编《古代南海地名汇释》，第 716 页。

③ 朱鉴秋等编著《中外交通古地图集》，第 193 页；陈佳荣等编《古代南海地名汇释》，第 312 页。

的东洋航路，在明中后期已经成熟。《东西洋考》详细记录自"太武山"出发，经"澎湖屿""沙马头澳"至"吕宋国"，再由"吕宋国"入"磨荖央港""以宁港""高药港"，又从"以宁港"入"屋党港"，经"交溢"分抵"魍根礁老港""千子智港""绍武淡水港""苏禄国"，以及从"吕蓬"达"文莱国"的针路。① 《塞尔登明末彩色航海图》也明确绘出"泉州"经"澎湖""南澳气"海域至"吕宋王城"，再分达"束务""福堂""马军礁老""苏禄""万老高""文莱"的针路。② 不过当时始发港并不在厦门，如《东西洋考》和《塞尔登明末彩色航海图》分别标为"太武山""泉州"，《顺风相送》书为"太武""（泉州）长枝头"，《指南正法》则录为"大担""浯屿"。不过，《东西洋考》卷九《舟师考》中已出现"中左所，一名厦门"。③

　　康熙二十三年（1684）统一台湾、开放海禁后，厦门至吕宋等地的东洋贸易重新活跃。④ 厦门便成为主要的始发港。《东洋南洋海道图》更是细致绘出厦门经"澎湖"、"气"海域、"表头"至"吕宋"，再由"吕宋"分达"苏禄""淑务""文来"的航路，亦注明"往吕宋从此也：用丙午针一百四十四更取圭屿入吕宋港""往苏禄从此路：庚酉五十四更取苏禄港""往淑务从此路：巽巳针四十五更取淑务港""往文来从此路：坤未针一百五十更取文来港"等文字。⑤

　　稍加比较上述各航海文献中的东洋航路，唯有《东西洋考》弗载"宿务"而又有"吕宋""网巾礁脑""苏禄""文莱"。因此，汪日昂是以《东洋南洋海道图》以厦门为出发点所绘出"气"的新针路图为依据，并结合《东西洋考》的标准来绘制东洋航路的。

　　南洋航路亦复如是，航线与沿路航标、港口名称大都参照《东西洋考》。如"大小真屿"，《东西洋考》书为"真屿""假屿"，《顺风相送》作"真屿""假屿"和"真糍""假真糍山"，《塞尔登明末彩色航海图》作"真、（假）慈"，《指南正法》作"真糍山、假糍山"，《东洋南洋海道图》

---

① 张燮著，谢方点校《东西洋考》卷九《舟师考》"东洋针路"，第182~184页。
② Robert Batchelor, "The Selden Map Rediscovered: A Chinese Map of East Asian Shipping Routes, c. 1619," *Imago Mundi-The International Journal for the History of Cartography*, 65: 1 (January 2013), pp. 37–63.
③ 张燮著，谢方点校《东西洋考》卷九，第171页。
④ 可参廖大珂《福建海外交通史》第五章，福建人民出版社，2002，第351页。
⑤ 朱鉴秋等编著《中外交通古地图集》，第228~229页；李孝聪：《中外古地图与海上丝绸之路》。

作"真薯、假薯"。始发点"铜山",更是只在《东西洋考》卷九之"西洋针路"第二站"大小柑橘屿"中载有"内是铜山所"。① 稍稍溢出《东西洋考》者,"浦梅"不可考,"鸭洲"为汪图首见,稍晚陈伦炯(字次安,福建同安人,1687~1747)的《海国闻见录》② 有载;"斜仔""万丹""咬��吧""宋圭(龟)膀"则都见诸《东洋南洋海道图》,"大洲头"亦仅在《东洋南洋海道图》标出,书为"大州"③。

结合上文对汪图南海诸国知识的分析来看,《东西洋考》一书和《东洋南洋海道图》一图,毫无疑问是汪日昂重绘南海诸国的主要资料;尤其是后者很可能就是其重绘南海诸国的底图。这在南海诸岛的重绘上表现得更加鲜明。

汪图重绘的南海诸岛及其附近海域,包括"南澳气""万里长沙""万里石塘""干豆""喽古城"。"南澳气"是 17 世纪福建濒海人群对东沙岛的称呼,是 17 世纪中国南海新知识的重要一环。④ 《塞尔登明末彩色航海图》较早完整绘出环括"南澳气""万里长沙""万里石塘"的南海诸岛。《东洋南洋海道图》结合中西航海图,亦描出"气""长沙""石塘"。不仅如此,《东洋南洋海道图》还添绘了"矸罩""猫士知无呢诺""猫士知马升愚洛"。韩振华先生很早就已对勘:"矸罩"即葡文 Cantao 或 Canton 的对音,亦即中文"广东"的译音,今西沙群岛之永乐群岛;"猫士知无呢诺"即葡文 Mar S. de Bolinao 的译音,意即"无呢诺"的南海,指吕宋岛西北部在北纬 16 度余的"无呢诺岬"(Cap Bolinao);"猫士知马升愚洛",即葡文 Mar S. de Masingaru 的译音,意即"大中国的南海",指今中国黄岩岛。⑤ 汪日昂或许还是觉得"矸罩"太过拗口,改之以"干豆","猫士知无呢诺""猫士知马升愚洛"不知所谓,干脆弃之不用。这也更加确证《东洋南洋海道图》是汪日昂重绘南海知识的底图。

当然,他接触到的南海诸岛知识来源不只是《东洋南洋海道图》。汪日昂在"南澳气"下注明"水至此趋下不回,船不敢近","喽古城"下也有

① 张燮著,谢方点校《东西洋考》卷九,第 171 页。
② 陈佳荣等编《古代南海地名汇释》,第 648 页。
③ 朱鉴秋等编著《中外交通古地图集》,第 229 页。
④ 可参拙文《"南澳气":17~18 世纪初中国东沙岛知识的新机》(未刊稿)。
⑤ 韩振华:《十六世纪前期葡萄牙记载上有关西沙群岛归属中国的几条资料考证 附:干豆考》,原载《南洋问题》1979 年第 5 期,收入氏著《南海诸岛史地论证》,香港大学亚洲研究中心,2003,第 360~367 页。李孝聪教授认为韩先生所持"'猫士知马升愚洛'"指今中国黄岩岛"的看法并不准确,参见李孝聪《中外古地图与海上丝绸之路》。

"舟误入，不能出"。《塞尔登明末彩色航海图》虽然较早绘出"南澳气"，但并无文字说明。比汪图稍早用文字描述"南澳气"的航海文献当推《指南正法》。可二者之间并无相似之处。① 章巽先生收藏并考释的清康雍年间航海图抄本中，图文并茂地绘出"南澳气"，亦是如此。② "喽古城"更是鲜见。不过，如果我们稍稍后顾就会发现，比汪图稍晚五年即雍正八年（1730）陈伦炯完成的《海国闻见录》是目前所见康雍时期甚至 18 世纪载述"南澳气"最翔实的文献，其中记曰：

> 南澳气，居南澳之东南，屿小而平，四面挂脚，皆嵝岵石，底生水草，长丈余。湾有沙洲，吸四面之流，船不可到，入溜则吸，搁不能返……气悬海中，南续沙垠，至粤海，为万里长沙头。南隔断一洋，名曰长沙门。又从南首复生沙垠至琼海万州，曰万里长沙。沙之南又生嵝岵石，至七洲洋，名曰千里石塘。③

陈伦炯描述"南澳气"周边的沙洲"船不可到，入溜则吸，搁不能返"，与汪日昂在"南澳气"下注明的"水至此趋下不回，船不敢近"颇相吻合。在其笔下，南海诸岛的地质主要由"沙垠"和"嵝岵石"构成。此"嵝岵石"即珊瑚礁。汪日昂所绘的"喽古城"同"干豆""万里石塘"都表现南海中珊瑚礁的形态，和《东洋南洋海道图》中地处沙垠状"长沙"与珊瑚礁状"石塘"之间的无名珊瑚礁位置也非常接近。因此，此"喽古城"当即汪日昂依照《东洋南洋海道图》，并结合当时获闻的最新南海知识命名和绘制的。陈伦炯的《海国闻见录》虽然是雍正八年才完成，但据其自陈，有关"南澳气"的新知识在康熙末年便已在广东沿海为人所知：

> 余在台，丙午年时，有闽船在澎湖南大屿，被风折桅，飘沙坏，有二十人驾一三板脚舟，用被作布帆回台，饿毙五人。余询以何处击碎，彼仅以沙中为言，不识地方。又云潮水溜入，不得开出。余语之曰：此

---

① 向达校注《两种海道针经》之《指南正法》"南澳气"条，中华书局，2000，第121~122页。
② 章巽：《古航海图考释》图六十九，海洋出版社，1980，第142~143页。有关该航海图抄本的年代考证，可参运中《章巽藏清代航海图的地名及成书考》，《海交史研究》2008年第1期。
③ 陈伦炯撰，李长傅校注，陈代光整理《〈海国闻见录〉校注》"南澳气"条，中州古籍出版社，1985，第73页。

万里长沙头也，尚有旧时击坏一呷板……余又语之曰：呷板飘坏，闻之粤东七、八年矣。①

丙午年为雍正四年（1726），陈伦炯正由台湾副将升任台湾总兵。② 他碰到一艘漂风船破、死里逃生的福建商船。这些福建商人不知漂风船破何处。但陈依据他们船坏"沙中""潮水溜入，不得开出"的只言片语就判断出失事的地点在"万里长沙头"。那里还残存有"旧时击坏一呷板"。他口中的"呷板"是指欧洲人驾驶的海船。③ 早在七八年前，陈伦炯便在广东听闻这艘失事的欧洲海船。由此上推，他听闻的时间应在康熙五十七年（1718）至五十九年（1719）。当时陈伦炯正在广东，陪侍其父广东右翼副都统陈昴（字英士，福建同安人）。④

陈昴少为海商，"屡濒死，往来东西洋，尽识其风潮土俗、地形险易"。⑤ 康熙二十一年（1682）随施琅征台。二十二年（1683）台湾统一，又奉施琅命，"出入东西洋，招访郑氏有无遁匿遗人，凡五载"⑥。叙功授苏州游击，"寻调定海左军，两迁至碣石总兵"⑦。康熙五十六年（1717）十月，特典升为广东右翼副都统。⑧ 无论是经商还是从军，他都一直与海为伍，始终关注并熟识东西洋和沿海形势。陈伦炯自小便从父出入波涛，康熙四十九年（1710）亲游日本，得识东西洋。⑨ 陈昴调任广东碣石总兵，他又侍奉左右，由此尽识广东沿海形势：

---

① 参见王静《对〈海国闻见录〉中"南澳气"的考释》，《兰台世界》2008年第14期。

② 《清世宗实录》卷四十九，雍正四年十月丁卯条，中华书局，1985，第739页。

③ "中国洋艘，不比西洋呷板，用混（浑）天仪、量天尺，较日所出，刻量时辰，离水分度，即知某处"；见陈伦炯撰，李长傅校注，陈代光整理《〈海国闻见录〉校注》"南洋记"条，第49页。

④ 陈昴，笔者依照《清实录》等资料书作"陈昴"；但据林珂博士告知，应当作"陈昂"，并提示参见 Paul Pelliot，" 'Tchin-Mao' ou Tch'en Ngang?" *T'oung Pao* 27, no. 4/5 (1930)：424-426；陈国栋《陈昴与陈瑸：康熙五十六年禁止南洋贸易的决策》，见陈熙远主编《第四届国际汉学会议论文集 覆案的历史：档案考掘与清史研究》，"中研院"历史语言研究所，2013，第433～467页。

⑤ 方苞：《方苞集》卷十《广东副都统陈公墓志铭》，刘季高校点，上海古籍出版社，1983，第266页。

⑥ 陈伦炯撰，李长傅校注，陈代光整理《〈海国闻见录〉校注》序，第18页。

⑦ 陶元藻：《泊鸥山房集》卷四《都统陈昴传》，《清代诗文集汇编》第341册，清乾隆衡河草堂刻本影印，第61页。

⑧ 《清圣祖实录》卷二百七十四，康熙五十六年十月丁未条，第692页。

⑨ 陈伦炯撰，李长傅校注，陈代光整理《〈海国闻见录〉校注》序，第19页。

臣世受国恩，少随臣父陈昂在碣石总兵暨广东副都统任所，其于粤东地形人事熟悉，于听闻中都睹记之。①

自康熙二十三年（1684）开海以后，日益蓬勃的海上贸易与庞大的流动人群，引起康熙君臣和士大夫对海洋局势与海洋知识的关注、讨论。在"开"与"禁"之间，康熙帝尽管强调严加管理，但总体仍采取鼓励开海的态度。② 但就在陈伦炯于广东获闻"呷板飘坏"之际，海上人群的活动与海洋局势的变化却开始超越康熙君臣的心理底线。五十五年（1716）十月二十五、二十六日，康熙帝连续两日就福建巡抚陈璸（字文焕，广东海康人，1656~1718年）条奏的海防一事谕示，决意禁止南洋贸易，"朕意内地商船，东洋行走犹可，南洋不许行走。即在海坛、南澳地方，可以截住。至于外国商船，听其自来"③；"出海贸易，海路或七八更，远亦不过二十更，所带之米，适用而止，不应令其多带。再东洋，可使贸易。若南洋，商船不可令往，第当如红毛等船，听其自来耳"④，并"令广东将军管源忠、浙闽总督觉罗满保、两广总督杨琳来京陛见，亦欲以此面谕之"。五十六年（1717）正月二十五日，兵部等衙门遵旨会同广东将军管源忠、闽浙总督觉罗满保、两广总督杨琳等官员议覆海防事：

凡商船照旧东洋贸易外，其南洋吕宋、噶啰吧等处，不许商船前往贸易，于南澳等地方截住。令广东、福建沿海一带水师各营巡查，违禁者严拿治罪。其外国夹板船照旧准来贸易，令地方文武官严加防范。⑤

---

① 陈伦炯：《奏为远彝船舶进广贸易请免额外税防以安海疆事》（雍正十三年十二月初五日），中国第一历史档案馆藏，编号04-01-30-0144-026。
② 参见庄国土《清初（1683—1727）的海上贸易政策和南洋禁航令》，《海交史研究》1987年第1期；韦庆远《论康熙时期从禁海到开海的政策演变》，《中国人民大学学报》1989年第3期；李金明《清康熙时期开海与禁海的目的初探》，《南洋问题研究》1992年第2期；刘凤云《清康熙朝的禁海、开海与禁止南洋贸易》，故宫博物院、国家清史编纂委员会编《故宫博物院八十华诞暨国际清史学术研讨会论文集》，紫禁城出版社，2006，第56~70页；王日根《康熙帝海疆政策反复变易析论》，《江海学刊》2010年第2期。
③ 《康熙起居注》第三册，中华书局，1984，第2233页。
④ 《清圣祖实录》卷二百七十，康熙五十五年十月壬子条，中华书局，1985，第650页。
⑤ 《清圣祖实录》卷二百七十一，康熙五十六年正月庚辰条，第658页。另见《明清史料（丁编）·康熙五十六年兵部禁止南洋原案》，国家图书馆出版社，2008。

这便是著名的禁南洋贸易令。① 在康熙帝的乾纲独断下，南方沿海地方大员都积极表态支持，并努力筹措海防。福建水师提督施世骠、闽浙总督觉罗满保向朝廷进呈《东洋南洋海道图》《西南洋各番针路方向图》极有可能就是这一政策的产物。五十七年（1718）二月初五，兵部议覆同意闽浙总督觉罗满保奏请的添修炮台、增拨兵弁、严控商船等措施。② 二月初八，又议覆同意两广总督杨琳据陈昂调奏的防护来华的欧洲商船、禁止西洋人立堂设教的主张。陈昂奏折早在康熙五十六年三月便已写就。③ 他在奏折中说：

> 臣详察海上日本、暹罗、广南、噶啰吧、吕宋诸国形势。东海惟日本为大，其次则琉球；西则暹罗为最；东南番族最多，如文莱等数十国，尽皆小邦，惟噶啰吧、吕宋最强。噶啰吧为红毛一种，奸宄莫测，其中有英主黎、干丝腊、和兰西、荷兰、大小西洋各国，名目虽殊，气类则一。惟有和兰西一族凶狠异常。且澳门一种是其同派，熟习广省情形，请敕督抚关差诸臣设法防备。④

如果我们稍加比对陈昂奏折中提及的海上诸国，会惊奇地发现，其重点讲到的在南海海域活跃的欧洲诸国与汪日昂《大清一统天下全图》所绘的欧洲诸国名称竟然不差毫厘。这充分说明汪日昂有关欧洲诸国的知识，实际是当时朝廷掌握并在奏折档案中形成的南海知识的延伸。它们由地方官员从民间亲自采集而来，然后进呈中央，进入朝廷的决策和士大夫的讨论，从而构成康熙末年清朝官方和士大夫阶层的南海知识的一部分。汪日昂采用的南海地图底本施世骠《东洋南洋海道图》及觉罗满保《西南洋各番针路方向图》亦可作如是观。这两幅地图历经公开采集、绘制、确证、进呈和讨论，虽然最后藏入内府，但应有相当的士大夫目见或耳闻，而非不为人所知。

① 相关研究除前揭庄国土、韦庆远、李金明、刘凤云、王日根诸论文外，还可参据成康《康乾之际禁南洋案探析——兼论地方利益对中央决策的影响》，《中国社会科学》1997 年第 1 期；冯立军《"禁止南洋贸易"后果之我见》，《东南亚》2011 年第 4 期；王华锋《"南洋禁航令"出台原委论析》，《西南大学学报》（社会科学版）2017 年第 6 期。
② 《清圣祖实录》卷二百七十七，康熙五十七年二月甲申条，第 715~716 页。
③ 奏折全文参见陈国栋《陈昂与陈璸：康熙五十六年禁止南洋贸易的决策》。耶稣会士冯秉正（Joseph-Anne-Marie de Moyriac de Mailla）将其全文翻译成法文，见 Paul Pelliot，"'Tchin-Mao' ou Tch'en Ngang？"此亦林珂博士告知，谨致谢忱。
④ 《清圣祖实录》卷二百七十七，康熙五十七年二月丁亥条，第 716 页。

当然，汪日昂《大清一统天下全图》中内地州县的区划，已经更新至雍正二年（1724），其南海知识也更新至雍正二年。最有力的证据便是《东西洋考》及《东洋南洋海道图》等自明万历至清康熙年间参考文献中都没有出现过的"巫来由"国。这一南海国家较早载于雍正二年蓝鼎元（字玉霖，福建漳浦人，1680～1733）所著的《论南洋事宜书》中：

> 南洋番族最多，吕宋、噶啰吧为大，文莱、苏禄、马六甲、丁机宜、哑齐、柔佛、马承、吉里问等数十国，皆渺小不堪，罔敢稍萌异念。安南、占城，势与两粤相接。此外有柬埔寨、六坤、斜仔、大泥诸国，而暹罗为西南之最。极西则红毛、西洋为强悍，莫敌之国，非诸番比矣。红毛乃西岛番统名，其中有英圭黎、干丝蜡、佛兰西、荷兰、大西洋、小西洋诸国，皆凶悍异常。其舟坚固，不畏飓风，砲（炮）火、军械精于中土。性情阴险叵测，到处窥觇图谋人国。统计天下海岛诸番，惟红毛、西洋、日本三者可虑耳。噶啰吧本巫来由地方，缘与红毛交易，遂被侵占，为红毛市舶之所。吕宋亦巫来由分族，缘习天主一教，亦被西洋占夺，为西洋市舶之所。①

《论南洋事宜书》是雍正初年主张"开海"的名篇。其对南海诸国和欧洲诸国的认知较诸陈昂更加细致、深入。汪日昂《大清一统天下全图》中所标国名也大多与《论南洋事宜书》相同，尤其是"巫来由"。不过，汪日昂并未采用蓝鼎元称呼法国的名称"佛兰西"，而是沿用陈昂的写法。这也再次证实陈昂的奏折是汪日昂绘图的重要知识来源。

余　论

17世纪，东亚世界进入海权竞争的时代。② 在东亚海商、欧洲列强和东南亚海岛国家的竞争与合作下，1600年代至1680年代东南亚也迎来"贸易

---

① 蓝鼎元：《鹿洲初集》卷三《论南洋事宜书》，清雍正写刻本，第2页 a-b。"巫来由"即马来人的自称 Melayu 的译音，见陈佳荣等编《古代南海地名汇释》，第401页。
② 参见庄国土《17世纪东亚海权争夺及对东亚历史发展的影响》，《世界历史》2014年第1期。

时代"的鼎盛期。① 随着华人海商不断融汇自身与东南亚、欧洲的航海技术、航海知识，航线不断深入南海诸岛，势力不断深入南海诸国，其掌握的南海航线、南海诸岛、南海诸国知识也日益突破 16 世纪中期《广舆图》构建的经"长沙"、两个"石塘"的南海诸岛，经东西洋针路来往于"百花""干陀利""占城""暹罗""蒲甘""渤泥""满刺加""三佛齐""爪哇"等南海诸国与"西洋古里""阿丹"等西洋诸国的南海知识范式。从张燮《东西洋考》到《塞尔登明末彩色航海图》、《指南正法》、章巽藏古航海图、《东洋南洋海道图》、《西南洋各番针路方向图》可以清楚看到，一整套全新的南海知识于 17 世纪至 18 世纪初，在东南沿海的地方航海人和知识人中生长。他们综合中国的东西洋针路、东南洋海道图籍与欧洲的南海航海图，构建起经"南澳气""万里长沙""万里石塘"的南海诸岛，从东西洋针路转化为东南洋海道，到达"广南"、"占城"、"柬埔寨"、"暹罗"、"大泥"、"六坤"、"彭亨"、"柔佛"（"乌丁礁林"）、"麻六甲"、"旧港"、"丁机宜"、"哑齐"（"亚齐"）、"下港"、"咖嚼吧"（"咬嚼吧"）、"思吉港"、"池闷"（"池汶""迟闷"）、"马神"（"马辰"）、"朔雾"（"束务"）、"米六合"（"万老高"）、"傍伽虱"、"吕宋"、"网巾礁老"（"马军礁老"）、"苏禄"、"文莱"等南海诸国与"红毛"（"荷兰"）、"英圭黎"等西洋诸国的南海知识。特别是康熙二十三年（1684）开海之后，清朝君臣与士大夫围绕"开"与"禁"不断展开讨论，诸多新的南海知识逐渐经由地方官员和士人采集而进入更多士大夫的视野中。

但这种新的南海知识主要还是在航海文献与士大夫绘制的海夷图中传递。就在 17 世纪新南海知识逐渐生成之际，一种将《广舆图》之《舆地总图》改绘为"一面图"的一统舆图开始在士大夫之间流行。康熙十二年（1673）黄宗羲开其先河，在绘法上基本采用"每方百里，下及县、卫"的计里画方法，糅合扬子器跋《舆地图》山水画法；在内容上则将《广舆图》中的各省舆图及《九边舆图》《海运图》《黄河图》《东南海夷图》《西南海夷图》《西域图》《朔漠图》等拼合。这种新的一统舆图重点关注内地州县，根据政区变动适时更新知识，但在西域、南海等边疆的绘制上

① 参见〔澳〕安东尼·瑞德《东南亚的贸易时代：1450~1680》（两卷），吴小安、孙来臣等译，商务印书馆，2013。

还是因袭《广舆图》，仅简单绘出"婆利""干陀利"等南海诸国与一个
"长沙"。康熙二十六年（1687）后重绘的《中国地图》亦是如此。康熙
五十三年（1714），阎咏以黄宗羲地图为底图，绘制《大清一统天下全
图》。他尽管利用《典训》《方略》《会典》《一统志》等朝廷档案，重绘
内地州县，增补新纳入清朝行政管辖的台湾、定海、蒙古族四十九旗、红
苗、八排、打箭炉、哈密、喀尔喀、西套、西海等海陆边地与海陆边地碰
见的欧洲列强"俄罗斯""荷兰"，但其描绘的南海诸国无论数量还是质
量，都急剧下降，南海诸岛更是不见踪迹。新的南海知识显然并未被吸收
进新的一统舆图中。

　　康熙五十六年（1717），康熙帝明令禁止南洋贸易，沿海大员和士大
夫不得不依据最新的南海资料向上奏报，表达立场与态度。雍正初年，朝
野有关这一新南洋政策的讨论继续发酵。《清史稿》卷二百八十四《列传
七十一》中入传的施世骠、觉罗满保、陈昂、蓝鼎元、陈伦炯正是康熙末
年至雍正初年掌握海洋知识最丰富、处理海洋事务最娴熟的地方官员。[①]
他们在这场南洋政策的大转向与大讨论中表现突出，如施世骠、觉罗满保
向朝廷进献《东洋南洋海道图》《西南洋各番针路方向图》；陈昂、蓝鼎
元上奏畅论南洋事宜，陈伦炯更是详细记录海国见闻。正是通过他们，新
的南海知识包括增补的"干丝腊""和兰西""大小西洋"等西洋诸国与
"巫来由"等南海诸政权的知识从民间走向朝堂，从地方走向中央，逐渐
在朝廷和士大夫之间传布。吕抚在康熙六十一年（1722）校绘的《三才
一贯图》之《大清万年一统天下全图》尽管在底图选择和南海知识上见
闻浅薄，但他还是用文字标绘出"网巾""咖嚼吧""乌丁樵林""和兰"
"英圭黎"。

　　而将一统舆图与新南海知识进行全面整合的便是汪日昂于雍正三年重
订的《大清一统天下全图》。汪日昂在雍正二年（1724）至雍正三年
（1725）升任兵部职方司郎中，雍正三年又转为户部广东司郎中，有机会
目睹朝廷库藏的南海舆图和档案资料。他以当时流行的阎咏康熙五十三年
（1714）《大清一统天下全图》为底图，一方面根据雍正二年最新的区划变
动添入新名，并更改图例；另一方面则以施世骠进呈的《东洋南洋海道
图》为南海部分的底图，重点参照 17 世纪更能代表士人文化的航海文献

---

① 《清史稿》卷二八四《列传七十一》，中华书局，1977，第 10187~10192、10194 页。

张燮《东西洋考》，并结合康熙五十七（1718）年陈昴奏折与雍正二年蓝鼎元《论南洋事宜书》等档案及广东的见闻，构建起《大清一统天下全图》的南海地图与知识典范。以其为分界点，其后乾隆二十三年（1758）黄千人绘制的《大清万年一统天下全图》及其衍生的乾嘉年间系列舆图，都完整承继这一知识传统。① 由此同《指南正法》、章巽藏古航海图等民间航海图，以及陈伦炯《四海总图》与《环海全图》等世界海图，共同构成18 世纪中国南海知识的重要地图表达。

Wang Ri'ang's *Da Qing Yi Tong Tian Xia Quan Tu* and the Transition of Maritime Knowledge about South China Sea in the 17th and 18th Centuries

Zhou Xin

Abstract：From the 17th to the 19th centuries, many Chinese Literati were interested in drawing, publishing, reading, criticizing, copying and even revising the *Da Qing Yi Tong Tian Xia Quan Tu* map. The map series directly reflected their knowledge, concept, and visions about the maritime China, Qing Empire, and the world, which were produced, transmitted, developed and transited for over 300 years. In these maps, one of the most attractive transition of knowledge was maritime knowledge about South China Sea in the 17th and 18th centuries. However, few scholars paid attention to studying the key point of the transition. Wang Ri'ang's *Da Qing Yi Tong Tian Xia Quan Tu* drew in the Yongzheng 3rd year (1725). The paper focuses on Wang Ri'ang's map, tracing the base map and the original data, especially its maritime knowledge about South China Sea. It shows that the maritime knowledge about South China Sea in Wang Ri'ang's map derived from the maritime activities by Chinese officers and seafarers in the Coastal Southeast China, and spread into the Literati around the Qing

---

① 石冰洁认为，黄千人所参照的底图并非汪日昂的原图，而是摹绘改订自汪日昂图的乾隆初年的《地舆全图》，见石冰洁《清代私绘"大清一统"系全图研究》，第 31~32 页。由此可见雍正至乾隆年间相关知识传布的复杂性与多样性。

Empire.

Keywords：Wang Ri'ang；*Da Qing Yi Tong Tian Xia Quan Tu*；the transition of Maritime Knowledge；South China Sea；17th and 18th Centuries

（执行编辑：江伟涛）

《江防海防图》再释

——兼论中国传统舆图所承载地理信息的复杂性

孙靖国[*]

中国绘制地图的历史由来已久，文献记载中最早的绘制地图活动和成果可以追溯到先秦时期，而今天所出土的马王堆地图等早期实物亦证明当时中国地图已经具有相当水准。与此同时，保存至今的传统舆图数量也非常丰富，但至今没有一个完整的目录，仍需要学界进行国内外范围的搜集和整理工作。必须指出的是，由于中国传统时代没有统一的地图绘制机构，也没有通行于全社会的绘制规范，^① 所以，在近代的投影测绘体系推广之前，相当数量的中国传统舆图的绘制都呈现个别化的特点，往往带有为一时一事而绘制的浓厚的实用色彩，很多地图并不一定追求地理信息的准确性与系统性，有相当数量的地图，尤其是一些著名地图的摹绘版本，或者是将前代地图完全照抄，或者是在照抄前代地图的基础上添加当时的地理信息或者在原图基础上进行修改。由于大量古代地图并不标注绘制者和绘制时间，这就给判定古地图的年代造成很大困扰。^② 古地图地理信息的复杂性和层累形成的可能

---

* 作者孙靖国，历史学博士，中国社会科学院古代史研究所副研究员。

本文写作，得到了林为楷、林宏、张翀、孙景超诸先生的帮助与指点，也获得了审稿人的宝贵意见，尚此一并致以谢忱。

① 如成一农指出，被现代中国地图学史认为是重要科学规范的"制图六体"和"计里画方"，在中国古代地图绘制中影响力并不大，"制图六体"基本没有被使用，而"计里画方"在清晚期之前的地图中也较为少见。见氏著《"非科学"的中国传统舆图——中国传统舆图绘制研究》，中国社会科学出版社，2016。

② 最典型的如陈伦炯《海国闻见录》中《沿海全图》，其摹绘本数量众多，而且很多沿海地图都以其为底本进行添加修改，有些很可能是清代后期甚至更晚摹绘的地图，但图上所反映的地理信息确为雍正和乾隆时期，所以不能据此将其判定为清前期。详见拙著《陈伦炯〈海国闻见录〉及其系列地图的版本和来源》，《云南大学学报》（社会科学版）2020年第5期。

性，都提醒我们必须要从各个方面和角度对其进行研究，本文所研究的《江防海防图》就是一个典型的例子。

一 地图的形制与表现内容

《江防海防图》收藏于中国科学院文献情报中心（国家科学图书馆），编号为 264456，彩绘长卷，纵 41.5 厘米，横 3367.5 厘米，纸基锦缎装裱。地图由右向左展开，卷首自江西瑞昌县开始，沿长江向东，经今安徽、江苏沿江各地，至吴淞口后转而向南，自金山卫（今属上海市）至浙闽交界处而止，卷尾为福建流江水寨。图上所绘的主要政区城池有瑞昌县、九江府、湖口县、彭泽县、东流县、安庆府、池州府、铜陵县、芜湖县、太平府、南京、仪真县、镇江府、泰兴县、靖江县、江阴县、南通州、常熟县、海门县、崇明县、嘉定县、吴淞所、上海县、南汇所、青村所、金山卫、乍浦所、海宁卫、澉浦所、海宁所、杭州省城、三江所、沥海所、临山卫、三山所、观海卫、龙山所、定海县（总兵府）、后所、中中所（舟山堡）、霩䨪所（图上作霩衢所）、大嵩所、钱仓所、爵溪所、昌国卫、[石浦] 前后所、健跳所、桃渚所、前所、海门卫、新河所、松门卫、隘顽所、楚门所、蒲歧所、[盘石] 后所、盘石卫、宁村所、瑞安所、沙园所、平阳所、金乡卫、蒲门壮士二所（同城）等。

地图对沿江、沿海地区的山川，各级政区城邑、营寨、巡检司、墩台、烽堠、沙洲、岛屿等地物所表现的内容相当丰富，尤其是对水中的岛礁、沙洲、桥梁等记录甚详。在很多府州县、卫所、营寨和巡检司城垣符号处，还标注距下一处城邑的里距，有的很难测量，则用其他方式标注，如在浙江大嵩所处标注："大嵩所，至钱仓所隔海"；石浦前后二所（同城）处标注："前后所，至健跳所隔海"等。该图采用形象性的符号画法，各种类型的地物都有较一致的绘制方法，介于写实与符号之间。该图并未使用固定的方向，而是将长江与海岸作为基准线，方向随长卷的展开而转换。在江防部分，图卷自长江中游向下游展开，按照水流的方向，长江右岸总是在图卷的上方，左岸总是位于图卷的下方。而沿海部分，则海岸总是位于图卷的上方，海洋总是在图卷的下方，反映了绘图人是从行船的视角向岸上眺望，这体现了中国古代绘制长卷式舆图的方位传统和表现形式。这样以长江和大海为中心视线，从长江出发向东，入海后再折向南，以内侧陆地恒在上，外侧陆地或水域恒在下的方位处理方式，在中国与世界古代地图中都比较罕见，目前就笔者所见，唯一与其相近者，只有明代的《郑和航海图》，亦是以长江以南、环绕中国及亚洲大陆的江岸及海岸为上方。

此图并未标注图名，亦未标注绘制者及绘制年代。其最早披露是在1995 年出版的《中国古代地图集·明代卷》中，该图集中披露了其中六幅彩色分图：瑞昌县部分、东流县部分、南京部分、舟山港部分、杭州部分和福建流江水寨部分。曹婉如先生对其内容和主要地理信息进行了研究，并根据内容拟定图名为"江防海防图"。① 2012 年，笔者亦披露部分图幅。② 关于地图的绘制时间，图上并无标明，曹婉如先生指出："图上靖江县尚为一沙洲，其编绘时间当在成化八年（1472）至天启元年（1621）之间。因《明史·地理志》关于常州府靖江县的记载是：'成化八年九月，以江阴县马驮沙置。大江旧分二派，绕县南北，天启后，潮沙壅积县北，大江渐为平陆。'图上靖江县所在的沙洲即马驮沙。"③ 笔者在《舆图指要：中国科学院图书馆藏中国古地图叙录》中亦采此观点。

2020 年，笔者在仔细审读此图的过程中，发现了可以佐证其年代的新地理信息，以及背后复杂丰富的地图学背景，故撰成此文，敬请学界同仁指正。

二　《江防海防图》祖本的推测

此图上并未标注地图的绘制者或主持绘制者。但从其绘制内容与绘制风格来看，其中江防部分，与明代南京都察院操江都御使吴时来主持编纂、王篆增补的《江防考》附图非常相似。《江防考》所附的《江营新图》，亦以右为卷首，以册叶编排的形式，向左展开，形成"一"字型的长卷。《江营新图》卷首起自江西九江府瑞昌县下巢湖，卷尾为金山卫处的长江口和海洋，标注有"东南大海洋"和"海内诸山"，卷末处署名为

---

①　曹婉如：《江防海防图》，曹婉如、郑锡煌、黄盛璋、钮仲勋、任金城、秦国经、胡邦波编《中国古代地图集·明代卷》，文物出版社，1995，图版说明 6-11。

②　孙靖国：《舆图指要：中国科学院图书馆藏中国古地图叙录》，中国地图出版社，2012，第318~323 页。

③　《中国古代地图集·明代卷》图版说明 6-11。《明史》卷 40《地理志一·南京》，中华书局，1974，第 922 页。

"游兵把总濮朝宗奉委重校"。① 两幅地图应该存在某种程度上的关联。

将《江防海防图》与《江防考》所附《江营新图》相比，可以发现，整体而言，《江防海防图》的南直隶部分的绘制风格和地理信息架构与《江营新图》非常类似，尤其是在《江营新图》上，标注有"李阳河巡司至池口巡司六十里"与"池州巡司至大通巡司八十里"；而在《江防海防图》上，则标注为"李阳巡司至池口巡司六十里"与"池州巡司至大通巡司八十里"。两者均将"池口巡司"讹作"池州巡司"，说明彼此之间必定存在较为密切的关系。

同时，两幅地图也存在一定的差异。在风格的细节上，《江营新图》中，长江右岸（南岸）的城池、汛守、烽堠、山岳、寺观等都为正置，而长江左岸（北岸）的地物均为倒置，这是以长江主航道为观察点的视角。但《江防海防图》中长江两岸的地物都为正置。另外，河流、城墙等地物的表现手法略有不同，如《江防海防图》中河流为连续波纹，城墙未绘出雉堞与城楼；而《江营新图》中河流为堆叠波纹，城墙绘出雉堞与城楼。但也都比较类似，如在南京以上部分，城垣多以鸟瞰视角（两图鸟瞰视角不同），除正面城门外，其他各倒城门或向内或向外倒置；而在南京以下部分，城垣多以垂直视角，四面城门皆向内倒置。

两幅地图的地理信息也存在一定的差异，从大体上来看，在大部分的图幅中，《江防海防图》的信息与《江营新图》相比，有一定程度的损失，也就是《江营新图》所描绘、表现的一些地物，《江防海防图》中并未绘出，如南湖嘴巡司、龙潭巡司、高资巡司、范港巡司、三丈巡司、许浦巡司、校场巡司、七丫巡司、顾泾巡司、三林巡司、戚木泾巡司、金山巡司、白沙巡司等，尤以江西部分最为严重。《江营新图》上所列出的道路里距数字，为大写，而《江防海防图》上则为小写。且《江防海防图》文字方面有较多鲁鱼亥豕之处，如将江西湖口县附近的"荽石矶巡司"误为"菱石矶巡司"②；"龙开河巡司"讹作"开龙河巡司"；"黄茅湖"写作"黄毛湖"；多处"大

---

① 因《江防海防图》卷首较为残破，近图框处文字亦有漫漶，所以之前一直认为卷首可能有亡佚。现对照《江营新图》，可知并非如此，《江防海防图》卷首两列文字应为"下巢湖"和"此上通湖广等处"，与《江营新图》一致。

② 荽石矶巡司，见于嘉靖《九江府志》卷九《职官志》："荽石矶镇巡检司在都盛乡，去县治北十五里，洪武元年，知县郝密建。"《天一阁藏明代方志选刊》影印，上海古籍书店，1962。

孤山""小孤山"全部写作为"大姑山""小姑山"①；"贵池县界"误作"贵洲县界"；"黄公庙""黄公墩"写为"王公庙""王公墩"；"无比墩"讹成"山比墩"等，不一而足。另外，《江营新图》上用文字注记的形式标出了各驻防汛地、各巡司之间的道里，以及一些军事布防需要注意的内容，但《江防海防图》则大半未录，但亦有《江防海防图》新增部分，如在南直隶扬州府泰兴县以南江段内注有"此处西洪江盐船出没之所"等，当是提醒阅图者明了此处当注意之军政要务。还有，在《江防海防图》上绘出了多条交通道路，这是《江营新图》上没有的。

三　《江防海防图》上地理信息的复杂性

关于此图所表现的年代，在根据江阴县马驮沙的变化确定年代的基础上，仍可以利用图中的一些细节将其时间范围进一步缩小，如图中"嘉定县"处有注文曰："至太仓州三十六里"，《明孝宗实录》记载：弘治十年（1497）正月，"巡抚南直隶都御史朱瑄奏：'太仓、镇海二卫军民杂处，宜增设一州，割昆山、嘉定、常熟三县附近人民三百十二里属之，而领崇明一县。'下户部，覆奏从之。命名太仓州，隶苏州府"②。则其表现年代当在该年之后。

另外，在南京以东的部分，也就是长卷的后半部，《江防海防图》有较多的增补与改绘，尤其是江中的沙洲。当是因此地系海防之重，局势随时代而变化，亦是因长江水势变动频繁，沙情水情变动较明显所致。最显著的例子，莫过于崇明沙的表现。《江防海防图》上的崇明沙洲与前面所引《江营新图》中所表现的"崇明县"部分相比，沙情区别颇大，《江营新图》中所标绘的沙洲数量较少，描绘颇为粗略，其上所绘出的平洋沙、长沙、吴家沙、南沙在《江防海防图》中亦有描绘。而《江防海防图》中则描绘得更加详密，但"营前沙"则付之阙如。另外，《江营新图》上，平洋沙与秦家

---

① 李贤等纂《大明一统志》，三秦出版社，1990，第230、825页。卷一四："小孤山在宿松县南一百二十里江北岸，孤峰峭拔，与南岸山对峙如门。大江之水至此隘束而出，其下深险可畏，上有神女庙，对彭浪矶，故俗有小姑嫁彭郎之语。"卷五二《九江府》："大孤山在府城东南彭蠡泽中。"

② 《明孝宗实录》卷一二一，弘治十年正月己巳，"中研院"历史语言研究所校印，1962，第2174页。

村所在之东沙以及其西的登州沙、山前沙均未合并，而在《江防海防图》中，平洋沙、登州沙已经合为一个沙洲，在其上的左下角标注"旧崇明"，可见沙情之变化。

值得注意的是，《江营新图》中的崇明县位于一未标名的沙洲上，揆诸方位，在平洋沙之南；而《江防海防图》则将崇明县城绘于长沙之上。由于崇明一带沙洲涨坍不常，变动极大，所以治所也历经多次迁徙，其大体脉络为：元代至元十四年（1277）设置崇明州，州治在天赐场提督所，位于与东沙相连的姚刘沙上。后因"治之南为潮汐冲啮，弗克居"，于至正十二年（1352）将州城向北迁徙十五里。永乐十八年（1420），因"其南复为海潮坍逼"，所以再迁徙到城北十里许的秦家符。后县治"旋圮于海"，嘉靖八年（1529），迁徙到马家浜西南。嘉靖二十九年（1550），因为"海啮东北隅"，所以迁徙到平洋沙上，三十三年修筑县城。万历十一年（1583），又因为"城之震隅复坍"，着手迁徙州治。① 又《雍正崇明县志》载："万历十一年癸未，城东北隅复坍，知县何懋官卜地于新涨长沙，始议城基七里九分，既何懋官升迁，李大经继任，时值饥馑，减为四里七分，竣工于十六年二月。"② "邑治：万历十四年，城迁今长沙，知县李大经复建。"③ 可以明确万历十四年治所衙署已经迁到长沙上，并着手修筑城垣，十六年建成。

所以，《江防海防图》所表现的年代上限，应为崇明县城迁徙到长沙上的万历十四年（1586）。其年代下限，则仍应为天启元年（1621）。而《江营新图》之"崇明县"当为《江防海防图》上所标注之"旧崇明"，亦即嘉靖二十九年迁徙平洋沙之前位于三沙上的旧县城，则此图所表现的时代当为嘉靖二十九年之前。

但是，在《江防海防图》的吴淞江部分，标注有"宝山旱寨"，而在《江营新图》中，则标绘为"吴淞旱寨"。按，此城即明代的吴淞守御中千户所（宝山守御千户所）所在地。吴淞所，据万历《嘉定县志》宝山所城池条记载："在县东南清浦镇，旧名清浦旱寨，洪武十九年指挥朱永

---

① 《正德崇明县志》卷一《沿革》、《万历崇明县志》卷一《舆地志》"沿革"，见上海市地方志办公室、上海市崇明县档案局编《上海府县旧志丛书·崇明县卷（上）》，上海古籍出版社，2011，第18、75页。另参见张修桂《崇明岛形成的历史过程》，《复旦学报》（社会科学版）2005年第3期，第65页。

② 《雍正崇明县志》卷二《沿革》，雍正五年（1727）刻本。

③ 《雍正崇明县志》卷三《官署》。

建，……嘉靖三十六年更名协守吴淞中千户所，万历五年，……更名宝山千户所。"①《江南经略》卷三上《宝山旱寨兵防考》："宝山在嘉定县东南八十里依仁乡，洪武三十年，太仓卫都指挥使刘源奏建旱寨，名江东寨，着令太仓卫分拨指挥一员、千户二员、百户四员、额军四百名屯守防御。永乐中，平江伯陈瑄督海运，筑宝山于其地，因名宝山寨。正统九年，都指挥翁绍宗建砖城于寨左，遣太仓卫军守御崇明，遂委镇海卫军监管。后城渐圮，兵防亦废。嘉靖三十六年，复调太仓卫中千户所领军一千名屯守，改名协守吴淞中千户所。"②《大清一统志》曰："宝山废所，在今宝山县南。东北距海，西滨吴淞江。明洪武三十年建旱寨于此，正统元年筑城于寨左，嘉靖三十六年更名协守吴淞中千户所，后城渐圮，万历五年改筑新城于旱寨北，周二里有奇，更名宝山千户所。"③

所以，《江防海防图》中的"宝山旱寨"，透露出此图亦保留了嘉靖三十六年之前的地理信息，而《江营新图》则是体现了嘉靖三十六年之后的地理信息。所以，不能因为两幅地图之间相似之处颇多就认为彼此之间存在直接承袭的关系。很有可能，《江防海防图》的南直隶部分来自《江营新图》的某个稍早的版本，而根据当时的情形进行了增补与修改。

另外，《江防海防图》中南直隶沿江部分与浙江沿海部分画法基本类似，从墨色与笔法来看，可以推测是同一人同一时期完成的作品，应该是出于同样的目的而绘制的。尤其是将视角置于航道中心点，由长江向下游以及浙江沿海移动，以便将南直隶南岸与浙江海岸连为一线的画法，更说明是专门为表现两地的形势而绘制的。在明代历史上，江防与海防往往并举，④ 但要么限于一省级单位之海防，要么跨多个省级单位，像此图这样仅包括南直隶江海防与浙江海防者，极为少见，应是出于特殊目的。

明代兼管南直隶与浙江的职官有二，一为浙直总督，二为浙直总兵。浙直总督的设置与沿革，详见靳润成在《中国行政区划通史·明代卷》中的

---

① 《万历嘉定县志》卷一六《兵防下：城池》，万历三十三年刻本，《四库全书存目丛书》史部209，齐鲁书社，1996，第107页。

② 郑若曾：《江南经略》，傅正、宋泽宇、李朝云点校，黄山书社，2017，第244页。

③ 《嘉庆重修一统志》卷一〇三《太仓直隶州》，《四部丛刊续编》本。

④ 参见林为楷《明代的江海联防：长江江海交会水域防卫的建构与备御》，台湾：花木兰文化出版社，2010。

研究。大致说来，始置于嘉靖三十三年，罢于隆庆元年。[①] 嘉靖三十四年（1555），始设浙直总兵，命南京中府佥书署都督佥事刘远充总兵，总理浙直海防军务。[②] 此为第一任浙直总兵，驻地为临山。"总兵都督一员，镇守浙直地方，备御日本，保安军民，原议开府本卫，今更镇定海要区，凡浙直之事，一皆总之。"[③]《明会典》记载："总兵官，嘉靖三十四年设，总理浙直海防，三十五年改镇守浙直，四十二年改为镇守浙江。旧驻定海县，今移驻省城。"[④] 由前面的材料可知，浙直总兵设置于嘉靖三十四年，统辖浙江和南直隶的海防，备御倭寇。到嘉靖四十二年，浙江与南直隶分镇，浙江单独设有总兵。在这段时间内，浙江与南直隶的江防海防是统一管理的，所以，此图很可能有一原图，是浙直总督或浙直总兵在当时南京都察院等机构与浙江所辖机构所掌管地图的基础上编绘而成。

四　地图上清代的地理信息

整体而言，《江防海防图》上的政区建制信息，几乎全部是明代的，如"南京"，又如在乍浦镇巡检司右侧，有一行注记："北至南直隶金山卫界。"这都是明代的提法。但是，在《江防海防图》的崇明部分，除了用墨线勾勒，内涂土黄色的色块表示各沙洲之外，还绘制了一条青色的色带，绵延连接平洋沙、平安沙、三沙、虾沙和县城所在的长沙。在地图的上方，也就是图中的右岸（南岸），从镇江府城西的"京口闸"开始，向左（东）一直到南直隶与浙江交界处，在江南密布的港口与长江交汇处，绘出了大量的青色拱形，搭在港汊两岸上，有若干处上面标注有"坝"字；同时在某些港汊出口，也绘出了黄色的桥梁。这些地物，在《江防考》的《江营新图》中并未绘出，可见是绘制者需要重点表现的内容。

《康熙崇明县志》记载了一条堤坝的名称："陈公坝，在东阜、平安两沙之交，即文成坝。邑侯陈公慎筑，长二千八百二十四步。"[⑤] 此处的"邑

① 周振鹤主编，郭红、靳润成著《中国行政区划通史·明代卷》，复旦大学出版社，2007，第823~825页。

② 《明世宗实录》卷四二八，嘉靖三十四年十一月戊申，第7403页。

③ 朱冠、耿宗道等纂修《临山卫志》，台湾：成文出版社，1983，第50页。

④ 李东阳等撰，申时行等重修《大明会典》卷一二七《镇戍二：将领下》，万历十五年（1587）刊刻，广陵书社，2007，第1822页。

⑤ 《康熙崇明县志》卷三《建置志》，《上海府县旧志丛书·崇明县卷（上）》，第209页。

侯陈公慎"，即清代的崇明知县陈慎。同书记载了他修筑此坝的信息："陈
公慎，字怀盖，顺天文安县贡生，顺治十年五月任。本年岛寇张名振攻城，
亲冒矢石，血战死守。次年五月，寇遁，抚集流亡，百计善后。十一年冬，
寇复至，令民起义，杀贼焚舟，措饷请援。次年冬，复遁。从此筑坝廿里，
联合平洋沙，贼不敢犯。"①

关于此坝，时人吴伟业专门撰文记载：

> 崇明僻在海东，平洋沙又居崇之西，实旧县也。亡命出没其间，升
> 平时且以为忧，自逆氛大作，朝议移郡帅御之。会关中梁公化凤有克复
> 云晋功，被浙东之命，未及行而郡帅罢镇，督府以公著有成绩，欲倚以
> 办寇，便宜俾之摄理。公渡海甫十日，岛寇张名振犯堡镇，围高桥堡。
> 公皆迎击破之，先后斩、俘及溺者三万有奇。寇将遁，公于十一月二十
> 六日从小洪进兵，身率步骑，以火攻烧其栅，沉其五舟，寇大溃走。其
> 渡平洋也，召诸将指示曰："此距城五十里，我多留兵则不能，少留兵
> 则不足。中隔海洪，骑难飞渡，联以长堤，则寇舸不得泊，而我骑逞于
> 康庄矣。"询谋佥同，揆日戒众。是夜，恍惚若有神导之者；质明，见
> 糠秕着水面，如切绳墨，爰循其迹，版筑斯就。公喜曰："天所赞也。"
> 明年春，天子命公以都督金事充江南总兵官，设水师一万以属之。公仰
> 思委任不敢怠，筑土城以固屏障，设斥候以严徼巡，列树以表道途，置
> 亭以休逆旅，凡可以左右是堤者，次第修举。复建龙王庙于其上，邑之
> 老幼来游来观，皆惊顾叹息，以为类鞭山驱石所为，非人力可及。是役
> 也，起于十一年甲午之腊月，竣于十四年丁酉之三月。督府郎廷佐、中
> 丞张中元俱行部，以观厥成，乃分条其经始月日，并诸人之与有劳者，
> 以闻于朝。玺书下所司，褒宠焉。伟业史臣也，家近海东，于是堤实有
> 嘉赖，故徇诸护军及邑人之请，为文以记实云。②

而据吴标所记："崇治之西北三十里，曰坝头，昔固波涛澎湃，岛寇连
艅啸集之薮也。筹边者发填海之策，筑堰十余里，联属平安、东阜两沙。
寇遁之后，即建龙王宫一所，以镇压其上。瞬息之间，几疑海市蜃楼矣。犹

① 《康熙崇明县志》卷一〇《宦迹志》"知县"，第301页。
② 吴伟业：《平洋沙筑海堤记》，《雍正崇明县志》卷二〇《艺文志》。

忆二十年前经过此地，凫雁缤纷，蒹葭淅沥，正沧海渐变桑田时也。……抑闻形家者言：坝形蜿蜒象龙，楼为龙首，引江海灵秀之气，凝聚而禽受之，实为吾邑文运所关。"① 可见吴标文中的"坝"，应即吴伟业笔下的"海堤"，因二者都联络平安与东阜两沙洲，且上都有龙王庙。又，龙王庙，"一在文成坝西，距城四十里"②，也符合吴标文中"楼为龙首"之说。

按梁化凤，顺治六年，在平定大同等地的反清战争中以战功授副将。八年，以军功升为都督金事，管江南芜采营参将事。十二年，任浙江宁波副将。"明将张名振屯崇明平洋沙，总督马国柱檄化凤署苏松总兵。名振攻高桥，化凤驰赴战，迭击败之，遂复平洋沙。"十三年，为都督金事，充镇守江南苏州等处总兵官。十四年，加都督同知，"统率抽调各营官兵一万名，改为水师，仍驻防崇明。两协设副将二员，各统水师二千名，驻防吴淞。游击六员，各统水师一千名，分泊崇明各沙，俱属水师总兵梁化凤统辖"。十六年，统率马步官兵三千余名援救江宁，与南明军队作战。十七年，"升江南苏松水师总兵官梁化凤仍以太子太保左都督，充提督江南苏松常镇等处总兵官"。十八年，改为江南通省提督。康熙十年去世，谥敏壮。③ 关于他修筑堤坝之事，《清史稿》亦专门记载："十三年，真除苏松总兵。化凤以平洋沙悬隔海中，戌守不及。沿海筑坝十余里使内属，并引水灌田，俾海滨斥卤化为膏腴"④，"时平洋沙阻隔海洪，公（梁化凤）令筑坝填塞，寇乃失险而去"⑤。

另外，《雍正崇明县志》记载："李廷栋，字协宇，沈阳人，深沉有胆，顺治十二年援崇。南寇张名振围高桥洪土城，公提兵冲突，斩一千余级，寇退，议筑坝善后。"⑥

① 《雍正崇明县志》卷二〇《艺文志》。
② 《康熙崇明县志》卷三《建置志》，第212页。
③ 《清世祖实录》卷四五，顺治六年八月丁酉，中华书局，1985，第361页；卷四六，顺治六年十月己亥，第371页；卷五三，顺治八年二月甲辰，第424页；卷九二，顺治十二年七月辛卯，第726页；卷九七，顺治十三年正月己亥，第758页；卷一一二，顺治十四年十月庚寅，第880页；卷一二七，顺治十六年八月己丑，第985~986页；卷一三一，顺治十七年正月甲申，第1016页。《清圣祖实录》卷四，顺治十八年九月壬辰，中华书局，1985，第88页；卷三七，康熙十年十一月戊申，第496页。《清史稿》卷二四三《梁化凤传》，中华书局，1977，第9594~9596页。
④ 《清史稿》卷二四三《梁化凤传》，第9595页。
⑤ 《康熙崇明县志》卷一〇《宦迹志》，第297页。
⑥ 《雍正崇明县志》卷一〇《宦迹志》"副将"。

《康熙崇明县志》中记载了顺治年间张名振率军进攻崇明沙洲的情形：

　　十年九月初一日，南寇张名振、顾忠、阮四等各统舟百余，泊排沙洪。十一日，犯施翘河，守将吕公义率众出城御之。……十八日晚潮，贼舟西抵高桥洪。……二十三日，贼据平洋沙，分综泊大安、山前各沙。……贼舟泊平安沙小洪，无地非南寇已。……（十一年）五月初三日，贼综南遁。十一月二十七日，南寇张名振等复据平洋沙。……（十二年）六月十六日，定海总兵张洪化率船二百五十只投综。振之长技在水，时城中有浮桥渡洪之议，众欲解散。……二十日，筑便民河坝，以贼炮击中止。……（七月）十七日，大筑沿海马道，以便冲击。……十一月初七日，整兵过平安沙洪，贼半渡邀击，彼此互伤而还。……二十八日，贼复南遁。……是日，知县陈公慎命兴工大筑文成坝，内外二沙大起民夫，外沙民更力。十二月初六日，坝工成。
　　按：东阜与平安两沙，中隔小洪，十里许，名振泊船于此，号安乐潭。贡生施文建言筑堤，联为一脉，使贼失险。逾年工成，夹堤栽以桃柳，遂成胜观。知县陈公慎命名"文成"，取"偃武修文"意也。①

　　所以，梁化凤所筑之堤，应即陈慎所筑之文成坝。顺治二年（1645），清军先后占领南京城和杭州城，俘虏南明弘光帝和监国的潞王，控制了江浙等地。之后，鲁王朱以海称监国，在浙江沿海坚持抗清，并多次进入长江。顺治十年（1653）八月，南明将领张名振、监军兵部侍郎张煌言带领五六百艘战船渡海北进，到达崇明一带。南明军队占据平洋沙等沙洲，围困崇明县城长达八个月之久。顺治十一年正月，张名振等部明军战船到达瓜洲，在金山上岸，登金山寺向东南方向遥祭明孝陵并题诗。三月，在扬州府属吕四场登岸。三月二十九日，张名振等率水师六百余艘再入长江，直抵仪真。九月初六日，张名振部水师进抵上海县城下，十二月，张名振等率军乘船四百余艘入长江，直抵南京郊外的燕子矶。是所谓张名振三入长江之役。② 如前所述，张名振所率军队占据了水师的优势，他们不但占据平洋沙，而且利用战船的优势包围各沙洲上的清朝军队。而清朝军队更擅长陆战，尤其是骑

① 《康熙崇明县志》卷五《武备志》"寇警"，第244~246页。
② 顾诚先生对此事梳理甚详，参见氏著《南明史》，光明日报出版社，2011。

射，为了便于陆地上的联络，清军采取"筑便民河坝""筑沿海马道"的策略，"以便冲击"，而明军则尽力阻止。梁化凤亦是在该年署理苏松总兵，率军与张名振部作战，随着张名振军队的撤退，得以于顺治十二年十一月二十八日开始修筑文成坝，十二月六日修成。至于吴伟业文中"竣于十四年"之说，应是顺治十二年于战时临时修筑，之后又有加固之举。

《江防海防图》上所绘制的梁化凤、陈慎在崇明所修筑的堤坝，反映了清朝初期张名振、郑成功等部南明军队占据水上优势，清朝为发挥陆战优势而采取的措施。这也反映了当时的普遍情况，顺治十三年六月，清政府下令：

> 敕谕浙江、福建、广东、江南、山东、天津各督抚镇曰："海逆郑成功等窜伏海隅，至今尚未剿灭，必有奸人暗通线索，贪图厚利，贸易往来，资以粮物。若不立法严禁，海氛何由廓清。自今以后，各该督抚镇着申饬沿海一带文武各官：严禁商民船只私自出海。有将一切粮食货物等项与逆贼贸易者，或地方官察出，或被人告发，即将贸易之人不论官民，俱行奏闻正法，货物入官，本犯家产尽给告发之人。其该管地方文武各官不行盘诘擒缉，皆革职，从重治罪。地方保甲通同容隐不行举首，皆论死。凡沿海地方，大小贼船可容湾泊登岸口子，各该督抚镇俱严饬防守各官相度形势，设法拦阻。或筑土坝，或树木栅，处处严防，不许片帆入口。一贼登岸，如仍前防守怠玩，致有疏虞，其专汛各官即以军法从事，该督抚镇一并议罪。尔等即遵谕力行。"[1]

据此可以推测，《江防海防图》上所绘的长江入海口一带港汊出口处的蓝色"坝"状地物，很可能反映了清初为了遏制南明军队由各港汊进入内地之举。

那么，《江防海防图》是何人所绘呢？如前所揭，此图的地理信息架构为明代后期，除崇明和长江下游的堤坝外，并无清代信息的痕迹。除"南京"与"南直隶"等带有鲜明明代色彩的地名之外，若干在明代末年就已经裁撤的巡司也标绘于图上，如天启四年裁撤的南湖嘴巡司、天启二年裁撤的龙开河巡司等。[2] 再如浙江，顺治五年三月二十八日，"定浙江经制官

---

① 《清世祖实录》卷一〇二，顺治十三年六月癸巳，第789页。
② 《嘉庆重修一统志》，卷三二一《九江府二》，《四部丛刊续编》本。

兵"，其中沿海部分为："定海总兵官标兵三千名；中军游击一员，兼管中营；左、右两营游击各一员，中军守备各一员，千总各二员，把总各四员，台州水兵三千名，海中、海左、海右三营。中营随镇驻定海，左、右二营分驻台、温要口，游击各一员，中军守备各一员，千总各二员，把总各四员，镇标旗鼓守备一员。宁波副将一员，兵二千名，中军都司一员，兼管左营，右营都司一员，中军守备各一员，千总各二员，把总各四员。绍兴副将一员，兵二千名，中军都司一员，兼管左营，右营都司一员，中军守备各一员，千总各二员，把总各四员。台州副将一员，兵二千名，中军都司一员，兼管左营，右营都司一员，中军守备各一员，千总各二员，把总各四员。温州副将一员，兵二千名，中军都司一员，兼管左营，右营都司一员，中军守备各一员，千总各二员，把总各四员。"① 而图上并无任何反映，其标绘在定海城的"总兵府"，更似是明代的浙江总兵府。又如舟山，系鲁监国抗清基地，南明与清朝之间多次争夺，顺治八年，清政府从浙闽总督陈锦疏："舟山设陆兵一千名为中营，水兵二千名为左右二营，以定海水师左营、钱塘水师左营及提标定镇标兵调补。总统副将一员，每营游击一员、守备一员、千总二员、把总四员，中营游击即兼管副将标下中军事。其钱塘水师左营已留舟山所有，右营应改为钱塘水营。"② 顺治十三年八月，清军再次占领舟山。③ 并将舟山城拆毁，"惟是弃舟山之时，毁城迁民，焚毁房屋，当日虑为贼资，是以惟恐不尽。职查舟山旧城周围五里，仅存泥基，砖石抛弃海中"④。但在图上，仍是标绘"中中所、舟山堡"，可见此图是为了表现清代初期南明与清朝军队在长江下游和浙江沿海作战的地理形势，尤其是长江入海口一带的情形而绘制，因其重点在于后者，且战事紧急，遂根据现成的明代后期浙直江防海防地图摹绘而成，年代当在顺治十四年之后，其下限当在康熙初年鲁监国、张煌言相继去世，对清朝东南沿海的威胁解除之时，很有可能，是在顺治十六年郑成功、张煌言长江之役前后。此图的笔法较为一般，似是军队或衙署中的普通画师或官吏所绘。

----

① 《清世祖实录》卷三七，顺治五年三月癸亥，第 303 页。

② 《清世祖实录》卷六一，顺治八年十二月戊辰，第 483 页。

③ 《浙江巡抚陈应泰揭帖残件》，《明清史料》丁编，第二本，"中研院"历史语言研究所，1930，第 161 页。

④ 《浙江巡抚佟国器揭帖》，顺治十六年十一月十五日，《明清史料》甲编，第五本，第 464 页。

最后，由于《江防海防图》所依据的版本不明，图中最为特殊的崇明沙洲部分，亦有可能是地图最后绘制时根据当时的情况进行了调整，如果是这样，那么所依据的地图可能还要早于《江防考》之《江营新图》，更增加了此图地理信息的复杂性。

五　《江防海防图》的史料价值

如上文所梳理，《江防海防图》系清初时人根据明代的江海防地图摹绘并根据需要增删而成，崇明的沙洲是其表现的重点。那么，这幅地图就可以作为崇明沙洲变化的重要史料。关于崇明沙洲变化，据学者研究，明末清初是崇明岛大型沙洲合并完成的最后阶段。[①] 明代的万历和清代的康熙两部《崇明县志》是这一合并时期重要的资料，但从沙洲形态来看，这一时期沙洲坍涨变化情况非常迅速，仅以《万历崇明县志》为例，其卷一"沙段"中所述的沙洲情况，与卷首的"崇明县舆地图"中所描绘的沙洲情况已有所不同，如"沙段"中谓："小团沙、孙家沙、白蚬沙、县前沙、南沙、竹箔沙、仙景沙，已上诸沙，向皆分列，波涛汹涌，今系联络成沃壤矣"[②]，但在"崇明县舆地图"中，仙景沙却还是水中的独立沙洲。沙洲名目亦有较大参差。《读史方舆纪要》中亦引用《万历崇明县志》中的资料，但也有很大差别，可见当时沙洲演变速度之快。《江防海防图》中所绘沙洲情形，与《江防考》之《江营新图》及上述各图志均有不同，应是研究崇明沙洲变化的重要史料。

从地图学史角度来看，《江防海防图》也有独特的价值。目前无法推断其绘制者属于哪一方，若为清朝官员，则是其因战事紧急，主要表现长江口一带形势变化，所以其他部分直接照抄明代地图；若为南明一方，那么沿袭明代制度更为自然。无论如何，此图保留了明代后期地图的特色，并可以发现与《江防考》之《江营新图》等明代江防地图之间的联系，反映了中国古代舆图绘制的一个侧面。由于中国古代舆图往往不标注绘制者和绘制年代，所以我们今天对古地图年代进行判识，往往通过其所表现的地物来进行判识，这种做法的一个前提就是地图上的地物应该是成系统而且是同一时代

---

① 张修桂：《崇明岛形成的历史过程》，《复旦学报》（社会科学版）2005 年第 3 期，第 63 页。
② 《万历崇明县志》卷一，第 77 页。

的，这样的地图也为数不少，如明清时期中央和地方衙署中所绘制的边防地图、海防地图、河工图、海塘图等，尤其是那些需要向上级乃至中央政府汇报情况而绘制的地图。但在个人或临时使用的情况下，由于涉及广大地域的地理信息相当庞杂且专业性高，一般人难以获取成体系的最新信息，所以只能根据已有的地图进行摹绘，无暇、无力也没有必要严格地将其上的地物通通改成当前的情况，只要地图可供使用就可以了。而即使是某些官方绘制的地图，也往往可能因转绘自较早的地图，而带有浓郁的前代风格，如中国国家图书馆藏的《陕西舆图》，以往依据其明显的明代风格而被认为绘制于明代，但李孝聪教授发现其上却有清代的地理信息，据此推断此图可能绘于康熙二十四年，而后康熙三十六年康熙帝亲临宁夏巡边，又在图上增加了注记。① 所以，在判断地图年代时，一定要考虑到地理信息的复杂性和层累可能，不能只依据图上的部分地理信息而遽下定论。

A New Look at *the Jiangfang Haifang Tu*
（Map for Defense of the Yangtze and the Seas）：
with a Note on the Complexity of Geographic Information
as Contained in Traditional Chinese Cartography

Sun Jingguo

Abstract：Unlike modern standard, completely scientific mapping behavior, the mapping and use of traditional Chinese cartography often present a variety of different appearance depending on the demand of makers and users, which makes the geographic information of a lot of traditional maps is not completely consistent with the drawing time of them, even superposition of geographic information of different times, to which great attention should be especially needed to be paid, when the date of traditional maps is studied. This paper studied *Jiangfang Haifang Tu* （Map for defense of Yangtze River and the sea） collected in the Library of Chinese Academy of Sciences, finding that the overall structure, geographic

---

① 李孝聪、陈军主编《中国长城志·图志》，江苏凤凰科学技术出版社，2016，第72~73页。

information and drawing style and all originated from maps of defense of Yangtze River and the sea in late Ming Period, while several details prove that the map was drawn in the early Qing Dynasty, thus further reflects the traditional map, use, and sentenced to general aspects of practicability and complexity.

Keywords: Antique Maps; Ming Dynasty; Qing Dynasty; Defense of Yangtze River and Sea

（执行编辑：吴婉惠）

海峡两岸古建装饰艺术中的
"海丝"图像文化初探

吴巍巍[*]

海峡两岸丰富多姿的古建装饰艺术，是两岸民众在历史发展进程中共同创造的民族文化瑰宝。古建装饰艺术表现形态主要有石雕（石作工艺）、木雕（木作工艺）、砖刻、泥塑、彩绘、漆金、交趾陶、剪粘等，其中尤以石雕和木雕为代表。古建装饰工艺作品数量繁多，但总体上离不开几类大的主题，如人物形象、历史典故、花鸟走兽、吉瑞图案等；其内涵也多与儒家伦理思想、日常生活艺术、人物品行与自然审美等有关。中国传统建筑装饰艺术的发展与形成，受到诸多因素的影响。如移民、宗教、经贸、自然地理环境、材料与技术、政策等，都使得建筑装饰工艺产生发展与变化。在种类众多的传统建筑装饰艺术题材中，有一类题材还鲜少被提及却十分值得我们关注，即古建装饰艺术中的"海丝文化"图像。

笔者通过对海峡两岸诸多古建筑遗迹的走访和考察发现，在这些建筑装饰工艺作品中，有一些是与历史上的"海上丝绸之路"息息相关的，其表现形式也颇为丰富多彩。这些作品，不仅表现出那个时代建筑装饰工艺内容的多元融合形态，亦反映了中外文化交流的时代特性，同时也折射出闽台区域社会文化风貌的历史演变。

* 作者吴巍巍，福建师范大学闽台区域研究中心研究员。
本文系 2018 年度国家社科基金重大专项项目"台湾古建装饰艺术的抢救、保护与传承研究"（2018VJX061）的阶段性成果。

一　两岸古建装饰艺术中的"海丝"图像作品概说

中国古代建筑装饰艺术总体上所反映的是中国传统文化的精神内涵与外化表现，所以题材也基本上反映中华文化的基本维度。不过，在海峡两岸（主要是以福建和台湾为代表，即学界常称的"闽台区域"）古建装饰艺术作品中，也有一些明显受到外来文化因素影响的表现形态，而这种外来文化的影响，主要与"海上丝绸之路"息息相关。例如，学者们普遍认为，泉州印度教石刻是从"海上丝绸之路"传播而来的；① 台湾庙宇装饰作品中的"憨番扛庙角"则反映了民间社会对于大航海时代以来西班牙、荷兰人等通过"海丝"通道侵犯台湾这一中华大地的一种反弹和惩罚情绪。②

闽台传统建筑装饰艺术所反映的海上丝绸之路的气息和元素，主要表现在石雕、木雕、泥塑、交趾和彩绘（壁画）作品等类别上，其内容多与海丝人物、商贸货运、宗教信仰和西洋风情图案等有关。主要集中于沿海地区或内河沿江流域地区，因为这些地方常与海外贸易发生密切的联系，是中外物质和精神文化交流的重要窗口。

在两岸古建装饰艺术中的"海丝"图像作品，特别是在台湾古民居和庙宇建筑中，经常性出现的文化形态主要有"憨番扛庙角"、"洋人拱斗"及"西洋风情图案"等，这与台湾独特的地理位置及其受到西方殖民国家侵占活动的历史进程有关；而在海峡西岸的福建传统历史建筑中出现的"海丝"文化图像，则主要表现为外来宗教造像雕刻、异域风情彩绘壁画等，说明福建"海上丝绸之路"悠久的历史传统和多元文化交融的遗存与影响。

从地域分布上看，两岸传统建筑装饰艺术中的"海丝"文化图像，主要集中于沿海港口城市，例如泉州、漳州、福州、台南、台北、云林、台中等地，另外在一些内陆的沿江内河流域也经常能发现"海丝"文化的元素，例如永泰嵩口古厝的"海丝"壁画，南靖山区的"番公爷爷塑像"、潮汕地区的耶稣（番公）塑像③等，也颇为有趣。这些"海丝"图像，最早有宋

---

① 黄心川：《印度教在中国的传播和影响》，《宗教学研究》1996 年第 3 期。

② 陈嘉弘：《台湾庙宇墀头新元素："憨番扛庙角"的分析研究》，台湾：长荣大学硕士学位论文，2013。

③ 《潮汕某老爷宫竟然供奉耶稣，被称为"番公"!》，http：//dy. 163. com/v2/article/detail/E42AVOOC0 518HPGC. Html。

元时期的作品，更多的则是明清时期（西方人所称的大航海时代）及近代以来的产物。

二　两岸古建装饰艺术中的"海丝"图像作品举隅

课题组在对海峡两岸的传统建筑进行考察时，经常可以在建筑装饰艺术中看到"海丝"文化的因子，或者说外来文化的影响因素。这些"海丝"文化图像，已经深深嵌入中华传统文化的框架中，形成了独具特色的建筑装饰工艺多元文化融合的表现形态。

（一）麦寮拱范宫的"海丝"元素：文化整合与观念创新

麦寮拱范宫有几处外来元素十分明显，一处是三川殿檐角的"憨番扛庙角"（见图1），另一处是三川殿檐廊中间的"憨番顶斗"（见图2），分别雕刻了两个敬礼的荷兰人与两个奔跑的日本人，荷兰人与日本人中间的西洋狮亦是外来元素。还有一处是拜殿对看栱上的一对木雕"洋人力士顶斗"。

图1　拱范宫"憨番扛庙角"石雕　　　　图2　拱范宫"憨番顶斗"木雕塑像

"憨番扛庙角"这一形象应来源于佛教的窣堵波。窣堵波系"梵语stūpa之音译，又作卒都婆、窣堵波、薮斗婆。巴利语为thūpa。略称塔婆、兜婆、浮图、塔。在古代印度原为形如馒头之墓。释尊灭后，卒都婆不止为坟墓之意，也有纪念物之性质，尤以孔雀王朝建设许多由炼瓦构筑之塔，埋有佛陀之遗骨、所持品、遗发等，故渐演变为圣地之标帜及庄严伽蓝之建筑。……在中国、日本，塔与金堂并列为重要之建筑物，用以奉纳佛舍利，为寺院之象征。其三重塔或五重塔最上方之相轮部分，保有印度之风格（见图3）。又为追荐死者，有在细长板上，制成如塔形之塔婆，立于墓侧之习惯。此种板塔婆，称为卒都婆、塔婆，而在建筑物者，则仅称塔，以便区别"①。在窣堵波的底座常有夜叉或者力士扛起塔基（见图4），麦寮拱范宫扛庙角的憨番，或为夜叉或者力士形象的变形。

图3 泰宁佛教石塔石雕

让洋人打扮的憨番去扛墙角，究竟用意何在？是否由于曾经遭受洋人在政治、经济、文化乃至人身上的压迫，无力在现实中反抗，然后将仇恨折射到宫观建筑当中？② 佛教中的夜叉或者力士的地位是护法神，且佛教教义倡

---

① 慈怡主编《佛光大辞典（增订版）》，高雄佛光文化事业有限公司，2014，第5944页。
② 黎小容、秦清海：《憨番扛庙角图像的缘起》，《古建园林技术》2006年第3期。

图 4　泰宁佛教石塔下方塔座窣堵波

导众生平等，他们虽居于下方扛塔基，却没有贬义。所以憨番扛墙角可能存在两种解释。一是憨番代表力士，即有力者、具大力量者，可泛指权势、地位等各方面的综合实力强大者。因为力量强大，所以可以承担重要的任务。二是憨番扛墙角是一种奴役和惩罚，在现实之中人力惩罚不到，就借助神力进行有罪审判和惩罚。"憨番顶斗""洋人力士顶斗"自然也可以作以上两种解释。根据我们的调研访谈得知，庙里塑造憨番顶斗或者扛墙角的形象，其实是一种对外来政权统治和压迫台湾人民的一种反抗和精神胜利法。既然在现实中和武力上抵抗不过外国侵略者，那么就塑造其形象让其跪着扛起庙角和顶斗等支撑建筑的位置，也有一种惩罚和精神补偿的意味。

众所周知，闽台地区在晚近以来饱受外来势力入侵的困扰，从有明一代倭寇的不断侵扰，到大航海时代西班牙、荷兰殖民者肆掠于东南海域，再到晚清西方列强武力侵犯闽台沿海并给地方社会带来巨大破坏和危害，闽台沿海民众可以说对这些"洋鬼子"充斥着仇恨与排拒。"憨番扛庙角"正是这种文化心态的集中反映，表达了一种对洋人和外来文化进行"惩罚"的艺术形象构建，却在无意间创造出历史建筑装饰艺术的新的形态。不仅在台湾各地庙宇和古民居存在大量这类题材的雕饰工艺，台湾学者陈嘉弘整理统计了台湾庙宇存在 165 处"憨番扛庙角"的图片，[①] 足见此一题材分布较为广泛，而且，课题组也发现在福建古民居建筑中，亦存在这类主题的作品[②]，深刻反映了该主题在两岸匠师和建筑装饰工艺中的流行程度（见图 5）。

---

① 陈嘉弘：《台湾庙宇墀头新元素："憨番扛庙角"的分析研究》，台湾：长荣大学硕士学位论文，2013。

② 曹春平：《闽台私家园林》，清华大学出版社，2013，第 253 页。

图 5　厦门海沧区莲塘别墅中的"憨番扛庙角"石雕

不管怎么说，麦寮拱范宫建筑装饰艺术融入了外来元素和观念是毋庸置疑的，至少说明了匠师的眼界是开阔的，其刻画的外国人物、狮子的形象栩栩如生、惟妙惟肖。中国传统的民间宫观、寺庙，融入了某些外来元素，却并没有违和感。因为艺术作品的生产，的确与它所处的历史、地理环境有着密切的联系，当我们深入把握了艺术品背后的时代背景，对于为何会产生文化整合与观念创新，答案也就了然于胸了。

（二）永泰嵩口：深藏在山间古厝中的福船帆影

嵩口镇，位于福州市永泰镇西南部，闽江下游最大支流大樟溪永泰境内的上游，因此成为永泰西南地区商品交易的流通集散地，是闽江下游联结山区与省会福州的重要贸易通道，也是走向海洋贸易的内陆货运集散源头之一。

近年来，在嵩口镇东坡村的西霞厝、永庚厝及永朝厝等古民居，发现多处体现阿拉伯异域情调及古代航船的彩绘图案，这些精美的壁画集中绘制在屋面的遮水墙上。

西霞厝，是东坡村内面积较大，保存也较为完好的一座古大厝，由主厝跟两侧护厝组成，东侧护厝为书斋，西侧护厝则基本荒废，即使是这样，其厝内的雕饰仍保存较好。在西霞厝正厅房檐左侧遮水墙上，绘制有一幅显示阿拉伯某港口的彩色壁画，从画面上我们可以清晰地看到阿拉伯建筑，前方则是中式传统多桅帆船。就船帆材质上来看，为典型的中式篾帆。缭手位于船只尾部，我们可以清晰看到其手里还牵着帆绳，船头则站着一个人，显然是在瞭望远方的水手，从船只形制上来看，当是中国传统福船。而从船只尾部对着港口建筑来看，这个画面所要表现的应该就是来自中国福建的商船，在阿拉伯地区某个港口完成贸易后返航时的情形（见图6）。

图 6　西霞厝阿拉伯建筑及中式帆船壁画

在房檐相对应的右侧遮水墙上，我们同样看到阿拉伯建筑，最为明显的就是前方的宣礼塔。在后面建筑的二层楼上，站着四个留着黄色长发的男子，且都身着绿色衣服，外披斗篷，其中一人手执一本书，从书写方式及装帧形式来看应是中国古籍，且似乎在跟对面的男子交谈着什么。细究这栋阿拉伯建筑，明显植入了中国文化元素，在柱子上、门楣上均写有不可辨识的文字，再从护栏图样及门楣造型来看，为典型的中式图案（见图7）。

图7 西霞厝阿拉伯风情壁画

在东坡村可与西霞厝齐名的当数永庚厝，当地人又称其为用金厝，为陈用金于清乾隆年间所修建，由主厝、两侧护厝、东侧书斋三大部分构成。然而从现场踏勘的情况来看，其保存状况显然不如西霞厝，外墙墙灰剥落较为严重，庭院内杂草丛生，似乎已经有段时间没人打理了，稍显破败。穿过前面的庭院进入第二落的天井，朝两侧遮水墙张望，在与西霞厝同样的位置，同样可以看到充满阿拉伯风情的彩绘图案。在房檐左侧的遮水墙上，可以看到港口边上的一排阿拉伯建筑，围墙内还有宣礼塔一座。在彩绘最前方，则有两艘三桅中式帆船，一艘前方立有一人，手持望远镜，船尾有舵手一人，在舵手前方还有两位身披斗篷的人。船艏绘有狮头，船帆同样还是篾帆，仍是福建商船。在港口岸边立有一根旗杆，顶端斜挂着风信旗，当是为进出港口的船只指引风向用的（见图8）。

在房檐右侧的遮水墙上，可以看到一栋两层的阿拉伯建筑，在楼上有身穿绿色裙服、外罩长袍的阿拉伯女子，楼下栏杆边上也倚靠着两位同样装束的阿拉伯女子，似在低语交谈。在楼边也有圆顶宣礼塔一座，整个画面充满了阿拉伯异域风情（见图9）。

另外，在永朝厝屋檐下，同样也有一幅绘有阿拉伯建筑的壁画。对于嵩口东坡村这个位处崇山之间的村落，何以有如此多的阿拉伯风俗壁

图 8　永庚厝阿拉伯建筑与中式帆船壁画

图 9　永庚厝阿拉伯建筑壁画

画的存在？或许在历史上陈氏家族曾经与阿拉伯国家有过商贸往来，其家族资本的积聚应该与海外贸易有关，为了彰显其家族的历史，故选择在屋檐装饰的显眼处表现这一家族的商贸历史，启示后人不忘祖辈远洋商贸的艰辛。而这一阿拉伯题材的引入，也为山间传统宅院带来了丝丝异域海风。[①]

（三）世界宗教博物馆：泉州宫庙民居建筑装饰艺术的多元融合

泉州在历史上曾是"海上丝绸之路"的起点之一，汇聚着"海丝"文化交流产生的璀璨艺术表现形态，这一点尤其表现在宫庙建筑装饰艺术作品中。因为泉州在中外双方于海上丝绸之路的双向交流互动进程中，大量外来宗教文化和艺术元素也被引入，点缀着泉州建筑工艺的美的形态。

位于泉州鲤城区西街开元寺，是福建省历史最为悠久的佛教寺庙之一。该寺建筑艺术独具特色，大雄宝殿雕塑技术尤其是梁槽间的 24 尊飞天乐伎，在中国国内古建筑中罕见。殿前月台须弥座的 72 幅狮身人面青石浮雕，殿后廊的两根古婆罗门教青石柱，同为明代修殿时从已毁的元代古印度教寺移来作为装饰工艺。印度教在中国留下的遗存不多，但是，从 20 世纪初开始，陆续在福建泉州发现了 200 多件印度教石刻，意义非同寻常。它们是海上丝绸之路中印交流最直接和特别的例证之一，也是研究古代印度教在我国的传播和影响最重要的实物。

泉州开元寺的两根印度教石刻立柱（见图 10、图 11），被认为是存在于佛教寺院的海上丝绸之路遗物，分上中下三个部分，上部和中部刻有 16 幅印度教故事，大部分是毗湿奴神化身的故事。下部 8 幅明显是中国吉祥图，如一幅雕有雀、鹿、蜂、猴的图像，寓意着"爵禄封侯"的向往和追求；"双狮戏球""凤穿牡丹"等也是中国人最传统和喜爱的吉祥图，象征着祥瑞、美好和光明。这些印度教故事雕刻图案与中国文化图像完整地同处一根石柱上，将印度教图案的主体纹饰与中国图案的辅助装饰相结合，构成

---

① 有关永泰嵩口古民居建筑装饰涉及中外海丝文化交流的内容，也可参阅郑启凡《从永泰嵩口壁画看福州古代对外贸易》，何静彦、陈晔主编《历史名城　海丝门户——福州海上丝绸之路论文集》，海峡文艺出版社，2014；陈振杰《明清时期福建民间远洋贸易推动海上丝绸之路繁荣发展——解析福建古民居乾隆时期福船远洋阿拉伯壁画》，《中国远洋航务》2015 年第 12 期；刘杰《大陆文化与海洋文化的冲撞——论永泰嵩口航海壁画图像文化内涵》，福建师范大学硕士学位论文，2016。

图 10　开元寺印度教石刻雕饰工艺 1　　图 11　开元寺印度教石刻雕饰工艺 2

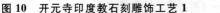

一个多元文化融合的整体。①

　　另外，在泉州天后宫也有两根印度教雕刻艺术的石柱，其雕刻技法与开元寺印度教石刻雕刻技艺基本相同，只是雕刻图案有所不同。泉州天后宫立柱的石雕图案主要是花木、祥云等偏中式图样的风格，而缺少印度教神像石雕图案。这其中原因也值得再做细致探索。

　　除了印度教石雕元素在泉州留有遗存，西洋风格的建筑装饰元素也多有体现。例如，在泉州杨阿苗故居和蔡氏古民居，都有从南洋传来的西式铺地地砖。② 这些地砖充斥着异域风情，通过海上丝绸之路舶来，并运用于当地

①　王丽明：《泉州印度教石刻里的中国美学观》，《中国文化遗产》，2017 年第 2 期。另外，有关泉州其他印度教石刻遗存的解读，可参阅〔美〕余得恩（David Yu）《泉州印度教石刻艺术的比较研究》，王丽明译，《海交史研究》2007 年第 1 期。
②　关于这两座古民居建筑艺术的情况，也可参阅鲤城区文化馆编《泉州杨阿苗民居：闽南传统民居营造技艺》，内部资料，2016 年印；中共南安市委宣传部、南安市社会科学界联合会编《蔡氏古民居：蔡资深其人其盾》，海峡文艺出版社，2018。

的建筑技艺之中。地砖的图案呈现较为明显的在西方航海图上经常出现的罗盘纹饰或花纹图案，色彩斑斓，迥异于传统中式建筑风格（见图12）。此外，在这些古民居建筑的悬隅、户牖等位置，都或多或少地呈现出西洋式建筑装饰艺术的风格，颇耐人寻味。

图 12 蔡氏古民居西洋风情图纹地砖

三 两岸古建装饰艺术中"海丝"图像的文化解读

海峡两岸古建装饰艺术中所呈现的"海丝"图像，是一种工艺发展与文化交融的表现，其背后蕴含着较为深刻的文化内涵，值得我们细细品味和解读。

其一，赋予了传统建筑装饰工艺发展新的内涵。在中国传统建筑装饰工艺作品题材中，主要是以中华传统文化为基本内涵，例如表现中国人精神气质的忠孝廉节、二十四孝，反映中国历史典故的封神演义、三国故事、杨家将，表现美好生活追求的"四艺""四爱""四聘"等以及吉瑞祥和的图像画面等。这些都是原汁原味的中国本土的装饰图像元素。借由海上丝绸之路而来的外来文化图像，则丰富和发展了传统建筑装饰工艺的技法和内容，具有创新性和开拓性的意义。如在台湾庙宇建筑中经常出现的"憨番扛庙角"就经常采用外国人的雕塑形象（见图13、图14），其毛发、肤色、脸型和服饰等，皆有别于传统的扛庙角的宗教人物雕塑形象，这对于匠师的工艺手法也提出新的要求，[①] 这一主题也被赋予一定的精神含义，是建筑装饰中较为典型的一类"海丝文化"图像。

图13　高雄历史博物馆收藏的憨番造像1

其二，反映了"海丝"进程中中外文化交融的时代特征。两岸古建装饰艺术作品中出现的"海丝"图像，应该说其根本上是历史时期中外文化交流和融合的产物。众所周知，海上丝绸之路不仅沟通了中外物质文化交流的热络局面，更带来了东西方精神文化交流的互动性影响，呈现出中外文化比较观照的视野。不少外来文化扎根中国大地，并与中华文化互融共生，形成多元文化融合的格局。这里尤其以宋元时期的泉州为代表，世界性宗教文化在这里都能找到踪迹和影响。例如前述印度教石刻造像，就深刻地反映了

---

① 课题组在台湾麦寮拱范宫的调研中了解到，当时在漳泉两派匠师的对场作中，就有一项是否能够雕刻西洋人物的竞争标准，谁能雕刻得更好更形象，则表明该匠师更为新潮、手艺更丰富，因此在该宫庙中多个位置都出现了西方人的造型和雕塑，这个现象很值得玩味。

图 14 高雄历史博物馆收藏的憨番造像 2

中印文化在此碰撞和融合的局面，也说明外来宗教文化要想在中国扎根和发展，就必须走本土化和中国化的道路，由此形成异质文化调和融通的形态。诚如国学大师季羡林先生所言："文化交流能促进交流双方文学、艺术、哲学、宗教的发展，中印文化交流是全世界当之无愧的典范。"①

　　其三，刻画出特定时空下社会生活与民俗风习的发展演变面貌。从两岸现存的建筑装饰工艺中的"海丝"图像作品来看，其中无不反映着历史时期特定地域社会民众日常生活与民俗风尚，不可避免地受到外来文化的影响，形成了一些特殊的文化表现形态。例如，我们在永泰内陆地区古民居所发现的福船和阿拉伯建筑及人物的壁画，就体现了那个时候人们审美观念的变化，以及对外来新事物的接受和容纳，彰显了主人的眼界和格局。另外，我们在闽南古民居也常见到雕刻西洋图案的墙壁装饰和门窗雕饰（见图 15、图 16），这些也表明时人在日常生活中有时候免不了染上这种"崇洋"的习俗，这抑或与这些地方华侨众多，华侨回乡出资建造房屋时常会带来西洋式建筑材料或建筑图案和装饰艺术等有关，因此这些艺术元素渐渗透至民间，成为当地建筑装饰工艺的一种"新风尚"或"新潮流"。

---

　　① 季羡林：《季羡林东西方文化沉思录》，中国财政经济出版社，2017，第 302 页。

图 15 泉州石狮近代西式建筑及装饰图案 1

图 16 泉州石狮近代西式建筑及装饰图案 2

结 语

通过考察和梳理两岸古建装饰艺术中的"海丝"图像作品,似可得出如下认知:传统建筑装饰工艺中出现"海丝"文化要素,是一定历史境遇下中外文化交汇与碰撞的结果,由此衍生出的传统建筑装饰艺术新的表现形态和思想内涵,丰富和发展了中国建筑装饰工艺的题材、技法和内容。当外来文化元素嵌入中华传统文化的载体当中，从视觉效果上看并无太多的违和感，而具相当的融会贯通的气质。这一方面说明，当外来文化被引介和移植进入中华母体文化后，不可避免地要接受被改造和"本土化"的命运，外来文化只有完成这种调适，才能在中华大地的土壤中生存；另一方面也表明中华文化具有很强的包容性，其海纳百川、有容乃大的胸襟与气质，使其在吸收和引入外来文化的时候，会融合"他者"的文化元素，来丰富和发展自身的创作体系，使中华文化的表现形式和外化形态，更加多元而丰满，使不同的文化在中国这片土地上互融共生、调适再造、和谐发展。

（执行编辑：刘璐璐）

A Preliminary Study on the Image Culture of "Maritime Silk Road" in the Decorative Art of Ancient Construction across the Straits

Wu Weiwei

Abstract：The decorative art of Chinese ancient architecture is an important part and essence of Chinese traditional culture. In the tens of thousands of palaces, temples and ancestral houses on both sides of the Taiwan Strait, many breathtaking decorative craft forms are preserved. These decorative arts carry people's yearning for a better life and spiritual pursuit, and contain ideological connotations that profoundly reflect the history and culture of the times. Among them, some decorative arts also present images and elements related to the "Maritime Silk Road". These "Sea Silk" images not only enrich the content of traditional Chinese architectural decoration technology, but also reflect the open spirit and ocean temperament of the south China coastal areas on both sides of the Straits, creating the "diversified" integrated development landscape of cultural exchanges between China and foreign countries.

Keywords：Across the Taiwan Straits；Ancient Buildings；Decorative Arts；Maritime Silk Road；The Image Culture

清代前中期域外游记述论（1669~1821）

叶 舒[*]

域外游记，指中国人到海外游历后，以散文体形式书写的记叙类文本。自 1866 年至 1900 年，有超过 158 本域外游记存于世。[①] 晚清域外游记的蓬勃发展，促使相关研究论著的兴起。[②] 西方列强势力的入侵与国人自强观念的觉醒，固然是近代域外游记勃兴的重要因素。然而，从康熙至道光朝的一百多年内，中国就已涌现出一批记载海外诸国的著作，[③] 这些著作上承元明两代专就记载海外诸国的航海文献，[④] 下接近代国人秉承复兴国家观念书写的域外游记。因此，无论是从文献版本的角度着手，还是从文本内容的视角来分析，对清代前中期域外游的研究均具有十分重要的意义。

---

[*] 作者叶舒，扬州大学苏中发展研究院助理研究员。

① 杨汤琛：《晚清域外游记现代性研究的逻辑基点》，《中国现代文学研究丛刊》2017 年第 9 期。

② 较具代表性的有苏明《域外行旅与文学想象——以近现代域外游记文学为考察中心》，中国社会科学出版社，2016；薛莉清《晚清民初南洋华人社群的文化建构：一种文化空间的发现》，生活·读书·新知三联书店，2015；杨汤琛《晚清域外游记现代性研究的逻辑基点》，《中国现代文学研究丛刊》2017 年第 9 期；《晚清域外游记表述方式的转变与士人主体意识的演进》，《江西社会科学》2016 年第 1 期；黄继刚《晚清域外游记中的空间体验和现代性想象》，《内蒙古社会科学》（汉文版）2015 年第 6 期。总体来看，当代学人多从文化空间、叙事内容等角度进行解读。其中，近代中国国门的被迫打开、中西文化交流下探讨国家的富强之道，是研究者回避不了的重要内容。

③ 如李仙根的《安南使事纪要》与《安南杂记》，潘鼎珪的《安南纪游》，释大汕的《海外纪事》，樊守义的《身见录》，陈伦炯的《海国闻见录》，顾森的《甲喇吧》，程日炌的《噶喇吧纪略》与《噶喇吧纪略拾遗》，陈洪照的《吧游纪略》，王大海的《海岛逸志》，黄可垂的《吕宋纪略》，谢清高口述、杨炳南笔录的《海录》，陈乃玉的《噶喇吧赋》。

④ 如元代周达观的《真腊风土记》、汪大渊的《岛夷志略》，明代马欢的《瀛涯胜览》、费信的《星槎胜览》和巩珍的《西洋番国志》等。

目前学界关于清代前中期域外游记的研究成果，主要以介绍文献价值①、考释文本内容②与梳理文献版本③为主，研究对象多侧重在《海国闻见录》、《海岛逸志》与《海录》方面。但无论是从文献类型、版本还是从文本内容的角度来看，现有研究成果均存在一定程度的缺陷。从文献的类型与版本来看，目前缺乏对该时期的域外游记进行统一汇整，对不同文献的版本也应进行比较。从文本的内容来分析，域外游记作为游历者所思所忆的文字载体，会以文字形式塑造中国、世界以及海外华人的形象。目前关于晚清域外游记的研究，多有涉及于此，④ 但在清代前中期的研究中则不多见。殆仅见此，笔者不揣冒昧，在汇整、校勘与对比不同版本的基础上，尝试从文化交流的角度解读域外游记，并分析其所具有的历史地位与作用，以此求教于方家。

一　中外交流：域外游记兴起的时空背景

域外游记的兴起与中外经贸文化的交流紧密关联。其中，古代海外贸易的演进，是域外游记兴起的国内背景。欧人东来的影响，则为游记生成的国

---

① 闾小波：《〈海国闻见录〉——中国人开眼看世界的珍贵文献》，《福建论坛》（文史哲版）1993 年第 3 期；郑镛、连心豪：《论〈海岛逸志〉的史学价值》，《厦门大学学报》（哲学社会科学版）2009 年第 1 期；潘君祥：《我国近世介绍世界各国概况的最早著作——〈海录〉》，《社会科学战线》1982 年第 2 期。

② 安京：《〈海录〉作者、版本、内容新论》，《中国边疆史地研究》2003 年第 1 期；陈华：《〈海国闻见录〉所载非洲地名考》，《暨南学报》1993 年第 4 期。

③ 郑镛认为成书于乾隆五十六年的《海岛逸志》，目前有漳园藏本、《舟车所至》本、《海外番夷录》本、《小方壶斋舆地丛钞》本等（《王大海〈海岛逸志〉研究》，福建省炎黄文化研究会、中国人民政治协商会议福州市委员会编《福建海洋文化研究》，海峡文艺出版社，2009）。陈代光指出该书现有乾隆刻本、《昭代丛书》本、《艺海珠尘》本和《小方壶斋舆地丛钞》本（《陈伦炯与〈海国闻见录〉》，《地理研究》1985 年第 4 期）。邱敏认为自1820 年《海录》一书刊印后，现通行本有《海外番夷录》本、《海山仙馆丛书》本、《小方壶斋舆地丛钞》本、丛书集成初编本（《〈海国闻见录〉与〈海录〉述评》，《史学史研究》1986 年第 2 期），此外尚有吕调阳、谢云龙两种重刻本。

④ 如薛莉清从空间流动、文化交流的角度，以他者视野阐释了清末民季的游历者群体与南洋华人社会的互动（《晚清民初南洋华人社群的文化建构——一种文化空间的发现》，生活·读书·新知三联书店，2015）。黄继刚从空间体验与现代性想象出发，叙述了游历者从古代天下观念向近代家国世界的认知转变［《晚清域外游记中的空间体验和现代性想象》，《内蒙古社会科学》（汉文版）2015 年第 6 期］。夏菁以域外发现中国、异域思考与构建中国为线，阐释了游历者视野下的域外中国形象（《在域外的中国形象思考——以南洋游记为研究个案》，《中文学术前沿》2010 年第 1 期）。

际背景。中外交流的频繁，促使了域外游记的蓬勃发展。自魏晋至元明时期，域外游记的不断演变，为清代域外游记的发展奠定了基础。

首先，古代海洋贸易的发展是域外游记生成的先决条件。

中国古代海上丝绸之路的不断发展，是促使清代域外游记兴起的坚实基础。早在西汉时期，即有关于中国与黄支国海上贸易的记载。孙吴时期，交州刺史吕岱派中郎将康泰与宣化从事朱应出使南海诸国；东晋僧人法显于隆安三年（399）前往天竺求法，在外约 15 年，搭乘商船、浮海东还，归途中曾至狮子国、耶婆提等国。唐代僧人义净在前往天竺求法之时，曾两次到过当时的海上大国——室利佛逝。唐朝时期统治者实行的开放政策，促使对外贸易日益繁荣，该时期交州、泉州、广州等对外贸易港口的兴盛，以及市舶司制度的设立，即是例证。

宋代繁荣的商业经济也促使了海外贸易的繁荣，据相关学者估计，宋朝的进出口总额不低于 2000 万贯。① 虽然元代存在时间较短，但渐趋繁荣的海洋贸易并未受政治元素的影响，该时期有多达 143 个国家与中国进行贸易。② 明初郑和下西洋，标志着官方的海洋贸易达到巅峰。虽然官方贸易后因"海禁"政策的推行而受到阻滞，但民间的海洋贸易仍然在不断演进，并由此形成了海外华商网络。该群体在 15～18 世纪中经历了破坏、重建、扩张与发展四个阶段；并由此形成了以中国为市场中心，向东亚、东南亚、南亚辐射的商业贸易圈。③

其次，西人东来的影响是域外游记发展的反向推进力。

西方殖民事业在亚洲地区的开拓，也是促成域外游记兴盛的必备因素。《马可波罗行纪》在欧洲的传播，促进了西方人对中华文化的仰慕。17、18世纪，在欧洲各国掀起了一股中国热，无论是在文学艺术、建筑风格乃至生活必需品等方面，西方人对中华元素十分热爱。"十八世纪时，瓷器橱、宝塔、凉亭、中国式庭院都出现在欧洲宫殿里。殷实的市民阶层喝着从精致的茶具里倒出的茶，穿上宽松的、从远东进口的丝绸衣服。"④ 这促使西方探

① 黄纯艳：《宋代海外贸易》，社会科学文献出版社，2003，第 59 页。
② 曲金良主编《中国海洋文化史长编：宋元卷》，中国海洋大学出版社，2013，第 114 页。
③ 庄国土：《论 15～19 世纪初海外华商经贸网络的发展——海外华商网络系列研究之二》，《厦门大学学报》（哲学社会科学版）2000 年第 2 期。
④ 〔德〕尼霍夫（Johan Nieuhof）原著，〔荷〕包乐史（Leonard Blussè）、庄国土著《〈荷使初访中国记〉研究》，厦门大学出版社，1989，第 3 页。

险家与商人纷纷前往东方寻求贸易。1596 年英国女王伊丽莎白一世在写给万历皇帝的信中就指出："通过将我们所拥有之货载运过来，以及我们所需求之货载运而归，并以我们认可的最适宜之估价，促使双方互相受益。"①

欧洲人东来后，以中国澳门地区、东南亚诸国为跳板，与中国进行经济贸易。明朝末年，葡萄牙在占领澳门以后，以其为中介贸易港域，进行白银－丝绸／茶叶／瓷器贸易。受教皇子午线②的影响，西班牙人无法以欧洲—南非好望角—东方的航线前往中国；但其另辟蹊径，以菲律宾群岛为媒介，进行欧洲—美洲—菲律宾—中国的跨大西洋、太平洋贸易。③ 1621 年，荷兰占领爪哇岛的雅加达，并将其改为巴达维亚后，以其为贸易港口，与中国进行经济互动。"每年从广州与厦门来的十艘船中，有八艘是满载着茶叶、生丝、丝绸商品、涂漆的雨伞、铁壶、粗制瓷器、纸张。"④ 英国对中国茶叶的需求十分强烈，其于 18 世纪 60 年代成为中国最大的茶叶买主；在 1708～1712 年，英国每年对华出口的白银高达 50000 磅，用于购买茶叶。⑤

最后，中外交流的频繁促使域外游记的不断出现。

在中外经济、文化交流频繁的背景下，以国人视野书写的域外游记不断出现。东晋僧人法显前往天竺求法，其由陆路启程、由海路归程，并以此亲身经历撰写了《佛国记》（原名《历游天竺记传》，又名《法显传》）一书。到了唐代，僧人义净以游历南亚、东南亚国家的经历为基础，写下了《南海寄归内法传》。宋代官员徐兢在出使高丽的基础上撰写了《宣和奉使高丽图经》，是为研究北宋、高丽历史文化的重要典籍。

元明之际，随着中外贸易的不断演进，域外游记又得到了进一步的发展。元代，由汪大渊所撰写的《岛夷志略》，记叙了东南亚、南亚等多个国家；周达观依据在柬埔寨的所见所闻而书写的《真腊风土记》，记载了该国的经济、贸易、民俗等多个方面。明永乐三年（1405）开始，郑和七次"下西洋"，随行的马欢、费信与巩珍依据其航行经历撰写了《瀛涯胜览》、

---

① Arthur John, *Anglo-Chinese commerce and diplomacy*, London: Clarendon Press, 1907, p. 1.

② 1493 年 5 月，在罗马教皇的仲裁下，西班牙与葡萄牙以亚速尔群岛和佛得角群岛以西 100 里格的子午线为分界线。该线以西的美洲大陆贸易归西班牙，该线以东的东方贸易归葡萄牙。

③ 有关西班牙在菲律宾进行的横跨太平洋、大西洋贸易，详见全汉昇《明季中国与菲律宾间的贸易》，《中国文化研究所学报》第一卷，香港中文大学，1968 年 9 月，第 27～48 页。

④ Thomas Stamford Raffles, *The History of Java*, London: Oxford University Press, 1965, p. 205.

⑤ 庄国土：《16～18 世纪白银流入中国数量估算》，《中国钱币》1995 年第 3 期。

《星槎胜览》与《西洋番国志》三部书。清以前域外游记的蓬勃发展，为清代游记的演进奠定了坚实的基础。

二　类型、版本与内容：清代前中期域外游记概要

1669~1821 年，中国诞生出一批域外游记。在梳理主要类型、校对不同版本及分析记载内容的基础上，可以看出，"闭关锁国"政策的推行并未阻断国人"走出去"的愿望，域外游记所呈现的异质版本说明海洋文献自古以来即受重视，游记书写内容以记载地理区位、经济贸易及风土习俗为主。

据笔者目前所搜集到的资料来看，成书于 1669 年的《安南使事纪要》《安南杂记》，是清代所见最早的域外游记。1669~1821 年，共有 13 部域外游记诞生。按游历者的身份、地位，这些域外游记可分为以下三类。第一，官员出访/绘制的航海记。1668~1669 年，宣谕安南正使李仙根奉命出使安南，归途作《安南使事纪要》《安南杂记》。雍正八年，台湾镇总兵陈伦炯编写《海国闻见录》一书，内中详载亚、非、欧多个国家的地理位置、经贸情况与社会风尚，是一部极具价值的航海类地理著作。第二，具有宗教背景者的出访游记。康熙三十四年（1695），清代僧人释大汕前往越南传播佛法，在此基础上撰写了《海外纪事》一书。康熙四十六年（1707），少时曾"虔事天主"的山西人樊守义，随西方传教士艾逊爵（Provana）自澳门前往美洲与欧洲。在海外游历十四年后，其于康熙六十年（1721）撰写《身见录》，详述其在欧美的所见所闻。第三，士人及其他群体的航海纪略。成书于康熙二十七年（1688）的《安南纪游》，记叙了作者潘鼎珪在越南的所见所闻。红溪惨案①发生后，顾森以自己的所见所闻撰写了《甲喇吧》一文。1740 年，由清代举人程日炌书写的《噶喇吧纪略》与《噶喇吧纪略拾遗》，对爪哇岛的经济贸易、风土人情等，进行了细致刻画。成书于乾隆五十六年（1791）、由王大海撰写的《海岛逸志》，从城市地理、人物传记、地方特产等方面，也对爪哇岛进行了极为细致的书写。同一时期，贡生黄可垂撰《吕宋纪略》一文，则记叙了菲律宾群岛的概况。嘉庆二十五年（1820）春，杨炳南依据谢清高口述整理而成的《海录》详载了亚、非、欧

---

①　红溪惨案，是荷兰殖民统治者于 1740 年在巴达维亚（现印尼首都雅加达）对当地华人采取的大规模屠杀事件。

洲国家的情况。陈乃玉于清道光十年（1830）撰写的《噶喇吧赋》，是笔者目前所搜集到的该时段域外游记中最晚的一篇。

清代前中期的一些域外游记在留传过程中还出现了多种版本，对这些域外游记的版本进行稽考有助于准确地理解游记的内容、认识其不同版本的价值，《海岛逸志》、《海国闻见录》与《海录》等的版本问题颇具代表性。

王大海《海岛逸志》的版本在市面刊行的有五种①。一是漳本。现存最早版本为嘉庆十一年（1806）由王廷珊编辑的漳园藏本，该本共有六卷，文前附有完整的自序及他序部分，② 文中附有地图，文末刊载黄可垂的《吕宋纪略》、《台湾纪略》补附部分。二是舟本。郑光祖编辑的清代地理学丛书——《舟车所至》（有道光二十三年琴川郑氏青玉山房刊本），内中收录了略去序言、地图及附录《海岛逸志》，加上了郑光祖对相关事物的评介。三是海本。1844 年，由王蕴香编纂的《海外番夷录》（有京都六潄六轩藏版、早稻田大学馆藏本），内中收录了《海录》《海国闻见录》《海岛逸志》等域外游记；与漳本、舟本相较，海本收录的内容较为混乱。③ 四是英本。1849 年，由英国传教士麦都思（W. H. Medhurst）翻译的英文版《海国图志》（*A Desultory Account Of the Malayan Archipelago*），基本将《海》书全文（包括自序与他序部分）翻译成英文（除人名、地名及物名仍用中文），文前加上了麦都思的英译版序言。五是斋本。清代地理类文献辑刊《小方壶斋舆地丛钞》第十帙，收录《海岛逸志》全文，并略去漳本中序言部分。

由姚楠与吴琅璇校注的《海岛逸志》，以漳本为底本，由香港学津书店于 1992 年 10 月出版发行。该书对《海岛逸志》所载区域的人名、地名等进行了详细的考释、校对。文前附有漳本完整序言、英本麦都思序言中译版。文末附有黄可垂的《吕宋纪略》、《台湾纪略》补附部分以及陈洪照的《吧游纪略》、程日炌的《噶喇吧纪略》与《噶喇吧纪略拾遗》、陈乃玉的《噶喇吧

---

① 据郑镛所述，目前还存在于与"海本"内容完全一致的《域外丛书》（静观斋刊本，简称"域本"），遗憾的是，笔者暂未收集到"域本"，也就无法对其进行详细考订，在此特作说明。

② 例如漳本内收录了周学恭、陆凤藻、李威、刘希程四人的序言以及王大海本人的自序。其他版本内，仅有英本完整收录了四人序言并翻译之。

③ 就笔者所收集到的资料来看，《海外番夷录》（共四本）的第三本收录了《海岛逸志》（文前标注"海岛逸志摘略　柳谷王大海碧卿氏著"）的《量天尺》《察天筒》《泽海真人》等内容，第四本收录了《三宝垄》《爪亚风土拾遗》《吕宋纪略》等。

赋》。其所刊内容之完善、所校工作之详细，足见姚、吴二人的学术功底与勤奋扎实。是书也成为当代学人校注《海岛逸志》的代表性版本（见表1）。

表1　笔者所搜集、整理之清代前中期域外游记举略（1669～1821）

作者	书/文的名称	成书/文年份	所记载的国家/地区
李仙根	《安南使事纪要》《安南杂记》	康熙八年	越南
潘鼎珪	《安南纪游》	康熙二十七年	越南
释大汕	《海外纪事》	康熙三十八年	越南
樊守义	《身见录》	康熙六十年	东南亚、美洲、西欧各国
陈伦炯	《海国闻见录》	雍正八年	亚、非、欧的沿海国家/地区
顾森	《甲喇吧》	不详,应撰于乾隆五年之后	爪哇岛
程日炌	《噶喇吧纪略》《噶喇吧纪略拾遗》	不详,应在乾隆五年前后	爪哇岛
陈洪照	《吧游纪略》	不详,或撰于乾隆二十八年前	爪哇岛
王大海	《海岛逸志》	乾隆五十六年	爪哇岛
黄可垂	《吕宋纪略》	不详,或与王大海《海岛逸志》成文于同一时期	菲律宾
谢清高口述,杨炳南笔录	《海录》	嘉庆二十五年	亚、非、欧的沿海国家/地区
陈乃玉	《噶喇吧赋》	道光十年	爪哇岛

陈伦炯编写的《海国闻见录》，其主要版本如下。一是《四库全书》本。1781年，该书的自序、正文与地图集被《四库全书》收录（史部地理类，《诸蕃志》卷上），文前附有总编纂官纪昀、陆锡雄、孙士毅及总校官陆费墀的序言。二是乾隆癸丑刻本。1793年，由马俊良重订、林秉璐校字的《海国闻见录》乾隆癸丑年刻本出版，其收录了陈伦炯的自序及三篇他序①、正文与地图集，书前附有马俊良与林秉璐的重订序言。三是《艺海珠尘》本。由吴省兰编纂的《艺海珠尘》听彝堂藏本（1796），"石集第十册"收录了《海国图志》的各类地图集，标题名为"海国闻见录附图"，并附有"华亭夏璇渊绘

---

① 第一篇他序为《闻见录序》，文末附有"乾隆九年岁次甲子夏月闽浙制使洪科弟那苏图拜撰"字样。第二篇他序为《海国闻见录序》，文末附有"乾隆八年岁在癸亥嘉平月纳兰弟常安拜题"字样。第三篇也为《海国闻见录序》，文末附有"乾隆九年岁次甲子仲冬月长洲弟彭启丰拜题"字样。

并校"字样；"石集第十一册"收录陈伦炯自序与正文部分，标题为"海国闻见录 陈伦炯纂"，并附有"南汇 吴省兰 泉之辑"与"通璐 丁塏 升之校"字样。四是易理斋藏本。1823年，张久照将《海国闻见录》重刊。其封面为"道光癸未重梓 海国闻见录 易理斋藏板"，序言部分除收录乾隆本的自序与他序外，亦附有"重刊海国闻见录序"与张久照的序言，正文、地图集部分与乾隆本大致相同。五是《昭代丛书》本。张潮编纂的《昭代丛书》世楷堂刊本（1833），收录《海国闻见录》的自序、正文及地图集部分。文前附《四库全书》本的编纂官与总校官序言，文末附有《浙江采集遗书总录》之提要与《海国闻见录跋》。① 六是《小方壶斋舆地丛钞》本。王锡祺将《海国闻见录》的各章分散收录，以配合其按国别收录的方式②。

当下收录/校勘《海国闻见录》的著作主要有四种，其中最为知名的当数由李长傅校注、陈代光整理的《〈海国闻见录〉校注》，是书以《昭代丛书》为底本，由中州古籍出版社于1985年出版发行，是目前最好的校注本。由台湾学生书局于1984年出版的《中国史学丛书续编》，完整地收录了《海国闻见录》全文（包括自序、他序、正文及地图集）；出版于1987年的《台湾文献史料丛刊》，其第7辑第123册收录了《海国闻见录》；1991年，中华书局出版《外国竹枝词·海国闻见录》一书，《海国闻见录》部分为《艺海珠尘》听彝堂藏本。

谢清高口述，杨炳南笔录的《海录》作为鸦片战争前系统地介绍亚欧各国概况的地理学著作，在晚清时期被多次刊印，其中较为知名的有以下四种版本。一是《海外番夷录》本。该本刊于道光二十四年（1844），完整收录《海录》全文，文前附有王壵与杨炳南的序言。正文标题为"海录 嘉应杨炳南秋衡"，文末附有"姪懋建校字"字样。二是《舟车所至》本。舟

---

① 《浙江采集遗书总录》中《海国闻见录》之提要为："海国闻见录二卷，国朝提督同安陈伦炯撰。上卷记所闻见各洋道里、岛屿、风俗、物产，下卷绘沿海台湾、澎湖、琼州诸图。"《海国闻见录跋》全文为："明末西儒艾儒略著《职方外纪》，创为五大洲之说。恢奇乔诞，殊震荡人心目。今阅炏戎此录，为之晓然。盖录中中海以北红毛诸国，即彼所谓欧逻巴州也。中海以南岛鬼诸国，即彼所谓利未亚洲也。沿息力大山及班爱恶党诸国，即彼所谓南北亚墨利加州也。东南缺处之小东洋，即彼所谓墨瓦蜡尾加州也。作者皆闻灼见，始笔之书信，而有征要不同悠谬者流，张扬彼教，漫作欺人语耳。丙午仲冬震泽杨复吉识。"

② 例如《小方壶斋舆地丛钞》第九帙第一册收录《海国闻见录》第一节《沿海形势录》，该册还收录其他海防类清代著作。第十帙第六册收录《东南洋记》《南洋记》《昆仑记》《南澳气记》四节，该册还收录其他南亚、东南亚的游历著述。第十一帙第一册收录《大西洋记》一节，该册还收录了其他游历欧洲的著作。

本标题为"舟车所至 海录 节录嘉应杨炳南◎◎◎"字样，该本收录了《海录》的正文及杨炳南序言部分。三是《小方壶斋舆地丛钞》本。在《小方壶斋舆地丛钞》的第十一帙第一册内，完整收录了《海录》的正文及杨炳南序言，文首标有"海录 嘉应杨炳南著述"字样。四是《海山仙馆丛书》咸丰番禺潘氏刻本。道光三十年（1850），清代举人潘仕成编纂《海山仙馆丛书》，该系列亦收录了《海录》一书。其标题为"咸丰辛亥 鋟 海录 海山仙馆丛书"字样，其后为杨炳南序、目录及正文部分。

今人校注以长沙岳麓书社出版的《海录》校注本较具代表性，该本完整收录序言和正文，文末附有地名索引与简释，还收录了樊守义的《身见录》、巴琐玛的《西行记》以及杜环的《经行记》（片段）。安京的《〈海录〉校释》于2002年由商务印书馆出版，他对谢清高的生平、《海录》的成书背景及流传版本进行了详细的校正。

清代前中期域外游记的内容集中在以下三个方面。第一，记载各国地理位置。清代各游记详细描述了各国的区域地位，海洋味十分突出。《海岛逸志》开篇就记载了噶喇吧（今印尼首都雅加达）所处之地理位置。"厦岛扬帆，过七洲，从安南港口，历巨港、马六甲，经三笠，而入屿城，至其澳。"[1]《海国闻见录》关于占城、[2] 柬埔寨的记载中也指出，"广南沿山海至占城、绿赖，绕西而至柬埔寨。厦门至占城，水程一百更；至柬埔寨，水程一百一十三更"[3]。域外游记所记载之各国区位，以厦门等华南沿海城市为起点，以该国所在位置为终点。其所显现的，乃是华南区域与东南亚国家的贸易互动。第二，反映各国经贸交流。域外游记中关于中国、西方及东南亚地区的贸易记载不绝如缕。例如《海录》在描述咭兰丹国[4]的商业贸易之际就指出，"中国至此者岁数百，闽人多居埠头，粤人多居山顶……凡洋船到各国，王家度其船之大小，载之轻重而榷其税"[5]。《安南纪游》也记载了不同国家的船只来此贸易的状况。"又数日，达轩内。轩内者，去其国都只百十里，凡四方洋船贩其国，悉泊焉。"[6] 游历者记载下的经贸活动，是该

---

① 王大海：《海岛逸志》卷一《西洋纪略》，嘉庆十一年漳园藏本，第1页。

② 东南亚古国，地理位置约在今越南一带。

③ 陈伦炯撰，李长傅校注，陈代光整理《〈海国闻见录〉校注》，中州古籍出版社，1985，第50页。

④ 今马来西亚吉兰丹附近。

⑤ 谢清高口述，杨炳南笔录，安京校释《海录校释》，商务印书馆，2002，第25页。

⑥ 潘鼎珪：《安南纪游》，中华书局，1985，第2页。

时期南海贸易繁荣的缩影。第三，叙述各国风土人情。异域的风土人情，也是游历者所关注的焦点。樊守义在游历罗马之际，记叙了该国瞻礼日①的盛况。"瞻礼日，各堂音乐大成时，洋洋充满，恍若天国，难以言语形容。"② 谢清高甚至描绘了伦敦市民使用自来水的情况："人家用水，俱无烦挑运，各以小铜管接于道旁锡管，藏于墙间，别用小法轮激之，使注于器。"③ 别样的文化习俗，与游历者所浸染的传统文化大相迥异，生动地体现了游历者以"他者"视野审视外国事物的现象。

三　"德泽远被"：域外游记所展现的世界图景

作为游历者出洋游历、所思所想的文本载体，域外游记透露出游历者对世界的认知，并从在他们对舆地空间、海洋贸易及习俗风尚的书写中，较为显著地体现出来。一方面，随着游历者空间认知的拓展，他们对世界的概念发生转变；另一方面，从游历者对海洋贸易与当地风俗的描写中，可见文化在构建世界图景中的作用。

从域外游记的内容来看，游历者及其周遭群体的空间认知，在不断地拓展。他们关于世界的概念，也因此开始发生转变。例如陆凤藻在《海岛逸志》的序言中，借助远古喻今，以此说明空间拓展带来的影响："然不游青丙④，畴解撑梨⑤。未历紫濛⑥，何知贰负⑦。阎浮⑧地小，空传海外。九州

---

① 瞻礼日，是天主教、基督教教徒在星期日举行的宗教活动。
② 樊守义：《身见录》，《海录》，岳麓书社，2016，第71页。
③ 谢清高口述，杨炳南笔录《海录》，湖南科学技术出版社，1981，第41页。
④ 青丙，指上天、青天。《周髀·算经》有云："上天，名青丙。"参阅李涌、李乔主编《中华事物别称溯源趣典》，山西人民出版社，2006，第5页。
⑤ 撑梨，匈奴语，指天。《汉书》卷九四："撑梨孤涂单于"，即为天子之意（撑梨，天；孤涂，子；单于，广大之貌）。参阅左言东编著《中国政治制度史》，浙江古籍出版社，1986，第133页。
⑥ 紫濛，同"紫蒙"。地名，在今辽宁朝阳县境。秦汉间为东胡地，晋时鲜卑族宇文氏建国于此。《晋书》卷一〇八："有熊氏之苗裔，世居北夷，邑于紫蒙之野，号曰东胡。"参阅朱诚如主编《辽宁通史》第一卷，辽宁民族出版社，2009，第182页。
⑦ 贰负，神名。《山海经·海内北经》："贰负之尸在大行伯东。一曰，贰负神在其（鬼国）东，为物人面蛇身。"参阅郭璞著，王招明、王暄译注《山海经图赞译注》，岳麓书社，2016，第279页。
⑧ 阎浮，佛语。"阎浮界"的简称，指"此世"。唐人寒山的《诗三百三首》之二〇九载："不见朝垂露，日灿自消除。人身亦如此，阎浮是寄居。"清人洪昇的《长生殿·觅鬼》也谓："中分统四大洲，亿万百千阎浮界，岳渍山川。"参阅华夫主编《中国古代名物大典》下卷，济南出版社，1993，第709页。

亚墨①，疆分谁识。"② 再如陈伦炯在《海国闻见录》的"东洋记"篇中，也道出这种拓展对世界认知的变化："而圣人测理备至，定四方，制指南，分二十四筹，由近及远，莫出范围。启后世愚蒙，识万国九州。然九州之外，又有九州。"③ 无论是"九州亚墨"，还是"九州万国"，均与明清之际的中外文化交流息息相关。明末，利玛窦将地理大发现所形成的知识，以五大洲与"万国"的知识介绍予中国。④ 清代游历者则在此基础上，将"万国""亚墨"等新兴地理名词与传统名词"九州"相混用。这一方面是他们舆地认知拓展的具体表现，另一方面则体现出西学东渐思想在清代前中期的承继与发展。

　　游记所记载的中国与东南亚各国的海洋贸易，一方面是游历者对华夷认知的文字体现，另一方面也可看出他们从文化交流的角度看待经济现象。例如王大海在描述噶喇吧（今印尼首都雅加达）与清朝的海洋贸易时就认为："我朝德泽远被，四夷宾服，不禁通商。鼓棹扬帆而往者，皆闽粤之人。"⑤ 程日炌在《噶喇吧纪略》中也指出："本朝威德四被，远人宾服，功令不禁通商，漳、泉、湖、广之人争趋之。"⑥ "威德四被""远人宾服"，受传统"华夷秩序"的影响，游历者们阐释了以中国为中心、由近及远的文化秩序。在他们看来，天朝以"德"治国、以"德"服人，其背后所反映的正是儒学思想在对外交流方面所起的作用。

　　儒家文化传统中的华夷之辨，在清代前中期域外游记所记载的习俗风尚内容中也有所显现。这主要体现在两个方面。第一，对于"蛮夷"风俗感到的诧异。第二，希冀以中华文化"教化"当地人。王大海在《海岛逸志》中就对本土人士的风俗甚感诧异："至于四夷风俗，怪形异状，木处穴居，虬发纹身，露体血食，骇异不经，又何足齿哉。"⑦ 李仙根在《安南杂记》

---

① 亚墨，亚墨利加（亚美利加）的缩写。例如利玛窦在《坤舆万国全图》中，就把美洲命名为"亚墨利加"。明人李之藻编著的《天学初函》职方外纪卷四有"亚墨利加总说"，里面记载了美洲的地名及风土人情。
② 王大海：《海岛逸志·序》，嘉庆十一年漳园藏本，第4页。
③ 陈伦炯撰，李长傅校注，陈代光整理《〈海国闻见录〉校注》，第35页。
④ 邹振环：《晚明汉文西学经典：编译、诠释、流传与影响》，复旦大学出版社，2011，第54页。
⑤ 王大海撰著，姚楠、吴琅璇校注《海岛逸志》，香港：学津书店，1992，第2页。
⑥ 程日炌：《噶喇吧纪略》，王大海撰著，姚楠、吴琅璇校注《海岛逸志》，第175页。
⑦ 王大海撰著，姚楠、吴琅璇校注《海岛逸志》，第5页。

中也认为："其风俗淫荡无耻，洗浴便溺，男女裸体，往来坐立，不相回避。"① 面对越南人迥异的风俗习惯，释大汕认为应以中华文化相教授，方能将蛮夷之地转化为中华乐土："市肆买卖皆妇女，无内外之嫌，风俗节义皆荡然矣。每视其民，亦非愚顽不可教化者。皆由上人教养之政不行，诚得圣君任贤分牧，闲其一往邪僻，教以孝弟忠信礼义廉耻，使率循于大道，十年生聚，十年教训，安在蛮彝陋俗不转成华风乐土耶！"②

空间位移带来的异质观感，会使不同文化在交流中相碰撞。在面对资本主义强国英、荷诸国时，游历者仍能保持文化自信的态度。王大海在描绘荷兰治理下的印度尼西亚时，对比了中西方文化的不同，并指出中华文化所具有的优越性："中华之乐，盖有礼义廉耻以相维，不能极其欲也。西洋之乐，则不知礼义廉耻为何物，而穷奢其极，以自快其身而已。"③ 因此，游历者在面对完全陌生的世界、新鲜的器物制度与迥异的风俗文化时，他们所秉承的中华文化观念并未完全被动摇。康乾时期强盛的国力，是给予他们文化自信的有力支撑。

四 文化交流：域外游记书写下的海外华人群像

在宏观层面，从游历者对舆地空间、海洋贸易与习俗风尚的描写中，可以窥见他们对世界的认知。在微观层面，游历者对海外华人群体的描绘，同样值得探究。他们所构建的海外华人群像，既有熟悉成分，亦有诧异成分。其背后所折射的，是游历者以文化视角对异国人事的感知与思考。

从熟悉感来看，处在陌生环境下的游历者们，对海外华人在饮食、服饰等物质方面的相似属性，十分感兴趣。游历者会以华夏文化为标尺，审视并书写该群体。在服饰方面，释大汕描绘出越南华人仍穿中原服饰的现象。"盖会安各国客货码头，沿河直街长三四里，名大唐街。夹道行肆，比栉而居，悉闽人，仍先朝服饰，妇人贸易。"④ 在饮食方面，王大海述了印尼华人对家乡果实的怀恋性。"果有棕梨者，漳之佳果也，亦不可多得……芳

① 李仙根：《安南杂记》，中华书局，1985，第 2 页。
② 释大汕著，余思黎点校《海外纪事》，中华书局，1987，第 50 页。
③ 王大海撰著，姚楠、吴琅璇校注《海岛逸志》，第 21 页。
④ 释大汕：《海外纪事》，第 80 页。

良徐曰，此诚故乡中珍果也。"① 可见，文化成为维系不同群体的认同纽带。"适有客述占城张节妇事。张某女，祖籍浙江人，居此数世矣。少即修洁幽闭，适徐某为妻，事姑以孝闻。丈夫从军，辄勉以忠义。"② 从服饰、饮食等物质层面的吸引，到忠孝节义方面的审视，反映出文化在群体交流中的重要性。

　　诧异感主要源自华人群体对当地文化的吸收。在菲律宾，受本土及西方文化的影响，华人有信仰天主教的习惯。"汉人娶无来由番妇者，必入其教，礼天主堂，用油水画十字于印堂，名曰浇水。"③ 在爪哇岛，华人佛僧可娶妻纳妾，这在游历者看来是极为可笑的。"佛宾，三宝垄观音亭住持僧。漳之漳浦人也，能书善画，出言滑稽。公然娶妇，育子女各一。蓄婢仆。客至唤婢烹茗，诚可笑也。盖西洋僧家有妻有妾，无足为奇。"④ 华人群体所蕴含的多元文化属性，被游历者敏锐地察觉到。与力图振兴自强的近代游历者不同，康乾时期的游客群体对中华文化持有绝对自信。他们会对华人汲取当地文化的行为，感到困惑乃至可笑。例如对于僧人娶妻纳妾，王大海曾作诗戏云："闻道金仙在此间，禅家世事竟安闲。裟袈自绣闺房里，待客烹茶唤小婢。"⑤ 游历者笔下的华人群体，既未完全浸染"圣教"，又与当地土人相异，是极为矛盾的特殊群体。"华人有数世不回中华者，遂隔绝圣教，语番语，食番食，衣番衣，读番书，不屑为爪亚，而自号曰息垄，其制度与爪亚无异。"⑥

　　清代游历者在记叙海外奇闻逸事之际，会对事物的所思所想融入文本内。王大海在《海岛逸志》中，记叙了"蛰园楼"落成时的盛况："酒肴既备，丝竹难陈。蔡伯友馈蒸而佐酒，陈鹬郎献女优而侑殇……梁连生者，柳敬亭之流也，击胡板以相和，清歌激扬，响彻云霄，举座莫不倾倒。于时，韩君若孚素称道学，亦如陈白沙之善风流焉。"⑦ 久游异国的王大海，已将此处视为世外桃源。在与上层华人群体接触之际，不禁将他们与国内文人雅士相比。顾森在经历了"红溪惨案"后，在《甲喇吧》中寄寓了对华人的

---

①　王大海：《海岛逸志》卷二《许芳良》，嘉庆十一年漳园藏本，第4页。
②　释大汕：《海外纪事》，第57页。
③　陈伦炯撰，李长傅校注，陈代光整理《〈海国闻见录〉校注》，第42页。
④　王大海撰著，姚楠、吴琅璇校注《海岛逸志》，第49页。
⑤　王大海：《海岛逸志》卷二《僧佛宾》，嘉庆十一年漳园藏本，第5页。
⑥　王大海撰著，姚楠、吴琅璇校注《海岛逸志》，第61页。
⑦　王大海撰著，姚楠、吴琅璇校注《海岛逸志》，第33页。

怜悯之心："其事传入内地，边吏上闻，以唐人虽属内地，而背化远羁，诏不问。殷在彼目击其乱，惧而不复往矣。"① 无论是顾森还是王大海，由游历者所建构的华人形象，是他们复杂心态的真实流露，体现出游历者对异域人事的感知与思考。

结　语

　　综合上述对清代前中期域外游记的文献版本与文献内容的考察可见，闭关锁国的政策并未能完全阻断清代的对外交往。从域外游记中的地理信息、航海知识中，可以发现其在明末清初西学东渐与清末睁眼看世界的思潮方面所发挥的承接作用。

　　在域外游记对明末清初西学东渐的承接性方面，例如前述《海岛逸志》与《海国闻见录》中将传统"九州"一词，与"万国""亚墨"等由利玛窦传入的词语相结合使用的情况，就体现出西学东渐对域外游记的影响。再如范守义在《身见录》中所用的"亚墨利加""意大里亚"等地理词语，无不起源于利玛窦的《乾坤万国图》。② 西学东渐对域外游记的影响，由此可见一斑。

　　在域外游记对清末国人"睁眼看世界"中所发挥的影响方面，例如魏源在编撰《海国图志》的时候，就参考了陈伦炯的《海国闻见录》、王大海的《海岛逸志》、黄可垂的《吕宋纪略》等相关地理信息知识。③《海录》在清末国人睁眼看世界方面，也发挥着积极的作用。史载："徐松龛中丞作《瀛环志略》，魏默深刺史作《海国图志》，多采用其说。"④ 林则徐也盛赞《海录》，称其"所载外国事颇为精神"，⑤ 并将其推荐给道光皇帝。因此，作为了解清代前中期海洋史与对外交流史方面的重要资料，域外游记在文献价值、内容分析与历史思潮方面所发挥的作用应值得重视。

---

① 顾森：《甲喇吧》，王大海撰著，姚楠、吴琅璇校注《海岛逸志》，第188页。
② 有关利玛窦将世界地理知识传入的详细信息，参阅黄见德《明清之际西学东渐与中国社会》，福建人民出版社，2014，第112~115页。
③ 李栋：《鸦片战争前后英美法知识在中国的输入与影响》，中国政法大学出版社，2013，第135页。
④ 韩小林、魏明枢、冯君、范蕾蕾、曾繁花、孙涌：《粤东客家群体与近代中国》，广东人民出版社，2014，第33页。
⑤ 梅县地方志办公室、梅县地方志学会编《梅县客家杰出人物》，内部刊印，2007，第14页。

From the Perspective of Cultural Exchange, An Account of Outbound Travel in the Early and Middle Qing Dynasty (1669-1821)

Ye Shu

Abstract: Abstract: At present, most studies on travel abroad focus on the period of the late qing dynasty and the republic of China. However, from 1669 to 1821, a number of works about overseas countries have emerged in China, which have a certain space for discussion in terms of document content, text analysis and historical status. On the basis of collecting the existing historical materials, proofreading different versions and combing the recorded contents, the general outline of travel notes outside the region can be drawn. From the analysis of the world view and world view in the book and the overseas Chinese groups under the tourists' vision, the role of culture in foreign exchanges can be confirmed. The policy of seclusion did not completely block the foreign civilization communication in the qing dynasty. In the extraction of the geography and navigation information in the foreign travel notes, it was found that it played a continuing role in the "eastward spread of western learning" in the late Ming and early qing dynasties and the "open eyes to see the world" trend of thought in the late qing dynasty.

Keywords: The Early and Middle Qing Dynasty; Travels Abroad; Cultural Communication

（执行编辑：刘璐璐）

双屿港 16 世纪遗存考古调查报告

贝武权[*]

    16 世纪上半叶，葡萄牙人在发现绕经好望角的东西方航线之后，沿马六甲海峡北上，试图在明朝东南沿海寻找贸易立足点，建立包括中、日、朝鲜半岛的东方贸易体系。在广东沿海的尝试挫败后，受福建海商引诱，北上浙江双屿港，即今舟山群岛新区的六横岛，与中、日等国海商进行国际贸易。这与明朝厉行海禁政策相违背，嘉靖二十七年（1548）明军剿灭了双屿港的葡萄牙人，并以木石将港区填塞。天启《舟山志》卷二 "山川·双屿港" 条下载："去城东南百里，南洋之表。为倭夷贡寇必由之路。嘉靖间，总制军务朱公纨命备倭都指挥卢镗率兵堵塞之。"[①] 东亚国际贸易大港从此销声匿迹。双屿港址在哪里，双屿港贸易规模有多大等，成为近 500 年来史学界、考古界一直在追寻的问题。

    关于双屿港地望，主要有以下几种说法：一是主张双屿港的贸易和居留地主要在六横岛西岸和佛渡岛东岸，即涨起港、棕榈湾、大脉坑、上长涂、下长涂、火烧地等七八个天然湾澳；[②] 二是认为双屿港在六横上庄、下庄之间，即今六横张家峧、岑山一带；[③] 三是主张南港即双屿港，北港即大麦坑港，在今六横西北海岸的涨起港、棕榈湾、大脉坑、沙岙一带，台门港可能

---

    * 作者贝武权，浙江省舟山博物馆副研究员，研究方向为东亚史、水下（港口）考古。
      本文系国家社会科学基金重大项目 "中国东南海海洋史研究"（19ZDA189）的阶段性成果。

    ① 何汝宾：（天启）《舟山志》卷二《山川·双屿港》，舟山市教育志编纂办公室影印，1989，第 101~102 页。

    ② 王建富、包江雁、邬永昌：《明双屿港地望说》，《中国地名》2000 年第 4 期。

    ③ 毛德传：《"双屿" 考略》，《中国方域：行政区划与地名》1997 年第 2 期。

是葡萄牙贸易区;① 四是主张石柱头与邵家之间、积峙山与大教场之间、蟑螂山与大沙浦之间等这些"海域",都可以形成双屿,也是很好的港区。②

考究双屿港地望,最可靠的方法无疑是考古发掘。不过由于六横岛历史环境变化很大,滩涂淤积,岛上人口与文化都经过了多次变迁,生产生活的区域也相应有所变化,要正确地定位发掘地点难度较大。因此,科学地开展田野考古调查显得尤为必要和重要。

我们认为,作为港区意义使用的双屿港,当与双屿水道和沿岸港口加以区分。《两种海道针经》③ 分得十分清楚,前者作"Syongicam",后者作"Porto Liampó"。"Liampó"是"宁波"的闽南语拼读。"Porto Liampó"的直译是"宁波港"。中国人将"Port Liampó"译成"双屿港",属意译,即葡语文献"Port Liampó"对应中国文献的"双屿港"。由中外海商开辟的双屿港,事实上包括多个港口。我们注意到,品托作"Liampó 诸港"④,即"双屿诸港";中国文献称"双屿列港"⑤,王世贞也说"舶客许栋、王直辈,挟万众双屿诸港"⑥。表示港口是复数,不是传统的双屿港一个点。中国称"双屿列港",而西方称"Liampó 诸港",这正符合自称与他称的命名规律。中国人以小地名加以区别,而西方人用大地名加以命名,因为当时宁波外港只有双屿。"多元港口说"可以突破学界长期坚持的单一港口思维,拓宽我们的研究视野。

需要说明的是,作为古港史迹调查,除了港口、沉船及贸易遗留货物如陶瓷标本,我们十分注重与之相关的疏港系统如道路、驿站、仓储,补给系统如饮用水源、木作材料,以及航海信仰体系如观音庙(泗洲文佛信仰)、天后宫(妈祖信仰)等祈禳场所的调查研究。

2009 年 4 月至今,中国国家博物馆水下考古中心舟山工作站工作人员在六横本岛及其周边小岛,开展全方位、各层面、多角度的文物普查,水陆并举,获取了大量口述传说、宗谱家书、碑刻史料、遗存实物,并对水下沉

① 钱茂伟:《明代宁波双屿港区规模的重新解读》,张伟主编《浙江海洋文化与经济》第一辑,海洋出版社,2007。
② 乐佳泉:《寻找六横岛上的双屿港迷影》,《舟山日报》2009 年 3 月 22 日。
③ 包括《顺风相送》和《指南正法》两书,原稿现存英国。向达校注本编入《中外交通史籍丛刊》,中华书局,2000。
④ 金国平、贝武权:《双屿港史料选编》,海洋出版社,2018,第 319~322 页。
⑤ 章潢:《图书编》卷五七《海防总论》,明万历刻本。
⑥ 王世贞:《王弇州文集·倭志》,《明经世文编》卷三三二,中华书局,1962,第 3556 页。

船及文物疑点进行出海定位，取得了丰富翔实的第一手资料。通过对现存古港遗址、遗迹、遗存、遗物进行排比、梳理、分析，结合中外文献史料，初步廓清了双屿古港的大致轮廓，即"一条干线、两支航道、三大港区"，初步确立双屿港"多元港口说"。为下一步探寻双屿港址，特别是16世纪葡萄牙人在六横岛的居留地，实施田野考古和水下探测探摸铺垫了基础。

所谓"一条干线"，即是从六横岛西北到东南长20余千米的"石蛋路"。"两支航道"，一是以六横岛南部海域为入口的南部航路，二是以六横岛西北部为通道的北部航路。"三大港区"，一是以陆路干线中段为主的中心港区，由岑山、清港、张家塘、礁潭等古港组成；二是南部航线周边的南部港区，由大筲箕、田岙、苍洞等古港组成；三是北部航路周边沿线的北部港区，由双屿水道周边的佛渡、五星、涨起港、大脉坑、龙浦等古港组成。

一　一条干线

明嘉靖二十七年（1548），浙闽海防军务提督、浙江巡抚朱纨在《双屿填港工完事疏》中说：

> 五月十六日，臣自霩衢所亲渡大海，入双屿港，登陆洪山，督同魏一恭等，达观形势。……
> 入港登山，凡逾三岭，直见东洋中有宽平古路，四十余里，寸草不生。贼徒占据之久，人货往来之多，不言可见。[①]

顺着上述记述线索，我们认为双屿港畔可能有一条陆上道路。实际上，六横岛各处，均有细石铺砌的"石蛋路"，应该是这一干线和支路的残留。

"石蛋路"一般宽1米左右，长度不等。铺设方法：先在就势平整后的地面上稍加黄泥夯实基础，接着用稍大石块砌筑路基两侧，然后就地取材，在夯基上紧密铺设大小差不多的鹅卵石，间杂小型山石，横截面略呈弧形，稍事平整，既成。这是舟山海岛传统"驿道"或旧时乡道的典型样式，民间习称"石蛋路"。现今舟山本岛上，从马岙至定海的山岭间仍保留有部分古驿道，为当时陆路交通的干线，并有止善亭古建筑。民国《定海县志》

---

① 朱纨：《双屿填港工完事疏》，《明经世文编》卷二〇五，第2165页。

"交通·陆道"条下载："狮子亭,六横上庄狮子山,光绪十八年;适中亭,六横上下庄间,光绪三十三年。"① 这种路、亭结合的古代交通网络,遍布六横岛,串联起各个港湾岙口。

图 1　六横岛石蛋路（作者摄）

（一）六横岛北片区：大浦石路、大脉坑古道

六横岛北部龙浦西侧西浪嘴地方,建有古渡口,外连佛渡岛、双屿水道,远接郭巨山、梅山岛等地。六横岛西侧的石蛋路以此为起点,向南经大脉坑形成三条分支,两条分别通往棕榈湾与涨起港,另一条向东南经青庙会山和双顶山等山岭,与蛟头、嵩山、五星等连接,突破双顶山等地形阻隔,形成六横西部与中部交汇的基干交通体系,使双屿水道东侧各个独立的临海

① 陈训正、马瀛纂修（民国）《定海县志》卷三《交通·陆道》,1924 年旅沪同乡会铅印本,第 7 页。

港湾连成一体。

双顶山东侧山麓的大浦水库库区内有一段石蛋路，是从西浪嘴向六横岛中部古道的一部分。东南—西北走向，残长不足10米，残宽1米有余。大浦水库库区外原有山路古道，西北一直延伸到龙浦一带即今中远集团舟山（中国）船舶工业城，东南越龙山隧道和黄荆寺山岭抵达岭头东侧海边的石柱头。在龙山隧道山岭下，也有一段残留古道，路面宽约0.5米，形制与大浦水库库区内石蛋路相似。大脉坑通往嵩山与大沙浦的山道，铺路材料不是用规格较一致的鹅卵石，而是用扁平石块。

在龙山隧道山岭北麓坡地石蛋路旁，发现了数片宋元时期的青白瓷，路基中零星散落有明代厚胎厚釉的青瓷和明清时代的青花瓷。附近居民说，路旁的瓷片是修路时从石蛋路中翻掘出来的。在野草丛生的古道石隙间，又找到了数片明清时代的青花瓷。此外，在大浦水库库区内石蛋古道旁也采集到相同类型的碎小瓷片。可见这条石蛋路是始于宋元，历经明清的古道。

（二）六横岛中南片区：双塘石蛋古道断面、仰天至清港古道、田岙古道

双塘社区中部张家塘村后峧的一个分界小山岭路边，存在一片西北朝向的坡地断面，长约10米，文化层叠压相对明显，表层为民居石基，基下厚约0.2米为熟土层，以下厚约0.6~0.8米为一层包含了碎瓷片、瓦砾、卵石及深褐色土的文化层，瓷片系明清青花瓷。此岭位于六横岛中部，为东西两大港区分界线，山岭不高，向东可达马鞍峙与西文山码头，向西抵双塘广阔的环形港区，是为一处交通要地。此岭西侧的张家塘一带平缓坡地上，先期发现较多宋元明清的瓷片，是一处内涵较为丰富的外销瓷分布点。

仰天岙至清港岙被一座名为"庙山"的小山坡阻隔，坡间现存接连两岙的石蛋路，东北—西南走向，从清港岙的竹湾延伸至仰天岙村东北侧，现存数百米，路面构筑形式与上述类同，保存基本完整，因长期踩踏，路面圆润光滑。在路基缝隙及两侧草坡、山地表面屡有各类碎瓷片发现，以青花瓷为主，但也有宋代芒口瓷。此道一直为两岙口来往的交通要道，是双塘地区古道交通网络的一部分。

田岙石蛋路位于岙口西侧螺蛳岗，东北—西南走向，南起赵家岙，北经小沙浦，全长约1000米，宽约1米，蜿蜒盘绕，下距海边的礁岩只有10余米。赵家岙内的古道修造得比较精致，以紫红细卵石拼出圆环花形图案，保

存较好。向东北道路并未被荒草掩盖，一直通入小沙浦呑口西侧，此路建于海边，位置较偏，使用者不是很多。在路面及两侧沿线，可见明清青花瓷零散分布，与田呑沙滩等处发现的青花瓷片并无二致。

连接海港的栈桥、驿道是海港考古的组成部分。朱纨称"宽平古路"有 40 余里，现在的古道由于后期扰动和破坏，分区块呈段状分布，已无法形成连贯的线路，长度更难估计。不过将岛上分布的石蛋路缀连成线，古代陆路交通体系仍然可以呈现出来。

二　两支航道

"两支航道"，即是以六横岛西北部为通道的北部航路和以六横岛南部海域为入口的南部航路。《筹海图编》《航路总集》等都有记叙。该海域南接粤闽以取南洋，北通津鲁可抵朝鲜、日本，溯长江可直入内地，历来为沿海船只航行的必经之路。唐宋以降，明州海港繁荣，经六横岛北上取道入明州，南下海外，多经此路，也是明嘉靖后倭寇重点侵扰地。清光绪《定海厅志》"兵制"记载："（贼）过崎头洋、双屿入梅山港，则犯霩衢……过韭山、海闸门、乱礁洋，登蒲门，则犯钱仓所……"[①] 我们在两支航道的节点上发现了 4 处水下文化遗存：齐鱼礁宋代沉船疑点、佛渡水道北口元代龙泉窑青瓷遗存（见图 2）、小尖苍山水下遗存和葛藤水道清代德化窑青花瓷器。可见两支航道是古代中外海路交通体系的重要一环，也应该是明代中国海商、日本人、葡萄牙人在双屿港的商贸通道。

（一）北部航路

六横岛西北部与宁波穿山半岛海岬遥相对峙，中有梅山岛、佛渡岛等。海水穿行岛间，形成多条狭长的水道，统称佛渡水道。西南一东北走向，长约 20 千米，宽约 8.4 千米，中部水深 10~20 米，靠近大陆处水深 5~10 米。其中佛渡岛与六横岛之间因有上双峙、下双峙（也称屿）两个小岛，故被称为"双屿水道"，也称双峙港、双屿港，西南分三支连接双屿门、青龙门及汀子门。因汀子门较窄，有淤积，船只一般不经此门。前二者为主航道，

---

① 史致训、黄以周等：《定海厅志》卷二〇《军政·海防附》，御书楼藏版，光绪十年刊，第9页。

图 2　双屿港附近海域出水的瓷器（作者摄）

水道中段北侧水深 7.1 米处有沉船，尚不知何时沉没。水道内规则半日潮，涨潮流向东北，落潮流向西南，流速 3~5 节，春夏季多偏南风，秋冬季多西北风。可通 3000 吨级船只，导航设备完善，昼夜可航，水道南口东侧有响水礁灯桩，青龙门西侧有汀子山灯桩，上、下双屿岛上有双屿灯桩，南口有鸦鹊礁灯桩，均是导航的良好目标。为我国东南沿海中小型船只必经航道之一。

　　双屿水道呈南北走向，长约 7.6 千米，宽约 1.4 千米，最窄处在上双峙岛与板方礁之间，宽仅 900 米，水深 10~91 米。水道东侧的六横岛上，因山势曲折回环，临海沿线形成多处港岙，由北向南依次为龙浦、大脉坑、棕榈湾、竹湾、涨起港、长涂岙等。各岙口进深不一，其中以龙浦最为深阔，未淤积前海水直达大浦水库。在双屿水道正中，东西耸立着上、下双峙岛，此两岛西有棺材礁（干出高度 2.2 米），北口西侧有高块礁，水深 5.4 米，水道南口东为鸦鹊礁，西有温州峙，左右对峙，把守双屿水道南口。温州峙在佛渡岛西南约 500 米处，据传昔时有一商船发现此岛与温州所见一岛形状相同，故取名温州峙，清康熙《定海县志》载有此岛名。岛呈不规则的馒头形，长约 500 米，宽约 400 米，面积约 0.137 平方千米，最高点海拔 77 米，基岩系砾岩，表面杂草覆盖。鸦鹊礁东北距六横岛火烧山嘴约 800 米，形似鸦鹊，故名。明嘉靖年间《两浙海防类考》

有载。此礁呈长条形，东北—西南走向，高 14.8 米，长约 250 米，宽约 100 米，由花岗岩组成。鸦鹊礁与附近的鹊尾礁、鲨尾礁等组成礁岩群。在这组礁岩与火烧山嘴之间有一风水礁，潮流过礁即分道，也称"分水礁"，南北走向，高度 4.7 米，长形，由凝灰岩组成，涨潮时海水半没礁岩，对航行有碍。北口入崎头洋西侧有野佛渡岛，另有响水礁、板方礁、黄礁等礁岩分布，对航行有一定影响。

调查发现，双屿水道埋藏有丰富的水下文物。佛渡社区佛东村陈老大称，1987 年前后，他在上双崎板方礁西北拖蚶壳时捞获许多青花瓷片，其中有 3 只青花瓷小盅非常完整，惜现已不见。我们将采自佛渡社区大沙呑天后宫下沙滩的青花瓷片请他辨认，他说与当初捞获的物品类同。同村孙老大也有同样的说法。涨起港社区上长涂村李区长在 1960 年前后任佛渡乡书记，当地渔民在上双崎板方礁附近进行虾拖网作业时捞获到大量碗、盘、杯等青花瓷，当时文物意识不强，未能保存下来。经与大沙呑碎瓷比对，他认为基本一致。涨起港社区大呑村贺家门口、堂屋中央水泥地坪上有青花瓷碎片镶嵌，贺家并藏有一只完整青花瓷盘，口径 23 厘米，底径 14 厘米。

双屿门历来是南方船只进入宁波港、象山港的主要通道。明永乐年间郑和船队下西洋曾取此道。该海域航海和战略地位十分重要，海底可能埋藏有丰厚的古文化遗存。此外，海图[①]和航路指南[②]标注或记录该海域有 6 处沉船，分别在鸦鹊礁灯桩西偏北约 0.6 海里处，水深 54 米；鸦鹊礁灯桩西北约 1.0 海里处，水深 10.2 米；鸦鹊礁灯桩西南约 1.6 海里处，水深 4.4 米；鸦鹊礁灯桩西南 2.0 海里处，水深 5.0 米；鸦鹊礁灯桩南偏西约 2.3 海里处，水深 7.6 米；鸦鹊礁灯桩南偏西约 2.7 海里处，水深 5.6 米。

（二）南部航路

南部航路以台门港、南兆港和葛藤港为中心，以海闸门为界，把南部分成南北两大片海域。台门港口一带外海，环绕诸多小岛，以长条状的悬山岛面积最大，北部散布有金钵盂岛、凉潭岛、走马塘岛等，另有黄礁、夫人屿、马足山屿等低矮小岩礁。悬山岛东北侧与虾崎岛相望，中为笤帚门水

---

① 中国人民解放军海军司令部航海保证部编《舟山群岛及附近》NO. 13300，中国航海图书出版社，2008。

② 中国人民解放军海军司令部航海保证部编《中国航路指南·东海海区》，中国航海图书出版社，2006，第 120 页。

道，是外海进入六横岛，绕过崎头洋，出入宁波港的一条通道。葛藤水道，别名葛藤港，介于悬山岛与六横岛、对面山之间，由水道西侧六横岛上的葛藤山得名。水道东南—西北走向，长约 6 千米，宽 300~1500 米，水深 5~30 米。南端距悬山岛约 200 米处有水深分别为 0.9 米、5.9 米的两个暗礁。20 世纪 80 年代，当地渔民在此捞获一批清代瓷器。对面山东侧有急流，西侧与六横岛之间又称台门港，一小岛名为大铜盘峙，立于台门港口，上建灯桩。港内通航便利，区域内凡水深 5 米以上均可抛锚，能避 8~9 级东南、西风。规则半日潮，涨潮流向西北，落潮流向东南，流速 3 节，强风向西北、北，常风向偏南、偏北。南兆港南北走向，长约 6.5 千米，宽约 3.5 千米，锚地面积约 10 平方千米，水深 3.7~7 米，大部泥底质，规则半日潮，可避 6~7 级西风、西北风。港南口为主航道，宽约 3.6 千米。

悬山岛以南散布诸多小岛礁，呈环形分布于南兆港周边。岛礁之间形成各个水口。对面山与六横台门之间跨度不大，中立老鼠山，扼守险要，悬山岛东侧与对面山相接，不可通航，岛西侧水道称为海闸门，宽百余米，水势湍急，稍不注意即有倾覆危险。但此地扼守南部港区南下北上的咽喉，故在风帆航海时代已成为重要节点，明嘉靖《两浙海防类考》中有标注。

对面山与悬山岛以南、梅散列岛以北的大片海域，南北向分布诸多小岛礁，呈链状排列，依地理位置分为两部分。北部岛礁群从北向南依次为连柱山、砚瓦岛、斧头山、笔架山、大荒山、小蚊虫山、大蚊虫山等。岛间水口成为进出南兆港的通道：长腊门，介于笔架山与小蚊虫山之间；笔架门，介于砚瓦岛与笔架山之间；黄沙门，介于对面山与砚瓦岛之间；小山门，介于对面山、砚瓦岛与悬山岛之间；鹅卵门，介于大、小蚊虫山之间。这些岛礁屏障东部外海，使南兆港成为过路船只避风停泊的天然港池。

大蚊虫山西南、六横岛田吞龙头跳以南约 2 千米的海域，集中散布的一组岛礁通称梅散列岛，由大尖苍、小尖苍、上横梁、下横梁、和尚山、龙洞、菜子、荦连槌、素连槌、鞋楦头等 10 个岛和 10 个礁组成，岛、礁呈南北排列，分布在长约 5.35 千米、宽约 3.6 千米的海域中，岛礁总面积 1.294 平方千米。主要由花岗斑纹岩组成。主岛大尖苍山最高点海拔 158.5 米，面积 0.776 平方千米。

大尖苍山以南约 8.8 千米处为东磨盘礁，西南约 3.9 千米处为西磨盘礁，位于舟山群岛的最南端，与宁波象山县的韭山列岛隔海相望。分界处为磨盘洋与牛鼻山水道，是进出象山港与北上双屿水道的重要海域之一。

六横岛东北部、悬山岛以北与虾峙岛之间海域称为笤帚门水道，又称凉湖港，西北—东南走向，长约 20.3 千米，宽约 4 千米，中段较窄，其中走马塘岛与小黄礁之间宽 740 米，水深 18～106 米，东出大海，东南与台门港外葛藤水道相连，西北部海域称头洋港，与广阔的佛渡水道连成一片。水道内规则半日潮，涨潮流向西北，落潮流向东南，流速 1～5 节，底质大部分为泥及泥沙，强风向西北、北，常风向偏南、偏北，海面平均风速为每秒 4.5 米，最大风速每秒 35 米，7～9 月为台风季节，3～6 月为雾季，年雾日数 26～52 天。沿水道内散布诸多岛礁，或为荒山野礁，或为住人小岛，部分岛名民国《定海县志》有载。

为获得更多的航路信息，我们登上了航道旁具有重要地标意义的岛礁，实地考察了以下诸岛。

1. 洋小猫岛

洋小猫岛曾名筱洋梅岛、小洋猫岛，距穿山半岛峙头角东北 2.3 千米，距大陆最近点 1.5 千米。洋小猫岛由穿山半岛的乌峙山向东延伸入海形成。民国《镇海县志》记载："乌峙山自郭巨所城东横宦入海，长约五十里，此其尽处，故名峙头，俗呼大嘴头。"[1] 该岛面积 0.088 平方千米，海拔 41 米，平面呈卵形，地势平缓，为孤立岛礁。附近海域潮流较急，流向复杂，有激流旋涡。岛东、西各有简易码头可登陆，山顶建灯塔，是船舶往来佛渡水道和螺头水道的重要助航标志。

当地渔民讲述，岛上曾铺设有石蛋路。1995 年山顶改建灯塔，于东西两侧各修建了一条水泥小路，路边散布着一些铺石蛋路用的小石块。此岛无人居住，但位置极其重要。据湖泥岛渔民陈老大回忆，过去峙头外海一带是海盗猖獗之地，海盗劫掠过往渔船等，附近渔民深受其害。

2. 金钵盂岛

金钵盂岛隶属普陀区虾峙镇，位于虾峙岛西约 1.9 千米处，岛形似和尚用的饭钵，当地视这种饭钵为吉祥之物，故尊称为"金钵盂"，民国《定海县志》有载。此岛介于虾峙岛与六横岛之间。岛平面呈三角形，东北—西南走向，长约 1.4 千米，宽约 950 米，面积约 0.48 平方千米，最高点海拔

---

[1]　洪锡范等：《镇海县志》，民国二十年铅印本，台湾：成文出版社影印，第 132 页。

114 米，整岛由流纹质凝灰岩组成，表土较厚，植被茂盛；地势东部较高，由东向东南、西北倾斜延伸入海；东北—东南岸较陡峭，西面山岙筑塘围垦为一片平地，塘外为一片海涂，西北侧有小片的碎石滩，沿海有张网生产作业区。

岛上无常住居民，现实行整体开发，原始面貌大为改变，难以判断该岛早期人类活动情况。在其南侧未经覆盖破坏的平地表面，发现零碎散布的瓷片，多为明清时期的青花瓷，此外无明显遗存发现。

3. 走马塘岛

走马塘岛隶属普陀区虾峙镇，位于虾峙岛西偏南约 1050 米处，岛呈狭长形，东南—西北走向，长 1.8 千米，最宽处 900 米，最窄处仅 90 米，陆域面积 0.71 平方千米，海岸线长 5.93 千米，最高点柴岗海拔为 141 米。岛形似一匹行走的马。据传该岛未有人定居前，常有匹马在海岸石塘走动，雾天昂首嘶鸣，遂名"走马塘"。

走马塘岛原有一个行政村，2000 年时有居民 122 户，408 人，以捕鱼为业。现岛民整体搬迁至虾峙岛。荒废的村落位于岛西侧山岙，岙口坡度较陡，民居从海脚一直延伸到半山冈，两条小溪流从中穿过，建于20 世纪八九十年代的楼房大都被杂草掩盖，空荡破落。村落岙口外建有一条人工防浪堤，堤内沙土中发现较多碎瓷片，以明清时期青花瓷为主，伴有少量宋元时期的器物，部分碎片釉面剥落，明显是受海水长期冲刷的结果。

另在虾峙齐鱼礁附近发现有宋代沉船遗址，位于走马塘岛东北侧，表明此岛附近海域为古代航道的一部分。

三　三大港区

这里所说的"港区"，是指古代涉水濒海，自然联结，易于形成海陆贸易区域或水陆中转网络的港口群。按照六横岛地理实体，可划分为三大区块，一是陆路干线中段的中心港区，由岑山、清港、礁潭、仰天等古港组成；二是以台门港为中心，南连南兆港，北接葛藤港，包括周边岛屿的南部港区，由大蚊虫山、砚瓦岛、大筲箕、田岙、苍洞等岙门、口岸组成；三是双屿水道航线周边的北部港区，由佛渡、五星、嵩山、龙浦、大脉坑等港岙组成。

（一）中心港区

从自然地理上看，中心港区地势较平缓，地域范围囊括六横镇的双塘社区，北有五星社区，南括台门、小湖、平峧社区部分。我们重点调查了岑山、清港、仰天一带。中部为一连接南北的小山岭，断续分布，山岭两侧岙口众多，大多为海涂围垦后形成的大片平地，因历史上迭次垦殖，腹地有多处旧海塘遗址。

1. 岑山古港遗址

岑山位于双塘社区西侧，六横岛中部。据该村岑书记回忆，2004 年村里挖井时，距地表 2~3 米处发现大量船板和青花瓷片，当地村民在村委会办公楼前荡田挖虾塘时也有大批类似器物出土。但当时缺少文物保护意识，船板散失，瓷片又扔回塘内。所幸有一只青花瓷杯和一只青花瓷碟被带回家里，器形较完整。

岑山村原名张家峧，地处临海港区沿线，面对象山港口。旧时，制高点岑家山把六横本岛分为上、下两庄，海水直薄岑山庙后，岙门广阔，藏风纳气，是古代船舶较为理想的避风、锚泊、候潮、补给地。据说，该处原为六横岛西南侧一大港口，明末清初，淤积成陆。该处调查发现，口述资料翔实，实物佐证有力，文化内涵丰富，疑似古代港口遗址，底下淤积滩涂中可能埋藏有沉船及其他实物遗迹。

2. 清港

清港位于六横岛中部，因方言音转，清港又被称"清江岙"，据传过去岙内有泊船小港，水较清，故名"清港"，亦称"清港岙"。岙口朝北，与双塘西部朝海的半环形港湾相通，为一自然形成的山岙，岙两侧为小山岭，南北走向，狭长，进深颇大，两山于东南侧相交形成岙底，建有水库，背接清岗后山冈大山岭，山上植被茂盛，并种植有部分经济林木，后山岗海拔 152 米，为附近区域较高的山地。登高望远，双塘西部一览无余。水库以下岙口狭长，中有淡水溪直通入海，两侧为大片平地，山清水秀，条件优越，是理想的港池。

据清港当地俞姓居民介绍，此岙原先一直有人居住，而且人数较多，在水库建成以前，海水一直通到岙脚下，捕鱼船只可直达岙底，靠泊上岸。此处为俞姓祖先所居，其约 300 年前从宁波迁居于此。1958 年迁民建坝拦水，形成现在的清港水库，拆迁搬建的原库区居民于坝外再建村庄，称为"新农村"，现仍可见大片迁房后遗留的石垒地基。几年前平地种树时，于水库边曾挖出烧制陶器的小型拱窑，窑内充满大量炭灰，伴随发现的还有成摞的韩瓶，其址现已被填平植树。另据其所述，在水库东侧较浅的水淹部位，有一座古寺庙遗址，散落有大量的青瓷、佛像、瓦片等物，还有几块表面为锯齿形的建筑顶板。遗址现已被水淹没。光绪《定海厅志》"清江岙"标有"青山庙"与"资福庵"，未知孰是。

此外，在水库东侧临水处建有一座泗洲庙。据介绍，当初清港岸边建有一座泗洲庙，建水库后被水淹没，遂择址于此重建。原庙址曾出土石像、石香炉、石构件、小青瓦以及大批的铜钱等物。现庙内供奉有一座石像，浮雕，长约0.4米，宽约0.3米，风化较严重，造像有宋元风格（见图3）。庙后墙上嵌有一块小型石构件，系佛龛。庙前摆放与石像一同出土的石制香炉，青石圆雕，元宝造型，下部正面有双龙抢珠装饰，从其艺术风格与器物表面磨损情况分析，当系清代所制。泗洲文佛是古代航海所崇信的神明。于现远离海岸的清港发现这些遗迹遗物，证明此地是一个优越的古港。

图3　清港泗洲文佛石像（作者摄）

在水库边西侧一个断面上，距地表约0.8米处发现嵌于土中的青白瓷。在水库两侧，特别是与泗洲庙相对的另一侧坡地上，发现有相当数量的明清青花瓷碎片。在水库坝下一户王姓居民家中，悬挂一幅原祖堂内的对联，上书"世出山东追祖业，交流海外沐宗功"，其世代"交流海外"之意，似与双屿港海交史暗合。

3. 双塘西部沙头、仰天一带古港遗迹

仰天与沙头之间有大片平地，为历代围垦或者长期淤积后逐步形成，面积数万亩。当地人回忆，原沙头至仰天一带都是海水，沙头一带为孤立小岛，清后期筑芦杆塘。在沙头北侧与芦杆塘之间有道低矮的土坝，当地称为"北塘"，长约 500 米，东西走向，已有近 400 年历史。北塘东侧接仰天吞山脚，向南约 200 米处有一隆起的长条土坡，隐现于大片的农作物间。在坡上（海拔 4 米）约 30 平方米的堆积中，散布有小卵石，其间偶现碎瓷片以及海洋生物残骸，居民反映是古船压舱之物。南塘距北塘约 400 米，塘长约 300 米，为沙头青山村与陈家村黄沙最近点的连线，直接阻断乱门港进出仰天一带的海水。乱门港原为海港，后港内逐步淤积，遂废。民国《定海县志》"水利"载："庆余塘，在小沙头，长一百八十丈，光绪甲申王居良等筑。"①

仰天吞位于双塘社区西南侧，地处六横岛中部，属亚热带海洋性气候，四季分明，雨水充沛，吞口朝西北，面向大海，北靠太平岗，植被丰富。吞口北侧称为庙山，沿山脚都为民居。庙山南侧称为对面山，中夹吞口。溪流从庙山边侧穿过，吞底为仰天水库，建于 20 世纪 60 年代。

仰天吞口两山相夹，间距 216 米，中为农田。2007 年于田中央建污水池（海拔 6 米，测点位于池面正中），池长 9 米，宽 5.5 米，池底发现有附着牡蛎壳的凝灰岩石块，还有明显带有人工斧砍痕迹的松木桩。仰天徐姓村民带我们去村里辨认原先未受破坏的溪流位置，溪流从仰天 14 号宅院屋基下通过，宽 3~4 米，底部为自然山岩，较为平坦，溪水顺流而下，水势分季节大小不一。村后山曾开设采石场。在修筑仰天水库坝基时，曾发现有瓶、碗、盆等物。我们沿水库坝北侧坡面搜寻，果然找到许多散乱的瓷片，以明清青花瓷为主。又据仰天村村主任回忆，2007 年建污水池时，挖土机下掘 3~4 米，挖出大量带壳石块，底部土中留有网状交错分布的木桩群，东北—西南走向，横截吞口。木桩网阵宽约 2 米，桩间充塞石块。石块表面附着牡蛎、藤壶等海洋类生物，推断原先此处为临海接潮之处。朱纨在《双屿填港工完事疏》中提及"聚桩采石填塞双屿港"，② 是否在此，待考。

① 陈训正、马瀛纂修（民国）《定海县志》卷一《舆地·水利》，第 31 页。
② 朱纨：《双屿填港工完事疏》，《明经世文编》卷二〇五，第 2164 页。

图 4　仰天岙出土的松木桩（作者摄）

4. 杜庄"闽山古迹"摩崖石刻

杜庄位于在六横岛西南侧，三面环山，朝向西南海域，港外正对里、外青山，正南处距岸约 270 米处有白马礁，礁形似马，呈白色，故名。岙内溪流婉转，地势平缓，坡度较小，西侧隔山岭与清港岙相接，岙侧建有水库。杜庄原名"涂庄"，以围垦的海涂建村而得名，民国《定海县志》"水利"记载有三塘筑于此："杜庄塘，长一百二十丈，嘉庆二十五年刘齐贵筑；耕余塘，在涂庄，长三百丈，光绪辛丑俞兆熊等筑；庆丰塘，在涂庄，长一百二十丈，光绪癸卯刘起蟠等筑。"①

"闽山古迹"摩崖石刻位于小湖社区杜庄村杜庄半塘 22 号东北面约 30 米金寺山咀，坐东南朝西北，据题款推测刻于清道光年间（1821~1850）。整块石刻高 3 米，宽 5 米，距地面约 10 米，石刻岩石为沉积岩质，表面有海蚀痕迹，阴刻"闽山古迹"四个大字，每字宽约 30 厘米，落款直刻小字二行，共十二字，尚可辨认"浙江督学使书，福州廖鸿荃题"。廖鸿荃（1778~1864），字应礼，号钰夫，祖籍将乐县，后迁侯官县（今福州市区）。清嘉庆十四年（1809）中进士第二名，授编修，累升至工部尚书、经筵讲官，赐紫禁城骑马。道光元年（1821）八月，典试陕甘，生平总裁会

---

①　陈训正、马瀛纂修（民国）《定海县志》卷一《舆地·水利》，第 31 页。

试一次，典乡试、分校京兆试各三次，参与朝考阅卷，殿试读卷，又督学江苏、浙江等省，可谓"门生半天下"。朝廷以其谨慎可任大事，重要水利工程皆命鸿荃督办。

福建一带航海兴盛，每至一地多建妈祖庙以为神佑。史料记载明季浙江沿海一带武装商人多为闽人，著名的双屿港海商大头目李光头、许二等即是。明清之际六横岛居民较少，福建渔民来舟山海域捕鱼，因避风、停泊之需，留驻六横岛，进而开垦居住，发展成为较大的聚落，并留下福建地域特色的文化遗存，是合乎情理的。以致廖鸿荃在巡视此地时有若入闽同景之感。"闽山古迹"摩崖石刻是闽人参与开发六横岛的一个佐证，也是浙闽航海交通的历史印记。

（二）南部港区

南部港区以台门港为中心，南连南兆港，北接葛藤水道，连头洋港。这片港区包括周边诸多临海港口与悬水小岛，行政区划包括悬山、台门社区全部，平峧、小湖社区一部分。调查中在各处都有较多文物信息发现。

1. 苍洞

苍洞地处六横岛南部，三面环山，一面临海，吞门深阔呈"C"形。中间苍洞山余脉延伸入海，形成"苍洞""三坑"两个自然村落。苍洞原名"大樟洞"，因村里一大樟树底部有树洞得名，因"苍""樟"音近演化成"苍洞"。境内有 6 条大溪坑（其中三坑就有 3 条，是故村名"三坑"），溪流绵延不绝。北面苍洞山（海拔 234 米）和大尖峰山（海拔 261 米）合拥成屏障，可避东北、北、西北之风。苍洞发现大河更遗址，苍洞、三坑外销瓷遗存及天后宫、苍洞庙等古文化遗址遗迹，是古代海外贸易的历史见证。

大河更遗址：位于六横镇小湖社区苍洞村大河更 31 号，遗址面积约 300 平方米，主要分布在陈家老屋地基中，暴露的几处断面相对清晰，文化层厚 0.8~1.0 米，粗略可以划分为 4 层。第一层：陈家老屋基面，包含有混凝土和盐田缸窑砖。第二层：明清砖瓦层，包含有大量青砖和少许明代青花瓷片。第三层：唐宋文化层，距地表 0.5~0.75 米，包含有唐越窑玉璧足底青瓷碗、宋代龙泉窑青瓷莲花碗等碎片。第四层：卵石堆积层。遗址海拔 5 米左右，地势较平坦。从遗址向南平缓延伸约百米到海口，是 1978 年围塘以后的滩涂养殖场。初步观察，唐宋元明时期，该遗址距海岸线不足百米。据断面和包含物分析，该遗址分属两种不同文化类型，一是以第三层外销瓷为代表的唐宋元港口遗址，二是以第二层砖瓦为代表的明清古建筑废墟。

苍洞外销瓷遗存：位于六横镇小湖社区苍洞村村委会驻地前，当地村民在耕作中翻掘出大量宋元明清瓷片，散布在面积 3000 平方米左右的坡地上。瓷片个体碎小，以明代漳窑系"沙足器"为大宗，唐宋青瓷、青白瓷次之，清嘉庆道光年间青花瓷再次之。近年，村民在距该遗存百米，仅一溪之隔的村东首坡地挖长河时，挖出许多瓷片。苍洞外销瓷遗存北山麓中有一座苍洞庙，始建年代不详。庙里供奉"射鹿英雄鲍侯王"，民间相传与明代嘉靖年间"抗倭"有关。

三坑外销瓷遗存：位于六横镇小湖社区苍洞村三坑水库北坡，散布面积约 2 万平方米。因村民多次耕作翻掘，瓷片裸露在外，个体碎小，以明代漳窑系"沙足器"为多，宋元青白瓷、龙泉窑青瓷次之，清嘉庆道光年间青花瓷再次之。据当地居民说，20 世纪 60 年代建三坑水库时，在大坝夹心墙中挖出许多瓷片及大、小韩瓶，深度距地表约 4 米。

苍洞和三坑外销瓷遗存面积大、分布广，基本集中在境内 6 条大溪坑的垂直面上。虽然苍洞和三坑之间有苍洞山余脉相隔，但是，根据采集的瓷片类型和遗址地层分析，我们仍可以把它们归为同类性质的外销瓷遗存。占采集样本比例最小的清嘉庆、道光年间青花瓷，可能是苍洞"复垦"以来居民生活所弃；占采集样本比例最大的漳窑系"沙足器"，可能是明代海禁时期民间私贸易遗留的外销瓷；比例居中的宋元外销瓷，可以与大河更遗址第三层合并，视作早期海外贸易在苍洞的古代港口遗存。

三坑外销瓷遗存所在地东北山麓建有天后宫，据传是六横全岛最古老的妈祖庙，现存建筑为近年村民拾旧址重建。天后宫西侧坡地散布有宋元明清瓷片，瓷片类型与三坑水库北坡基本相同。三坑天后宫为航海和早期苍洞海外贸易古港的客观存在提供了旁证；苍洞庙填补了明代海禁时期苍洞人类活动的空白，特别是传说中"老爷菩萨"与抗倭史迹的联系，值得重点关注。

2. 西文山古码头

西文山隶属于六横镇平峧社区，旧名"戏文山"。相传旧时外地一戏文班子到六横岛演出，载剧团的船只不幸在该地附近海面遇难，人们看不成戏文，呼之"戏文散"，谐音戏文山。西文山码头是古代六横岛的主要交通埠头之一（见图 5）。清光绪《定海厅志》"大事纪"记载，同治元年（1862）二月，太平军何文清一部发战船 42 艘进攻六横，首登龙山棕榈湾，次绕道于西文山附近登陆，后被当地监生张为贤等率民团在平岩礁击溃。何部边战边退，陷于涂中，又适逢潮汛初涨，溺水者不计其数。当地有"浙东第一功"摩崖石刻纪其事。

图5　西文山古码头（作者摄）

古码头修筑方法老旧，建筑在相对平缓的自然生成的海湾岬角上，南北走向，整体呈扇形。西文山码头保留得较为完整，东向埠头无损，西南侧弧形迎波堤局部在台风中被海浪冲毁，近代多有维修，用水泥石子混凝土敷设地面。埠头凡7阶，用条石叠砌。迎波堤用大型石块砌筑，上铺长条形块石。埠头左侧立缆柱一根，条形方块石，疑似浇灌卵石加糯米汁和石灰黏合剂，表面附着牡蛎等海生物。栈道长7.2米，宽1.7米，铺设长条形块石，整齐平坦。码头西北约70米处有候船亭一座。民国《定海县志》"交通·陆道"条下载："海宴亭，六横下庄戏文山埠头，清光绪三十一年。"[1] 近代屡有维修。该亭坐北朝南，共两间，中间用两根木柱加以支撑，无隔断。两侧山墙内用穿斗式梁架支撑，上盖小青瓦。檐柱用条形石柱，柱内侧阴刻对联一副，因海风剥蚀，字迹较模糊。室内东侧供奉财神，西侧供奉土地公。

---

① 陈训正、马瀛纂修（民国）《定海县志》卷三《交通·陆道》，第7页。

西文山石质均匀，易于加工，附近居民多以打制石料为生，石制品销往六横岛各岙，另通过渡船北运至桃花、虾峙等岛，现仍有老石匠在世，山体靠海侧岩石已多被开采。清末民初时，该码头为六横岛下庄北上沈家门、定海，以及西至宁波郭巨山的重要交通节点，与上庄同侧海岸的石柱头码头并称。码头以南与悬山岛对望，正中大、小葛藤山当初为悬水孤岛，外中为广阔的半环形海湾，沿西文山直至海闸门一线，湾口朝向东南，宽约 2 千米，对面为南部航线北上重要水域的葛藤港，隔港大小凉潭岛与悬山岛围护成障，海水直通西南侧内部的礁潭等处。迟至清末民初方筑塘成陆。礁潭等处发现的大量历代瓷片，特别是悬山岛发现的明代嘉靖年间的红绿彩瓷，有力地佐证了明代嘉靖年间海外交通的史实。

3. 田岙龙头跳沙埠

龙头跳沙埠位于六横镇台门社区田岙村龙头跳。龙头跳背枕海拔 280 米的炮台岗，群山蜿蜒连绵，一条长约千米的山涧流经山村，穿沙滩入海，涧水充沛，终年不绝。龙头跳沙滩长约 500 米，宽 20~40 米，西北—东南走向。沙岸堆积成丘，高 1~5 米，周广 10 余亩。沙丘上现存古黄连木林，大多树龄百年以上，个别枯树达 300 年以上。

龙头跳沙滩沙质细腻，沙层下为鹅卵石。在龙头跳沙滩、沙丘、沙岸以及被涧水冲刷的鹅卵石堆积沙岸后坡地中发现大量的瓷片堆积。除了坡地上瓷片棱角分明、釉色清新，其余水蚀严重，系海浪搬运冲刷所致。瓷片年代跨度较大，多为明清青花瓷，唐宋青瓷次之。

沙埠即土埠，是古代利用自然生成的沙滩、沙岸停靠船只的简易码头。龙头跳沙埠地处田岙湾，面南临海正对大、小尖苍山，可避北、西北、东北之风。该海湾东邻南兆港，西贯孝顺洋，航路四通八达，入口处水深约 10 米，海底干净无障，在帆船时代是一处较为理想的港口锚地。

龙头跳沙埠散布大量唐宋明清瓷片（见图 6），其中一件唐越窑系玉璧足底碗，古称瓯，茶具，兼作乐器。作乐器使用时，在一组瓯内分别注入不等量的水。用筷子打击乐器，其音妙不可言。同器在邻村苍洞也出土了一件，造型得体，釉色鳝黄，釉层丰润，是当时明州（今宁波）对外贸易的典型外销瓷之一。

值得关注的是，龙头跳沙埠生长有一古黄连木林，龙头跳村落及附近田岙沙城中也有少量黄连木分布。黄连木（拉丁文名 Pistaciachinensis）是漆树科黄连木属的植物，主要分布于菲律宾以及中国长江以南、华北、西北、

图 6　龙头跳沙埠采集的青花瓷（作者摄）

台湾等地，生长于海拔 140~3350 米的地区。黄连木嫩芽可供茶饮，树皮是上好的软木材料。舟山境内除了朱家尖和普陀山有零星分布，其他地区均未见。龙头跳沙埠遗存的古木林与港口本身是否有内在联系，尚待进一步考证。

4. 悬山岛

悬山岛又称元山岛，位于六横岛东侧，西距六横岛约 700 米，呈西北—东南走向，岛形狭长，长约 7.95 千米，最宽处约 2.6 千米，海岸线长约37.69 千米，陆地面积 7.58 平方千米。据传悬山岛系张苍水最后栖身、被捕之地。张苍水诗云："此中有佳趣，好作采薇吟。"乡人又称海盗蔡牵曾踞此为巢穴。该岛海岸曲折，绝壁高耸，怪礁林立，岩洞遍布，海滩众多，绿树成荫。居民大多以捕鱼为业。

调查范围包括该岛大箐箕、小箐箕和马跳头、铜锣甩，以及悬山岛南面的对面山等涉海涉港涉渔村落，在大箐箕和马跳头山间坡地表面及部分台地断面中发现了大批瓷片。初步明确了南部港区——台门港外悬山岛涉水临港文物遗存的基本情况。

大箐箕外销瓷遗存：周边发现瓷片分布点 2 处，分别在大箐箕 17 号房屋右侧和屋后，面积达 1 万平方米左右。首先，大箐箕 17 号房屋右侧朝向西南的剖面显示，距梯层地表约 3.5 米为沙砾层，系自然冲积海岸。沙砾层上包含有少量青花瓷和白瓷片，无明显层位。出土白瓷碗残片除圈足内侧通体施釉，碗内心琢刻一"位"字；另一块青花瓷片口沿部位有绿釉彩绘，年代较晚。该遗存位于梯层地表下 3.25 米处，上部土质松软无文化包含物。因此，该遗存可能是一级梯层滑坡或塌陷所致，属二次生成。

其次，在大筲箕 17 号屋后坡地表面及部分台地断面中，分布有大量青花瓷片。我们在一处溪水冲刷后出现的断面中做了剖面，测得遗物所在位置距上部地表约 0.3 米，文化层厚 0.1 米左右，包含有酱釉瓷、青白瓷、青花瓷。下层为自然淤积层，土色偏灰，夹杂沙砾。另在剖面附近采集到一片红绿彩瓷，高温白瓷，施红彩，釉上加绿彩（见图 7）。

图 7　大筲箕出土的红绿彩瓷片（作者摄）

马跳头外销瓷遗存：位于悬山岛北部东岸，在马跳头村山坳坡地和岙口沙滩上遍布大量瓷片，个体碎小零乱，仍以青花瓷、白瓷居多。

铜锣甩：铜锣甩位于岛的最东侧，山石林立，峭壁丛生，水蓝流急。铜锣甩最狭处有一崩断，开凿有落脚石阶，以为对外联系的通路。该岙原有数十户世居岛民，现已外迁。村落聚居地虽经翻修扰动，但地表仍散布有各类瓷片。

在铜锣甩的最东侧，天然侵蚀形成一座独立的山峰，当地称为"送子观音峰"。此峰外即是汪洋大海，此峰形成一处自然的海上路标。该处水势湍急，北侧笤帚门口的独立礁石上建有灯桩，南侧的梅散列岛向南一路顺延，形成对南兆港的环形围护，外部出入水道的各类船只都可一览无余。

从岛上发现的瓷片来看，主要是漳州窑系的青花瓷，其次是青白瓷，所属年代为明末清初。大筲箕 17 号屋后山坡地表采集的红绿彩瓷，与广东上川岛发现的相似，颇多明代嘉靖因素，值得关注。悬山岛大筲箕和马跳头山坳坡地及岙口沙滩上散布有数量较多、相对集中的历代瓷片，非所弃生活用瓷，应与古代海上贸易有一定关系。

5. 砚瓦岛

砚瓦岛位于六横岛东侧，岛呈长条形，东南—西北走向，长约 2.1 千米，宽约 600 米，面积约 0.563 平方千米，最高点海拔 89 米。

砚瓦岛西临南兆港，东濒东海，北望悬山岛，南连梅散列岛，紧靠海闸门，岛南侧的笔架山与北侧悬山岛东侧都有航标灯桩。砚瓦岛周边大多是火山喷发后凝积形成的变质岩，附近水道较深，水流较急，缺少自然冲积的滩涂，唯岛西北侧的山岙一带水势较缓，堆积有一条百余米长的沙滩，山势可阻强劲的海风，利于船只停泊。此岛原先无人居住，20 世纪 90 年代末，砚瓦岛作为休闲旅游岛实施整体开发，命名为"假日岛"。据当地知情人回忆，假日酒店使用挖土机整理地基时，带出成批的陶瓷碎片，后都被做回填处理。瓷片出土区域位于岛西北侧沙岙内，在实地调查中，我们在周边发现零星青花瓷碎片，初步判断为明中后期外销瓷类。

6. 大蚊虫山

大蚊虫山，距六横岛东南约 3.2 千米，该山形似蚊虫，又多蚊子，面积大于近旁东北侧的小蚊虫山，故名"大蚊虫山"。整岛平面呈凹形，东西走向，长约 1.7 千米，最宽处约 900 米，面积约 0.8 平方千米，最高点海拔 105.6 米，岛基主体由凝灰岩构成，土层多为黄色酸性土和香灰土，适宜抗风能力强的树木生长，山上树木有大叶黄杨、山合欢、柞树等；茅草、芦秆较多。东北向岙口底部有一自然形成的沙滩，长约 300 米，港池水深 2~5 米，可避 6~7 级东南风。

在沙滩以西的山坡上，我们发现一座石板拼建的小型建筑，当地人称之为"土地堂"，坐西朝东，三面围石板，顶以两块石板拼成拱形顶，各面宽均约 1 米，堂口两侧石柱上刻"财如春草发，土生玉其中"，落款"光绪五年"（1879）。堂内摆石制香炉，青石圆雕。题款为"道光元年镇海人所供"。证明此岛当时除六横本地人，尚有外岛人泛海活动的历史。

因开发建设，山林表面裸露部分有大量的砖红壤，并有滑坡迹象。我们在一处坡面的塌方面上，找到较为清晰的文化堆积层，厚度约 0.2 米，距地表约 0.4 米，中嵌明清之际的各类碎瓷片，部分青花瓷片有记号款。

在土地堂周边，散布有一定数量的各类陶瓷碎片。有宋代的越窑青瓷，较多的仍为明代外销青花瓷类，清代的瓷片也有发现。在沙滩西侧与山体交接处海边，有一人工堆积的简易古码头遗迹，始建年代不详，东北—西南走向，现存长约 15 米，宽约 5 米，一头靠沙滩，另一头西侧建于礁石上，船只可靠泊在码头的东侧临水处。

（三）北部港区

北部港区以双屿水道为中心，涵盖六横岛西北部临海诸港岙，西侧的佛渡岛，六横岛贺家山与积峙山、郭巨山一线以西部分的大片区域。调查范围包括佛渡岛与六横岛西北部多个地点，重点在佛渡岛、龙浦、五星一带实地考察，于佛渡岛的石门村做考古试掘，取得一定的成果。

1. 佛渡岛美女地古文化遗址

佛渡岛位于六横岛与宁波梅山岛之间，东距六横本岛约 1.8 千米，西距梅山岛约 2.4 千米，岛呈长形，南北走向，长约 5.1 千米，最宽处约 3 千米，最窄处约 600 米，面积约 7.128 平方千米，最高海拔 183 米。该岛名称最早出现于宋代，南宋宝庆《昌国县志》"县境图"称"渤涂山"，位于"双屿山"以西；明嘉靖《筹海图编》称为"白涂山"；康熙《定海县志》称"佛肚山"，民国《定海县志》因之。因方言中各字音近，现通称为佛渡岛。岛上历建海塘，围涂多处，与岛南的小佛渡岛相连。居民多以渔业、农业为主。岛东侧有码头接六横涨起港码头渡船。

美女地临港型古文化遗址在六横镇佛渡社区石门村。据该村李姓老人说，该村美女峰山脚下相传有一座古庵，他藏有一件庵基出土的韩瓶，高 18.5 厘米、口径 6.5 厘米、底径 6 厘米、最大腹径 11 厘米。同村徐姓老人说，庵基附近地下 2~3 米处是流动质淤泥层，他们在挖井时发现下面有石构建筑。根据他们提供的线索，我们到实地进行了踏勘，在地表上采集了一些青花瓷片。同类青花瓷片在涨起港上厂跟井旁溪坑、大岙村溪坑里也有零星发现。2009 年 4 月 25 日至 29 日，舟山市水下考古工作站和浙江省文物考古研究所以及当地文化部门联合对该遗址进行了为期 5 天的考古试掘，在 10 米×2 米的探方里发现了两座叠压清晰的古代房基，第一期房基约为晚清居住遗迹，第二期房基距地表深 0.7~0.8 米，被第一期房基紧紧叠压，基层包含有龙泉窑、越窑、吉州窑、同安窑等宋元时期的精美瓷器碎片（见图 8）。

此外，考古队还在距发掘现场西北约 100 米的荡田中探明了一处约长 200 米，宽 2 米，距地表深 0.6~0.8 米的古代石构夯土建筑。在距发掘现场

图 8　佛渡岛美女地古文化遗址发掘现场（作者摄）

西北约 500 米的长河里采集到一批青花瓷片和建筑构件，估计整个遗址面积约 20 万平方米。

石门村三面环山，一面临海，西北朝向，地处双屿港区，正对梅山港，与宁波咫尺相望。美女峰山体起伏，犹如美女箕坐，故名。美女地在美女峰山脚下，台地宽旷，岙门宽阔，藏风纳气，比较适合古代人类居住和航海贸易活动。美女地古文化遗址口述资料翔实，实物佐证有力。经初步试掘，该遗址规模较大，文化内涵丰富，瓷片等包含物属二次生成，原生环境如何有待探明。

2. 小支岙

小支岙位于六横镇西侧，因较邻近的大支岙小，故名。小支岙三面环山，岙口朝南，捍海坝塘两侧接小咀头与湾刀咀，岙西侧的石水岗海拔 156 米。岙口外与郭巨山之间，有大片的沉积泥涂，西望则为佛渡岛，中夹双屿港航道。岙内西侧山谷溪流绵长，水源充沛。村内过去多以捕鱼为业，现住居民已经不多，村口南侧与海塘间为大片养殖场，气候、植被等自然环境与六横其他临海岙口差别不大。

据当地居民介绍，岙口的海塘为 20 世纪 80 年代建成。现村口与养殖场间仍有一片沙滩，部分沙层剖面可见一层比较明显的贝壳、砾石堆积层，距地表约 0.2 米，当地居民称此处为"沙垾"。原有沙土大部分在开垦养殖场时被挖除，在外海塘建成之前，捕鱼船只可直接驶到村口的沙滩上。他们在挖沙时，曾从地下挖出瓷片及船板等物。在原沙埕位置的带状区域与养殖场内侧，我们调查发现零星散布有各个时期的碎瓷片，以明清青花外销瓷为主，因长期受海水冲刷、搬运，釉面有脱落现象。

在原沙埕内侧采集了若干瓷片，胎体灰白，釉层厚色青，施釉不均，为宋代的青瓷碗。另在溪流旁发现石蛋路，从村边一直蔓延向上，直到山冈。居民介绍在东侧山谷也有这样的石蛋小路，海塘未建前为小支岙通向小长途、涨起港等的必经之路，与本岛陆上交通网相衔接。从发现的各个时期的瓷片来看，时间可以上溯到唐宋之时，说明小支岙已成为北部港区的一个重要组成部分。

3. 五星岙

五星岙位于六横岛西部，属五星社区管理，背靠横被岭，地势从东北向南渐低，岭上的双顶山海拔299米，为六横岛最高峰。与之对峙的嵩山海拔288米，为岛内第二高峰。五星村以岙建村，居民以清展复后迁入为主，分居西坑、中岙、东坑三个自然村。村南有蓄水量达70万立方米的五星水库，水源出双顶山、嵩山。

五星岙背靠大山，三面环形，岙门深阔，港口外立积峙山，成挡避风浪的屏障。出积峙山，西可绕双屿水道，东可至双塘西部环形港湾，并通岑山水道贯穿六横岛中部，地理位置较为理想。在五星村中岙溪两侧山谷及茶树坡地上，散布有各时代、各类型的瓷器碎片，以明清青花瓷为主，宋元青瓷次之。据民国《定海县志》"水利·六横"记载，清代于现五星水库南，积峙山与大支岙交接的临海处筑有"振绪塘"，振绪塘"中有韭菜屿，屿南一百二十丈、屿北二百四十丈，道光十七年林祥开等筑"[1]。于积峙山东侧水道建有"济庶塘""靖余塘"，两塘南北平行，靖余塘在南，西接积峙山，东靠夹礁峙，"（靖余塘）在滚龙岙，长六百丈，民国三年俞兆熊等筑"[2]。

五星岙建有庄穆庙，为当地供奉岳飞所建，始建年代无考。当年建水库时，在距地表约0.2米处发现大量沙、贝、砾石等形成的自然堆积层，据传原先此处为"沙埕"，海水直薄，船只从外海可直接入港泊岸于庙下。在沙城以南居民曾挖出瓷片、船板等物。

4. 嵩山大教场

在六横岛嵩山南麓，当地人俗称为"大教场"的村落，发现有大量古

① 陈训正、马瀛纂修（民国）《定海县志》卷一《舆地·水利》，第31页。
② 陈训正、马瀛纂修（民国）《定海县志》卷一《舆地·水利》，第31页。

代瓷片和砖石残构，与文献记载比对后初步判定，此即是古代舟山东南水军的演武场——嵩山大教场。

南宋水军相当发达。宋元之际，舟山创设"海上十二铺"，藩篱两浙。明代郑若曾《江南经略》卷八云："舟山诸山者……三吴之屏翰也……东南有沈家门、乌沙门、石牛等山。"[①] 天启《舟山志》"山川目"载，舟山东南有沈家门、白沙、石牛、亘泥诸港，"示险要，列兵防"。嘉靖《宁波府志·海防》对军船出哨情况记述得更加详细："初哨三月三日，二哨以四月中旬，三哨以五月五日，由东南而哨，历分水礁、石牛港、崎头洋、孝顺洋、乌沙门、横山洋、双塘、六横、双屿、乱礁洋，抵钱仓而止。"[②] 为杜绝作弊，"每哨抵钱仓所，取到单并各处海物为证验"，这是舟山东南方向的巡哨。由此看来，宋元以降，舟山东南驻扎着一定规模的水军。而军队必须有练兵习武的地方。当时水军训练内容依旧以冷兵器为主，弓弩远距离攻击，枪刀近战。所练各种阵法也主要是陆军阵法的改进。虽然水军在南宋晚期出现了部分火器，对此训练也相应做出改变，但是，陆军阵法仍然是必修课目。因此，就在今六横岛嵩山南麓设置了当时舟山东南水军的大教场。

一般来说，大教场的旁侧要建造一些兵营和教官休息、办公的设施，如阅兵台和成组的合院建筑；在合院附近或在大门外设立台基，台基上做旗杆台，以便竖杆挂旗。有的大教场还设立双旗台座，还有的建造双柱或四柱牌坊。由是观之，发现的砖石残构或许是嵩山大教场的建筑遗存。

5. 龙浦

龙浦位于六横岛西北部，现为龙山社区管辖，因最初龙泉、大浦两条河流通过其境，故名。地势南高北低，西南侧是以双顶山为中心的山岭，山势呈八字形向北张开形成三角形呑口，山上植被丰富，树木茂盛，地势顺延至北侧海边，山丘间建有上、下两座小水库，大浦河从南侧山谷一直通大海，河两侧是经围塘后形成的大片平地。因历史上靠海处有多条沙浦，因而现自然村地名多有沙、浦等字。

在龙山下水库库区内，有一口老水井，井边一地原为当地孙姓地主所

---

① 郑若曾：《江南经略》卷八上《洋山记》，《景印文渊阁四库全书》第728册，台湾商务印书馆，1986，第445页。

② （嘉靖）《宁波府志》卷二二《海防书》，转引自俞福海《宁波市志外编》，中华书局，1966，第501页。

有，当年长工耕地时曾挖出一根几米长的木头，表面十分光滑，推测为船桅杆。另外，在 20 世纪 50 年代大浦河筑塘和清淤时，在河床泥底挖出长剑、火铳、铜钱等物，现下落不明。可见，大浦河是通海的航道，船只从海上经河道也可直通龙山下水库。此外，我们在龙山上水库坝调查时，发现该水库库区原为交通要道，水下淹没有从龙浦到嵩山与蛟头的石蛋路，还有泗洲庙的基址。坝外溪流两侧的农田坡地上，散落着各类瓷片，仍以明中后期的外销青花瓷为主。据传在龙山下水库中原有几十株合抱的大柏树，可能是当年船只系缆所用，后建路时移除。种种传说与发现的实物，特别是泗洲庙的发现，说明龙浦古港确实具备航运与商贸的作用。

双屿港田野考古调查在没有找到切实的实物证据之前，一切工作仍是在不断地探讨检索，不断地接近真相。通过挖掘新史料来论证双屿港的可能所在，是为一途；而以考古调查发掘实证，也是另一途径。最佳的办法莫过于"考古实证，文献佐证，口述补证"。至于"一线二路三港"的提法，并不是结论性的表述，只为一种简单的梳理归纳。无论通过何种方式、何种理念，都是基于对学术研究的一种审慎态度，以此为基点与切口，向纵深拓展，最终目的在于揭示双屿港文化内涵，还原双屿港历史原貌，进而推动双屿港历史文化研究，为 21 世纪海上丝绸之路建设服务。

Archaeological Survey Report of the 16th Century Remains in Liampó

Bei Wuquan

Abstract：During the first half of the 16th century, the Spanish and the Portuguese, together with the businessmen in Jiangsu, Zhejiang, Fujian, Guangdong and Huizhou, business Groups of Japan and Nanyang, run their business for over twenty years in Shuangyu Port of Liuheng, which was known as "16th century's Shanghai". The island of Liuheng is located in the south of Zhoushan and you can get there easily by the waterway from Ningbo. It is the third largest island in Zhoushan archipelago with a total area of over 120 square kilometers. Liuheng possesses a deep hinterland, stretching coastlines, and numerous harbors. Taimen port, in the east of the island, is the first-class fishing port of China, while Shuangyu port, in the west of the island, enjoys a great fame both at home and abroad. Apart from these, there are other ports and bays, such as Da'ao, Sha'ao, Shizhutou, Xiaohu, Cangdongao, Tian'ao, Pingjiao, Dajiatun. In the 16th century, Pintuo, a native Portuguese, visited Shuangyu port and wrote in his works: "There are eight coasts on the island altogether so it is convenient for ships to berth there." Therefore, we should carry out field archaeology to testify the correct location of the settlement of the Portuguese in the 16th century in Shuangyu port. It has been a long time since we performed field research and underwater Archaeology in Liuheng. All the cultural relic information about the earth surface and the seabed are carefully recorded. We summarize what we have found in the form of reports in order to provide you with the first-handed information.

Keywords: Liampó; Field Work; Under-Water Archaeology

（执行编辑：杨芹）

从封禁之岛到设官设汛：
雍正年间政府对浙江玉环岛的管理

王　潞[*]

位于今乐清湾东侧、台州境内的玉环岛周七百余里，是浙江省的第二大岛，自 1977 年漩门填海后，与大陆相连。玉环岛"自东晋居人数百家"[①]，此后村落日渐稠密。玉环岛的封禁历史要从明代讲起，明初，玉环乡以漩江而划分南、北二社，其中玉环岛位于漩江南岸。洪武二十年，信国公汤和于"漩江之北玉环乡楚门、老岸筑城设所以备守御，而徙江南玉环山之民于腹里"[②]，这里被迁徙的玉环山即玉环岛，此后玉环乡只剩下乐清县三十二、三十三、三十四都，包括漩江北岸的东澳、横山、芳杜、钱澳等三十三里图。[③] 明成化十二年，玉环乡划归太平县，为太平县二十四、二十五、二十六都，[④] 然孤悬海中的玉环岛长期被王朝荒弃。嘉靖二十四年海潮淹没沿岸海塘，军民视玉环岛肥饶，在此窃种。地方政府曾一度丈量开垦以输军粮，但因倭乱侵扰遂旋开旋罢。万历元年，召种征租以佐军饷。万历三年，总督谢鹏举令同知王一麟"即往松门卫玉环山、石塘、南大岙、仰月沙等处踏勘，军民潜复耕种，设法进行驱逐"。万历六年，督抚道院下达禁令，不许

---

* 作者王潞，广东省社会科学院历史与孙中山研究所（海洋史研究中心）副研究员。
本文曾作为会议论文宣读于 2012 年 11 月由宁波大学举办的首届"中国海洋文化学术研讨会"，此次略有修改。
① 乐史：《太平寰宇记》卷九九《江南东道十一》，中华书局，2007，第 1980 页。
② 《玉环厅志》卷一《舆地志上·沿革》，光绪十四年增刻本，第 6 页。
③ 永乐《乐清县志》卷三《坊都乡镇》，《天一阁明代方志选刊》，无页码。
④ 叶良佩：《太平县志》卷一《地舆志》，卷三《食货志》，嘉靖十九年修，《天一阁藏明代方志选刊》，无页码。

私种以启边衅。万历三十四年，总督刘元霖再次对宁波、台州、温州等府沿海岛屿申明禁约，"今后敢有奸民豪户擅将前项海墙闲地私自开垦占住圈利者，事发从重究遣"①。再三严禁并未能消除私种现象，"本山（玉环）内成田五十里，各处见种禾稻者五千七百七十三亩，地三百四十亩，搭厂五十三座，皆台民冒禁而私种者也"②。

明清鼎革之际，沿海岛屿不仅成为地方趋利之所，更成为战乱避难之地。康熙初年迁界，玉环乡附近之属太平、乐清县境之楚门、南塘、北塘以及芳杜、东澳、密溪、洞林、盘石、浦岐等处与玉环诸岛一同迁空，直到雍正五年李卫奏请展复。③关于此段历史，学界已有涉及，学者谢湜对于14～18世纪乐清湾的王朝海疆经略进行了长时段的梳理，其将海域人群流动与海岛社会变迁的细致讨论放置于东南沿海的广阔时空下，呈现了海岛社区历史的差异与联系。罗诚对清代玉环岛的移民空间分布与开发历程的分析，罗欧亚对乐清湾迁界复界的考察，朱波对海岛政区的研究皆涉及玉环岛的开发与管理等问题，为我们理解该海域的特点提供了很好的参考。然由于旨趣所在，学界对玉环岛军政建制的详细过程尚缺乏系统梳理。本文依据原始档案和地方史料，将浙江玉环岛放置在清初沿海社会变迁的大背景下，考察它是在怎样的背景下走入王朝视野，又是在哪些人的推动下实现展复，并初步讨论海岛军政机构的建立以及运转。舛谬之处，尚祈方家指正。

一　设官设汛

康熙二十二年开海以后，民众下海采捕的禁令放宽，政府陆续招徕岛屿

---

① 范涞：《两浙海防类考续编》卷八《海山沿革》，万历三十年刻本，《四库全书存目丛书》第226册，齐鲁书社，1996，第537、543页。明中叶的海岛召垦之议是在官绅兼并隐匿田土、政府粮饷缺乏的背景下进行的。嘉靖以来，各地方官为清理税粮，不同程度地进行局部性的清丈田粮工作。这种清丈在万历年间张居正执政后推上全国范围，江南作为财赋重地，也是清丈重地。虽然曾有地方官清丈海岛田地意欲召垦，但无论是中央还是地方都未曾颁布召垦的政策。有关明中叶的土地清丈可见樊树志《万历清丈述论——兼论明代耕地面积统计》，《中国社会经济史研究》1984年第2期。

② 此处指台州民众。见范涞《两浙海防类考续编》卷八《海山沿革》，第539页。

③ 张垣熊修《特开玉环志》卷一《部议》，雍正十年修，第28页。

回迁和垦辟之民的同时，玉环诸岛并未在开复之列。① 浙江督抚曾针对民人在玉环等岛搭厂多次咨会温州镇和温处道官员永禁勿开，"前准温镇咨会焚其居，驱其人，已得肃清之法"②。然水师营弁虽例行禁逐，又多循隐包庇以谋私利，致使玉环禁令徒具虚文。浙江巡抚张泰交（康熙四十二年至四十五年在任）曾就玉环私自搭盖茅厂、营弁私收岁纳一事奏请查禁，但他的驱逐之策实际上承认了有照之人在玉环岛采捕，"嗣后无论本省及外省之来海山采捕者，必取本籍地方照身，注明在某处采捕，并有识认保状方许居住，如无照身保状，可否一概驱逐，不许容留"③，即使地方已将对违禁赴岛之民的驱逐令缩小到仅对无照流民的驱逐之令，但仍受到了温州镇总兵的质疑，在他看来，这些海岛流民已是因循日久，一旦骤加驱逐，仍为地方隐忧。故浙江督抚部院令温镇遣人"亲往看视，可行则行，如人居稠密，不可骤去，当另议编查稽察之法，以别奸良，不可止以驱逐焚毁为肃清之道"④。

从材料看，浙江官员似乎对这些无籍之民进行了编查，但从雍正年间李卫描述可知，无籍之民私垦现象并未得到遏制，"玉环各澳向年虽名为封禁不开，而利之所在，群趋如鹜，多有潜至彼地搭盖棚厂、挂网采捕、刮土煎盐、私相买卖、偷漏课税者，每遇巡船往查或行贿买脱、通同容隐或一时驱逐，渐复聚集"⑤。此外，绅衿吏役霸居海岛，更为难治，据永嘉县七都民陈兰玉等称："玉环附近之灵昆涂坐砥江流，中分两段，系永、清两邑海涂，曾经开垦遣废。康熙三十八年复经垦种，现在熟田约有三千余亩，俱系绅衿吏役所踞。"⑥

雍正四年（1726），巡抚李卫听闻玉环岛有田万亩，意欲在此设治，遂派温州知府芮复传到玉环岛查勘，芮查勘后说："玉环山虽四面中，可垦田无多，况海盗所出没，良民孰肯前往？以粮济盗，脱肯往者亦盗丑也，即垦

① 关于清初迁界和展界的政策变化和具体落实学者们已多有论述，参见谢国桢、汪敬虞、韦庆远、郑德华、马楚坚、陈春声、鲍炜等人论著，关于清初海岛展复可参见王潞《清初广东迁界、展界与海岛管治》，《海洋史研究》第六辑，社会科学文献出版社，2014，第92～121页；王潞《清前期的岛民管理》，《中国海洋文明专题研究》第十卷，人民出版社，2016年。
② 张泰交：《受祜堂集》卷七《抚浙上·永禁海岛搭厂》，康熙四十五年刻本。
③ 张泰交：《受祜堂集》卷八《抚浙中·查玉环搭厂》。
④ 张泰交：《受祜堂集》卷八《抚浙中·查逐海岛流民》。
⑤ 张垣熊修《特开玉环志》卷一《题奏》，第16～17页。
⑥ 张垣熊修《特开玉环志》卷三《议开灵昆》，第27页。

不过数万亩，计费无底，伤财增盗无益，不若罢之便。"这样的回复让李卫甚为恼火，"卫怒，檄他吏往，授意指必垦之"①。之后派出温处道佥事王敛福、镇海营参将吕瑞麟再行查勘。②雍正四年十一月二十二日，李卫会同闽浙总督高其倬、定海总兵张溥上奏《查勘浙江洋面玉环山情形并陈募民开垦设汛管见折》，在此折中李卫等人提及的开复理由颇有说服力，"此山周围约计七百余里，其中有杨岙、正岙、姚岙、三峡潭、渔岙塘、洋墩等处皆宽平如砥，约田三万余亩，乃现在成田即可耕种者，若聚族开垦尚可扩充五六万亩，总计垦田约可得十万余亩，而土性肥饶……有山可以瞭远，海盗不能掩其形，有口可以防查，洋匪难以潜其迹"③。

在李卫之前，并非无人注意到玉环诸岛的地形地利，却未有人破除封禁之令，前总督满保"因地隔海汉，禁民开垦"④。李卫将其原因归结为三："一则恐外来认垦之徒奸良莫辨；一则恐垦熟之日私米下海；一则恐添设官员所费不赀，故也"⑤，李卫对此三条顾虑一一进行了回应，具体如下。

对于奸良莫辨：

> 就本省近地之民或有室家而愿往者，或虽无室家而有亲族的保甲者，皆由该本处地方官召募取结给照，方准往垦。到彼仍严行保甲连环编排，稽查窝引，其他闽、广无籍之人概不收录，则奸良不难分晰矣。

对于私米下海：

> 赋税不征条银，止令输纳租米，所余留为食用之需，然田非民间价买，又无业主，粮数较内地不妨稍加。即所有余米，亦令由口岸汛地禀明给照，止许往温郡、乐清、太平地方运卖，并将黄、坎二门隘口设汛严防，颗粒不许入海，则私卖之弊可除矣。

---

① 朱筠：《笥河文集》卷十二《浙江提刑按察使司副使分巡温处道芮君墓碣铭》，丛书集成初编本，商务印书馆，1936，第226页。
② 中国第一历史档案馆《雍正朝汉文朱批奏折汇编》第8册第182条，雍正四年十月初九日，《浙江巡抚李卫奏报海洋盗民劫船情形折》，江苏古籍出版社，1991，第254页。
③ 《雍正朝汉文朱批奏折汇编》第8册352条，雍正四年十一月二十二日，第477页。
④ 《清史稿》卷二九四《列传第八一·李卫》，第10334页。
⑤ 《雍正朝汉文朱批奏折汇编》第8册352条，雍正四年十一月二十二日，第477页。

对于添设官员所费不赀：

> 设官兵则内地亦可以资藩篱，其次不甚冲要处所，原额官兵不妨通融稍减，就近酌量抽拨，即有不足添，亦无须过多。文职须拨同知一员管理词讼、征比粮租、给散兵米，省出内地米价亦可添饷，再设巡检一员以听巡查。遣武职则酌调游击一员、守备水陆各一员、千总四员、把总八员、兵丁八百名，内将一半分防玉环山陆路隘口，其余一半分汛水师巡哨洋面，除出汛大船于温、黄二镇量为移拨外，其哨船惟择灵便式样，毋徒阔大费奢，所需俸饷无甚增设，再于山口开浚船路，便于出入，至其官署营房，查取临近深山树木可以备用。惟工匠、人夫、贩食、哨船等项，俟果定添设之议，确估所需若干或于关税美余银两内动支应用，谅不致有糜费之处。①

浙江地方官员从军事角度陈述了玉环岛设兵防守对温台的屏障作用，而定海开垦设汛的成功范例也成为地方官消除皇帝顾虑的重要依据，地方官的推动使得开复一事进展顺利。雍正帝虽将此事交由户部议复，但不无赞赏地批示："兴自然之利，美事也；安无籍之民，善政也，能如是方不愧封疆之寄"，并在奏章中询问李卫病情时道，"诸臣中朕所最关切者鄂尔泰、田文镜、李卫三人耳"，雍正帝的表态实际上是在加大对开垦土地的鼓励。② 李卫于雍正三年任浙江巡抚，雍正五年授浙江总督兼任巡抚，在任期间治理盐政、修筑城海塘、垦辟旷土，宦绩卓著，③ 尤其与田文镜等人在地方力行垦荒颇得雍正之心，尽管这些土地拓垦在乾隆朝多被指为虚报，但在垦荒数字成为地方官员政治升迁重要考量指标的雍正朝，玉环岛因巡抚李卫的大力推动得以开复。

采取开垦即升科的办法避免了经费上的困难，开复一事连同这些具体的方案得到户部同意。此后，李卫成为推行玉环岛及附近岛屿开复事宜的最主要决策者。雍正五年二月十一日，由浙江督抚部院发宪牌示谕民人：

---

① 《雍正朝汉文朱批奏折汇编》第 8 册第 352 条，雍正四年十一月二十二日，第 477 页。
② 《雍正朝汉文朱批奏折汇编》第 8 册第 352 条，雍正四年十一月二十日，第 478 页。
③ 闽浙总督兼辖福建、浙江两省，雍正五年特授李卫总督浙江，整饬军政吏治，并兼巡抚事，闽浙总督则专辖福建，雍正十二年撤销浙江总督，仍合为一，后又有变更。见《钦定大清会典事例》卷二三《吏部·官制》。

　　仰太平、乐清二县军民人等知悉：凡原系土著人民，现在住居内地，编入保甲册籍者，如果无田可耕，愿往玉环山开垦，即赴本县及委查之桐庐县呈报。查明果有家室，并无为贼作匪过犯，或虽无家室，而向住在内地，有亲族邻甲及无前项过犯者，取具邻里亲族保结、家口人数各册存案，准至该地方入籍居住，仍照两县原界，编入本县保甲册内，一体查点。有认垦田亩若干者，开明地之段落，呈报桐庐县照例覆丈明白，编列字号，移知本县给与印贴，听其垦种完粮官业。入籍之后，不许私自搬回，顶与他人承种。其闽、广外来之人，一概不准容留入籍、居住开垦……①

　　由上可见，赴玉环开垦之民人获准入玉环当地居住，需要具备的条件有二：太平、乐清二县编入保甲册籍者；无贼匪过犯。清代以玉环及附近地方分属温州府之乐清、台州府之太平二县，②故招民开垦亦是针对此二县民众，赴岛民人按原界编入两县保甲册内，有家室需偕家室前往，这与明人的看法截然相反，明中叶讨论浙江岛屿召垦以输军饷时，《筹海图编》认为赴岛开垦的民众禁止携带家眷，可以免去倭寇筑巢之患，"耕者搭棚厂而居，不挈妻孥，不得卖买，逐岁更始，如大家放租之法，则官民两利而争夺之患免矣。官差石工伐山造堡，海洋有警，小民避入。贼知堡中无子女财帛，自无结巢之念矣"③。与此相比，清代玉环的招徕之策显然非一时之计，而是力图将岛屿视为长远拓垦之地，这与对台湾的治理也不相同，清廷一方面担心携眷入台人口繁衍，另一方面也是出于家室在大陆便于牵制渡台民人，尤其是康熙末年朱一贵之乱后对携眷渡台一直予以禁止。雍正年间，因担心单身民人在台聚集引发骚乱，经过高其倬和鄂弥达相继奏请于雍正十年准在台民人搬眷领照渡台，到乾隆五年因担心"将来无土可耕，渐成莠民"又被停止。④玉环开复之初即准携眷前往的规定表明，地方政府希望加强垦民的定居，以免民

①　张垣熊修《特开玉环志》卷一《宪牌》，第50~51页。
②　《清朝文献通考》卷二七九《舆地考》，第7317页。
③　郑若曾：《筹海图编》卷五《浙江事宜》，中华书局，2007，第367页。
④　对台搬眷一事，清廷时开时禁，可参见庄吉发《清初人口流动与乾隆年间（1736~1795）禁止偷渡台湾政策的探讨》，《清史论集》（六），台湾：文史哲出版社，2000；李祖基《论清代移民台湾之政策——兼评〈中国移民史〉之"台湾的移民垦殖"》，《历史研究》2001年第3期。

众涉海奔走引起骚乱。

玉环开复获准后，张垣熊以严州府桐庐知县署太平县事兼理玉环垦荒事宜，垦民须将开垦田地段落一同呈报给督办玉环垦辟事宜的桐庐县知县。① 张垣熊，湖广汉阳县人，康熙五十年举人，初任严州府桐庐县知县，雍正五年三月初一署任太平县事兼理玉环垦务，雍正六年六月初九日升任玉环同知，② 在任六年，是玉环开复事宜的具体推行者，负责垦田、钱粮、词讼等民政事务，后升温州知府，累迁至云南按察司。

玉环开复之初，仍按太平县及乐清县界址，令两县各辖其半，后为免两县遥制难以划分，于雍正六年设温台玉环清军饷捕同知一员以专其责，以彰其地，又割太平县原玉环乡之楚门、老岸等地和乐清县大荆、盘石、蒲岐等地归玉环。而实际上，玉环辖境并不仅仅在原太平、乐清两县境内，而涉及瑞安、永嘉、平阳等县，"霓岙系永嘉县所管，大瞿、白脑门二岙系乐清县所管，铜盘、南龙二岙系瑞安县所管，北关、官山、琵琶三岙系平阳县所管"③。这些岛屿虽各有行政归属但也曾在康熙迁界时迁出，此时划归在玉环之下，归玉环同知管辖。故雍正五年所开复的玉环，并非专指玉环一山，还包括了附近诸岛屿及大陆沿岸的部分土地，这些土地"随垦随报，当年升科……统济玉环经费之需"④。

同知一职本为知府佐贰官，在清代常被派遣至地方专管水利、海防等事务，其办事衙署称为"厅"，清初只是专管一定事务的派出官员。雍正时期，对行政区域进行了大幅度的改革和调整。一些由府派遣至地方的同知、通判变为专管一定人口和地区的独立行政机构。雍正六年以后，玉环虽地域上隶属温州府，玉环同知作为玉环岛及附近地区的行政长官，具有独立于温

---

① 张垣熊修《特开玉环志》卷三《职官》，第84页。桐庐县位于严州府东北九十五里，并不临近太平县和玉环诸岛，令桐庐知县兼理开垦之事，也许和张垣熊即将调任太平县知县的任命有关，具体为何，尚待进一步研究。

② 张垣熊修《特开玉环志》卷三《职官》，第84页。此处张垣熊雍正五年三月初一委办玉环垦务似有误，前文记载其二月已赴玉环查勘荒地。另可参见浙江温州乐清营副将王琏《奏为遵旨保举新复玉环山办理垦务题补同知张垣熊事》，朱批奏折，档号：04-01-30-0028-005，缩微号：04-01-30-003-0319，雍正六年三月初二日；新授湖北布政使徐鼎《奏为遵旨保举浙江玉环山同知张垣熊事》，朱批奏折，档号：04-01-30-0029-009，缩微号：04-01-30-003-0511，雍正六年五月初三日。

③ 张垣熊修《特开玉环志》卷三《详开霓岙、铜盘等八处》，第58页。

④ 张垣熊修《特开玉环志》卷三《楚门、三盘定则》，第14~17页。

州知府的行政权限，直接对布政使司和按察使司负责。① 到清中后期，玉环厅的管辖区域仍有拓展，如原本属于乐清县境的外洋岛屿"外洋山岛曰东白、曰口筐、曰札不断、曰鲳鱼岙、曰山坪、曰鹿西共毗连六处"，嘉庆十二年，"所有该六山烟户嗣后改归该（玉环）厅编查造报"。②

作为封禁之岛，同前文中提到的军事驻地相比，玉环岛招民开垦之前并无军事戍守。雍正五年设玉环营，最高长官为玉环营参将 1 名，正三品武职。下设守备 2，千总 2，把总 4，分左、右两营，以左营为陆路，右营为水师，兵官总数 956，这 900 余名兵官大多从周边协营抽调而来：

参将 1　右营守备 1　左营守备 1　千总 2（盘石营 1，太平营 1）把总 4（俱盘石营改调）功加 5　外委千总 1　外委把总 3　百总 8　管队 20　什长 11

有马战兵 35：太平营 12　乐清营 10　大荆营 10　温协营 3

无马战兵 89：太平营 23　乐清营 20　大荆营 20　温协营 6　盘石营 20

水战兵 145：俱盘石营水兵抽调

守兵 376：太平营 84　乐清营 70　大荆营 70　温协 22　盘石营 130

水守兵 254：俱盘石营水兵抽调③

参将 1 员，守备 2 员，把总 1 员及马步战守兵 98 名驻扎玉环杨岙寨城，千把总作为汛的长官需带领陆汛与水汛营兵防守或巡视所在汛，后坎、楚门、大城（陈）三陆汛由千把总带领步兵轮班防守，一年一换；内洋坎门

---

① 雍正年常有派驻同知或通判到边疆的做法，当有专管的区域、人口和行政机构时，就不再是派遣机构而成为独立的行政机构，只是雍正时对这一行政单位尚无称谓，也无定例。迨嘉庆年间才形成直隶厅和散厅的定例。对此，学者真水康树、周振鹤、傅林祥等皆有专论。关于清代"海岛厅"的设置，则可参见朱波《清代海岛厅县政治地理》，中央民族大学硕士学位论文，2015。

② 闽浙总督阿林保、浙江巡抚清安泰：《奏请将温州府属外洋各山岛改隶玉环厅版图其洋面改归玉环营管辖事》，朱批奏折，档号：04-01-01-0503-044，缩微号：04-01-01-064-0668，嘉庆十二年九月初十日。此六山之前是否已经编查不得而知，仅查得其中五岛的大概位置"东白山，在黄门山南隔海十里许，东西亘二十余里，中为山坪，西北为口筐陬，山麓有杨府庙，踰岭南面为鹿西可以避风泊船，东南为凤山头，重冈叠□，仄径崎岖，又东为鲳鱼礁，折北有西金坑。嘉庆五年海寇林阿孙歼于此"，见《玉环厅志》卷一《舆地志》，光绪十四年增刻本，第42页。

③ 张垣熊修《特开玉环志》卷四《军制》，第1~4页。

汛由专汛官千把总配备战船领水兵专防、外委千把总配备战船或哨船领水兵轮巡，内洋长屿汛由外委千把总领水兵贴防、轮巡，两月一换，此为分巡。此五个水、陆汛地皆为大汛，负责在其辖境范围的小汛①。另玉环营参将与右营守备配水战守兵数十名，督率师船巡视内外洋，两月轮换，此为总巡。表1所列是玉环左、右两营兵弁所负责的水陆海汛和巡防兵力。

表1　玉环左右两营水陆海汛和巡防兵力

玉环营	大汛	巡防及驻兵	小汛	巡防
右营陆汛	后垵汛	千把总轮防，一年一换，驻兵170，辖口址9	车首头（离城三十五里）、里澳、水孔口、塘洋口、塘洋山（离城十五里）、东青山、西青山、西滩、坎门	
	楚门汛	千把总轮防，一年一换，驻兵90名，辖口址8	桐林、梅岙、楚门口、楚门山台、琛浦（离城二十五里），下湾、芦岙、沙岙	
	大城（陈）汛	千把总轮防，一年一换，驻兵90，辖口址8	南大岙、普竹、连屿、白磹渡、大麦屿、大古顺、小碟、鹭鸶湾	
右营水汛	内洋坎门汛	千把总专防，二月一换，领战船1，兵65，辖台7	坎门②、大岩头、梁湾、乌洋港、大鸟山、小鸟山、方家屿	此外别有外委千把1，领战船1，兵34轮巡。其中，乌洋、梁湾、黄门三汛有外委千把轮巡，二月一换，领哨船1，兵15
	内洋长屿汛	外委千把贴防，二月一换，兵34，战船1，辖洋面9	车首头、分水山、女儿洞、乾江、冲担、沙头、洋屿、大鹿、披山、	
	外洋沙头汛			外委千把轮巡，二月一换，领哨船1，兵15

---

① 清代的"汛"有一定的统属关系，一般来说，营管辖大汛，大汛管辖小汛。对此，可参见〔日〕太田出《清代绿营的管辖区域与区域社会——以江南三角洲为中心》，《清史研究》，1997年6月（总第26期），第36~44页，乾隆以后呈现各汛由营官直接管理的趋势。

② 此处似应为黄门，参见张垣熊修《特开玉环志》卷四《军制》，第4页。

注：此表之所以采用《浙江通志》的记载，是因为《特开玉环志》仅列出陆汛（大）、水汛（大）、陆汛（小）、水汛（小），而驻兵、巡防情况、内外洋之分均未见记载，而《浙江通志》中关于海陆各汛的情况更为详细。两志中也有差别，如右营陆汛坎门汛、西滩汛，在《特开玉环志》中为大汛，应下辖小汛，而《浙江通志》中将其划分在后汛下。再如，左营海汛坎门汛、长屿汛，《特开玉环志》记载为"此二汛由千把总轮防，两月一换"。《浙江通志》记载坎门汛为千把总专防，长屿汛为外委千把贴防，均为两月一换。

资料来源：稽曾筠、李卫等修，沈翼机等纂《浙江通志》卷九八《海防四》，雍正九年编纂，雍正十年告成，乾隆元年刻本。并参见张垣熊修《特开玉环志》卷四《军制》，雍正十年修。

二　玉环的经费来源

玉环初辟之时，粮谷、盐灶、渔业的课税是岛内军政建置的主要来源。雍正五年至乾隆十九年，此二十七年之间开垦田、山、塘十五万五千亩有奇，可征近二万石谷。[①] 但在玉环初辟之时，官员仍在玉环经费紧张的困境下设法多开税源，这是因为玉环及附近岛屿虽号称十万余亩土地，但或在海碛或在海涂，常遭受咸潮冲击，迁界后原有堤塘早已荒废，在防潮及水利设施尚未修建的阶段，田土的收益并不稳定。因海岛飓风、海啸靡定，仅仅衙署城垣之设就耗费巨大，"玉环四面高山，山石粗脆，外洋石又不能运来，当事者忧心如焚，忽起飓风，白日天黑，大雨如注；但闻风声、水声、树声并龙吼声，如洪钟鸣，屋瓦皆飞，官民相见啼泣"[②]。玉环的城垣尚未建好即面临赈济灾民的支出，"（张垣熊）公即开仓赈济，往勘各岙灾场"[③]，这些费用皆源自地方财政。

在玉环开复获准不久尚未设治之时，地方官员即已开始清查私垦、隐漏。署任太平知县的张垣熊与太平县戴世禄查出各都图隐漏自首田地山塘"七千三百四十二亩二分五厘"[④]。雍正六年正月，李卫令驱逐石塘私垦之民，依玉环之例许无过穷民有妻子者，丈明田地若干，取具族邻保结编入保

---

① 杜冠英修，吕鸿焘纂《玉环厅志》卷三《版籍志·田赋》，光绪十四年增刻本，第5页。

② 袁枚：《书张郎湖臬使逸事》，《小仓山房文集》卷三五，《袁枚全集》第二册，江苏古籍出版社，1993，第640页。

③ 袁枚：《书张郎湖臬使逸事》，《小仓山房文集》卷三五，《袁枚全集》第二册，第640页。

④ 张垣熊修《特开玉环志》卷三《查出隐漏》，第18页。

甲。清查隐漏的同时将田地划分优劣，按土性肥硗、垦工之难易分为上、中、下三则征税，"上则田每亩征条丁米一斗六升，中则田每亩征条丁米一斗二升，下则田每亩征条丁米七升"。① 附近开垦之地除三盘、黄大岙等处与玉环地土不远，照玉环例分上、中、下三则征收外，楚门、老岸及盘石、蒲岐等地方土地瘠薄，且修坝疏河，岁岁皆需人力，稍有愆期，则咸潮往来，便难耕种，"照玉环下则征收"。②

尽管开垦的范围已大大扩展，仍无法满足原报"十万余亩"之数，"雍正七、八年间，前玉环厅张丞以垦复粮升不足原奏十万亩之数，始以太平之石塘山等处亦密迩玉环，请归玉环升粮，详内止言石塘等山，而升粮时又将附近石塘之横门山、狗洞门山、里港山、南北沙镬山、杨柳坑山、蛤蟆礁、掇肚门、龙王堂及白岩嘴、乌岩嘴、石板殿、小蛤蜊共十三山亦归于玉环完粮"，实际上，这十三处海山本属太平县洋面，"因升垦不足，指为密迩"③。因石塘、狗洞门、石板殿等山距太平县城六十里，离太平县所辖之松门汛仅止十余里，中隔小港，潮前时旱路可通，而相距玉环洋面却有二百余里，嘉庆元年以鞭长莫及仍划将其归太平县辖。④ 起初，垦耕之民，有家室者需偕家室前往，不许搬回内地，后来因粮额不足只好想方设法扩大玉环赋税征收范围，就连太平县民季节性的垦复也被获准，"石塘、上马、石打、鹿坑垦民皆系太邑松门、淋头之民，伊虽在地开垦，而家室仍在淋头、松门等处。东作则聚集耕种，搭厂而居；秋获则米谷运回内地，折厂而归"⑤。

玉环之所以获准展复，关键在于地方所报十万余亩土地，显然，当初十万亩土地有虚报之嫌。然而，"温台洋面自北及南千有余里，岛岙遽繁，渔

---

① 张垣熊修《特开玉环志》卷一《部议》，第 37 页。
② 张垣熊修《特开玉环志》卷三《楚门三盘定则》，第 17 页。
③ 庆霖等修，戚学标等纂《太平县志》，嘉庆十五年修，台湾：成文出版社，1984，第 90~91 页。
④ 署理闽浙总督魁伦、浙江巡抚吉庆：《奏请将石塘、狗洞门、石板殿等山岙仍为太平县管辖并添建守备署等官舍营房及酌改海疆营制事》，录附，档号：03-1684-007，缩微号：117-1579，嘉庆元年二月初三；大学士阿桂大学士和珅：《奏为遵旨会议酌改浙省岙岛及海疆营制事》，朱批奏折，档号：04-01-01-0470-014，缩微号：04-01-01-060-1633，嘉庆元年二月二十一日。
⑤ 张垣熊修《特开玉环志》卷三《沿海事宜》，第 27 页。

艇丛集"①，商渔之税显然是更为丰盈的收入。开复前的玉环洋面因禁止采捕，商船和内港渔船只需缴纳关税"展复之前，洋面禁止采捕，是以各船止输梁头关税"，商船"一丈以内每尺收税二钱，一丈之外每尺加税一钱"，玉环设治以船只大小定税之上、中、下，梁头关税经由玉环厅上缴布政使司。②

　　伏查玉环同知所管之洋面，与玉环参将所管之洋面不同，武员职司巡哨，故参将所管之洋面，东分乐清县洋面三分之一，西分太平县洋面三分之一。文员职司税务，故同知所管之洋面，东以温之永、清、瑞、平为界，西以台之临、黄、宁、太为界，若以台、温二府属八县之洋面为内港，必以玉环参将所管之洋面为玉环，则所分乐、太二县三分之一洋面，原无船只，税从何出？

上文乃玉环同知张垣熊上给李卫的呈请，由于船只多在内港停泊，玉环与永、清、黄、太等八县公同海面，船只相通，并无塘坝为界，如果划分为八县内港则玉环无渔税可征。外省之商渔船只前来采捕者，玉环文武得以稽查征收，而本地网龙等船恣游八县洋面者，玉环无从征税。李卫批示道："玉环同知之衔冠以温、台，凡两府八县洋面渔税皆其统辖，较该营之仅与邻汛分界不同。"③这样一来，从玉环诸岛西边的洋面看，玉环同知征收渔税所负责的洋面要远远大于玉环参将巡视稽查的洋面范围，浙江省温、台两府八县洋面的渔税都划入其征收范围。体积轻便、成本低的网龙船及各种小船占了沿海渔船的很大部分，船户多是穷苦无依的下层民众，因被禁止赴外洋打捞，且梁头不得超过五尺，只许单桅，水手不得过十人，按例无须缴纳梁头关税。虽难以在波涛巨浪的外洋航行，出于生计需要，网龙船户往往私出外洋、赴岛搭厂，三、四、五月采捕冰鲜，七、八、九月打鳅。此前虽无须缴纳梁头关税，但也未曾摆脱胥役兵弁规例需索，因以前海山禁止采捕，"此项船只本县给照，则胥吏征其规

①　张垣熊修《特开玉环志》卷三《稽查网龙》，第53页。
②　张垣熊修《特开玉环志》卷三《征收渔税》，第44~45页。
③　张垣熊修《特开玉环志》卷三《稽查网龙》，第56~57页。

例，私出外洋则汛口索其羹鱼，渔民非无所出，究之无补正供"①。雍正五年后，将原八县内港洋面划入玉环境内，网龙船进入玉环洋面就必须缴纳关税。如此一来，陋规未除反而又多一项征敛，"温之永、清、瑞、平，台之临、宁、黄、太八县无杉板之网龙采捕各船，盈千累万，……以玉环文武亦同一例稽查征收，单行者输税四钱，成对者输税八钱"②。故逃税抗税现象严重"本属网龙小艇每对止输税八钱者，抗违成法，纷纷渎详，致烦案牍"③。

玉环涂税是备受争议的一项税收，征收对象主要是针对在海岛附近洋面捕捞、在岛上搭厂晾晒的渔民，正如芮复传言："入山渔者有涂税，出关渔者有渔税。"④ 但从记载来看，玉环涂税征收对象也包括了所辖海域的来往商船。此前海岛封禁，虽无涂税一说，但《特开玉环志》载，已有"黄士蕃、梁廷贤、金素先、朱遗叶、叶环如、郑汉文者占据海洋各岙，横充私伢，需索商渔"⑤，这些地方势力霸居海岛对赴岛搭厂之人私收规例。雍正五年，玉环诸岛开复之后，李卫令驱逐私伢，"将渔户逐厂挨查、取具保结，许其采捕，循照定海计厂征收涂税之例，酌分上、中、下三则，每处设立官牙、厂头以司稽察，所收税银查明数目造册申报，以备玉环各项公费之需"。所谓"查革陋规，量征涂税，温、黄二镇遴选弁目委员协办稽查，汛至则收牌存官，汛毕则给照同返"⑥。征税数额根据船只类型、海域各有不同，如钓艚船照杉板多寡定则、打春船、商船照梁头大小定则，单桅船五尺以上者征收涂税，此外还有扈艚船、鲊鱼船、筏捕船、雷秋船、打秋船、健艚船、牵鼻船、蛛网船等数十种，⑦表2简列了玉环军政机构初创时的涂税银数额。

---

① 张垣熊修《特开玉环志》卷三《稽查网龙》，第52页。网龙船指漂浮于内港的小型船只，各省名称不一。
② 张垣熊修《特开玉环志》卷三《稽查网龙》，第55页。
③ 张垣熊修《特开玉环志》卷三《稽查网龙》，第56~58页。
④ 朱筠：《笥河文集》卷十二《浙江提刑按察使司副使分巡温处道芮君墓碣铭》，第226页。
⑤ 张垣熊修《特开玉环志》卷三《涂税》，第35页。
⑥ 张垣熊修《特开玉环志》卷三《涂税》，第35页。
⑦ 张垣熊修《特开玉环志》卷三《涂税》，第34~42页。除因船只种类差异，所处海岛和船户籍贯的不同都会造成涂税征收则例的差异，此问题待日后专文详述。

表 2　雍正五年冬季至雍正八年玉环的涂税银

时间	共征涂税银	温台两汛征收数额	
雍正五年冬季	一千一十八两五钱四分五厘	温汛：六百一十九两五钱四分五厘	
		台汛：三百九十九两	
雍正六年	五千六百五十二两四钱九分七厘	温汛：二千六百三两七钱九分五厘	
		台汛：三千四十八两七钱二厘	
雍正七年	六千二百五十三两一钱一分七厘	温汛：三千五百六十六两七钱五分	
		台汛：二千六百八十六两三钱六分四厘	
雍正八年	四千五百三十六两九分七厘	温汛：九百一十五两九钱	
		台汛：三千六百一十四两一钱九分七厘	

　　上文中虽说是照定海之例征收涂税，但定海涂税于康熙三十四年
（1695）缪燧任浙江定海县知县时已免掉，"旧有涂税，出自渔户网捕之地，
后渔涂被占，苦赔累，为请罢之"[1]。而此时的玉环海域的渔民还需缴纳梁
头关税、渔货进口税等税种，如果遭遇鱼汛不旺或吏役厂头的陋规需索，对
穷民来说可谓重赋，常有不能交税领牌而滞留海岛的渔民。故其在设立之初
就受到了指责，"弛山禁，渔者往来并税，曰涂税。既而渔者不入山者度关
纳税，亦征其涂税"[2]。当初反对开复玉环的芮复传就曾说此"是重税也"，
"具牍凡七上"，芮复传在温州任知府多年受到同僚推戴，他对玉环涂税一
事的不满颇能反映地方的声音。[3] 后来，同样因渔涂被占，渔民赔累，乾隆

---

①　《清史稿》卷四七六《列传二六三·循吏一》，第 12977 页。
②　《清史稿》卷四七七《列传第二六四·芮复传》，第 13006 页。
③　《清史稿》卷四七七《列传第二六四·芮复传》，第 13005～13006 页。芮复传，顺天宝坻
　　人，原籍江苏溧阳。康熙四十八年进士，授钱塘知县，因政绩突出被雍正特招接见擢为温
　　州知府，于雍正元年底至雍正七年在任，雍正七年二月补受温处道，其间因玉环岛开复一
　　事与督抚李卫分歧极大，之后极力反对玉环繁杂的税种。芮复传虽"恃才自大"，但因操
　　守好、办事勤，受到同僚保荐升任温处道，参见浙江学政王兰生《奏为据实保荐温州府知
　　府芮复传事》，朱批奏折，档号：04-01-30-0026-022，缩微号：04-01-30-002-279，雍
　　正六年二月二十二日；镇守浙江处州等处总兵王安国《奏为遵旨保举温州府知府芮复传
　　事》，朱批奏折，档号：04-01-30-0028-040，缩微号：04-01-30-003-0456，雍正六年五
　　月十二日；浙江分巡温处道王敔福《奏为遵旨保举温州府知府芮复传事》，朱批奏折，档
　　号：04-01-30-0029-021，缩微号：04-01-30-003-0559，雍正六年五月十八日；浙江定
　　海镇总兵林君升《奏为遵旨保举温州府知府芮复传事》，朱批奏折，档号：04-01-30-
　　0157-001 缩微号：04-01-30-011-0850，雍正六年二月二十日；朱筠《笥河文集》卷 12
　　《浙江提刑按察使司副使分巡温处道芮君墓碣铭》，第 224～228 页。

元年温州镇总兵施世泽奏请禁革涂税，谕旨减免一半。乾隆三年，免掉滞留海岛渔民的涂税银，乾隆四年浙江巡抚卢焯再次奏请全免玉环涂税。① 乾隆八年，谕令永远革除涂税。② 因此，涂税更大程度上是玉环初辟，为建筑城闸、仓署诸项费用的暂行税种，迨玉环规模已定也随之取消。

另有一项重要赋税来源即为盐灶，玉环有塘洋、后坎两盐场，原本为"枭徒"私煎之地，展复后改为官收官卖，共计十八灶，所煎之盐只在本山卖于渔户、居民，不许贩卖出境，"非比内地场灶可以设厂添盘招商配引"，"比照崇明、定海计丁派引充课征收，以为永远之例"，"每盐一百斤价银五钱，二钱五分归灶户以为人工贩食之资，二钱五分作经费以官役奉工之需"。③ 盐场由政府统一管理征收盐课，除盐本外，所余造册充公。

渔盐之利是玉环行政草创时极为重要的经费来源，"现在玉环建设城垣，费用浩繁，赖有沙水渔盐出息帮工"，"此数年中凡有前项所指玉环应用公务，悉以玉环所收额粮及渔盐等项出息尽数抵用"，④ 此外还有牙税、契税甚至捐浙江官员俸银以作玉环经费之用。总体看来，由于国家并未提供经济支持，玉环设治之初的经费筹措异常艰难，"大索山中田仅二万亩，不足则取山麓潮退之地充之，又取近天台县田丈量亩有所余，并以属之又不足，更取乐清县民田岁输粮者，距城四十里外尽隶玉环经费，不敢辄支帑金，则令捐浙江省官俸半及关津一切杂税增税其半，用给经费"⑤。经费筹措之难使得地方官在谈及海岛设治时唯恐成为地方财政负担，玉环开垦获准并成功设官分汛，总督李卫对垦荒一事的乾纲独断成为更重要的原因。

三　岛民的户籍与身份

玉环获准开复之前，有绅衿在玉环诸岛有田可耕、有庐可居，招雇工人代为力作，为防势要之家假借垦复之名雇人赴岛或无籍流民混入岛中，

① 大学士管理浙江总督事务嵇曾筠：《奏报免除渔船涂税玉环经费不缺乏事》，朱批奏折，档号：04-01-35-0543-028，缩微：04-01-35-030-2895，乾隆三年正月二十六日；浙江巡抚卢焯：《奏请全免玉环涂税事》，朱批奏折，档号：04-01-35-0543-034，缩微：04-01-35-030-2912，乾隆四年四月初八日。
② 《清会典事例》卷二六八《户部·蠲恤》，第52页。
③ 张垣熊修《特开玉环志》卷三《详禁私煎该设官灶》，第61页。
④ 《王环厅志》卷一《舆地志》，光绪十四年增刻本，第18页。
⑤ 朱筠：《笥河文集》卷12《浙江提刑按察使司副使分巡温处道芮君墓碣铭》，第226页。

政府限制赴岛之人户籍，起初仅准许太平、乐清两邑且无过之人取具本县族邻保结移送该令，给予印照计口授田。自雍正六年起，迫于经费压力，将召垦范围扩大至温、台二府相近属县，赴垦民人呈明地方官出具印甘各结，向玉环同知衙门投验听候，拨给田亩编入保甲，造报藩司。① 但其实此规定后来也发生了变化，因赋税不足对非能纳入玉环籍的垦民也大开招徕之门，如石塘、上马石、打鹿坑等处垦民为太平县松门、淋头之民，这些人家室均在太平县，"东作则聚集耕种搭厂而居，秋获则米谷运回内地折厂而归"②。

《特开玉环志》载，刚刚展复的玉环厅"户口共 2782 户，男 14226 丁，女 5390 口，男女共 19616 丁口"，这些人口包括计口授田的垦种之人和灶户，将闽、广无籍之徒及渔户、非玉环籍的垦民等排除在外，"本省淳谨农民，素无过犯者，始得计口授田，而闽、广无籍之徒不与焉"③，故此数字并不能反映玉环开复以后的真实人口数目。闽广无籍之人不能入籍的规定，意味着大批流民要遭到驱逐，但海岛之民旋遣旋回的迁移性决定了驱逐一事成效有限。大概仍是出于经费的考虑，在玉环垦复不久，政府对闽、广之人的禁令也做了调整，对玉环诸岛居住年限超过十年的民人则准其入籍，"现在闽省人户六十余口，除搬有家室住居十年以外者，准其入籍，一体编入保甲，不时严行稽查其无籍之徒，概行驱逐"④。当然，闽、广无籍之人寄顿海岛，人数应不止六十余口。据谢湜对今玉环岛及楚门半岛多部族谱的研究，他认为玉环的移民故事具有相似的叙述结构，即"都突出了入垦玉环的闽省移民曾以温州附属县平阳或瑞安或台州府属县作为迁居'中转站'的情节"，一些族谱记载明后期由福建迁至平阳，康雍之际始至玉环开基，或直接写明始迁祖是雍正后期到玉环应垦入籍。⑤ 不论是号称已在温州、台州两府入籍的福建人，还是雍正后期玉环设厅以后应招垦之令入籍玉环的福

① 张垣熊修《特开玉环志》卷一《司道会议》，第59页。
② 张垣熊修《特开玉环志》卷三《沿海事宜》，第27页。
③ 张垣熊修《特开玉环志》卷三《户口》，第8页。
④ 张垣熊修《特开玉环志》卷三《查出隐漏》，第18页。
⑤ 谢湜：《14~18世纪浙南的海疆经略、海岛社会与闽粤移民——以乐清湾为中心》，《学术研究》，2005年第1期。还可参见罗欧亚《从迁界到展界——从浙江乐清湾为中心》，中山大学硕士学位论文，2011。罗欧亚列举了从福建迁来的有楚门黄氏、吴氏、三合潭谢氏、周氏等家族。笔者翻阅《三合潭西山周氏宗谱》《武功郡苏氏族谱》时也发现了这样的记载。

建人，为了得到合法居住权，都成为玉环展复中的"响应者"。

除垦种之人、灶户外，大量流动的渔民、商人构成了海岛上的暂住人口：

> 石塘岙内，闽人搭盖棚厂一十四所。每年自八、九月起至正、二月
> 止，鱼汛方毕，各船始散，各厂亦回。其中停泊船只查有三项：内有湘
> 船，系挟赀商船，俱有身家，颇能守法；又有舲艚，借名换鱼，其实偷
> 运酒米猪盐，以致近海产谷之区，岁登丰稔，市价反行腾贵，且令玉环
> 官盐堆积二十余万斤，壅阻不行；又有钓艚，悉属闽民，船系租用，水
> 手亦系顶替，人照面貌，俱不相符，倏泊坎门，倏泊石塘，往来无定。①

由此段材料可见，玉环诸岛上流动人群的复杂多样，这些湘船、闽船只能临时停泊，并不准在岛居住。禁止渔民在海岛搭厂并未能奏效，"黄坎、梁湾等地搭有棚厂百余，采捕鱼虾，杉板船只市买贸易其间"，地方政府遂开始放宽渔户在岛搭棚，向其征收涂税即是承认其合法地位的体现，但同时规定"俟鱼汛一毕，即合帮同返，毋许逗留"②，这说明赴岛采捕之渔户仍未获得在海岛的长久居住权。于是，渔户借开垦之名偕家眷赴各岛搭盖寮厂，他们虽定期向玉环缴纳赋税，但籍贯仍属各县，致使农渔不分、归属难定，难怪温镇总兵倪鸿范说："玉环同知惟以征粮归之玉环，而人民户口诿之各县，向来疆界不清，全无专责"，赋税收归玉环，而户口编查仍在本籍，这说明玉环的保甲无法做到约束在岛居民。

对周边各县渔民向玉环岛的迁徙导致的骚乱和争端，玉环和各县的相互推诿，已获得玉环合法居住权的岛民对不断增加的草寮棚厂怨声载道。乾隆十二年，有垦民提出对农渔住眷进行稽查，意在驱逐渔户，温州总兵倪鸿范将此民间呈请上奏并提出对玉环编排保甲，以规范玉环同知和玉环营的稽查职责。③乾隆十二年题准："浙江玉环一山管辖岛岙，饬令该管文武官弁会

---

① 张垣熊修《特开玉环志》卷三《请禁搭厂》，第 23 页。
② 张垣熊修《特开玉环志》卷一《司道会议》，第 62 页。
③ 浙江温州总兵倪鸿范：《奏为玉环诸岛农渔混杂奸良莫辨会商清厘界址查编保甲事》，朱批奏折，档号：04-01-01-0128-029，缩微号：04-01-01-020-0380，乾隆十一年十月初十日；闽浙总督马尔泰：《奏为温郡玉环一带垦民请核疆界应确勘查办事》，朱批奏折，档号：04-01-01-0128-011，缩微号：04-01-01-020-0266，乾隆十一年七月二十二日。

同清厘界址，分立都图，编排保甲，在岙民人分别是农是渔，果是耕种农民准其居住。如系渔户不准混杂占住。"① 虽然并未承认渔户在岛居住权，但由于迁徙赴岛的新垦民是可以获得海岛居住权的，而实际上这些垦民大多是半渔半农的，所以真正驱逐的只是那些没能占得土地而漂泊无定的渔民。

这也许能解释，玉环各家族首次修谱多为乾隆年间。族谱的纂修者不断表明其是雍正朝垦辟之诏响应者的同时，也不忘宣称他们是这片土地第一批拓垦者，"（文廷公）住居平邑，以雍正年间一身奉旨开筑玉环，斯时也，问谁彻我疆土乎，惟公先之；问谁入执宫功乎？惟公先之；问谁筑场圃纳禾嫁乎？亦惟公先之。蒙业而安者，第知耕桑，有土画疆而处者"②，这些族谱的共同点在于所描绘的玉环始迁祖皆为勤耕勉织之人，渔户、灶户以及偷垦私煎之徒消失于家族记忆，更有玉环高桥李氏如此要求后世子孙，"务宜以耕读为本，商贾为事，毋许罔为卑贱以污先辈"③。需明白的是，其实大多数玉环民众是来自周边各县及闽粤两省的下层贫苦渔民。因此，在玉环初辟之时，玉环厅同知一切规制与州县相同，所有仓署、城垣、坛庙都已次第修建，唯缺学宫。在鼓励耕读的官方主导下，采取定居垦种的生产和生活方式显然更加能够进入政府所标榜的正统，而设立文官管理民事除了职掌赋税和词讼外，每月朔望宣讲圣谕广训，并派人下乡到偏僻海隅宣讲，这些都是体现王朝权力的方式，其对民众的教化可谓深远。随着人口和土地垦辟增加，岛民对于中央所构建的正统愈加向往，最初在海岛占得土地资源的这批人逐渐抛弃渔猎的生产方式，并开始以正统自居而排斥那些新迁来的渔民。④

乾隆二十年，玉环岛民终于取得科第的名额，"巡道朱椿以玉环田地日辟，生齿倍繁，士渐知慕义，率同知详请附入温州府学。岁科额定入学数目，文生员四名，武生员二名"。入温州府学的玉环生员需涉海往返，仍有诸多不便。乾隆四十三年，建玉环厅学于厅治，入学额数为八名。⑤ 到嘉庆年间，玉环厅户口已经由初开时的丁口 19616，户 2782，增长为丁口 81752，

① 《清会典事例》卷一五八《户部·户口》，第 993 页。
② 《武功郡苏氏宗谱（玉环）》"文廷公赞"，1948 年重修，无页码。
③ 《高桥李氏宗谱（玉环）》"遗训八条"，2004 年重修，第 46 页。
④ 通过族谱的记载和笔者在阳江海陵岛、广州龙穴岛、防城港等地田野考察，这种情况在沿海非常普遍，后代在追溯祖辈从事的生计时，往往说自己家族一直都是种田的，并不打鱼，他们会说靠海的那群人才是打鱼的。
⑤ 《嘉庆重修一统志》卷三〇六《玉环厅》，《四部丛刊续编》史部。

户 13203。① 随着人口增长，玉环厅学应试人数已与浙东云和、景宁、松阳、宣平等县相埒。嘉庆六年，绅士戴全斌等呈请捐建学宫。嘉庆八年，巡抚阮元奏准在玉环建学宫，改温州府学训导为玉环学训导，设文生八名，武生四名，廪生八名，增生三年一贡，十二年一拔贡。②

结　语

明代中叶以后，海洋社会经济形势的变化使得沿海岛屿对于王朝国家有着空前的战略意义。③ 康熙展界后，王朝在抑制民众向远洋开拓的同时，在准许开复的岛屿，因岛而异采取了不同的管理模式。从封禁之岛到设官设汛，玉环岛走入王朝军政管辖同政治环境、地方官的积极推动大有关系，而民间的违禁私垦也是促成玉环设治的重要原因。雍正《浙江通志》的编纂者如此评价玉环山的开复与设治，"犹是山也，置之荒秽则潜匪伏莽，隶诸疆索则作镇为藩"④，将海岛纳入行政区划成为清朝决策者治理海洋盗乱问题的重要手段。

雍正年间，玉环驻岛行政机构的设立并非偶然，如雍正五年，澎湖改设通判。⑤ 雍正八年，移福清县丞设于平潭，以上下山十二区及隔水岛屿归平潭县丞管辖。⑥ 雍正十年，南澳岛设立南澳同知。⑦ 这一系列海岛行政机构得以建立和地方政府、民间力量的积极推动有非常大的关系，也是王朝彰显海岛屏障防卫、遏制海上势力膨胀的需要。纵览明清中国的海洋治理，自然条件、地理位置、历史沿革等因素都不同程度地影响着传统中国对海岛的管

---

① 《嘉庆重修一统志》卷三〇六《玉环厅》，《四部丛刊续编》史部。
② 浙江巡抚阮元、浙江学政文宁：《奏为拟建玉环厅并请准照例添设廪事》，朱批奏折，档号：04-01-38-0110-028，缩微号：04-01-38-005-1930，嘉庆八年正月二十一日；另见《玉环厅志》卷七《学校志》，光绪十四年增刻本，第1页。
③ 有关明代以后海洋社会经济发展趋势可参见杨国桢《明清海洋社会经济发展的基本趋势》，《瀛海方程——中国海洋发展理论和历史文化》，海洋出版社，2008，第129~141页。
④ 《浙江通志》卷一《图说》，雍正十三年修，乾隆元年刻本，第143页。
⑤ 康熙二十二年，清廷于澎湖设有巡检司，雍正五年奉裁改设通判（后称"澎湖厅"），参见王必昌纂《台湾县志》卷九《职官》，乾隆十九年刻本，《台湾文献史料丛刊》第二辑，台湾：大通书局，2008，第262页。
⑥ 黄履思修纂《平潭县志》卷三《大事志》，民国十二年铅印本，上海书店出版社，2000，第539页。
⑦ 《南澳志》卷三《建置》，乾隆四十八年刻本，岭南美术出版社，第30页。参见王潞《论16~18世纪南澳岛的王朝经略与行政建置演变》，《广东社会科学》2018年第1期。

理方式和成效，而雍正朝对海岛经略的探索尤具开拓性，尤其是强化了海岛民事管理，王朝权力在海岛基层社会的治理渗透由此得以深入。本文对玉环诸岛走入王朝的实态过程仅是初步探析，对多元化考察沿海岛屿发展变迁特别是自下而上考察政策的酝酿以及对地方社会带来的深远影响，仍有待资料的进一步挖掘和探讨。

From the Forbidden Island to the Official Establishment：the Government's Management of Yuhuan Island in Zhejiang Province during the Yongzheng Period

Wang Lu

Abstract：From the mid-Ming Dynasty to the early Qing Dynasty, Yuhuan Island in Zhejiang Province was privately cultivated by the coastal people for a long time. After Kangxi pacified Taiwan, the ban on Yuhuan Island has not been repealed. Until the Yongzheng period, under the background of the dynasty's encouragement of land reclamation, local officials included Yuhuan Island in the scope of land development in the name of reclamation, and established Tongzhi 同知 and Canjiang 参将 on Yuhuan Island. The dynasty strengthened the military and political control over Yuhuan Island and the surrounding waters, and it also had a profound impact on the local society of the island.

Keywords：Yuhuan；Qing Dynasty；Reclamation；Tongzhi；Canjiang

（执行编辑：林旭鸣）

近代上海与旧金山崛起之比较研究

薛理禹*

19 世纪中叶，随着环太平洋区域政治、经济格局的巨大变迁和全球化步伐的突飞猛进，一大批沿海城市瞬间兴起，迅速成为人口众多的大城市、重要港口和区域中心，如上海、香港、天津、横滨、神户、西贡、新加坡、悉尼、墨尔本、旧金山等。这些城市在相近的时段与历史背景下崛起，其中包含的共性和差别均值得探究，是比较城市研究的重要课题。以上海为例，基于其在国内和国际的重要地位，以往已有城市史研究团队将其与其他全球领先城市（如纽约、东京等）的发展历程加以比较研究，① 而这方面的研究迄今仍具有很大空间，值得进一步探索。

上海和旧金山，② 分别位于太平洋东西两岸，纬度位置相近，均为重要的贸易港口、经济文化中心和国际大都市。探究其发展共性，能找到诸多相似之

---

* 作者薛理禹，上海师范大学都市文化研究中心研究员、历史系副教授。

本文系教育部人文社会科学重点研究基地重大项目"从边缘到中心：东亚港口城市带的历史与未来"（20JJD770011）的阶段性成果。

① 如苏智良、沈晓青《东京：国际大都市之路——兼论对上海的启示》（《上海行政学院学报》2004 年第 2 期），苏智良、江文君《双城记：上海纽约城市比较研究》[《上海师范大学学报》（哲学社会科学版）2008 年第 5 期]，等等。

② 狭义的旧金山，指的是旧金山市；广义的旧金山，指旧金山湾区，即以旧金山市为核心，环绕旧金山湾周边，涵盖近百个大小城市的超级都会区，今总人口数在 700 万以上，约占加州总人口的 20%。旧金山湾区除位于旧金山半岛的旧金山市，可分为"东湾"（与旧金山市隔湾相望，主要是居住区，加州大学伯克利分校亦位于此处）、"南湾"（又称"硅谷"，拥有众多知名高科技企业，斯坦福大学亦坐落于此，提供智力支持）、"北湾"（在旧金山湾北侧，以蔬果种植和园艺业闻名）等区域。旧金山市是旧金山湾区长期以来的经济、文化中心和交通枢纽，东湾的奥克兰（Oakland）和南湾的圣何塞（San Jose）是湾区的两大副中心都市。整个旧金山湾区都市带布局合理，功能完善，环境宜人，经过长期协调发展，已完全融为一体，是美国人均所得最高的地区之一。

处，尤其是在近代的崛起阶段。追溯两地的发展史，它们的辉煌都源自 19 世纪中叶，得益于海洋文明的兴盛和全球化时代的到来。海洋文明的深远影响、优越的地理位置和多元的族群文化等相似因素促成了两座城市近代的快速发展。

一　上海与旧金山的近代发展历程

（一）近代上海的崛起

1. 开埠以前的上海

1291 年，元朝设上海县。上海的历史发展，自一开始即与海洋文明，尤其是海上贸易的兴起息息相关。16 世纪大航海时代到来，中国与外部世界的交流联系日益紧密。尽管明清封建王朝时颁禁海严令，但东南沿海区域的民间商贸往来和思想文化交流在后续时代始终延续。江南地区原本有着发达的农业、手工业和商品经济贸易，对外贸易进一步推动了经济的发展繁荣。比如上海所在的松江府自元代始棉纺织业非常发达，海外贸易的兴盛也推动了棉布的外销，当时由上海出口的"南京布"（明代松江府直隶于南京，故此得名）驰名海外。

明清时期的上海是江南地区重要的贸易港口和商品集散地，依傍黄浦江和吴淞江两大河流与江浙其他城镇连通。作为苏州的外港，有"小苏州"之称。但在封建时代，经济中心往往直接依附、受制于行政中心。尽管号称"东南名县"，直到 19 世纪中叶开埠前夕，上海全境人口已超过 50 万，但仍然只是一个县级小城，县城规模局促，繁荣程度远逊于邻近的苏州、杭州等省级城市。

2. 由贸易中心到工商业中心

民国时人将近代上海的崛起概述为："清道光二十三年，以鸦片战争之结果，依江宁条约，开为商埠，为我国最先中外通商之五口之一。以地当长江吐纳之口，南北洋及欧美往来之冲，举长江全域之精华，供其取用，世界各国之商品，经其吞吐，遂成全国贸易之中心，经济之首都，而为远东第一大埠。近来计算其总额，与今全国贸易总额之比例，常在百分之五十左右，可以想见其盛况。"[①]

---

①　《中华最新形势图》，世界舆地学社，1937，第 4 页。

中英鸦片战争后，清政府被迫签订《南京条约》，将上海列为通商口岸，1843 年正式开埠。英、法、美等西方列强看重上海优越的地理位置和经济基础，陆续在上海城外设立租界，自行掌控租界内的行政、财政、治安、司法等事务，形成华洋分治的多元城市格局。

19 世纪 50 年代，中国的对外贸易中心由广州北移上海。上海逐步由苏州的外港和商品聚集地，发展成辐射长三角以至长江流域及北方地域的中国最大港口城市和海外、国内贸易中心。19 世纪上海一直以英国、美国为主要贸易对象，而到 20 世纪后，随着日本国力的增强和对中国经济的渗透越发显著，上海的中日贸易增长迅速。

20 世纪初，上海海关注意到："近几年来上海的特征有了相当大的变化。以前它几乎只是一个贸易场所，现在它成为一个大的制造中心……主要的工业可包括机器和造船工业、棉纺业和缫丝业。"①上海的工业企业可分为外商企业、官营洋务企业和国内民营企业三种。大型洋务企业江南机器制造总局不仅是近代中国最大的军事企业，也是中国最早的现代化企业之一。其他著名的洋务企业还有轮船招商局、机器织布局等。民营企业主要经营纺织、食品等轻工业，涌现出众多影响卓著的民营工商业家族，如经营面粉和纺织业的荣氏家族。上海成为全国的工业中心和最大的工业城市。

3. 金融中心

近代上海的金融机构，主要有钱庄、外资银行和华资银行三类。传统中国经营货币兑换、存贷款等金融业务的机构称为钱庄。19 世纪 60 年代太平天国运动时期，许多江浙地区的钱庄纷纷迁往上海以躲避战火，上海迅速成为钱庄票号聚集地。

上海开埠后，外资银行陆续于此开业。1848 年第一家外商银行——英商丽如银行落户上海。整个 19 世纪先后有 16 家外商银行在上海设立或设置分支机构，规模较大者如英商汇丰银行、渣打银行、法商东方汇理银行、法俄合营的华俄道胜银行、美商花旗银行、日商横滨正金银行等。

1897 年，中国人创办的第一所银行——中国通商银行就诞生在上海。20 世纪后，华资银行兴起。第一次世界大战爆发，华资银行获得快速发展的机遇，上海不断涌现新设的华资银行。20 世纪 20 年代以后，上海取代北

---

① 徐雪筠等译编《上海近代社会经济发展概况（1882～1931）——〈海关十年报告〉译编》，上海社会科学院出版社，1985，第 158 页。

京成为全国金融中心，许多北方的银行也陆续将总行迁往上海。1935 年，全国 164 家银行中 58 家银行总行设于上海。上海共有银行机构 182 个，另有 11 家信托公司，48 家划汇钱庄，3 个储蓄会，1 家邮政储金汇业局。上海金融机构资力达 32.7 亿元，占全国总资力的 47.8%。[①]

4. 交通枢纽

上海毗邻长江入海口，又地处江南水乡，河港密布，传统的内外交通主要依靠水运。开埠以后，对外贸易的繁荣推动了海上交通的迅速发展，19 世纪中叶后，新的国内、海外轮船航路不断开辟。作为连接南北洋海运的中心和长江航运的端点，近代上海很快成为中国的最大的港口城市和水上交通枢纽。1934 年上海港进口船只吨位达 1994 万吨，居世界第五位（仅次于纽约、伦敦、神户、鹿特丹）。[②]

近代科技的进步和城市经济的发展，同样推进了上海的陆路交通。上海的第一条铁路——淞沪铁路 1876 年由英国人修建，但不久即被清政府收购，后拆除。1908 年沪宁铁路建成，次年沪杭铁路通车，分别连接江浙地区的另两个行政和经济中心——南京与杭州，把江南城市带连为一体，上海成为江南地区关键的路上交通枢纽。1922 年第一条商办省际公路——沪太公路全线通车。近代交通的进步，无疑对上海的经济发展、贸易流通和人员流动意义重大。

（二）近代旧金山的崛起

1. 早期历史

1542 年，第一批西班牙殖民者抵达旧金山湾区，但直至 1776 年后，随着传道站和要塞的建立，西班牙人方开始对这一地区实施有效统治。时过境迁，伴随着拉美各国的独立浪潮，旧金山在 19 世纪 20 年代成为墨西哥上加利福尼亚省的领土。但直到 1848 年加利福尼亚脱离墨西哥之时，旧金山只是一个拥有千余人口的普通滨海村落，周边地区也大多同样默默无闻。

2. 快速发展时期

1848 年美墨战争后，加利福尼亚脱离墨西哥，并入美国。不久在加州

[①] 洪葭管、张继凤：《上海成为旧中国金融中心的若干原因》，中国近代经济史丛书编委会编《中国近代经济史研究资料》第 3 辑，上海社会科学院出版社，1985，第 32 页。

[②] 参见王列辉《驶向枢纽港：上海、宁波两港空间关系研究（1843~1941）》，浙江大学出版社，2009，第 82 页。

东北部的科洛马发现大金矿，大批东部居民和海外劳工蜂拥前往淘金。由于当时美国东西部尚无铁路贯通，淘金客大多搭乘海轮前往西部，于旧金山上陆，再行辗转奔赴矿山，很多人亦选择在旧金山暂住，当地商贸急剧兴旺，1850 年人口已猛增至 3.5 万人，瞬间成为重要的交通枢纽、贸易中转站和商品集散地。

1851 年旧金山在全国对外贸易额中所占名次已仅次于纽约、波士顿和新奥尔良。一系列新建企业也云集于此。1854 年 10 月组成的加州汽船运输公司，拥有资本额 250 万美元，掌管从旧金山到内地的所有航运业务。1853 年 10 月，加州电报公司在旧金山组成，并铺设铁路，将旧金山与周围几个小城镇连为一体。1861 年横贯大陆电报线的完成，进一步加强了旧金山与外界的联系。19 世纪 50 年代中期后，旧金山已基本成型，一个较大规模的城市已赫然耸立在旧金山半岛北端，是圣路易斯以西首屈一指的城市。①

19 世纪 60 年代初，旧金山工业发展势头开始加快，各种冶炼厂、机械厂、木材加工厂、肉类加工厂、煤气厂、酿酒厂等纷纷出现，仅铁冶炼厂到1867 年时就有 15 家，雇佣工人 1200 人，产值为 200 万美元。60 年代末横贯东西的太平洋铁路贯通，在此之后，适应深层采矿和西部全面性开发的需要，旧金山的经济结构有了较显著的变化。它不再是单一的商品集散地性质的城市，而是工商业逐步发达、经济趋于多样化的城市。

及至 1880 年，旧金山的企业数量、投资数额、雇工数量、产值等比西部其他所有城市加在一起还多。旧金山所拥有的工业企业数 2971 个，资本总额 3537 万美元，产值 7782 万美元，各大城市中工业产值名列第九位，已具备为西部生产绝大多数商品的能力。在工业各部门中，就产值而言最高的是制糖业，就雇佣人数而言，最多的是冶炼厂和机械厂，雇工数量为 3000以上，产值 800 万美元，其中最大的企业为联合钢铁公司，1888 年 7 月下水的太平洋沿岸建造的第一艘巡洋舰查尔斯敦号就是该公司制造的。②重要性居第三位的是屠宰和肉类加工业。此外在产值和人数方面较突出的其他行业有建筑业、制瓶业、酿酒业、成衣业、面粉加工业、印刷出版业等，门类齐全、发展均衡。

---

① 王旭：《美国西海岸大城市研究》，东北师范大学出版社，1994，第 11 页。
② 〔美〕G. 巴思：《速成式城市：城市化与旧金山与丹佛的崛起》，纽约 1957 年版，第 210页，转引自王旭《美国西海岸大城市研究》，第 37 页。

商业方面，旧金山自创建伊始即具有优势，19 世纪 60 年代以后其潜力得到充分发挥，银行业、不动产业也有相应的发展。值得一提的是，在旧金山的带动下，其附近的城镇奥克兰、圣何塞、斯托克顿、萨克拉门托等都经历了由单一的服务业向多种产业方向转化的历程，其影响范围也扩展到农业方面，而不仅仅是矿区。它们各自的经济与旧金山之间成互补性关系，联系极为密切。可以说，旧金山湾区城市带就是在这一时期开始形成的。

旧金山的崛起，是美洲太平洋沿岸的近代开发和纳入全球化的产物，与美国西部地区的区域贸易和跨洋贸易密不可分。在海上贸易方面，旧金山独据美国太平洋沿岸一方，成为仅次于纽约和波士顿的口岸型城市，其贸易对象遍及环太平洋地区，尤其是东亚、东南亚各国。美国西部的大宗出口商品为工业制成品、木材、小麦等，由东方国家进口丝绸、茶叶、古董等。据 1880 年旧金山海关申报的统计材料，该年经旧金山港入关和验关的外国船只 1292 艘，进口总额为 37213443 美元。[①]至于在北美太平洋沿岸贸易和内陆贸易方面，旧金山的地位更为显要，它支配着北至阿拉斯加，南至巴拿马的北美太平洋沿岸贸易。1880 年太平洋沿岸三个州进口货物的 99%，出口货物的 80% 都由旧金山经营。[②]另据统计，到 19 世纪末，"整个西部的商业几乎都由旧金山进行。其中包括洛基山区各州的矿产，加州中心盆地的小麦和其他农产品、北部的草和木材等"[③]。此时的旧金山，不仅是整个西部的首要性城市，同时也起着加州北部地区性中心城市的作用。[④]

3. 创伤与恢复发展时期

1906 年旧金山发生大地震，并引发大火，28000 栋建筑物被毁，受灾面积达 4 平方英里，大部分商业区均未能幸免，城市遭受近乎毁灭性的破坏。地震后，城市迅速重建恢复。1915 年，规模空前的"巴拿马-太平洋万国博览会"在旧金山召开，博览会展期长达九个半月，总参观人数超过 1800 万人，创下了世界历史上博览会历时最长、参加人数最多的纪录。这次博览会不仅充分展现旧金山城市从灾难中恢复崛起的崭新面貌，也进一步促进了美

① 〔美〕L. H. 拉森：《边疆结束时期的西部城镇》，劳伦斯 1978 年版，第 109～110 页，转引自王旭《美国西海岸大城市研究》，第 36 页。

② 〔美〕R. W. 彻尼等：《旧金山：从要塞、港口到太平洋大商埠》，旧金山 1981 年版，第 25 页，转引自王旭《美国西海岸大城市研究》，第 36 页。

③ 〔美〕R. W. 彻尼等：《旧金山：从要塞、港口到太平洋大商埠》，旧金山 1981 年版，第 21 页，转引自王旭《美国西海岸大城市研究》，第 36 页。

④ 王旭：《美国西海岸大城市研究》，第 37 页。

国西海岸的对外贸易。

进入 20 世纪后，旧金山继续长期居于美国西部最大港口和北加州商业、金融和文化中心。1934 年旧金山港进口船只吨位达 1630 万吨，居世界第 13 位。①值得一提的是，现代化交通的发展，大大便利了旧金山和周边城市的联系来往。旧金山市位于旧金山湾入海口、旧金山半岛北侧，与东湾的奥克兰、伯克利，北湾的圣拉斐尔等城市隔海湾相望，以往需要渡轮接驳，往来不便。1936 年和 1937 年，旧金山－奥克兰海湾大桥和金门大桥先后竣工，极大便利了旧金山与东湾、北湾各城镇的交通联系，显著推进了湾区城市带的一体化进程。

4. 东方移民的融入与旧金山的发展

19 世纪 50 年代起，随着淘金热和美国西部大开发，华人劳工纷至沓来。当时到达加州的 3 万华人，有半数以上在旧金山落脚谋生，主要从事服务业。1850 年时在当时的市中心区朴次茅斯广场附近就有 33 家零售店、15 个中药铺、一些中国餐馆和洗衣房等，人称"小广州"，以此为基础，后来扩展为闻名遐迩的"中国城"。②太平洋铁路修筑期间，大批华人来美参加施工，大多从旧金山登陆，许多人日后也选择在旧金山定居。

晚清外交官张德彝 1868 年随团出访欧美各国，在旧金山湾区停留多日，对这座西海岸大港印象深刻。"据土人云，此地在十七年前尚属旷野，榛莽丛杂，因广产五金，搜奇者不惮辛苦，咸集于此。刻下土人二十六万，华人八万九千，熙熙攘攘，称名都焉。"③按照张氏记载，华人占当地人口的三成。或许其掌握的人口数据并不精确，但可足见当地华人之多。众多华人给当地带来了特有的中华文化，典型者如中餐馆。张德彝曾于当地多家中餐馆就餐，均为环境雅致、传统文化气息浓厚之所，如远芳楼"山珍海错，烹调悉如内地"，杏香楼"楼高二层，陈设古玩画轴匾额颇多，皆名人题写，优雅可观"④。除了华人，日本人也在 19 世纪后期纷至沓来，在旧金山形成聚居社区"日本町"。东方移民在海产捕捞、餐饮、服务、果蔬种植等行业

---

① 参见王列辉《驶向枢纽港：上海、宁波两港空间关系研究（1843~1941）》，第 82 页；原数据来自 Trade of China, 1935，见《中国旧海关史料》，第 118 册，京华出版社，2001，第 173 页。

② 王旭：《美国西海岸大城市研究》，第 61 页。

③ 张德彝：《欧美环游记（再述奇）》，湖南人民出版社，1981，第 46 页。

④ 张德彝：《欧美环游记（再述奇）》，第 50 页。

中发挥着无可替代的作用。以渔业为例，旧金山湾区最早的商业性渔业系1851 年 Rincon Point 的华人渔场。自 19 世纪中后期到 20 世纪前期，华人于当地捕虾业一直处于主导地位，并将海虾制成干虾（虾米）大量销往中国。

二　近代上海与旧金山崛起的同与异

上海与旧金山的崛起，均是 19 世纪中叶现代化、全球化浪潮的直接产物。如果说 16 世纪是海洋时代的开端之时，那么 19 世纪就是海洋时代的鼎盛之日，因着工业革命的深远影响和西方国家的对外扩张，大规模的物资流通、人员流动和技术传播带来了全球一体化，一大批新兴港口都市在全球各地，尤其是环太平洋地带飞速崛起，发展成为地区乃至国际性港口和经济中心。上海和旧金山都是这样的典型，此外还有横滨、神户、香港、西贡、新加坡、墨尔本、悉尼、温哥华等。上海与旧金山的崛起具有诸多相近因素，但也有显著的差异。

（一）相似因素

1. 地理优势

上海与旧金山分别位于太平洋东西两岸，纬度相近。地处各自国家海岸线中点，港湾航道优良，承担海陆交通枢纽功能，具备地理优势，是两城的共同之处。若没有海洋文明带来的全球一体化，也就不会有这两座城市 19 世纪中叶的崛起。

上海毗邻长江口，无论是县城所在的城厢，还是租界所在的外滩、杨树浦，都紧邻黄浦江边，水路直通长江口入海。清末，本属宝山县的吴淞即成为上海的主要外港，从市区通往吴淞的淞沪铁路极大便利了进出口货物的运输和人员的往来，也将吴淞和上海紧密连为一体。随着上海城区不断向外扩展延伸，20 世纪前期，时人常以"淞沪"将两地并称，进而泛指上海及其周边地域。

旧金山地处美国西海岸中心，扼旧金山湾出入口，适合成为区域中心。在太平洋铁路修筑前，美国西部无论是对海外还是对东部地区的商品流通和人员流动，主要都是通过海上交通，旧金山凭借优良的港口一举获得崛起契机。太平洋铁路贯通后，旧金山作为海陆交通衔接枢纽，长期是亚太地区商品、人员进入美国的第一站，也是美国商品流向东方的主要出口港。

　　上海和旧金山能够发展成为人口密集、工商业发达的大都市，除了水陆交通的优势，周边环境也是重要因素。上海地处江南，唐宋以来即为"鱼米之乡"，农业发达，能够为城市居民供应充裕的食品和生产原料（如生丝、棉花、油料作物等）。旧金山周边土地肥沃，盛产蔬菜、水果、粮食。张德彝于1868年造访时注意到当地"土产芹菜高约四尺，根粗周逾七寸，他如菠菜、白菜、豌豆、扁豆、萝卜以及葱、蒜、茄、瓜各菜蔬，无一不备。果则橘大柿小，落花生暨榛实大于指，栗与瓜亦较内地稍大"[①]。周边地域发达的农业生产，不仅给城市居民日常生活提供保障，也提供了充裕的工业原料和贸易商品，促进当地的工业生产和商业贸易。

　　2. 人口增长迅速

　　纵览城市史，许多大都市在近代工业化初始时期都经历过迅速扩张的阶段，19世纪后期到20世纪初的旧金山和上海亦是如此。除了城市面积的迅速扩张同工商业规模的飞速发展，城市人口的大幅度增长亦是城市发展的重要标志。大量的人口流入，不仅给城市发展提供了充足的劳动力保证，本身也大大促进了城市的经济发展和市场繁荣。近代上海的人口增长十分迅速，如表1所示。

表1　上海近代人口增长

年份	人口总数	华界人口	公共租界人口	法租界人口
1865	691919	543110	92884	55925
1910	1289353	671866	501541	115946
1915	2006573	1173653	683920	149000
1931	3317432	1836189	1025231	456012

　　资料来源：邹依仁著《旧上海人口变迁的研究》，上海人民出版社，1980，第90页。

　　1865年至1910年的晚清时期，上海全域年均人口增长率约1.8%，而人口增加最为突出的是公共租界，增加超过4倍，法租界人口翻一番，而华界增幅不大。公共租界人口增长迅猛，一方面是由于其域内工商业的快速发展，另一方面则得缘于其多次扩地展界，大规模开发房地产，吸引大量移居

---

　　① 张德彝：《欧美环游记（再述奇）》，第46页。

人口。而到民国时期，公共租界人口增速放缓，而法租界在民国初年大规模扩展地界，人口增长较快。华界的人口在民国时期也获得较快增长，这与闸北、南市等地的繁荣和近郊的城市化关联密切，也反映出华界和租界的差距在这一时期较以往有了明显缩短。

由表2可知，旧金山市的人口增长，在1860~1880年非常迅猛。19世纪60年代，该市人口年均增长率达到16.3%，70年代年均增长率为5.7%。这一阶段，大量移民自美国东部和海外各处涌入旧金山谋求就业机会。1880年后，人口增长率有较大减缓，但大体上年均增长率保持在2%~3%。需要指出的是，这主要是旧金山市的情况，而在旧金山湾区的许多市镇，由于旧金山人口向郊外迁徙（例如旧金山大地震后大批市民迁居东湾），人口自20世纪初起始终保持较大增幅。

表2　1860~1930年旧金山市人口变化情况

年份	人口数	年份	人口数
1860	56802	1900	342782
1870	149473	1910	416912
1880	233959	1920	506676
1890	298997	1930	634394

资料来源：王旭著《美国西海岸大城市研究》，东北师范大学出版社，1994，第12页；维基百科英文版"San Francisco"词条。

3. 经济中心而非行政中心

近代以前，绝大多数情况下，一座城市的政治地位，决定了该城的经济、文化、交通的发展水平，与其人口规模一般成正比。贸易集散地、文化中心、交通枢纽，大都同时是一国或一省的行政中心，而政治中心的转移，直接决定着城市的兴衰。近代以来，城市的政治职能与经济、文化功能逐渐分离，许多城市尽管并非政治中心，但在经济、交通、文化方面，有着非同寻常的重要地位。上海和旧金山，可谓这样的典型。尽管自19世纪后期起，上海和旧金山成为江南和北加州的经济中心，但两者长期以来并非所在地域的行政中心。上海在国民政府1927年成立特别市前，一直是县级行政单位。西班牙殖民时期和墨西哥统治时期，加利福尼亚省的政治中心位于今美墨边境的圣地亚哥。1850年加州加入美国后，首府定于萨克拉门托。旧金山市与旧金山县（County）行政一体，从未成为加州的政治中心。

从贸易中心发展成为工商业中心，也是城市近代化的重要表征。从前文看，旧金山在19世纪70年代即已完成转型，成为美国西部工业中心。而上海成为中国近代工业中心，则略晚于旧金山，大体在世纪之交的1895~1911年，即《马关条约》签订后，至辛亥革命之前，其与列强大规模的资本投入密切相关。[①]

4. 多元的族群构成和城市格局

笔者以为，居民多元的族群构成是19世纪崛起的亚太都市共有的特点，是海内外移民规模化和多元化的结果。多元的城市族群促成多元城市文化的繁荣，和谐共生，交相辉映，对城市的发展意义非常。

上海开埠后社会经济日益繁荣，内地、海外移民纷至沓来。到19世纪后期，世居本地的上海居民已不占人口主流，绝大多数居民是移民或移民的后裔。华人居民中，多数移民来自邻近的江苏（又可分为苏州、无锡等地的苏南民系和扬州、淮安等地的苏北民系）、浙江（相当部分来自宁波及周边地区）等地，亦有不少人士从闽粤、北方等地远道而来。除了华人，还有数以十万计的外国人来到上海从事行政、商贸、文教等工作，主要有英美人、法国人、日本人、俄国人、犹太人、印度人等。不同地区的移民从事的职业、居住的地域、享有的社会声誉等有所差别，例如广东移民多从事商业，苏北移民多为劳工和手工业者，印度人多担任警察和门卫等，但都为近代上海的繁荣发展做出贡献。各地移民和谐共生，逐渐形成了东西交融，海纳百川，多元荟萃的"海派文化"，上海也领全国开放风气之先，成为近代中国最为多元、开放、包容、进步的城市。

近代的旧金山同样是一个多元族群构成的城市。除前文提到的华人和日本人外，墨西哥人、意大利人、俄罗斯人（以及20世纪后到来的印度人、越南人）等在旧金山各有其聚居区，有自身独特的经济生活和语言、宗教、文化特性，但同时又互相交流，共生共息，使这座城市在表象上既有显而易见的多元特征，又有机地融为一体。与近代上海不同，旧金山的海外移民始终占到城市人口的相当规模。时至今日，旧金山湾区居民超过半数或生于美国境外，或父母中至少一人系海外移民。而来自东方的移民尽管经历更为坎坷曲折（如19世纪晚期开始的排华浪潮、太平洋战争爆发后对日侨的集体拘留等），在城市的发展进程中，始终发挥着举足轻重

---

① 陈正书：《上海近代工业中心的形成》，《史林》1987年第4期。

的作用。简而言之，近代上海的崛起伴随西方人的到来，而旧金山的发展离不开东方人的融入。

（二）不同因素

上海与旧金山在近代发展崛起的不同因素，主要体现在以下几个方面。

1. 发展背景

上海早在宋代即为商业市镇，明清时是苏州、松江等城市的对外贸易口岸和重要的商品集散地，有"东南名县"之誉。其所在的江南地区，人口繁庶，城镇密集，商业繁荣，农业、手工业先进，交通便利，文化兴旺，综合实力长期居全国领先地位。鸦片战争之后，英国要求将上海作为五个通商口岸之一，绝非偶然，而是基于优越的地理位置和发展基础。而旧金山则全然不同，在"淘金热"兴起前，无论是西班牙殖民时期抑或墨西哥管辖时期，整个旧金山湾区人烟稀少，发展迟滞，经济文化落后，近乎蛮荒，与当时的江南有天壤之别，其19世纪中叶的发展可谓白手起家，机遇使然。

2. 全球化机遇

尽管在开埠之前，上海及周边的江南城市已经有长期同日本、东南亚等地的海上贸易，但在清代中叶长期的海禁国策下，法规苛繁，对外贸易受到极大束缚，上海与海外的往来交流如缕如线。鸦片战争后，英国武力胁迫清政府签订《南京条约》，将上海辟为通商口岸，方才逐步迈向全球化，其实质乃是外力强制下的被动开放。而旧金山的全球化之路并无任何内部阻力与外力强制，而是随着"淘金热"和美国西部大开发的兴起，自然而然地凭借自身的优势迈进全球化的行列。

3. 城市地位

从前文叙述可知，上海开埠后，19世纪50年代中国的对外贸易中心即移往上海，其发展成辐射长三角以至长江流域及北方地域的中国最大港口城市和海外、国内贸易中心，进而又逐步成为全国工业中心和金融中心，是近代中国城市发展的先导，有"经济首都"之名。近代上海的国际影响不仅限于国内，20世纪二三十年代，上海被称为"远东第一大都市"，在整个东亚地区经贸、金融、交通航运等方面的地位和影响举足轻重。而近代的旧金山尽管是北加州的中心城市，亦为美国西海岸最重要的城市，也可谓整个美国西部的首位性城市，但其地位和影响主要是地域性的，而非全国性的，与东部都会纽约的国际性地位无法同日而语。

4. 城市发展之遭遇

上海和旧金山自 19 世纪中叶不约而同快速崛起，其发展过程中，自然也面临各种阻碍和问题。旧金山发展遭遇的最大事件是 1906 年的大地震，全城遭强震和大火侵袭，几乎完全毁于一旦，灾后历经数年重建方才恢复。而上海近代遭遇的最大灾难则是日本发动的两次侵略战役，即 1932 年"一·二八"事变和 1937 年"八一三"淞沪战役，尤其是后一场战役，给上海的华界地区带来了毁灭性破坏，闸北、南市、吴淞、江湾等处几乎完全夷为平地，方兴未艾的"大上海十年计划"被迫流产，城市的发展格局也因此改变。

上海和旧金山屹立于太平洋东西两岸，直到今日还有着相似的发展潜力，诸多发展要素相当接近。例如 2018 年第 23 期"全球金融中心指数"，上海排名全球第 6，旧金山全球第 8；又如 2018 全球城市指数，依据五大维度（商业活动、人力资本、信息交流、文化体验和政治参与）评估的全球城市综合实力，上海名列 19，旧金山名列 20。在当下的城市发展定位中，两座城市都强调全球化视野下的"创新"意义。旧金山湾区凭借南湾"硅谷"在信息技术、电信技术、生物技术、纳米技术和替代能源技术在全球的引领地位，力图构建全球最重要的科技中心和创业风险投资中心。而上海的城市定位则是长江三角洲世界级城市群的核心城市，国际经济、金融、贸易、航运、科技创新中心和文化大都市。

比较近代的上海和旧金山城市崛起与发展，尽管存在一定差异，但诸多的相似要素更为显而易见，主要体现为优越的地理位置、迅速的人口增长、经济中心的地位和多元的人口构成与城市格局。16 世纪起，大航海时代到来，全球一体化开始。伴随着海上贸易、跨洋移民、物种传递和文化传播，中华文明与西方文明的交流与碰撞日趋频繁，环太平洋周边地域的联系日益紧密。这一全球化进程在 19 世纪中叶达到巅峰。近代上海由滨海县城发展为远东第一大都市，旧金山在短时期内由荒芜之地迅速成为美国西部首要港口、最大都市和区域中心，都得益于近代以后国际交往不断增加和全球化日益紧密，归根结底也就是海洋文明的重要影响。不可否认，大航海时代到来后，整个环太平洋区域不自觉地步入现代化、全球化，与西方势力的扩张渗透和对当地主权的侵犯，存在密切联系。但在长远的历史发展视野下，这一影响客观上对当地的社会发展进步具有积极意义。多元、开放、包容、进取的海洋文明精神，在近代亚太地区诸多城市的崛起进程中充分彰显，给它们长期的繁荣发展提供了宝贵的机遇和深远的影响，延续到今日，并将持续到未来。

A Comparative Study on the Rise of Modern Shanghai and San Francisco

Xue Liyu

Abstract：With the rise of maritime civilization and the advent of the era of globalization, Shanghai and San Francisco achieved their glory in the mid 19th century. The similarity between the rise of the two cities includes several key points: the modern development of both cities benefited from their geographical advantages. Besides, the highly developed agricultural regions nearby also provided the basis for Shanghai and San Francisco to become large cities. Like many other large cities in the world, the two cities also experienced a period of swift expansion at the beginning stage of modern industrialization. The increasing urban population is one of the important index of city development. Another similar feature in the modern development of Shanghai and San Francisco was the diversity of the ethnic groups of the residents. The diversified ethnic groups promoted the prosperity as well as harmony of the multi-culture of the two cities, which is of great significance to their development.

Keywords：Maritime Civilization; Economic Center; Immigrants; Multi-Culture

（执行编辑：彭崇超）

轮船招商局国有问题

黎志刚[*]

导　言

学术界对中国现代化是否延误的问题，曾展开过热烈讨论。[①] 其中一个中心问题是：为什么中国工业化比较迟缓？有些学者强调中国的传统思想是经济现代化过程中一个重要障碍。[②] 另有学者注重帝国主义对中国经济入侵的后果。[③] 也有学者透过人口压力的角度来讨论宋朝（960～1279）以后科学技术衰落的原因，提出了所谓"高水准平衡陷阱"（The High-level Equilibrium

[*]　作者黎志刚，澳大利亚昆士兰大学历史系教授。

[①]　探讨中国现代化是否延误的论著很多，重要的有郭廷以《中国现代化的延误》，《大陆杂志》（台湾）第 1 卷第 2～3 期，1950；王尔敏《从政治局限看中国近代化的延误》，《"中研院"第二届国际汉学会议论文集》，1986。1987 年"中研院"近代史研究所举办的清季自强运动研讨会亦有多篇文章讨论这一问题。

[②]　社会学家韦伯（Max Weber）在其《中国宗教》（*The Religion of China*）和《新教伦理与资本主义的精神》（*The Protestant Ethics and the Spirit of Capitalism*）两部著作中指出中国的正统儒家思想和民间普遍信仰的道教思想均缺少与新教相类的现代资本主义精神。最近余英时先生在《中国近世宗教伦理与商人精神》（台湾：联经出版事业公司，1987）一书中对韦伯的观点提出了反省。余文点出了中国的新儒家思想、新道教及禅宗具有"入世苦行"、"敬业"和"治生"的思想内涵。

[③]　Robert F. Dernberge, "The Role of the Foreigner in China's Economic Development, 1840–1949," in D. H. Perkins ed., *China's Modern Economy in Historical Perspective*, Stanford University Press, 1975, pp. 22–23. 这一派的典型著作是汪敬虞的《十九世纪西方资本主义对中国的经济侵略》，人民出版社，1983。另一方面候继明（Chi-ming Hou）的《外资与中国经济发展》（*Foreign Investment and Economic Development in China*）探讨外资对中国近代经济发展的正面影响。

Trap）之说。① 根据该学说，宋以后中国的经济发展，只有量方面的增加而没有质的改变。更有学者从中国小农经济生产结构之凝固性来论述。② 此外还有很多其他学说和观点，例如中国各地受自然区域的限制而没有一个完整的全国性市场；③ 或谓中国太早产生统一帝国，而不能进入世界经济体系；④ 或谓中国没有关税自主、税厘太重，没有健全的金融和信贷制度，煤矿资源也未能及时大量开采。⑤ 更有学者从企业经营方面来探讨。但是，无论如何中国经济发展延缓的原因中，"集资问题"应是主要症结之一。这一问题很复杂，牵涉政府的角色和商人的投资行为。在探讨"集资问题"时，不应于历史事实之外，凭空讨论。为了正确了解中国近代工商业发展问题的症结，有必要深入探讨中国第一个大规模的新式企业——轮船招商局的历史。

招商局不仅是中国近代企业经营史中一个比较成功的典范，更由于它所采用的制度成为后来国人兴办的若干大规模"官督商办"企业的模式，因此透过招商局的个案研究，我们至少可清楚了解中国早期工业化过程中重要史事。从中更可知道清政府在中国工业化过程中扮演过的角色，也可以明了中国商人投资行为的模式。

---

① 埃尔文（Mark Elvin, *The Pattern of the Chinese Past*, Stanford University Press, 1973, pp. 285-319）对这一理论有详细的论述。此外也可参考 Mark Elvin, "Skills and Resources in Late Traditional China," in D. H. Perkins ed., *China's Modern Economy in Historical Perspective*, pp. 85-113; "The High-level Equilibrium Trap: The Causes of the Decline of Invention in the Traditional Chinese Textile Industries," in William Willmott ed., *Economic Organization in Chinese Society*, Stanford University Press, 1972, pp. 137-172.

② 参见吴承明《中国资本主义与国内市场》，中国社会科学出版社，1985；徐新吾《鸦片战争前中国棉纺织手工业的商品生产与资本主义萌芽问题》，江苏人民出版社，1981。

③ 史坚雅（G. William Skinner）把中国分为十大自然区。（见 G. William Skinner, "The Structure of Chinese History," *Journal of Asian Studies*, Vol. 49, No. 2, 1985, p. 273.）其理论见 G. William Skinner, "Cities and the Hierarchy of Local Systems," in G. William Skinner ed., *The City in late Imperial China*, Stanford University Press, 1977, pp. 275-351. 他认为各大自然区内有金字塔式的市场关系，由于交通的障碍，中国不可能出现一全国性市场；他进一步认为各自然区之间没有贸易的可能性。他的学说在美国汉学界很有影响力。威廉·劳尔（William Rowe）在 *Hankow: Commerce and Society in a Chinese City, 1796-1889*（Stanford University Press, 1984, pp. 57-62）一书中对上述理论提出不同的看法。吴承明在《中国资本主义与国内市场对明清时代全国性市场》中论述甚详。

④ Immanuel Wallerstein, *The Modern World-system Ⅰ*, New York, Academic Press, 1974, pp. 52-63.

⑤ 全汉昇：《山西煤矿资源与近代中国工业化的关系》，《中国经济史论丛》第 2 册，新亚研究所，1972，第 745~766 页；王业健：《中国近代货币与银行的演进（1644~1937）》，"中研院"经济研究所，《现代经济探讨丛书》第二种，1981，第 85~95 页。

轮船招商局从 1873 年创办时起，一直采用"承商"的形态。[1] 这种体制直至 1932 年 10 月国民政府出资将该局收归国营时才终止。[2] 该局虽以"招商"为名，并定有"广招股商入股"[3] 的宗旨，然而，由于早期该局"商股不足"，一直受到清政府的扶持，包括漕粮的包购与包运，及官方借款的低息及缓息等优惠。这些"官为维持"政策的推行，引起不少议论，其中比较重要的争论是于商股之外，设置官股的方案。官股及国有化的问题涉及轮船招商局体制的改革。缕述有关的史实有助于深入了解自强运动期间官督商办企业中商股裹足不前的背景。

本文通过 1877 至 1881 年两次招商局国有化方案酝酿的事实，探讨自强运动时期招商承办政策所遭遇的困难，有助于了解当时清政府财政问题与招商政策推行的关系，亦可借此熟悉当时派系间的政治斗争及当时的官商关系。这些事实导致投资者的信心危机，这是中国经济史中一个不容忽视的首要问题。

一　从筹办至购买旗昌期间的"官为维持"政策

招商局筹办阶段之始，即有"官办"[4] 及"官商合办"的方案。朱其昂于同治十一年（1872）八月所拟的招商局创办章程与条规中，曾建议

---

① 这一观念借用自刘广京《从轮船招商局早期历史看官督商办的两个形态》一文（未刊稿）。

② 徐学禹：《国营招商局之成长与发展》，国营招商局，1947，第 11 页。

③ 《李鸿章札委盛宣怀等》，聂宝璋编《中国近代航运史资料》第一辑下册，人民出版社，1983，第 836~837 页。本文正文内所标日期，用阿拉伯数字者为西历，用中文者为农历。

④ 李鸿章在同治十一年正月二十六日（1872 年 3 月 4 日）给曾国藩信中提及津海关委员林士志与广帮办众商所拟章程九条："称公凑本银三十万，公举总商承揽，由官稽查，或请发公款若干，照股均难生息。"参看《李文忠公全集》，收入沈云龙主编《近代中国史料丛刊续编》第七十，《朋僚函稿》卷十二，台湾：文海出版社，1965，第 4 页。招商局筹办时期的官办建议，参看"中研院"近代史研究所编《海防档·购买船炮》，"中研院"近代史研究所，1957，第 909、927 页。盛宣怀于同治十一年三月草拟《轮船招商局章》，虽力主集商本，但在其"纲领六条之首条"中即建议："委任宜专也。轮船资本重大，官不能轻信商人，商亦不能遽向官领，必先设立招商局并成规矩，联络官商，而后官有责成，商亦有凭借，是非素谙大体、取信众商者不能胜任。请遴选公正精明股实可靠道府两员奏派主持其事。嗣后招商集本、领船运漕诸事，俱责成办理。上与总理衙门、通商大臣、船政大臣、各海关道交涉，下与各口岸局栈、各轮船管驾兵丁交涉。事之成败全在用人，……既得其人，必与便宜行事，请给发木质关防一颗，曰：筹办轮船招商总局之关防，以示郑重。……至生意盈亏均归招商，与官无涉。"招商局筹办时期的历史，吕实强的《中国早期的轮船经营》（三民书局，1976）一书有深入和详细的研究。

"官商合办，以广招徕"。① "章程"中有三条关于"官商合办"体制的
建议：

> 拟先于上海设立轮船招商局，以俾官商洽谈也。所有官长商人应办
> 一切事件，均由轮船商局会同办理。轮船之有商局，犹外国之有公司
> 也。惟管理商局，必须遴选精明公正留心时事之员，方可委派。居中应
> 派帮办之员，悉惟该员禀派，以专责成。②

> 机器局商轮船制造日多，准由商居承领分办也。机器局所造轮船，
> 以造价之多寡核定股分，由商居分招散商承认，每股银数定以一百两为
> 率。如该商自愿多认股数，悉从其便。在商既易于承认，无虑资本之不
> 敷，在局亦易集数，从此愈招而愈广。设若一时散商股份不足，即由商
> 居禀请所剩下股份作为官股，年终除造册呈报外，各商刊单分送，以昭
> 诚信。③

> 酌用水师兵勇，以筹备不虞也。轮船招商之后，除每船舵工水手人
> 等外，仍请酌用水师一、二十名，以备不虞。每蹚回沪之眼，由商局督
> 领，随时操演枪炮。年终请调会操，寓兵于商之意也。所有水师工食，
> 由商局给发造报。④

这个早期"官商合办"方案在筹办阶段即胎死腹中。北洋通商大臣
李鸿章于 1872 年 12 月 24 日致总理衙门函件中以"官厂现无商船可领"
为理由，提出官督商办的规制："目下既无官造商船在内，自毋庸官商合
办，应仍官督商办，由官总其大纲，察其利病，而听该商董等自立条议，
悦服众商，冀为中土开此风气，渐收利权。"⑤ 因此招商局在 1873 年初创
办时，清政府的总理衙门即确认招商局"现在系官督商办，即是商董

---

① "中研院"近代史研究所编《海防档·购买船炮》，第 910 页。
② "中研院"近代史研究所编《海防档·购买船炮》，第 911 页。
③ "中研院"近代史研究所编《海防档·购买船炮》，第 912 页。
④ "中研院"近代史研究所编《海防档·购买船炮》，第 913 页。
⑤ "中研院"近代史研究所编《海防档·购买船炮》，第 920 页。

之局"①。

招商局在同治十二年（1873）六月改组，李鸿章札委粤籍买办商人唐廷枢充总办，徐润等为会办，他们均是该局之主要投资者。除漕运仍归朱其昂等经办外，其余动股、添船、造栈、揽载、开拓船路、设立码头，均由唐徐二人经理。② 在唐徐二人领导下，该局重订章程八条，更严格地厘清该局与官方的关系，用以确保招商局是一个"盈亏全归商认，与官无涉"③ 的"商办"机构。④ 重订章程明确指出：

> 轮船归商办理，拟请删去繁文，以归简易也。查商人践土食毛，为国赤子，本不敢于官商二字，稍存区别。惟事属商办，似宜俯照买卖常规，庶易遵守。兹局内既拟公举商董数名，协同商总料理，其余司事人等，必须认真选充，不得人浮于事，请免添派委员，并拟除去文案、书写、听差等名目，以节糜费。其进出银钱数目，每日有流水簿，每月有小结簿，每年有总结簿，局内商董司事，公司核算，若须申报，即照底簿录呈，请免造册报销，以省文牍。⑤

有了上述条文的保障，招商局是否可以免除官僚干涉的事呢？招商局早期集资有困难（见表1），但在政府支持之下，该局仍采取"盈亏全归商认，与官无涉"的原则。政府扶持的政策是十分重要的。在招商局早期的收益表中，政府漕运水脚在1873至1884年占该局总收入一个很大的比重（见表2）。1880年以前，招商局承运漕粮的运费是每石六钱，较外国轮船公司出的米粮运价高出一倍。⑥ 光绪元年（1875）美商旗昌轮船公司表示愿意仅收运费每石一钱，与招商局竞争。该年招商局承运漕粮约六十万石，一钱与六

---

① "中研院"近代史研究所编《海防档·购买船炮》，第928页。

② 关庚麟编《交通史航政编》第1册，国民政府交通部铁道部交通史编纂委员会编纂出版，1935，第142页。

③ 《李文忠公全集》，《奏稿》卷二十，第32页；卷三十六，第35页。

④ 《同治十二年九月十九日，申报商局商董到局日期》，《中国近代航运史资料》第一辑下册，第837页。

⑤ 关庚麟编《交通史航政编》第1册，第145页。

⑥ *British Parliamentary Papers*：*Commercial Reports*，Irish Univ. Press，1873，pp. 114 - 115，"Tientsin"；1876：24，"Shanghai"；又参看 Kwang-ching Liu，"Steamship Enterprise in Nineteenth Century China," *Journal of Asian Studies*，Vol. 18，No. 4，1959，p. 443。

钱相较，清政府如许旗昌承运，可省下三十万两，对清政府财政不无小补。① 但清政府为了落实"招商"政策，一直不为所动，漕粮的补贴给予招商局有力资助。光绪元年，李鸿章又运用其势力，许招商局承运京铜百万斤。② 光绪三年李氏奏请各口岸所有官物均应交招商局承运。③ 招商局局员为政府采买漕粮及包税，获利甚多。但招商局因接受援助，于官员托荐人员时，没法坚拒。李鸿章于光绪三年一封信里说："至漕务各员荐人，该局不敢坚拒，自有苦衷。"④ 往往有人误会招商局是一个官局，"欲求谋事，欲受乾修，欲免水脚，欲借盘川等情，不一而足"。一些与商局有事务往来的官员便常推荐其亲友于商局中任职。这类安插私人的例子很多，唐廷枢和徐润有时只得坚拒。1873 年 6 月，盛宣怀托朱其诏复信即说："商局用人景翁（唐廷枢）早已定夺，……无从报命。"⑤ 曾任江海关道的邵友濂于任内曾向盛宣怀力荐其外甥及妹夫于招商局中办事。⑥ 这些人事安排上的纠纷，导致日后该局谣言四起。

表 1　轮船招商局资本与官款（1873～1891 年）

年度	资本			借款			*官款占资本%（$\frac{IV}{I} \times 100$）
	共计（I = II + III）	股本（II）	借款（III）	其中官款（IV）	官款占借款%（$\frac{IV}{III} \times 100$）	
1873～1874	599023	476000	123023	123023	100.00	20.54
1874～1875	1251995	602400	649595	136957	21.08	10.94

① 《论旗昌轮船公司欲代运漕事》，《申报》1875 年 3 月 16 日，第 1 页。该评论更指出："当我国银库现在告紧，迫于向西人押税、告贷之际，务必谋一节用之道，每年三十万两，大数所系，未必总理衙门全置之于度外也。近日向丽如、怡和两行告贷之三百万银，如省水脚一款，亦正足以抵其利息，谋国计者，亦不得不念及此也。"又参看《中国近代航运史资料》第一辑下册，第 909～912 页。招商局船亦曾运兵，李鸿章及沈葆桢虽有感招商局船太贵，但沈葆桢在同治十三年（1874）仍照旧用局船分装淮军助战。参看王尔敏、陈善伟编《近代名人手札真迹：盛宣怀珍藏书牍初编》，第 2572～2575 页。
② 《李鸿章致潘鼎新书札》，第 112 封（光绪元年三月初六），台湾：文海出版社影印，1960。
③ 《李文忠公全集》，《奏稿》卷三十《海运官物统归商局片》，第 33 页；《总署奏洋商船只在不通商地方起卸照旧禁阻片》，《清季外交史料》卷十二，台湾：文海出版社影印，1964，第 35 页。
④ 《李文忠公全集》，《朋僚函稿》卷十七《复沈幼丹制军》，第 27 页。
⑤ 《招商局未刊稿》，《朱其诏致盛宣怀函》，同治十二年五月三十日，转引自夏东元《晚清洋务运动研究》，四川人民出版社，1985，第 167 页。
⑥ 《近代名人手札真迹：盛宣怀珍藏书牍初编》，第 2438～2442 页。这一批信札中还有很多向盛宣怀自荐及推荐其亲友于招商局中任职的资料。

续表

年度	资本			借款		官款占资本% $(\frac{IV}{I}\times100)$
	共计 (I = II + III)	股本 (II)	借款 (III)	其中官款 (IV)	官款占借款% $(\frac{IV}{III}\times100)$	
1875~1876	2123457	685100	1438357	353499	24.58	16.65
1876~1877	3964288	730200	3234088	1866979	57.73	47.09
1877~1878	4570702	751000	3819702	1928868	50.50	42.20
1878~1879	3936188	800600	3135588	1928868	61.52	49.00
1879~1880	3887046	830300	3056746	1903868	62.28	48.98
1880~1881	3620529	1000000	2620529	1518867	57.96	41.95
1881~1882	4537512	1000000	3537512	1217967	34.43	26.84
1882~1883	5334637	2000000	3334637	964292	28.92	18.08
1883~1884	4270852	2000000	2270852	1192565	52.52	27.92
1886	4169690	2000000	2169690	1170222	53.93	28.06
1887	3882232	2000000	1882232	1065254	56.60	27.44
1888	3418016	2000000	1418016	793715	55.97	23.22
1889	3260535	2000000	1260535	688241	54.60	21.11
1890	2750559	2000000	750559	90241	12.02	3.28
1891	2685490	2000000	685490	0	0	0

资料来源：张维安著《政治与经济——中国近世两个经济组织之分析》，台湾：东海大学社会学研究所博士学位论文，1987，第104页；张国辉著《洋务运动与中国近代企业》，中国社会科学出版社，1979，第168页。

表2　轮船招商局漕运水脚收入（1873~1884年）

年度	水脚收入总额(两)	运漕水脚收入		运漕水脚收入占水脚收入总额的%
		运漕粮数(石)	水脚收入(两)	
1873年6月前		170000	102000	
1873~1874	419661	250000	150000	35.74
1874~1875	582758	300000	180000	30.89
1875~1876	695279	450000	270000	38.83
1876~1877	1542091	290000	174000	11.28
1877~1878	2322335	523000	313800	13.51
1878~1879	2203312	520000	312200	14.16
1879~1880	1893394	570000	342000	18.06
1880~1881	2026374	475415	252445.365	12.46
1881~1882	1884655	557000	295767	15.69

年度	水脚收入总额（两）	运漕水脚收入		运漕水脚收入占水脚收入总额的%
		运漕粮数（石）	水脚收入（两）	
1882~1883	1643536	580000	307980	18.74
1883~1884	1923700	390000	207090	10.77

注：年度系每年七月起至次年六月底止的会计年度。

资料来源：年度水脚收依据张国辉《洋务运动与中国近代企业》，第176页。各年度运漕石数，1873年6月前据《申报》1873年6月13日，第4页；1873~1874年，依据《中国近代航运史资料》第一辑下册，第909页；1874~1875年，依据 Kwang-ching Liu, "Steamship Enterprise in Nineteenth-Century China," *The Journal of Asian Studies*, Vol. 18, No. 4, 1959, p. 443；1876~1878年，浙江运漕米数，依据浙江巡抚梅启照在光绪三年至四年的奏折，参阅中国史学会编《洋务运动》第6册，上海书店出版社，2000，第27~29页；其他各年度数额，依据《国民政府清查整理招商局委员会报告书》下册，第21~34页。

运漕每石水脚，1880年前按银六钱计算，依据《海防档·机器局》，第104页，又朱其昂《提办江广漕粮五万石以小麦高粱抵交逐项实支细数》，收入王尔敏、陈善伟编《近代名人手札真迹：盛宣怀珍藏书牍初编》，中文大学出版社，1987，第2册，第863~864页；又参阅《论旗昌轮船公司欲代运漕事》，《申报》，1875年3月16日，第1页；1880年后运漕每石水脚，按漕平银五钱三分一厘计算，依据吴元炳《商局官帑分年抵还折》，收入《李文忠公全集》，《奏稿》卷三十六，第33页。徐元基《海运漕粮对中国轮运业创立的作用问题》（见《中国近代经济史研究资料》，上海社会科学院出版社，1987，第57~65页）一文中对漕粮石数及水脚价目的估计，实有商榷的地方。

　　在唐徐主持下，招商局有大规模的扩展计划，这些增购轮船、地产及各项设备之经费，主要不是来自商股的增加，而是靠借款，其中政府借款占相当大的比重（见表1）。招商局于1877年购买旗昌洋行属下旗昌轮船公司的整个船队设备，主要就是靠政府贷款的支持。购买旗昌轮船公司所有各船以及产业物件共需银二百二十二万两（见表3），其中一百万两来自江苏、浙江、湖北及江西各地方政府的借款。从招商局筹办时李鸿章奏准拨借直隶练饷存款制钱二十万串时始，至1883年，共有约二十项的政府借款（见表4），所有政府贷款加起来共约二百万两，为该局1880年时所招股之二倍（见表1）。上述各项政府贷款虽名为"官本"，但李鸿章在发借直隶练饷时即指出该项官款并非官股，"公家只取官利，不负盈亏责任，实则仍属存项性质"[①]。该等借款年利从七厘至十厘不等，较当时钱庄借款的利率为低。因有这批低息政府贷款，"该局气力为之一舒"，避免因挪借钱庄巨款而"重出庄利"。[②]

----

① 国民政府清查招商局委员会编《国民政府清查整理招商局委员会报告书》下册，国民政府清查招商局委员会，1927，第18页。

② 《李文忠公全集》，《译署函稿》卷七，第21页。

表3　1877年1月2日招商局购并旗昌轮船公司
所有各船以及产业物件一览

项目	价值
1. 轮船十六艘（江西、山西、快也坚、海马、气拉渡、徽州、南京、美利、俾物乐、河南、新四川、湖北、直隶、山东、保定、盛京）	1488000两
2. 小轮四艘、驳船五艘、救火机器二副	44200两
3. 机器厂	41400两
4. 上海栈房码头（金利源、宁波、金方东、栈房码头、老船坞栈房、江船坞机器厂）	763600两
5. 汉口、九江、上海趸船	110000两
6. 煤斤、食物、洋酒、船上零用杂物、木植铁料	60000两
上述各项约计	2500000两
折足规银（八折）	2000000两
7. 汉口、九江、镇江、天津洋楼栈房及一切家具	220000两
合计	2220000两

资料来源："中研院"近代史研究所编《海防档·购买船炮》，第946~947页。

表4　招商局所借官款（1872~1883年）

公款来源	借款年度	借款（单位：库平两）	年利率	用途
天津练饷	1872	120000	照江浙典商承领之案7‰	开办经费
江宁木厘	1875	100000	8%	购买长江大轮船二号
浙江塘工	1875	100000	8%	同上
海防支应银	1876	100000	8%	清还钱庄借款
直隶练饷	1876	100000	8%	同上
扬州粮台	1876	100000	8%	同上
荣工加价支应局练饷生息银	1876	50000	10%	同上
保定练饷	1876	50000	8%	同上
东海关	1876	100000	8%	同上
江宁藩库	1877	100000	10%	购买旗昌
江安粮台	1877	200000	10%	同上
江海关	1877	200000	10%	同上
浙江丝捐	1877	200000	10%	同上
江西司库	1877	200000	10%	同上

公款来源	借款年度	借款 （单位:库平两）	年利率	用途
湖北省司库	1877	100000	10%	同上
海防经费	1878	150000		
海防经费	1878~1881	长沙平荆沙色银 100000		
出使经费	1881	80000		
天津海防支应局	1883	200000		

资料来源:"中研院"近代史研究所编《海防档·购买船炮》，第 945~982 页；《李文忠公全集》，《译署函稿》卷七《轮船招商局公议节略》，第 26~28 页；聂实璋编《中国近代航运史资料》第一辑下册，上海人民出版社，1983，第 914~934 页。

购买旗昌后，招商局一时却陷于困境，一方面受到洋商削价竞争，又逢 1877 年华北旱灾造成经济不景气，影响招商局的货运收入。李鸿章为了帮助招商局渡过困难，于光绪三年九月二十九日（1877 年 10 月 25 日）上奏朝廷，建议"仿照钱粮缓征、盐务帑利缓交之例，将该局承领各省公款（银一百九十万八千两），暂行缓缴三年利息，借以休息周转，陆续筹还旗昌及钱庄欠款。三年满后，自光绪六年起，即分四年提环官本。……"同年十一月二十五日（1877 年 12 月 27 日）李鸿章再以该局"商本未充，生意淡薄"为理由，奏请:"矣光绪六年起缓利发本，匀分五期，每年缴还一期，以纾商力。每期计应缴官本银三十八万一千六百两。……届时照缴，无论如何为难，不得再求展缓。"① 这种"官为维持"的政策无疑解救了招商局在购买旗昌后所面临的支绌情形，就在这个时期，有一些政府官员乃提出设立官股，以及全部股本国有化的方案。

二 叶廷眷的国有化方案

申报 1877 年 7 月 9 日首页译述了一段招商局更改章程的消息:

---

① 《李文忠公全集》，《奏稿》卷三十《整顿招商局事宜折》，光绪三年十一月二十五日，第 31 页。

字林报曰：现中国朝廷拟议招商轮船局所有借收未还各款，俱由国家自行筹填，盖船局所借李伯相之钱七十万吊（按此款非李氏个人的投资，而是直隶政府的借款），各海关所暂借之银一百万两概算国家入股也。洵如斯，则商局将更为官局耶！①

同年 10 月 25 日军机处抄出御史董俊翰折中称：

或谓该局（招商局）应仿照船政成案，专设大臣一员管理。臣愚以为易商为官，徒滋浮费，且恐转多掣肘，不如仍存商局之名，由南北洋通商大臣统辖，庶查察较易周密，而经费无须再增。②

这些仿照船政成案改招商局为国营企业，不是无根据之论。据已发现之材料，1878 年江苏候补道叶廷眷的建议，最为具体。

在叶廷眷提出国有化方案之前，两江总督沈葆桢曾于 1877 年招商局创议归并旗昌轮船公司时，奏请以官方借款作招商局股本。但他改借款为官股之议并未实行，"旋因各省大宪未允，势迫改为存项"③。当时的各省大宪中，只有李鸿章有压服两江总督沈葆桢的势力。李鸿章于光绪三年奏请维持招商局的奏折中曾提及："或将债息（招商局暂行缓缴官款的利息）长存，作为官商一体。"④ 另一奏折中又称："统计八年官本全清，其缓收息款，以后或作官股，或陆续带缴，届时察看情形再议。"⑤ 但从"届时察看情形再议"之语气来推断，李鸿章并不热衷于以官方借款改作官股的动议。李鸿章对设置官股的态度决定了叶廷眷的招商局国有化方案的流产。

叶廷眷于光绪四年七月十七日（1878 年 8 月 15 日）因朱其昂病故，在天津奉李鸿章札委会办招商局务。⑥ 叶氏会办任内曾考虑整顿招商局的各种方案，细读了董俊翰、李鸿章及沈葆桢等官员有关招商局意见的奏稿。叶廷眷上任后，"连日检查招商局账册，核其成本，虽有五百多万两"，但招商

---

① 《申报》1877 年 7 月 9 日，第 1 页。
② "中研院"近代史研究所编《海防档·购买船炮》，第 974 页。
③ 《轮船招商局第七年账略》，《申报》1880 年 9 月 26 日，第 3 页。
④ 《李文忠公全集》，《译署函稿》卷七，第 23 页。
⑤ 《李文忠公全集》，《奏稿》卷三十《整顿招商局事宜折》，光绪三年十一月二十五日，第 31 页。
⑥ 《中国近代航运史资料》第一辑下册，第 854 页。

局由于"明朽暗耗"和"用款之繁",加上在购买旗昌后,"为洋商一意倾轧,以致日行支绌,此非尽谋之不善,实出于势之无可如何"①。叶氏上禀北洋大臣李鸿章信中,对招商局的危机有详尽的分析:

> 津沪两局,揽载而兼漕运,头绪繁多,用款亦巨。其长江自镇江以至宜昌、……吕宋等埠,计有二十七处,无论设局搭庄,均得开销。浇用(日常开支)每月约需九千余两。……轮船中外司事饭食辛工,每月约需一千五百余两,以其船数计之,共需四万八九千两,各款起息,约需四万余两,其余煤炭烧饭各费,以生意之好歹,定数目之多寡。即按船只核算,每月约需八九万两。统而计之,共需二十万两。终年所费,即成二百四十万两。加船旧等费,计非实款三百万两,不足敷衍。……本届总揭亏款计成二十四万六千之数,尚有折旧一项,未经并算。溯查办五年,应折船只房栈各旧以及江长船价,历年短少大约一百六十五万余两。明亏暗耗,悉成本之脂膏。兹将官款存息二十二万六千余两,……局用余款二万三千余两,并款抵除,尚短一百二十余万两,为数甚巨,不作条分析理之谋,终成虚本蚀利之势,受累何穷。……即使能有实款三百万两,亦只自敷浇用,未能分补前亏。……此外招徕新股,亦必听人情愿,不能强之使来。每当急促之时,惟借往来之款,姑无论其利息厚重,盘剥难胜。第就局势论之,历年亏耗已及一百二十余万之多,若再因循拖累,则几无可挽回。此筹款之难且急者,更不得不为虑及也。②

叶廷眷的国有化方案乃针对招商局"商股不足"之问题而发(见表1)。这种情况在购买旗昌后更为明显。李鸿章也十分清楚商股不足的情况。光绪三年六月初一日(1877年7月11日)李鸿章复郭嵩焘信中指出:"去冬招商局收买旗昌轮船,幼丹(沈葆桢)请发各省官帑百万,再招商股百二十万,迄今半载,华商无一人股,可见民心之难齐。"③ 既然商股难招,

---

① 《叶观察(廷眷)禀稿—禀北洋大臣李鸿章》,《中国近代航运史资料》第一辑下册,第602页。

② 《叶观察(廷眷)禀稿—禀北洋大臣李鸿章》,《中国近代航运史资料》第一辑下册,第602~603页。

③ 《李文忠公全集》,《朋僚函稿》卷十七《复郭筠仙星使》,光绪三年六月初一日,第13~14页。

很自然地便会有改借款为官股的动议。

叶廷眷补救招商局危机之方案，就是把招商局仿福州船政局成案，改归国营。叶廷眷向李鸿章建议：

> 惟请加拨公款二百数十万两，将钱庄及浮存之款，先行还清，每年可省二十余万之息。其商股七十余万，亦可停利拨本，每年又可省七万余之息。逐年（惟）提船栈折旧，以五百万成本而计，一年可提四十余万之数，一年有余先将商股拨还，成为官局，约计十年即可将官本全数交清，所有船栈码头，一切悉属官局余项。此数年中，如有船只失险之类，则以保险余利，置购新船抵补，绰乎有余。即旧船亦可改作新船。如此办法，始能立定脚步。为可久可大之图。所有为敌之怡和太古，势不能久，亦将不战而退。以后惟我所欲，为中国海洋之利，可以全行收回，此上着也。①

李鸿章没有接受叶廷眷的建议，因此招商局的体制依然保存"承商"的形态。李氏拒绝叶廷眷国有化方案的原因，可从清政府的财政问题及李氏本人对"承商"形态之理解来考察。

费维凯（Albert Feuerwerker）曾指出："清政府确实没有足够资金来承办新兴企业，因此必须鼓励商人投资。"② 必须同时指出的是，李鸿章为了海防需要，常面对经费不足的问题。当时他的急切问题是如何筹建一支强大的北洋海军。光绪元年七月十九日（1875 年 8 月 19 日），李鸿章复沈葆桢信中指出："海上水师一军，承示须兵轮十数支，现尚无钱无人，何从措手？部发四百万，有名无实。各关四成除去协饷借款，所存无几。各省厘金指发，久而入不敷出，断难如数解济。非凑积欠二三百万，不敢轻言购船置械。"③ 两日后复郭嵩焘信中更指出："南北洋有名无实，岁拨四百万，断不能如数发解，即使全解，一时尚不足开办也。"④ 当时李鸿章不惜维持鸦片

---

① 《叶观察（廷眷）禀稿—禀北洋大臣李鸿章》，《中国近代航运史资料》第一辑下册，第603 页。

② *Albert Feuerwerker, China's Early Industrialization：Sheng Hsuan-huai（1844-1916）and Mandarin Enterprise*，Cambridge, Mass. Harvard University Press，1958.

③ 《李文忠公全集》，《朋僚函稿》卷十五，《复沈幼丹制军》，光绪元年七月十九日，第 21 页。

④ 《李文忠公全集》，《朋僚函稿》卷十五，《复郭筠仙廉访》，光绪元年七月二十一日，第 22 页。

厘金来支持其自强事业。① 关于轮船招商局之前途，李鸿章一直坚持"承商"的原则，纵使他有招商局国有化的念头，但资金短绌，② 又哪有余力筹足数百万巨款来收购商股呢？"招商承办"新兴企业是解决政府财力不足的良策。招商局国有化若推行，当时"招商承办"新兴企业的长程目标，必受挫折，商人投资于官督商办企业的信心，必更减少。南洋大臣沈葆桢虽曾在1877年前后主张招商局应有官股，但他亦面临与李鸿章同样的财政困难，实难于筹措余款来推行招商局国有化方案。沈葆桢非常后悔动用库银支持招商局购买旗昌的行动。在叶廷眷提出国有化计划之前，沈葆桢于光绪三年九月二十六日（1877年10月31日）曾上"江苏饷源日竭兼筹酌剂"一折，颇为追悔购买旗昌之豪举：

> 提存招商局银五十万两，虽商务因而起色，而江安粮库一洗而空。江藩库、江海关俱以要款抵拨，至今无从归补，不能不悔任事之孟浪也。然此藏诸外府，俟商股充溢，尚可陆续收回，若荒赈则无功无私，罗掘殆尽，虽暂解燃眉之急，要难医剜肉之疮。苏藩库、淮连库均尽收尽放，从无存留，绝不料江南财赋之区贫瘠至于如此。③

富裕的江南地区尚且有缺饷的问题，其他省份可想而知。与此同时，清政府还要面对如何筹款支持左宗棠西征大军的军饷，④ 及华北旱灾饥民的救济费用。⑤ 再开饷源支持叶廷眷的招商局国营方案，实有困难。

笔者曾在另外一篇文章中探讨李鸿章对"承商体制"的理解，并以早

---

① 刘锦藻：《清朝续文献通考》卷五十一《征权二三·药》，第8059页；《李文忠公全集》，《译署函稿》卷三《论海防筹饷》，光绪元年五月十一日，第18页。

② Albert Feuerwerker, *China's Early Industrialization：Sheng Hsuan-huai（1844 - 1916）and Mandarin Enterprise*, pp. 47-48；何烈：《清咸、同时期的财政》，台北编译馆中华丛书编审委员会，1981；罗玉东：《中国厘金史》，大东图书公司，1977；彭泽益：《十九世纪后半期的中国财政与经济》，人民出版社，1983；全汉昇：《近代中国的工业化》，见氏著《中国经济史研究》下册，新亚研究所，1976，第13~22页；Frank H. H. King, *The Hong Kong Bank in Late Imperial China, 1864-1902：on An Even Keel*, Cambridge University Press, 1987, pp. 281-282, 535-562。

③ 沈葆桢：《沈文肃公政书》卷七《江苏饷源日竭兼筹酌剂折》，光绪三年九月二十八日，台湾：文海出版社影印，1967，第27页。

④ 秦翰才：《左文襄公在西北》，岳麓书社，1984。

⑤ 何汉威：《光绪初年（1876~1879）华北的大旱灾》，中文大学出版社；*Paul Richard Bohr, Famine in China and the Missionary*, Harvard University Press, 1972。

期招商局的历史（1872～1885）为案例，考察李鸿章如何扶持新兴企业。①
李鸿章对"承商"体制的理解可从光绪六年三月二十七日（1880年5月5
日）的奏折中窥其梗概：

> 遵查轮船招商局之设，系由各商集股作本，按照贸易规程，自
> 行经理，……盈亏全归商认，与官无涉。诚以商务应由商任之，不
> 能由官任之。轮船商务，牵涉洋务，更不便由官任之也。与他项设
> 立官居开支公款者，迥不相同，惟因此举为收回中国利权起见，事
> 体重大，有裨国计民生，故须官扶持，并酌借官帑，以助商力之不
> 足。……其揽载客货，以及出入款目，因会办各员多有服官他省，
> 不能驻局，仍责成素习商业之道员唐廷枢、徐润总理其事，局中股
> 本亦系该二员经手招集，每年结账后，分晰开列清册，悉听入本各
> 商阅看稽查。②

李鸿章对招商局"承商"体制的支持，使该局渡过了一次国有化的风
波。叶廷眷是李鸿章的下属，本人无力筹官款，其议自可作罢。但其他封疆
大吏，地位与李鸿章相当者提出设立官股之方案时，李鸿章就要费神应付
了。招商局购买旗昌时，两江及其他各省当局只是筹借公款，所以未设立官
股，便是因为未便长给巨款，只能暂贷而已。沈葆桢当时即如此打算。但一
二年后，招商局公款拖欠无着，即有缴还之款又由李鸿章移为别项公用时，
以往反对附股的督抚则亦主张设置官股了。沈葆桢的继承人两江总督刘坤一
之所以建议招商局所借公款改为官股，可从这角度来分析，而派系冲突则是
导致刘氏提出设置官股的首要因素。

---

① 拙著，"Li Hung-chang and Modern Enterprise: Government Policy and Merchant Investment in the
China Merchants'Company，"*Studies in Chinese History*（forth-coming）；又参考刘广京《从轮船
招商局早期历史看官督商办的两个形态》（未刊稿）；胡滨、李时岳《李鸿章和轮船招商
局》，见章鸣九、左步青、阮芳纪编《洋务运动史论文选》，人民出版社，1985，第271～
295页。樊百川《中国轮船航运业的兴起》，四川人民出版社，1985，则提出相反的意见，
指出李鸿章因为拥有大量招商局股票，故借官为扶持来扩展私人资财。樊氏认为李氏在
1872年已投资五万两，1882年变为十万两，1883年再增为二十万两（第257页），由于没
有充分证据，樊氏的说法有待商榷。
② 《李文忠公全集》，《奏稿》卷三十六《复陈招商局务片》，光绪六年三月二十七日，第
35页。

三　刘坤一设置官股的企图

叶廷眷国有化方案虽未实现，却成为日后刘坤一等筹设官股时的重要蓝图。叶氏的方案乃针对招商局购买旗昌后一时的窘况而发。但在刘坤一建议设置官股之前，招商局已与太古、怡和两公司订立齐价合同，局务转危为安，商股招足原定目标的一百万两，官款亦开始清还（见表1）。招商局自1879年起每年拨四十多万两为折旧金，可说业务正蒸蒸日上。刘坤一在招商局业务成功之时提出设置官股计划，不但动摇招商局原来的体制，而且影响当时清政府的招商政策，使商人对新兴企业的信心，益为减低。

光绪六年，招商局提还官本的限期已到。李鸿章于三月二十七日（1880年5月5日）建议该局以每年运漕米六十六万石应收水脚三十五万余两项下，分五年全数抵换所欠官款一百七十八万一千五百两（该局前已发还东海官等十二万六千五百两）。[①]当时李鸿章筹建海军，正拟向英国订造铁甲船。由于"经费支绌"，于该年六月初三日（1880年7月9日）奏请"酌提招商局三届还款约一百万零抵作订造铁甲之需，分年拨兑"。[②]但此项建议受到南洋大臣刘坤一的反对，刘氏更力主招商局官借款项改为官股，借以打消李氏购买铁甲船之计划。

光绪六年十月二十六日（1880年11月28日），国子监祭酒王先谦就李鸿章奏请提还招商局公款一事，上奏斥责唐廷枢、盛宣怀等"营私肥囊"，"徒以库帑供伊等营利肥私之用"。[③]其实招商局在叶廷眷任内一年即从归还公款无着的困局，转为较舒的局面，于指拨四十二万八千五百八十一两为折旧金额后，仍余三十五万多两的利润（见表5）。不知内情的人很容易得出与王氏同样的结论：局中主管唐廷枢、徐润和盛宣怀等人一定是食得无厌，政府的扶持只会供这批贪婪的商人营利肥私之用。在清议之风特盛的光绪初年，这被误认为徒以库帑供招商局主管们"营私肥囊"的表面现象，又怎能逃言官之弹劾呢？

---

① 《李文忠公全集》，《奏稿》卷三十六《商局官帑分年抵还折》，光绪六年三月二十七日，第33~34页。
② 《李文忠公全集》，《奏稿》卷三十七《定造铁甲船折》，光绪六年六月初三日，第33页。
③ 《光绪六年十月二十六日国子监祭酒王先谦奏》，中国史学会编《洋务运动》，上海书店出版社，2000，第39页。

王先谦的奏折建议饬下南洋大臣刘坤一据实查办招商局事。王氏指出：

> 各省借拨库款，南洋居多，专款归库，方为正办，况分年提还之款，亦不足应急切购办之需，即北洋必需此项，而该局余利，实数每年还款，即由南洋扣收拨解，未为不可，且免掣动本银，贻误商局，自属有益。各省滨海码头，以上海为总汇，滨江码头，亦江南居多，均南洋所辖地面，事权分属，呼应较灵。拟请饬下南北洋大臣，就近各专稽查，分收库款，以免蒙混。①

表 5　轮船招商局的利润及折旧 （1873~1884 年）

单位：两，%

年度	盈利	折旧	折旧占	利润	利润占
1873~1874	81608	—	—	81608	100.00
1874~1875	156144	—	—	156144	100.00
1875~1876	161384	—	—	161384	100.00
1876~1877	359162	—	—	359162	100.00
1877~1878	442418	—	—	442418	100.00
1878~1879	782126	428581	54.80	353545	45.20
1879~1880	673138	404387	60.07	268751	39.93
1880~1881	744794	451995	60.69	292799	39.31
1881~1882	604606	256849	42.48	347757	57.52
1882~1883	464374	156279	33.65	308095	66.35
1883~1884	912086	757084	83.01	155002	16.99

资料来源：据招商局历年账略。张国辉著《洋务运动与中国近代企业》，第 178 页。

王先谦的奏折建议"至营运收入，理宜涓滴归公"，又云："其公款原存本银，仍作为库款盈余之项，按年生息，随时酌济，务期周密。"王氏更拟请朝廷饬令"依叶廷眷按船报帐之法，就各码头，由关道印发三联空票填用，一给客商，一报通商大臣衙门，一存根留局，按月办理通报，以杜侵蚀"②。王氏虽未主张设置官股及国有化，但显然要增加官督商办中官方势力。

---

① 《光绪六年十月二十六日国子监祭酒王先谦奏》，中国史学会编《洋务运动》第 6 册，第 40 页。
② 《光绪六年十月二十六日国子监祭酒王先谦奏》，中国史学会编《洋务运动》第 6 册，第 40 页。

　　同年十一月初六日（1880 年 12 月 7 日）军机处就王先谦奏，及筹款购买外洋铁甲兵船等事征询各有关督抚的意见。光绪七年正月初八日（1881 年 2 月 6 日），刘坤一在"复陈海防事宜折"中反对再购买铁甲兵船。在同一折中，刘氏对推广招商局船往来东西洋贸易一事，认为"事属可行，时不可缓"。刘氏考虑到招商局规模"尚小，且提还公款后资本亦薄，未必更能广充"，因此乃建议"以巨帑资之，俾得展布"。同时刘氏主张："宜得一大力者驻局主持，唐廷枢、徐润与之左右。"[1] 一星期后（2 月 13 日），刘坤一在其"查议招商局员并酌定办法折"中，首先指出，李鸿章曾奏请招商局官帑还清后，所缓收的息款，"或作官股，或陆续带缴，届期查办"。以此为依据，刘氏乃进一步建议招商局设置官股：

　　　　查招商局前存官帑一百九十万八千两，奏定缓息三年，自光绪三年起至五年止，该息银四十五万七千九百二十两。此项息银，原议按年凑还官款。现在光绪六年分息银十五万二千六百四十两，业已凑还官款无存；其余官款，已定在运漕水脚项下提还。则自七年起至十年止，该缓息银三十万五千二百八十两，自应按年提存，以充该局之用，仍与光绪三年至六年所缓息银六十一万五百六十两，一并作为官股，由局开具股票，送官收存照案。俟至光绪十一年正月起，即照商股周年一分起息，按年将息银缴官备用。统计缓息九十一万五千八百四十两。……此九十余万系官帑存局之息银，即属库款之盈余，官本虽已缴清，而所缓之息存局作股，又复生息，倘值生意畅旺，每年于提息外，仍可按股分其余利，实于库款甚有裨益。[2]

　　刘坤一关于招商局应设官股之建议与李鸿章对招商局的政策迥异。刘坤一设置官股的方案反映他对商业利润的理解，认为国家应分享招商局的利润。刘氏在光绪七年正月初八日"复陈海防事宜折"中指出：

　　　　用财如用兵，分数明，则多多益善，每年盈余所入，官商照章均

①　刘坤一：《刘忠诚公（坤一）遗集》，《奏疏》卷十七《查议招商局员并酌定办法折》，光绪七年正月十五日，台湾：文海出版社影印，1966，第 3~4 页。
②　刘坤一：《刘忠诚公（坤一）遗集》，《奏疏》卷十七《查议招商局员并酌定办法折》，光绪七年正月十五日，第 17 页。

分，于军国之需，不无小补，庶靡众心而杜群喙，所以提挈之，亦所以安全之。泰西各国以商而臻富强，若贸迁所获，无与公家，自必别有剥取之法，否则富强何自而来？[1]

刘坤一这种"公利观"是中国思想中抑商传统之写照。刘氏虽然力主招商局设置官股，但不赞成该局完全国有化的方案，他对招商局的体制，看法如下：

> 该局本系奏办，在局员董由官派委。只以揽载贸易，未便由官出场与商争利；且揽载必与华洋商人交涉，一作官局，诸多掣肘；兼之招股则众商必不踊跃，揽载则市面亦不乐从，不得不以商局出名。其实员董由官用舍，账目由官稽查，仍属商为承办，则官为维持也。[2]

李鸿章对招商局扶持的政策，则代表另一种比较务实的富强思想。李氏的爱国热忱是没有问题的。[3] 力主减少官僚干涉，维持商办体制是李氏"重商思想"的一种表现。李氏看到叶廷眷和刘坤一的建议均足以沮丧商人投资的信心。光绪六年三月二十七日，李氏在奏明招商局官帑分年抵还程序时，与署两江总督江苏巡抚吴元炳合奏，力主维持招商局体制。李鸿章等在该奏折中反复申辩招商局的"承商"体制与商人之信心问题：

> 现值运漕揽载吃紧之时，若纷纷调簿清查，不特市面徒滋摇惑，生意难以招徕，且洋商嫉忌方深，更必乘机倾挤，冀遂其把持专利之谋，殊于中国商务大局有碍。总之，商局关紧国课最重，而各关应纳税课，丝毫无亏。所借官帑，现据唐廷枢、徐润等禀，定由该局运漕水脚，分年扣还，公款已归有着。其各商股本盈亏，应如前奏，全归商认，与官无涉。

---

① 刘坤一：《刘忠诚公（坤一）遗集》，《奏疏》卷十七，《查议招商局员并酌定办法折》，光绪七年正月十五日，第4页。

② 刘坤一：《刘忠诚公（坤一）遗集》，《奏疏》卷十七，《查议招商局员并酌定办法折》，光绪七年正月十五日，第15~16页。

③ 参看 Kwang-ch'ing Liu, "The Confucian as Patriot and Pragmatist: The Formative Years of Li Hung-chang, 1823-1865," *Harvard Journal of Asiatic Studies*, 30 (1970), pp.5-45; "Li Hung-chang in Chihli: The Emergence of a Policy, 1870-1875," in Albert Feuerwerker, Rhoads Murphey, and Mary C. Wright, eds., *Approaches to Modern Chinese History*, Unviersity of California Press, 1967, pp.68-104。

只可照案，俟每年结账时，由沪津两官道就近清查一次，以符定章。①

李鸿章了解到商人的信心问题与招商局承办新兴企业的目标是不可分的，因此他非常重视商人的请求。

从叶廷眷到刘坤一等提出招商局国有化方案时，招商局商人即有强烈的反应。光绪七年徐润、唐廷枢、张鸿禄给李鸿章一封私人信札中指出："诚以体制攸关，官似未便与民争利；经商之术，商亦未便由官勾稽。是夹杂官商，实难全美，官帑依期分还，帑息陆续缴官。嗣后商务归商任之，盈亏商认，与官无涉。并乞请派查账之议，不致市风摇惑，外侮乘以相倾，则商情感戴奋兴，招徕新股亦可踊跃。"招商局商人不满的情绪也反映在该年商局的年报中：

> 揽载运漕原系商人之贸易，故同治十二年李傅相创设此局，奏明招商办理，由官维持，（却）系名正言顺。所谓维持者，盖恐商人资本不足，办事不能经久，故拨运漕米，拨借官帑，以固其本，是官维持，可谓无微不至矣。同治十三年，枢等蒙委接办，亦曾拟定归商办理章程，去春因官款欠悬无着，遂致物议沸腾，适当局务渐有起色，乃蒙傅相奏明将官款分年缴还，其生意盈亏在商不在官，是官意在维持，并不与商争利，此其明证。乃竟有人不问设局之本旨，不知生意之蹊径，轻听旁言，发诸议论。或谓局员办理不善，用人不当，开销浮縻，营私肥己等情，盖实未知局员皆有巨资，倡为商股，即各董事亦系有股之人所充。②

与此同时，徐润和唐廷枢给盛宣怀信中更声称："或恐都中人言籍籍，以有关公款为责，此亦易办，只须弟等变卖船只埠头，归还公款有余，散此公司，另图活计，纵有亏折，与公家无涉，可不须查办。"唐、徐等商人这种强烈反应，使李鸿章不得不正视商人们的要求。

---

① 《李文忠公全集》，《奏稿》卷三十六《复陈招商局务片》，光绪六年三月二十七日，第35～36页。

② 关庚麟编《交通史航政编》第1册，第152～153页；徐润和唐廷枢等信札，参见刘广京《从轮船招商局早期历史看官督商办的两个形态》，氏著《刘广京论招商》，社会科学文献出版社，2012。

李鸿章于光绪七年二月十一日（1881 年 3 月 10 日）连上两篇奏折，以回应王先谦和刘坤一等有关添加官股于招商局的方案。由于形势所迫，李鸿章不得不对"商为承办，官为维持"之说有如下解释：

> 维持云者，盖恤其隐情，而辅其不逮也。招商局即缴清公款，不过此后商本盈亏与官无涉，并非一缴官帑，官即不复过问，听其漫无钤制。①

> 其轮船运漕用费，取给揽载客货之中，以后生意盈亏，在商不在官，使官帑先有着落等因。盖专指生意盈亏而言，非谓局务即不归官也。②

上引李氏奏章，字里行间，一直为招商局体制及唐廷枢等人辩护。在同日的奏折中，李鸿章更分析设立官股对商人信心的影响：

> 从前议者多以商局将亏本，严加弹劾。该商等惧担重咎，故以提还公款为汲汲，未尝非急公奉上之议。乃王先谦复以为疑，殊令该商等无所适从。诚恐共事之人，惑于浮论，意见参差，则徒启纷纭，将碍大局。③

为了安定招商局商人投资的信心，也为了保全招商局的承商制，李鸿章撤去力主招商局国有化的叶廷眷在局中之差事，④ 其后并不惜建议将招商局

---

① 《光绪七年二月十一日直隶总督李鸿章片》，中国史学会编《洋务运动》第 6 册，第 61 页。
② 《李文忠公全集》，《奏稿》卷四十《查复招商局参案折》，光绪七年二月十一日，第 22 页。
③ 《光绪七年二月十一日直隶总督李鸿章片》，中国史学会编《洋务运动》第 6 册，第 61 页。
④ 同治十一年十二月间李鸿章曾札委叶廷眷会办招商局务，希望借此可招致粤商（《李文忠公全集》，《朋僚函稿》卷十二《复孙竹堂观察》，同治十一年十二月二十日，第 36 页）。因为叶氏任上海县令期间（同治十一年至十三年），曾积极参与粤籍商人的广肇公所之活动（姚文枬等纂《上海县续志》卷十四，1918，第 4 页，卷十五，第 2 页；又参考徐润《徐愚齐自叙年谱》，台湾：食货出版社重印，1977，第 16～17 页），熟知叶廷眷上任后的《条陈借官款三百万、运长江监、缓仓场漕三事》。其中请添发巨帑把招商局国有化的方案与唐廷枢、徐润等商人意见抵牾，李鸿章认为："此非一人所能主政，且事势诸多窒碍，未从其请。"叶氏因此不悦，借丁母丧而离任。由于曾"保荐其同族显照办理津局，亏挪公款"，李鸿章以此事撤去叶廷眷招商局的职务（《光绪七年二月十一日直隶总督李鸿章片》，中国史学会编《洋务运动》第 6 册，第 59～60 页）。又刘坤一于光绪七年正月十七日（1881 年 2 月 15 日），《复黎召民》信中亦指出叶廷眷"现在丁银，又不得于北洋，未便强之入局，留为后图"。见刘坤一《刘忠诚公（坤一）遗集》《书牍》卷八，光绪七年正月十七日，第 17 页。根据盛宣怀《轮船招商局始末》，叶氏"遂肆谣啄，惶惑人心"。

之大权移交刘坤一，以这强烈行动作为保全该局承商的体制。①

刘坤一于该年三月初三日（1881 年 4 月 11 日）再上奏力主将招商局本息作为官股：

> 招商局提剩官本及缓息两项，应否作为官股，臣不敢固执成见。叶廷眷及刘瑞芬等，先后以此为请，而臣亦深以为然者，盖以招商局实为大利所归，如第六届稍一节省，除用度外，尚余银二十九万余两，可以想见。……就目前而论，招商局名为分洋商之利，其实所少者系国家课厘，所夺者系资民生计，在朝廷以父母之心为心，以我自有之利为外人所得，曷若为子弟所得，是以提之挈之，不遗余力，顾为子弟者，以父母之力而有是利，独不稍为父母计乎！查外洋轮船之利，实君与民共之，……招商局以拨公帑而成，如以本息作为官股，照商股一律办理，期有裨于度支，未为不可也。又外洋轮船贩运之货，抽税极重，竟至半倍、一倍，故其利官商均沾；非如招商局所完之税，转减于中国常税，而厘金无与。是轮船之利，专在商而不在官，为国理财之道，似不如此。又外洋轮船，人人可以驾驶，同受商贩之益。今中国轮船，非招商局不可，虽许他人合股，其权操之局员，是利在数人而不在众人，藏富于民之道，亦似不如此。惟将此项本息作为官股，其利得以分润，公私两得其平，即以官力扶商，亦以商力助官。……即在局外者，亦不至于嫉怨，该局亦可长久矣。②

刘坤一为什么要在 1881 年提出设立官股的建议呢？就现有材料显示，刘氏反对李鸿章购置北洋海军轮船政策为主要因素。李鸿章力主购买外洋铁甲兵船以增强海防力量，在光绪七年正月十九日（1881 年 2 月 17 日）致四川总督丁宝桢信中言之甚畅：

---

① 李鸿章在该奏折中指出："臣于招商局向不敢置身于外，然王先谦既谓上海及滨江码头多系南洋所辖地面，应请就近派员总理，臣何敢蹈越俎之嫌，贻人口实。且局务虽渐有起色，究竟用人立法是否合宜，臣亦未敢自信，才力实愧竭蹶，可否请旨敕下南洋大臣刘坤一，询其立法用人，与保权权而息浮言之道。如已确有把握，请即责成刘坤一，一手经理，臣即勿庸过问，以一事权。"见《光绪七年二月十一日直隶总督李鸿章片》，中国史学会编《洋务运动》第 6 册，第 61 页。
② 刘坤一：《刘忠诚公（坤一）遗集》，《奏疏》卷十七《请将招商局本息作为官股片》，光绪七年三月初三日，第 50~51 页。

中国海防非创办铁甲快船数只不能成军。前购蚊船十一只，分防南北洋，只可作守口水炮台之用。所订碰快船二只稍大，今夏可到。拟令同蚊船并驻登州对岸之旅顺口，以扼北洋咽喉，稍作声势，所订钢面铁甲船一只需银一百四十万，明秋工竣来华。此船系为台湾定办，仍拟续购三号，分布南北。部拔共仅三百余万，内如招商局官本须分三年提用，又难咄嗟立致，是以未能放手为之。将来续定铁甲，如需凑款，尊处前拟盐款，能否应手，望密示之。①

此信作于刘坤一等奏请设立官股方案期间。当时李鸿章急欲建立海军，同时又反对官股侵入招商局，信中所言十分显著，招商局设置官股的方案与当时各督抚间派系之争有关系。自海防议起，湘、淮两系对海防和塞防问题有不同的见解。刘坤一一直反对李鸿章的购船政策，主张把海防经费移为江南机器局及福州船政局之用。光绪五年九月二十五日（1879 年 11 月 7 日）刘坤一给友人李捷峰信中指出："合肥（李鸿章）先后购买八号（英国蚊子炮船）之多，每号约需银近三十万，真大手笔，福建船政办理多年，糜费不少，何以竟不用，仍须购自外洋？"②次年六月十二日（1880 年 7 月 18 日），刘坤一"致黎召民（兆堂）船政"信中亦指出："于购买铁甲船，合肥之意甚决，而都门议论皆仅一、二号，于时无补，而糜款已至二三百万之多，盖不先以此项添造木壳兵轮，以资分布。"③光绪六年八月二十九日（1880 年 10 月 3 日）刘坤一给王先谦信中把设立官股之意图和与李鸿章相争之关系，说得比较明显。刘坤一指出："现在此项公款，既准全解北洋，则多少迟速，自可为所欲为，将来归商不归官，漫无钳制。"④

招商局公款拨还之分配亦可能导致刘坤一之不满。招商局自 1880 年归还公款时始，尽先拨还北洋的借款，其中偿还天津练饷最显明。这批北洋借款原来数目十二万三千多两，在 1880 年一年即拨还了十一多万两，占招商局拨还官款中一个很大的比重（见表 6）。刘坤一等查核招商局账略时，似

---

① 《李文忠公全集》，《朋僚函稿》卷二十《复丁稚璜宫保》，光绪七年正月十九日，第 2 页。

② 刘坤一：《刘忠诚公（坤一）遗集》，《书牍》卷七《复李捷峰》，光绪五年九月二十五日，第 27 页。

③ 刘坤一：《刘忠诚公（坤一）遗集》，《书牍》卷七《致黎召民船政》，光绪六年六月十二日，第 35 页。

④ 刘坤一：《刘忠诚公（坤一）遗集》，《书牍》卷七《复王益吾祭酒》，光绪六年八月二十九日，第 64~65 页。

曾发现天津海防支应局前拨招商局的五万两生息银作为商股处理，此项股息实竟归谁人或归海防支应局，尚难考定。[①] 归还官款，先尽北洋，于光绪三年李鸿章奏请各项官方借款均需缓缴的原则抵触，涉及各派系间利益分配问题。在朱其诏及叶廷眷等对招商局的指责下，刘坤一似颇有整顿招商局务之决心。

表6　招商局拨还官款情况（1880~1883 年）

单位：规平两

公款来源	借款	拨还水脚数额				结余
		1880 年	1881 年	1882 年	1883 年	
天津练饷	123022.531	110354.507	20039.359	15538.389	9143.995	57646.281
江宁木厘	109437.155	18106.759	18093.284	13822.485	8134.224	51280.403
江宁藩库	109311.414	18085.954	18072.495	13806.603	8124.877	51221.485
江安粮台	218649.705	36176.356	36149.435	27616.6	16251.753	102455.561
扬州粮台	105382.388	17435.883	17422.908	13310.346	7832.841	49380.41
江海关	219200.000	36267.405	36240.414	27686.106	16292.655	102713.42
浙江塘工	109251.368	18076.02	18062.567	13799.019	8120.415	51193.347
浙江丝捐	213876.209	35386.564	35360.231	27013.683	15896.949	100218.782
江西司库	217240.000	35943.115	35916.368	27438.547	16146.973	101794.997
东海关	25000.000	4136.337	4133.259	3157.631	1858.195	11714.578
湖北军需	236500.000	39129.748	25233.068	19276.971	8085.599	50973.854
保定练饷	109136.700	18057.047	18043.610	13784.536	8111.891	51139.616
直隶支应局	107860.853	17845.934	17832.674	13623.389	7017.060	50541.776
总计	1903868.323	405001.629	300599.672	229874.305	131017.427	832274.51

资料来源：聂实璋编《中国近代航运史资料》第一辑下册，第928~934页。

刘坤一曾密抄王先谦有关招商局事的奏折给彭玉麟等大员，[②] 为设置官股方案布置支援。然李鸿章仍有势力，能取得朝中有力大臣，诸如奕䜣等的支持，刘坤一的方案终未被采纳。光绪七年四月十四日（1881 年 5 月 22日）总理各国事务大臣奕䜣等上奏，主张"局务应由李鸿章主政"，并提出："李鸿章倡设此局，洞悉情形，唐廷枢等均系李鸿章派委之员，该大臣

---

① 《中国近代航运史资料》第一辑下册，第 916~924 页。
② 刘坤一：《刘忠诚公（坤一）遗集》，《书牍》卷八《复彭雪琴》，光绪六年十一月七日，第 10 页。

责无旁贷，凡有利弊各事，自应随时实力整顿，维持大局，仍资会南洋大臣，以收通力合作之权。"①招商局设置官股的风波，由于总署对李鸿章全力支持，原有的"承商"体制得以保存。但到了1883年上海金融风潮事件后，②又有余思诒于光绪九年十二月二十五日（1883年1月22日）上奏声言："（招商局）近因各省灾欠迭乘，民情困倦，货客俱稀，生意大为减色；兼以法国滋扰越南，附股之人不无疑惧，咸思撤回股本。该局各口分设日多，资本日重，万一不敷周转，实于防务大有窒碍。"因此余氏力主"收买招商局股份单作为官股，以维持大局"的方案。光绪十二年正月，户部以招商局"既拨有官款，又津贴以漕运水脚，减免其货税"为理由，建议"其岁入岁出之款，即应官为稽查"。户部更拟请招商局每年年终，把该局生意盈亏的账略，"核造四柱清册，报部存案"。1887年3月5日申报就户部更易招商局体制的议案提出质疑，指出："每岁造册报部，将商事变为官事也。"同日的申报就招商局设置官股之建议，有如下的评论：

> 查前还之官本，实系改借洋债，然则挹彼注兹，本尚未拨，利将安在。户部欲于责令归本之外，将前年所缓息银一并作为官股，并缴其息，诚如是，利上加利，追算何止一百余万两，曾见招商局总账，实在股本只有二百万两，除旧日总办缴回三十万，开平搭入二十万，实剩股本一百五十万两而已。今若欲算还官息八年，则商本仅敷充公，法人滋扰，航海者事介两难。旗昌一出一入，均属商人认亏，商人无利可图，已三年矣。今一难甫脱，一难又逢，商人亦綦苦矣哉。况股票辗转售卖，今日之商人并非昔日之商人，若欲令以后之新商代以前之旧商，赔缴八年官息，此冤从何申诉乎哉。③

---

① 《光绪七年四月十四日总理事务奕䜣等奏》，中国史学会编《洋务运动》第6册，第68～69页。

② 参看刘广京《1883年上海金融风潮》，《陶希圣先生九秩荣庆祝寿论文集·国史释论》，台湾：食货出版社，1987，第301～312页；全汉昇《从徐润的房产经营看光绪九年的经济恐慌》，收入《中国经济史论丛》第2册，第777～794页。

③ 《光绪九年十二月十二日余思诒片》，中国史学会编《洋务运动》第6册，第74页；沈桐生辑《光绪政要》卷十二，台湾：文海出版社影印，1985，第1～4页；《中国近代航运史资料》第一辑下册，第830页。

结论：国有化方案与商人投资信心问题

轮船招商局国有化问题是了解中国早期工业化集资困难的一个重要事例。该局从创办时始，一直面对"招商难"的问题，[1] 1873 年后清政府的"商为承办，官为扶持"的政策是为了鼓励商人投资的有效设施。这个政策由李鸿章首倡，赢得了一些爱国商人，诸如唐廷枢、徐润、郑观应、经元善等的投资兴趣。然而接二连三地又有招商局国有化的建议，使商人对于新兴企业本已微薄的信心受到打击，中国早期工业化因而步伐拖慢。中国商人并非没有可供投资于新兴企业的资金。根据最近学者的研究，五口通商后兴起买办商人各口岸总计不过数百人，但他们在 1842 年至 1894 年共累积了五亿三千万两，相当于 1908 年中国税收二亿九千二百万两之二倍。此外上海一埠即有四五亿元存于外国银行。内地地主，富商多将金银剩余储藏于地下，[2] 总数比甚可观。根据郝延平先生最近的研究，19 世纪中叶以后的中国沿海地区，由于货币供应充足，信用制度迅速发展。这些沿海地带的借款年利率约十二厘，比中国过去的一般利率低。[3] 为什么中国商人的资金没有充分投资于受到政府扶持的新兴企业呢？当然上海商人买空卖空的投机行为是一个消极因素，[4] 但招商局的投资者在政府扶持下仍抵有每年百分之十股息之保证，再加上刘坤一等人的干扰，该局有国有化的可能，这就更使投资者裹足不前了。本文通过 1878 年至 1881 年两次招商局国有化方案的出现，探讨招商局局董等商人对该局前途之忧虑，其根本原因在于商人产权之缺乏健

---

① 早期招商局集资的困难，可参看表 1。李鸿章在同治十二年二月十八日（1873 年 3 月 16 日）给友人沈葆桢信中指出："雪严（胡光墉）领办十二号商船，或可稍资津贴，敝处试办招商，彼族尚无异词，华人偏增多口，大都殷富，诡寄洋行，几疑中国之不能自立。"见《李文忠公全集》，《朋僚函稿》卷十三《复沈幼丹船政》，同治十二年二月十八日，第 2 页。

② Wellington K. K. Chan, *Merchants, Mandarins and Modern Enterprise in Late Ch'ing China*, Harvard Univ. Press, 1977, p. 3；王业键：《中国近代货币与银行的演进（1644~1937）》，第 86 页。

③ Yen-p'ing Hao, *The Commercial Revolution in Nineteenth-Century China: The Rise of Sino-Western Mercantile Capitalism*, University of California Press, 1986, p. 345.

④ 参见刘广京《1883 年上海金融风潮》，《陶希圣先生九秩荣庆祝寿论文集·国史释论》，第 301~312 页；全汉昇《从徐润的房产经营看光绪九年的经济恐慌》，收入《中国经济史论丛》第 2 册，第 777~794 页。

全法制保障。

本文曾论述李鸿章在国有化方案抬头，有人建议设立官股时，大力保持招商局"官为承办"的体制。这表示在中国完整商法体系出现之前，在中枢有影响力的大员可凭其政治地位成为新兴企业中商人利益之保障。这种依靠政治势力的企业，能否不断吸引华商资金呢？

郑观应是一个具有爱国理想的商人，其言论可反映一些商人的心理，亦代表一些具有热心投资新兴企业的商人对官方政策之理解。1881年在国有化高潮之际，李鸿章有意札委郑观应会办招商局务。该年郑氏致唐廷枢信中说：

> 查招商局乃官督商办，各总、会、帮办，俱由北洋大臣札委，虽然我公现蒙李傅相（鸿章）器重，恐将来招商局日有起色，北洋大臣不是李傅相，遽易他人，误听排挤者谗言，不问是非，不念昔日办事者之劳，任意黜陟，调剂私人，我辈只知办公，不知避嫌，平日既不钻营，安有奥援为之助力，而股东辈亦无可如何。[1]

郑氏这一段话可为当时商人对新兴企业缺乏信心、裹足不前的写照。曾任招商局总办的唐廷枢的感受最深。唐氏于中法战争期间卸去招商局职务。他于1885年3月致盛宣怀信中建议"招洋人入股（可由招商局）变通办理"。信中清楚指出洋人入股"不独资本可冀充足，而且将来倘有事端，未尝不可借其力为之维持"[2]。最后一句言明了唐氏等商人的信心危机。曾任上海电报局总办的经元善一针见血地指出光绪十年后商人的投资信心大受打击，"致令集股二字，为人所厌闻，望而生畏"[3]。

在西力东渐以前的中国，商人实在没有制衡官僚政治的力量。但19世纪中叶以后的中国，由于出现了通商口岸和外商企业，[4]中国商人在上海租

---

① 郑观应：《致招商局总办唐景星观察书》，《盛世危言后篇》卷十《船务》，大东书局重印，1969，第2页。

② 《唐廷枢致盛宣怀信札》，《近代名人手札真迹：盛宣怀珍藏书牍初编》，第2711~2712页。

③ 经元善：《上楚督张制府创办纺织局条陈》，《居易初集》卷一，1901，第31~32页。

④ Yen-p'ing Hao, *The Commercial Revolution in Ninteenth-Century China*; Edward Le Fevour, *Western Enterprise in Late Ch'ing China: A Selective Survey of Jardine, Matheson & Company's Operations, 1842 - 1895*, Harvard University Press, 1970; Kwang-ching Liu, *Anglo-American Steamship Rivalry in China, 1862 - 1874*, Harvard University Press, 1962; William T. Rowe, *Hankow: Commerce and Society in a Chinese City, 1796-1889*.

界有财产，至少可以不必完全屈服于官僚之前。上节引述唐氏等提出散卖招商局的办法，只有在外国势力介入后的上海租界地区才有可能提出。这更显示出 19 世纪中叶后招商政策所面对的新问题：传统的高压政策已不能使商人完全屈服于政府权威之下了。

更深一层的问题是招商局正因受到政府补贴和扶持，官僚的干涉随之而生。政府官员对商业利润的理解影响到"商为承办，官为维持"政策的落实。在这方面，李鸿章和刘坤一对官商关系及商业体制的看法就有显著的不同。刘坤一的国有化方案反映了他对商业利润的歧视。在他看来，政府应该分享新兴企业的盈利，而设立官股是为了维护国家利权的一种手段。李鸿章则比较务实，了解到"商为承办"是一比较切实可行的体制。这种现实主义促使李氏落实重商政策，招商局"承商"形态乃得以保持。

上述刘坤一设置官股的企图与当时的湘淮两系的竞争息息相关。但新兴企业的政治化带来了商人对清末整个招商政策的怀疑。华商大量附股于外国人控制下的在华外商企业是信心不足的表现。根据汪敬虞等学者的研究，华人资本在外商企业中的投资在 19 世纪 80 年代达到狂热程度，不少外商企业的"华股"占公司资本百分之四十，甚至有达到百分之八十的。依据汪氏的统计，在整个 19 世纪中，所有华商附股的外商企业资本累计在四千万两以上。[①] 这种对外商企业的投资行为是一种投资信心危机的强烈反映！

招商局所代表的重商政策是在清政府财政支绌情况下出现的。政府的"招商"政策目的在于鼓励华人商业资本投资于新兴企业。李鸿章一直意识到这一种招商政策的重要性。李氏保护商办体制，同时更希望由这种体制促进中国工业化。但是光绪初年提出的国有化和设立官股的方案则打击了商人的投资热情。李氏重商的精神固然激发了部分商人的投资兴趣，但招商政策因政府人事之不稳定和法律产权之无保障，并无太大成效，大量可供投资的资金因此未能积极地转变成新兴企业的商本。中国经济现代化因而延误，这是中国近代史上的一个大问题。

导言曾提及目前学者对中国现代化的不同解释，依据文本对轮船招商局筹措资金的经过来看，可以看出政府贷款和其他扶持政策是当时工业化不可缺的条件。此外各种阻碍新兴企业发展的因素，如帝国主义的经济侵略、人口的压力、市场的区域化等自然与之都有关系。但是如能在政府支持之下，

---

① 汪敬虞：《十九世纪西方资本主义对中国的经济侵略》，第 528 页。

便能得到长期官方贷款，若"多筹资金"的招商政策可以落实，则上述各种对中国经济发展的阻碍便不难于突破。

　　轮船招商局在 1880 年以前不但能够得到优厚的漕粮运费，而且自始就得到政府贷款。购买旗昌时，即得到两江等省区的大量贷款，招商局购得旗昌船队及码头等产业后，与英商轮船公司竞争颇为得手。① 如果政府能再大力支持，则该局每年可添购新船，前途大为乐观。但是经济与政治因素是不可分开的，李鸿章虽然有朝廷的支持，但是无法阻止御史等官员的局外评论。招商局受到了两江总督的贷款，刘坤一要设立官股借以控制该局，幸有李鸿章支持，原有的"承商"制度乃得延续。但是李鸿章因需建设海军，② 不能再有余款借给招商局了。事实上，李鸿章希望将招商局分年交还的款项，移用于海防之需。这样看来，招商局与外商竞争的能力实受当时政治环境，包括国内的派系暗争与日本对朝鲜侵略的企图所影响。轮船航务虽为经济现代化的首要项目，整个自强运动中，尚有更迫切的需要。轮船招商局之所以未能如日本同时代的航运公司般突飞猛进，③ 实与晚清政府之财政支绌有关。财政上的困难及政治情势之未能稳定，使实际负责轮船招商局的商董未能专心经营局务，发挥企业家的力量。招商局在 1880 年至 1883 年仍能继续成长，与英商公司角其短长，自其整个环境来看，已算是难能可贵了。

　　附记：在撰写这一短文时，全汉昇老师及科大卫先生曾提供很多宝贵意见，谨此致谢！作者最要感谢刘广京老师，无论在材料搜集、内容构思，以至文字润饰，都得到他悉心指导，谨此致以衷心谢意！

---

① 参考〔美〕刘广京《中英轮船航运竞争（1872~1885）》，黎志刚译，"中研院"近代史研究所编《清季自强运动研讨会论文集》，1988。

② 有关北洋海军的创建史事，参阅王家俭《中国近代海军史论文集》，文史哲出版社，1984；及王氏在 1987 年于美国历史学会西岸及太平洋区年会中发表的《李鸿章与北洋海军》；包遵彭《中国海军史》，海军出版社，1951；戚其章《北洋舰队》，山东人民出版社，1981。

③ 日本政府对其民营航运公司的扶持政策，参见 John W. Dower ed., *Origins of the Modern State: Selected Writings of E. N. Norman*, New York, Pantheon Books, 1975, pp. 234-245; William D. Wray, *Mitsubishi and the N. Y. K., 1870-1914*, Harvard University Press, 1984; Albert Feuerwerker, *China's Early Industrialization: Sheng Hsuan-huai（1844-1916）and Mandarin Enterprise*, pp. 183-185; 杜恂诚《日本在旧中国的投资》，上海社会科学院出版社，1986，第 107~128 页。

The State-Owned Problem of China Merchants Steamship Navigation Company[①]

Li Zhigang

Abstract: "Fundraising problem" is one of the main crux of the slow development of China's industrialization, which is related to the role of the government and the investment behavior of businessmen. Discussing the history of China Merchants Steamship Navigation Company, the first large-scale new enterprise in China, will help us to understand this crux correctly. At the beginning of the establishment of China Merchants Steamship Navigation Company, there was a plan of "co-organization by the government and businessmen", but under Li Hongzhang's proposal, a "government-supervised business administration" system was established with "dominated by businessmen and supervised by the government". After the establishment of China Merchants Steamship Navigation Company, with the support and assistance of the Qing government, it made a lot of profits, but it also encountered difficulties such as the placement of private individuals by officials. In order to expand its scale and improve its competitiveness, China Merchants Steamship Navigation Company has accepted the support of a large number of low-interest-rate loans from the government, but it has encountered financial difficulties after acquiring the American Qichang shipping company. In 1878, Ye Tingjuan served as the office of the China Merchants Steamship Navigation Company. In response to the lack of businessmen's shares, he proposed to Li Hongzhang that the China Merchants Steamship Navigation Company should be converted into a state-owned enterprise. Li Hongzhang rejected Ye Tingjuan's proposal based on the lack of government funds and the idea of "Businessman Dominated". In 1880, while opposing Li Hongzhang's purchase of armored warships, Liu Kunyi, who held the traditional idea of restraining business, suggested that China Merchants Steamship Navigation Company set up official shares. The businessmen of China Merchants Steamship Navigation Company were quite dissatisfied with the plan of nationalization and the

---

① 英文摘要由执行编辑代为撰写。

establishment of official shares. In order to stabilize the investment confidence of the businessmen of China Merchants Steamship Navigation Company, Li Hongzhang tried to preserve the "Businessman Dominated" system of China Merchants Steamship Navigation Company. In 1881, due to factional disputes and the distribution of China Merchants Steamship Navigation Company' repayment of public funds, Liu Kunyi once again suggested that China Merchants Steamship Navigation Company set up official shares. With the support of the central government, Li Hongzhang kept the original system of China Merchants Steamship Navigation Company. Li Hongzhang's policy of "dominated by businessmen and supervised by the government" has attracted investment from patriotic businessmen. However, in the late Qing Dynasty, when the property rights of merchants lacked legal protection, the political situation was unstable, and the state was in financial difficulties, the enthusiasm of entrepreneurs could not be effectively exerted.

Keywords: Nationalization; "Businessman Dominated" System; Ye tingjun; Li Hongzhang; Liu Kunyi

（执行编辑：彭崇超）

山、河、海：从历史角度看广州与连阳贸易系统

安乐博（Robert J. Antony）著，何爱民译*

汉朝（公元前 206 年~公元 220 年），著名的伏波将军路博德率领一支十万人的大军，穿越山岭，从现今的湖南抵达广东省连州。据史书记载，军队于连州就地取材，伐木建造楼船，顺流而下至现今广州一带，再至海上。路博德率军南下是古代中国历史和今日中国所称"古道"发展上重要的里程碑。这些古道将湘粤桂边界的山区通过珠江及其支流与广州、珠江三角洲和海洋连接起来。无论就政治军事目的而言，还是就贸易和交流而言，这自古至今都是沟通中原和沿海极为重要的路线。现如今，研究海上丝绸之路的大多数学者均将注意力集中在港口城市、海外贸易路线，以及中国与海外诸国之间的贸易商品上，却很少注意到陆路与海路之间的重要联系，或内陆商品如何到达沿海港口，以及港口商品如何被分配到内陆地区。

基于文献资料和 2014~2017 年的田野调查，本文对连阳（连州、连山及阳山）贸易体系进行个案研究。本文将呈现笔者对短距离与长距离贸易路线，以及沿着这些连接山脉、河流与海洋的贸易路线所运输商品的相关发现。到明清两朝（1368~1911），此处已发展出复杂和高度整合的贸易体系，

---

* 作者安乐博（Robert J. Antony），广州大学十三行研究中心杰出教授及高级研究员；译者何爱民，广东省社会科学院历史与孙中山研究所硕士研究生。

本文早期版本于 2017 年 5 月 8 日在康奈尔大学的研究生研讨会上、2017 年 7 月 4 日至 5 日在比利时根特大学的"航海、贸易和知识转移会议"上以及 2017 年 12 月 23 日在广西师范大学"珠江-西江经济带会议"上进行报告。作者感谢与会者在这些会议上提出的批评意见和有益建议。

将区内、跨地域和跨国性的商贸，将沿海港口与沿河及高地的墟市连接起来。笔者将此研究划分为五个部分。第一部分简要介绍广州转口港、海外贸易、沿海港口与沿海贸易。其余四部分对连阳贸易体系进行更为详细的考察，包括连阳河流体系与主要沿江口岸，陆上道路与市场，瑶族在连阳贸易体系中扮演的角色，以及商品与商品链。

一　广州转口港、海外贸易与沿海贸易

关于广州与广州贸易，学术界已有诸多著述。[①] 广州不仅是广东省的中心，对华南地区以及来华贸易的外邦人而言，也是极其重要的焦点。一言以蔽之，到 18 世纪，甚至事实上更早的时候，广州转口港是连接内陆与海外市场的庞大贸易网络的枢纽。广泛的商路网络将广州同国内外遥远的港口相连接。事实上，广州与珠江口一同组成世界上最繁忙的商业中心之一。除了广州，当时的珠江三角洲还包括黄埔、江门、佛山与澳门等口岸，19 世纪 40 年代之后，香港也被包含在内。到 19 世纪初，广东负责处理清朝高达 70% 的海外与国内海上贸易。[②]西方国家于广州的贸易量平均每年在 4 万吨到 7 万吨。据估计，1792 年的进出口贸易总值超过 1250 万两白银。[③]

除了与西方国家之间繁荣的贸易，广州与东南亚地区之间也存在大量海外舢板贸易。尽管厦门和潮州在与东南亚的舢板贸易中占主导地位，但广州舢板仍然在有利可图的南洋贸易中占有一席之地。广州舢板在许多港口停靠，包括巴达维亚、越南南圻、暹罗、柬埔寨、巴邻旁与马尼拉。大多数情况下，舢板贸易人员是那些与广州十三行存在联系的中国人，而且在很多情况下，诸如潘启官这样的行商直接资助前往东南亚的贸易活动。此外，在某

① 例如范岱克最近的一系列研究，参见 Paul Van Dyke, *The Canton Trade: Life and Enterprise on the China Coast, 1700 - 1845*, Hong Kong: Hong Kong University Press, 2005; Paul Van Dyke, *Merchants of Canton and Macao: Politics and Strategies in Eighteenth-Century Chinese Trade*, Hong Kong: Hong Kong University Press, 2011; Paul Van Dyke, *Merchants of Canton and Macao: Success and Failure in Eighteenth-Century Chinese Trade*, Hong Kong: Hong Kong University Press, 2016。

② Fan I-chun, "Long-Distance Trade and Market Integration in the Ming-Qing Period, 1400 - 1850," Ph. D. dissertation, Stanford University, 1993, pp. 240-243.

③ H. B. Morse, *The Chronicles of the East India Company Trading in China, 1635-1834*, Cambridge: Harvard University Press, 1926 - 1929, Vol. 2, pp. 152, 201, Vol. 3, pp. 56, 80, 100-102.

些情况下，驻扎在广州的西方商人也充当舢板贸易的投资者。除了广州舢板船，偶尔也有来自福建的舢板船，在前往南海进行贸易的路上，或在贸易之后的归途中停靠广州。①

与东南亚地区之间的此类贸易大多建立在互惠互利的基础上：华人负责制造加工货品，而东南亚地区负责提供未被加工的原材料。中国的出口外销产品主要包括陶瓷器、纺织品、雨伞、纸张及诸如蜜饯果脯、腌肉之类的加工食品；这些产品主要产自华南沿海和一些内陆地区，例如连阳。除了燕窝、珍珠以及犀牛角等一些奢侈品，从东南亚进口中国的大多数商品均为大宗消费品，如大米、胡椒、肉豆蔻、檀香、苏木、靛蓝、棉花、锡和皮革。②

到18世纪，中国的沿海贸易也充满活力，这与海外贸易形成互补之势。同样重要的是，数百个新港口涌现于沿岸，以容纳蓬勃发展的海上贸易。这些港口大多坐落于或靠近于一条甚至多条河流的河口，因而将海岸与内地连接起来，这对促进贸易尤为重要。例如，位于吴川县的芷寮墟已然成为广东西南部的主要港口之一。它位于三条河流的交汇处，因而很容易由此进入腹地。每年秋冬季节，来自广州、海南、潮州和福建南部的舢板船频繁出入这一港口。③

明代（1368~1644），沿海贸易主要集中在长江以南地区，17世纪80年代之后，随着海禁政策的解除，贸易沿着整个海岸从东北拓展到广东。参与沿海贸易的大多数商船均为小型船只，载重量通常在15吨至200吨。这些船只沿着海岸从一个港口到另一个港口，装卸当时适销对路或是市场所能寻得的任何货物。因此，沿海的舢板在航行到最终目的地

① Paul Van Dyke, "A Reassessment of the Canton Trade: The Canton Junk Trade as Revealed in Dutch and Swedish Records of the 1750s to the 1770s," in Wang Gungwu and Ng Chin-keong, eds., *Maritime China in Transition, 1750 - 1850*, Wiesbaden: Harrassowitz Verlag, 2004, pp. 155, 157-158.
② Charles Gutzlaff, *Journal of Three Voyages along the Coast of China in 1831, 1832, and 1833, with Notices of Siam, Corea, and the Loo-Choo Islands*, London: Frederick Westley and A. H. Davis, 1834, p. 53; Jennifer Cushman, *Fields from the Sea: Chinese Junk Trade with Siam during the Late Eighteenth and Early Nineteenth Centuries*, Ithaca: Southeast Asia Program, Cornell University, 1993, pp. 75-95, 140.
③ 杨霁修、陈兰彬纂《高州府志》卷五，光绪十六年刻本，第16页b；2010年5月吴川田野笔记，2013年3月电白硇洲岛和雷州田野调查笔记。

之前，通常要停靠数个港口以获得足够货物来装满货舱。[1] 这些船只的常规货物包括大宗日常生活用品，通常是沿海省份和东南亚的土产。其中包括糖、花生、槟榔果、红薯、干豆、面粉、核桃、红枣、茶叶、鲜果与果脯、咸鱼、活猪与活鸡、干海参、食用油、海带、烟草、酒、铁罐、刀、钉子、纸张和草席。根据货物以及停靠港口的不同，沿海贸易利润可能高达300%；然而通常情况下，利润会比这一数值低一些。[2]

需要指出的是，许多沿海船只也参与海外贸易。吴振强指出，海外贸易是沿海贸易的延伸。[3] 数个国内港口，如广州，与国内和海外贸易都存在联系。[4] 例如，在1713年，一艘从事长距离沿海贸易的福建舢板船的船长在中国各港口装载丝绸、地毯、纱布和陶瓷器，然后前往南洋出售货物。抵达暹罗时，此船接着装载苏木、象牙、黑胡椒和大米，并于越南装载熏香与染料，随后船长在华南沿海的数个停靠点将其出售。船长接下来在广州、苏州、杭州购买丝绸，并于福建购买将与日本进行贸易的糖。[5] 东南亚船只，连同它们的中国主人、商人和船员，也参与了沿海贸易。[6]

二　连阳贸易系统：河流与河港

广州地理位置优越，位于四条主要河流系统的交汇处，这四条河流向四面八方延伸，将城市及其周边地区与内地和海外连接起来。这四条河流分别是珠江（狭义）、西江、东江与北江。珠江（狭义）于广袤肥沃的三角洲上呈扇形展开，是从沿海各地与海外驶来船只的门户。数不清的溪流穿过广州

---

① 陈希育：《中国帆船与海外贸易》，厦门大学出版社，1991，第158、172、176页；杨国桢：《闽在海中：追寻福建海洋发展史》，江西高校出版社，1998，第31~46页；2012年3月阳江和电白田野调查笔记。

② Fan I-chun, "Long-Distance Trade and Market Integration in the Ming-Qing Period, 1400 - 1850," pp. 42, 101, 238, 240-241；叶显恩主编《广东航运史（古代部分）》，人民交通出版社，1989，第214页。

③ Ng Chin-keong, *Trade and Society*: *The Amoy Network on the China Coast, 1683 - 1735*, Singapore：Singapore University Press, 1983, p. 3.

④ 叶显恩主编《广东航运史（古代部分）》，第188~190页。

⑤ 朱德兰：《清开海令后的中日长崎贸易商与国内沿岸贸易（1684~1722）》，张宪炎编《中国海洋发展史论文集》第三辑，"中研院"，1988，第389页。

⑥ Jennifer Cushman, *Fields from the Sea*: *Chinese Junk Trade with Siam during the Late Eighteenth and Early Nineteenth Centuries*, pp. 22, 40.

下面的三角洲，使整个地区看起来像一个巨大的群岛，上面点缀着无数拥有起伏群山的岛屿。在广州附近，西江、北江、东江汇合成珠江（狭义）。西江是这四条河流之中最长的，于广西梧州市由桂江和浔江交汇而成。西江及其众多支流一路延伸到云南省。河流系统中长度最短的为东江，它将广东与几条通往东北部江西的山口连接起来。

但本文重点关注北江及其支流，特别是它与连阳贸易体系之间的联系。连江是北江主要支流之一。在清远城北方，北江向西在连江口镇分叉为连江。① 部分河段也被称为湟川的连江是连阳的主干河流，流经青莲、阳山城和连州城等地的众多河流港口。在青莲，连江与岭背河交叉，并在岭背镇进而向北分成两条支流。其中一条支流通往阳山县北部瑶山脚下的秤架镇，是为右侧分支。另一支流通往连州边境附近的黄垄，是为左侧分支。从青莲往上游走一小段距离，连江向西南分岔，进入七拱河，到达杜步、七拱和太平等集镇。干流继续向北经过阳山城，至连州边界，再次向西南形成分支洞冠河。沿洞冠河可航行至黎埠和寨岗等市镇。一流入连州，连江分成三条支流：其一往西南方向流至位于另一段瑶山山脉的山麓丘陵上的三江镇（位于今连南瑶族自治县）；其二向北的东陂河经过东陂、西岸等集镇，随后到达朱岗和丰阳；其三则是向东北流到星子镇的星子河。在靠近保安镇的地方，星子河分叉成保安河，将保安镇与位于洛阳镇与大营镇（位于今瑶安镇）的瑶族聚集区连接起来。上面提及的大多数河港与集镇自明朝始就已存在，其中几个存在时间更长。以上提到的所有河流（通常以城市或城镇命名）至少在20世纪30年代之前都是可以通航的，有些河流甚至更久。

与沿海港口情况相同，内陆城市、城镇和市场往往沿着河流发展，尤其是在两条或多条河流交汇的地方。作为行政中心与商业中心，连州城坐落于三条河流的交汇处。河流交通对一个城市作为交通与商业中心的发展至关重要。连州地处辽阔富饶的平原腹地，连州的水道将其与东陂、朱岗、丰阳、保安、星子、三江、阳山等区域的内河口岸连接起来。② 19世纪，几处集市和商业街沿着河岸发展起来，连州本地与来自湖南、江西和广州等地的商人在繁华的城市做生意、开店。例如，城隍

---

① 由于过去对地点和河流采用众多不同的名称，为方便起见，本文全部使用现在的名称。
② 广东省连县县志编写委员会编《连县志》，1985，第28页。

庙附近有条著名的街道，名为香云街，商人在此专门染色并销售纱布；在隔壁的熬盐街，商人售盐；在另一条名为估衣街的街道，有出售二手服装的商店。1860 年，在城隍庙附近，江西商人开设了专卖中草药的商店，其中几家一直营业到第二次世界大战时期。19 世纪晚期，附近的万兴街是连州城著名的红灯区。①

在阳山县以南，由于青莲镇靠近三条河流的汇合处，从这里到上游的阳山、连州，下游的清远等河港，以及腹地的岭北、黄坌、秤架、七拱等港口都很方便。作为河流港口，青莲实际上比县城阳山更早发展起来。事实上，据说青莲码头可以追述至汉朝，当时它被称作通津码头。码头附近有许多商店和临时摊位。明清时期，青莲镇的商业中心是大冈墟，而其他街道则从专门出售特定货物或提供特定服务的市场发展起来，如打铁街以及另一条拥有高级妓院的小巷。在认识到青莲镇在商业上日益增加的重要性之后，1747年，清政府于青莲设立巡检司，负责监管贸易，并维护当地治安。到 1822年，此处建有一座关帝庙和一所广州会馆。传统意义上，关帝是中国商人所崇拜的最重要神灵，因此也被称作财神。由于广州城的重要性，广州会馆的建立是青莲镇发展的一座里程碑。这也是阳山的首个贸易会馆。到 20 世纪初，青莲镇拥有十多条商业街，大约 150 家商店和 8 个码头。作为生机勃勃的集镇，青莲镇名传四方，赢得"小佛山"的绰号。而佛山是广州附近鼎鼎大名的商业中心。②

在某些情况下，城镇沿着河流与道路交叉处发展繁荣，而在另一些情况下，城镇在河流拐弯变向处，或河流变窄处，或必然会减慢交通的自然障碍处发展。沿着连江，在连州城与阳山城之间被称作湟川的那段河流有许多景点，即著名的湟川八景。在此处，当河水流经以瀑布和急流著称的陡峭峡谷时就会变窄。名为大海的小型集镇在靠近连州与阳山接壤的地方发展起来，该镇地处洞冠河河口，与连江/湟川交汇。大海镇建立在河流狭窄、船只交通拥挤且行动迟缓的地方。因为此处成为旅行者的天然停留地，所以商人们

① 杨楚枝修、吴光纂《连州志》卷三，乾隆三十六年刻本，第 22 页 a；邱风、胡祖贤：《连州的传统经济》，Tam Wei Lun and Zeng Hanxiang, eds., *The Traditional Economy*, *Religion and Customs of Lianzhou*, Hong Kong: International Hakka Studies Association and École Française D'Extrême-Orient, 2005, Vol. 1, pp. 50-58, 64；2014 年 7 月和 2015 年 11 月田野调查笔记。

② 苏桂：《阳山县青莲镇传统经济与民俗》，Tam Wei Lun and Zeng Hanxiang, eds., *Traditional Society and Customs in Yangshan*, *Lianshan and Liannan*, Hong Kong: International Hakka Studies Association and École Française D'Extrême-Orient, 2006, Vol. 1, pp. 329, 331-333, 341-343, 359。

很快便在河边建立起几家商店和客栈，为疲惫的旅行者和船夫提供食宿，使其在一番休息之后，继续他们的旅程。除了提供食宿，集镇也因赌博和鸦片窟而成为著名的中途停留点。此外，从大海镇出发，有一条穿越山脉的石路到达连州城。有时河水过浅，船只无法通行，乘客下船步行前往连州，而船只则被拉回上游。①

明清时期，洞冠河流域发展出一大批集镇，这片土地肥沃，适合农业生产。明末及整个清代，大量来自江西和广东其他地区的客家移民定居此地。客家人在大海、黎埠与寨岗这三个重要河港的发展中扮演重要角色。正如上文提到的，大海市场最初只有几家店铺，但很快发展成为小集镇，拥有几十家店铺和客栈，以及沿河的数个码头。一些定居者成为地主和农民，而另一些从事贸易，或兼营农商。商人们利用该集镇优越的地理位置，将其建成货物集散地。这些货物将被运往洞冠河上游市场的黎埠和寨岗，连江边的连州和青莲，以及北江边的清远和广州。19世纪末，当地一个富裕的梁姓客家家族在黎埠、阳山、连州以及广州都开设有店铺；除了经商，该家族还在洞冠河流域拥有超过1000亩的农田。②

对于大海镇的繁荣发展而言，与黎埠和寨岗之间的联系尤为重要。早在顺治时期（1644~1661），这两个集镇就已发展起来。1756年，随着黎埠迅速发展以及洞冠河边土匪盗贼活动的激增，青莲巡检司的驻地移至黎埠。19世纪初，黎埠已拥有两艘渡船和数条商业街，如售盐街、榨油街、售麦街和售米街。③寨岗则与黎埠齐头并进。坐落于洞冠河与其他两条小河流即寨南河和白芒河交汇之处的寨岗，位于瑶山山麓，是阳山、连州、连山的连接点，地理位置极其重要。随着市场扩大以及城镇人口增长，到19世纪20年代，另一个市场（牛车墟）跨过河流发展，由一座木桥将两岸连接起来。来自广州、南海和佛山的商人频繁出

---

① 黄远奇：《阳山县黎埠镇洞冠村的村落文化》，Tam Wei Lun and Zeng Hanxiang, eds., *Traditional Society and Customs in Yangshan, Lianshan and Liannan*, Vol. 1, pp. 237, 246-247; 2014年7月湟川田野调查笔记。
② 黄远奇、苏桂：《洞冠水流域传统社会调查》，Tam Wei Lun and Zeng Hanxiang, eds., *Traditional Society and Customs in Yangshan, Lianshan and Liannan*, Vol. 1, p. 222。
③ 黄远奇、苏桂：《洞冠水流域传统社会调查》，Tam Wei Lun and Zeng Hanxiang, eds., *Traditional Society and Customs in Yangshan, Lianshan and Liannan*, Vol. 1, pp. 53, 61, 76, 79, 132-133。

入黎埠和寨岗，出售盐、布和其他日用品，以交换当地的山货和经济作物。①

三　陆路、集镇和贸易站

尽管内河运输效率更高，成本更低，但内河运输存在一些固有的问题。首先，船只并不总是能够到达商人想去的任何地方，特别是在连阳地区崎岖的山地。此外，在某些地区，河流交通往往是季节性的，春夏两季洪水容易泛滥，冬季水位较低，全年都有淹没在水面下的岩石和其他看不见的障碍物。连阳地区（同广东大部分地区一样）容易受到河匪袭击，这使得夜晚出行并不安全，有些地方甚至白天也不安全。②

在河流无法通航或根本不存在河流的地方，陆路成为主要的交通和贸易手段。虽然成本较高，而且存在一定的危险性，但对连阳而言，陆路交通是不可避免的。在陆路上，人们与货物通过步行、手推车、轿子和马匹或骡子沿着久踩成径的道路行进。自古以来，历代政府都或多或少地修建或维护连接首都和地方政府所在地的道路。众多学者已经就这一话题写过大量文章，笔者对此并无补充。一言以蔽之，在明清时期，中国境内已然形成纵横交错的官道，这些道路最初服务于政府之间的通信和军事用途。那些保留至今的道路通常被贴上"古道"的标签，并多已成为受到保护的历史地标和旅游景点。沿着这些道路，政府在特定路程间隔处设立驿站和铺。乾隆时期，连州城共有 13 个铺，由通往连山、阳山与星子镇和朱岗巡检司驻地的道路相连。③ 尽管这些道路最初为政府所用，但到了 16 世纪，这些官道上已经随处可见商人、旅行者、官员、被押送的囚犯、佛教僧人，甚至外国游客的身影。④ 很多情况下，旅行者不得不既走陆路，又行水路，才能到达最终的目

---

① 黄远奇、苏桂：《洞冠水流域传统社会调查》，Tam Wei Lun and Zeng Hanxiang, eds., *Traditional Society and Customs in Yangshan, Lianshan and Liannan*, Vol. 1, pp. 126, 140-143；寨岗镇志编纂委员会编《寨岗镇志》，2010，第 14、59 页。

② Robert Antony, *Unruly People: Crime, Community, and State in Late Imperial South China*, Hong Kong: Hong Kong University Press, 2016.

③ 杨楚枝修，吴光纂《连州志》卷三，第 25 页 b。

④ 参见 Timothy Brook, "Communications and Commerce," in Denis Twitchett and Frederick Mote, eds., *Cambridge History of China*, Vol. 8: *The Ming Dynasty, 1368-1644*, Part 2, Cambridge: Cambridge University Press, 1998.

的地，对长距离旅程而言尤为如此。例如，从长江流域中部出发前往广州，旅行者可以首先在湖南乘船，沿湘江直下到达衡阳，继续沿支流到达郴州，然后从郴州开始走陆路至土桥，于南天门穿过山脉，然后到达星子镇。由星子镇，通过连江经连州和阳山进入北江，最终到达目的地广州。这一艰辛的旅程可能需要花费几周的时间。① 当然，这并不是唯一可能的途径。

因为即便在好年景，政府也很难确保道路与桥梁得到良好维修。明清时期，道路的维持费用主要由私人承担，通常是富裕的绅士、商人和村民，他们经常为此而专门成立合会。例如，道光年间（1820～1850），一位客家小贩经商致富，为自己购得军衔，并出资修建黎埠与寨岗市场之间的道路，小贩们在路边设立临时摊位售卖茶水、饭粥和面条。② 又例如，一位住在星子镇附近的富有寡妇认为，对她已故丈夫最为持久的悼念是在他们村的河上修建一座桥，以方便通往连州的古道上的交通。时至今日，陶母桥仍伫立在河上，供当地村民使用。③ 在洞冠河流域，许多客家村落组织成立凉亭会，建立并维护石头围成的休息站、渡口、桥梁和道路，以方便道路沿线的贸易和通信。④ 因为在许多地区，这些道路用大块花岗岩等石头筑成，它们已经存在数百年，事实上，在连阳的许多农村地区，当地村民仍然在使用它们。

在连州城，笔者了解到一句关于所谓"古道"的流行谚语："三里一店，五里一亭，十里一铺。"虽然此谚语在细节上并不完全准确，但当行走在古道上以及乘车沿着星子镇与连州城之间的高速路行进时，笔者确实注意到路边每隔一段距离便有石质凉亭（见图1）。在通过古道穿越山脉的时候，笔者也看到几个可以追溯到明清时期的小型贸易站、商店和客栈。例如，在南天门古道之巅的关隘，存在一个大型石质凉亭和名为顺头岭的小型村庄，道路两旁林立着商店和客栈。这一村庄建在一处至今仍在使用的泉水旁。南天门凉亭内有两块石碑，上有碑文，一块题于1661年，另一块则题于1793年。碑文记录着凉亭及通过凉亭道路的建造和维修。朝

① 2015年5月连州田野调查笔记。
② 黄远奇、苏桂：《洞冠水流域传统社会调查》，Tam Wei Lun and Zeng Hanxiang, eds., *Traditional Society and Customs in Yangshan, Lianshan and Liannan*, Vol. 1, p. 55。
③ 曹春生：《连州古村遗韵》，研究出版社，2005，第285～287页；2015年5月星子田野调查笔记。
④ 黄远奇、苏桂：《洞冠水流域传统社会调查》，Tam Wei Lun and Zeng Hanxiang, eds., *Traditional Society and Customs in Yangshan, Lianshan and Liannan*, Vol. 1, p. 51。

向星子镇方位的半山腰，有另一处被称作怀清亭的凉亭，始建于 1717 年，同样建立于一处泉水旁边。①

图 1　星子镇附近古道上的怀清亭（作者摄）

为方便交通和贸易，笔者研究的连阳的集镇，在河流交通之外，同样也通过陆路相连接。在一些情况下，陆路与河流相平行，在另一些情况下，陆路拥有通往集镇更直接的路线。例如，沿着洞冠河，有一条石路将大海镇与黎埠和寨岗连接起来；19 世纪初，沿路有几处凉亭休息站，如虎迳茶亭，旅客可以在此休憩、饮茶，并食用一些由附近村庄小贩售卖的食物。从黎埠和寨岗出发，同样也有通往瑶山山脉的陆路，而从大海镇出发，至少有两条陆路能抵达连州，一条路沿着河流，另一条需穿过山脉。从这一区域出发，可走陆路向东出发到达黄坌，并从黄坌出发到达秤架，继而到达乳源和韶关。② 清朝时期，青莲同样由五条主要陆路连接至清远、英德、乳源县以及

---

① 《连州文史资料》第 25 辑，2012，第 31 页；曹春生：《连州古村遗韵》，第 79、81~82 页；2015 年 11 月和 2017 年 8 月连州田野调查笔记。

② 黄远奇、苏桂：《洞冠水流域传统社会调查》，Tam Wei Lun and Zeng Hanxiang, eds., *Traditional Society and Customs in Yangshan, Lianshan and Liannan*, Vol. 1, pp. 54-56；黄远奇《阳山县黎埠镇洞冠村的村落文化》，Tam Wei Lun and Zeng Hanxiang, eds., *Traditional Society and Customs in Yangshan, Lianshan and Liannan*, Vol. 1, pp. 237, 247。

岭背、秤架和黄垒等地的集市。①

黄垒镇始建于明朝，位于主峰超过 1500 米的大东山。现在这里仍是一个偏远、崎岖的地区，居住着客家人和瑶族人。黄垒镇是山货和木材的重要转运中心，这些货物沿着河流顺流而下，远销至清远和广州。黄垒同样是盐从广州到湖南的主要转运中心之一。盐一到达黄垒，就由苦力工人和牲畜经山路驮运到达星子镇，并由星子镇进入湖南。从星子镇到湖南有两条山道，到连州则还有其他陆路。②

其他陆路还将连州与湖南、广西两省相连接。明朝时，朱岗和东陂都发展成为向南流入连州城的东陂河河畔的重要集镇。朱岗和东陂同样也有连接至湖南蓝山、宁远与广西贺州的石头路，以及通往大营和星子镇的道路；直到 20 世纪 30 年代，这两个集镇（朱岗和东陂）一直是重要的商业中心。③由于其在军事上和商业上的战略地位，1369 年洪武皇帝在朱岗设立巡检司，一直延续到清末。朱岗的商业中心是一条被称作五行街的石路街道，道路两旁排列着众多商店和客栈，路的尽头是几个沿江码头。货物源源不断地从船只到驮畜，又从驮畜到船只。南边附近是东陂镇。主要商业街道沿河边发展，并分成三大行业（到 20 世纪早期，扩大到 15 个行业），每个行业都有占主导地位的家族：谢氏、沈氏、关氏。每个家族在河边都拥有一个码头。谢氏家族最早到达此处，也最为显赫，根据谢氏祖堂上的石碑记载，谢氏家族于 1636 年从东莞（靠近广州）来到这里，此后继续在他们的新家和祖屋做生意。到 20 世纪初，这个家族拥有几家企业，专门从事盐贸易、草药和杂货，以及生产和销售纸张、布料和香油树脂。谢氏家族还在东陂以西的瑶山脚下拥有农田。④

---

① 苏桂：《阳山县青莲镇传统经济与民俗》，Tam Wei Lun and Zeng Hanxiang, eds., *Traditional Society and Customs in Yangshan, Lianshan and Liannan*, Vol. 1, pp. 370-371。

② 苏桂：《阳山县黄垒传统社会与寺庙》，Tam Wei Lun and Zeng Hanxiang, eds., *Traditional Society and Customs in Yangshan, Lianshan and Liannan*, Vol. 2, p. 402；2015 年 11 月星子镇田野调查笔记，2017 年 8 月黄垒田野调查笔记。

③ 曹春生：《连州古村遗韵》，第 11~19、55~58、103~116 页；2015 年 5 月和 2017 年 8 月朱岗和东陂田野调查笔记。

④ 黄翰锋：《东陂的传统经济》，Tam Wei Lun and Zeng Hanxiang, eds., *The Traditional Economy, Religion and Customs of Lianzhou*, Vol. 1, pp. 125-127, 138；2017 年 8 月朱岗和东陂田野调查笔记。

四　瑶族与连阳贸易体系

　　如上所述，陆路同样也很危险，尤其是那些穿过崎岖山脉的道路。山地地形不仅造成了大量的自然障碍（陡峭的山坡、沟壑、野生动物、毒蛇和窄道），旅行者还必须与总是给旅程带来危险的土匪和不友好的瑶人对抗。[①]尽管如此，低地市场、山区贸易站与居住在山区的瑶族之间的贸易和交流对连阳地区的经济繁荣还是很重要的。位于河流终点的集镇，如黄圳、寨岗、朱岗和东陂，都有通往瑶山的道路，中国商人（主要是客家人）在那些集镇设立小型贸易站和（或）与瑶族进行巡回销售。虽然货币经济在 18 世纪已扩展到瑶山，但是，即使在 20 世纪 30 年代，瑶山的市场贸易也常常是通过物物交换进行的。例如，在油岭，来自客家商人的 5斤盐可以从瑶族农民那里换得 14 斤大米。[②]尽管不是完全依赖与汉人的贸易，但仍然有许多瑶族村落已深深融入了连接连阳与广州和其他地区的区域营销体系。这种贸易在很大程度上是建立在互惠的基础上的：瑶山提供产品材料，客家商人负责将其加工制成货物。

　　瑶族人以寨和更小规模的冲为聚集单位，大多居住在海拔 500～800米的山脊。主要的山寨由山路连接至低地市场和行政城市，而在山区内，瑶族寨子和冲由纵横交错的崎岖小径连接，但是很少有客家人去那里冒险。18 世纪初期，一位名为李来章的当地官员形容这些小路狭窄而危险，并警告旅行者在冒险进入这些地区时须保持警惕。即使在今天，瑶山的很多地区仍然难以抵达，外人几乎无法进入；深入瑶山深处的现代道路仍然很少。油岭和军寮的瑶寨如今均坐落于连南瑶族自治县，只能依靠攀爬蜿蜒陡峭的山路才能到达。从这两个瑶寨出发，通过崎岖的山路下山可到达三江城（建于 1705 年）的主要集市高良。油岭距离高良约 50 里，距离连州则有 70 里。距连州约 50 里的军寮，在明末得到平定。和油岭一样，抵达军寮的唯一途径是崎岖的山路。油岭与军寮之间也由山路相连接。[③]

---

①　Robert Antony, *Unruly People: Crime, Community, and State in Late Imperial South China.*

②　K. Y. Lin, "Economics of Yao Life," *Lingnan Science Journal*, Vol. 18, No. 4 (1939), p. 414.

③　李来章：《连阳八排风土记》，中山大学出版社，1990，第 21～22、40～42 页；2014 年 7月、2015 年 5 月、2017 年 8 月油岭和南岗田野调查笔记。

五　商品与商品链

瑶族居住在环绕着低地河流集镇的高山上，在整个连阳贸易体系中起着至关重要的作用。瑶族人收获天然的山货，并种植大量的经济作物，然后在低地市场售卖或通过以物易物的方式交换给当地市场的商人，主要是客家商人。原材料随之在集镇加工，有时也在农村加工，以供当地使用或转运到连阳地区内外的其他内河市场。这些商品链主要由客家商人与流动的商人和小贩维持，他们为更为广阔的市场获取、加工和分销各类连阳产品。商人们在连阳地区的商品外销中同样扮演重要角色。这些贸易链清楚地显示了生产者、加工商和商人之间以及较小的内陆市场与较大的港口城市之间的联系、连续性和相互依赖性。比如广州，既是国内贸易，又是海外贸易的主要分销中心。[1]

大多数瑶族人生活在土地相对贫瘠、生产力低下的高地山区，传统上以打猎、采集和刀耕火种为生。然而，到18世纪，许多瑶族的寨和冲已经在高地山谷开垦土地，在梯田上种植旱稻。他们还养猪养鸡，种植松树和冷杉以获取木材，种植桐树以获取桐油。富余农作物和经济作物（大米、小麦、芝麻、花生、玉米、芋头、大豆、原棉等）、猪、鸡、木材、野山蜜、蜡、药材、竹子、蘑菇、水果、茶叶等在市场上销售或以货易货。[2] 事实上，在1747年，当地的汉人官员鼓励瑶族人种植茶叶、桐树、松树、冷杉和棉花，把它们卖给低地市场上的商人，这些货物在那里被加工并分销到其他地方。[3] 以下为几个源于连阳瑶山商品链的具体例子。

龙须草。早在18世纪，瑶族人与客家移民都采集一种被称作龙须草的野草，然后在当地村庄和集镇加工成席子，到19世纪后期也被加工成纸。20世纪20年代，湖南商人每年都要到连山农村地区从瑶族人那里购买龙须草，然后将龙须草带到连州加工成草席和纸张。后来，这两种产品在连阳、

① 参见 Mizushima Tsukasa, George Bryan Souza, and Dennis O. Flynn, eds., *Hinterlands and Commodities: Place, Space, Time and the Political Economic Development of Asia over the Long Eighteenth Century*, Leiden: Brill, 2015。
② 李来章:《连阳八排风土记》，第170页; K. Y. Lin, "Economics of Yao Life," *Lingnan Science Journal*, Vol. 18, No. 4 (1939);《寨岗镇志》，第59页。
③ 黄远奇、苏桂:《洞冠水流域传统社会调查》，Tam Wei Lun and Zeng Hanxiang, eds., *Traditional Society and Customs in Yangshan, Lianshan and Liannan*, Vol. 1, p. 106。

韶关、清远、佛山、广州及湖南都有销售。从后面这些市场来看，草席和纸张的贸易可能沿着广东海岸进一步拓展，甚至延伸到南洋。[①]

三件宝。位于阳山的秤架山区，野生茶、蘑菇和蕨类植物因其稀有性和较高市场价值而被当地称为三件宝。这些山货由瑶族男女收集，然后在低地市场将其出售或以物换物，或卖给客家的流动小贩，后者再在其他市场上转售。在晚清，这些东西一旦到达像韶关这样的大型集镇，1 斤蘑菇可以换 300 斤粮食或 100 斤盐。在广州，它们的价值更高。

榨树油。油脂可从许多树木、灌木和植物的叶子、果实、种子和根中提取，这些植物要么自然生长，要么由瑶族或客家农民专门种植用于加工。其中包括在连山山区发现的茶、桐树、樟树、花生和芝麻。黎埠有一条著名的油榨街，一些客家家族在此拥有店铺，如陈姓家族、杨姓家族。他们榨油并销售，包括茶油、花生油、芝麻油和桐油。[②] 到 20 世纪初，东陂每年生产 3 万斤茶油和 2 万斤桐油。事实上，大多数市场都有榨油机，生产的食用油主要是由茶叶和花生制成的，并出售给当地消费者；一些地方还将榨油出售到远至清远和广州这样的地方。通常，大型榨油机都是由集镇上几个商人集体所有。[③]（见图 2）

林业。在山林，瑶族人砍伐自然森林或种植冷杉、松树和柏树，并将木材送往朱岗、东陂、洛阳、三江、寨岗、黎埠、七拱、黄坌、秤架，木材将会在这些集镇被捆绑成木筏，顺着河水漂流至清远，进一步加工处理后分销到广州、佛山以及其他地区。竹子同样是重要的山货，用途广泛，在连阳内外地区均有销售。到 20 世纪初，林业已然成为瑶族主要的收入

① 《连山县志》卷三，第 18 页 b；苏桂：《阳山县青莲镇传统经济与民俗》，Tam Wei Lun and Zeng Hanxiang, eds., *Traditional Society and Customs in Yangshan, Lianshan and Liannan*, Vol. 1, p. 388；2015 年 11 月星子田野调查笔记；2017 年 8 月黄坌田野调查笔记。

② 黄远奇、苏桂：《洞冠水流域传统社会调查》，Tam Wei Lun and Zeng Hanxiang, eds., *Traditional Society and Customs in Yangshan, Lianshan and Liannan*, Vol. 1, pp. 79, 83。

③ K. Y. Lin, "Economics of Yao Life," *Lingnan Science Journal*, Vol. 18, No. 4 (1939), pp. 410-411；《寨岗镇志》，第 59 页；黄翰锋：《东陂的传统经济》，Tam Wei Lun and Zeng Hanxiang, eds., *The Traditional Economy, Religion and Customs of Lianzhou*, Vol. 1, pp. 132-133, 138；黄远奇：《阳山县黎埠镇洞冠村的村落文化》，Tam Wei Lun and Zeng Hanxiang, eds., *Traditional Society and Customs in Yangshan, Lianshan and Liannan*, Vol. 1, pp. 242-243；2014 年 7 月连州田野调查笔记。

图2　20世纪早期东陂的榨油机（连州博物馆藏）

来源。①

　　明清时期，大批客家拓荒者迁入连阳，开垦土地，种植经济作物，采矿，经商。例如，在阳山西北角的洞冠河沿岸地区，客家人种植了大量的经济作物：大豆、蔗糖、生姜、甜瓜、葫芦，以及各种水果和蔬菜。这些作物或在本地或在外面的市场销售。列举两个主要来自洞冠河流域的例子便足以说明情况。

　　甘蔗和精制糖。糖是连阳重要的经济作物，分布广泛。洞冠河流域气候宜人，土壤肥沃，是广东主要的甘蔗产区之一。甘蔗在夏末收获，然后被送往当地市场，提炼（大多为粗制）成各种等级的原糖、砂糖和冰糖。道光年间，洞冠河流域约有30家以马为动力的制糖厂，其中大部分由客家人经营。上文提及的陈姓家族在黎埠不仅经营着榨油生意，还有几家榨糖、提炼并卖糖的企业。在19世纪20~30年代，阳山地区的糖厂每年大约生产12万斤糖；到了20世纪初，这个数字增加到每年27万斤。黎埠产出的食糖每

---

① K. Y. Lin, "Economics of Yao Life," *Lingnan Science Journal*, Vol. 18, No. 4 (1939), p. 411；黄翰锋：《东陂的传统经济》, Tam Wei Lun and Zeng Hanxiang, eds., *The Traditional Economy, Religion and Customs of Lianzhou*, Vol. 1, pp. 132-133, 137；黄远奇、苏桂：《洞冠水流域传统社会调查》, Tam Wei Lun and Zeng Hanxiang, eds., *Traditional Society and Customs in Yangshan, Lianshan and Liannan*, Vol. 1, pp. 125-126。

年约有一半在连州销售，另一半的市场主要集中在阳山、连山、清远、广州和佛山，在当地消费不完的货物，很可能从这些地方发往海外。①

采矿与炼铁。客家人以采矿技术而闻名，所以当其移民连阳时，自然而然也在山里开铁矿和煤矿。洞冠河流域有许多矿山和生产粗铁的铸造厂。例如，1756 年，在附近瑶山山脉开采的铁矿石被送往位于巩门槽的铸造厂和其他几个村庄，每年产出 10 万斤的铁。粗铁随后被运至寨岗、黎埠，再经连江和北江至洞冠、佛山、广州等地。②

商品链同样沿着相反的方向起作用：从主要的商业和制造中心到内陆地区。以盐这种常见的必需品为例，在近代早期（1500～1940），广东所消耗的盐大多来自沿海地区，最重要的是来自该省西南部的电白县和吴川县。由国家垄断的食盐从沿海的生产中心用船运到广州，大量的食盐在当地消费，并在省内其他地方销售，比如连阳。通过内河船、驮畜和人力搬运工，食盐进入连阳的市场体系。船运将食盐送至内河口岸，如阳山的青莲、黄垒、黎埠、寨岗、连州城，以及位于连州的三江、东陂、朱岗和丰阳等地。在那些地方，盐要么被卖给当地居民食用，要么被转运到沿河支流和内陆山区的小集镇。寨岗、黄垒、东陂、朱岗等市场是重要的食盐集散中心。食盐在这些市场被卖给瑶族人以换取山货。位于青莲的盐码头的年代可追溯到明朝，黎埠的卖盐街在清初便已经存在，在乾隆时期，黄垒被称作盐港；1748 年，洞冠河沿岸的市场每年卖出 1200 袋盐；在 18 世纪初，这些市场处理了大约阳山 20% 的食盐贸易；大部分运往湖南的盐都是通过陆路从黄垒到星子，然后穿过山路到达湖南。③ 明清时期，星子和东陂都是销往湖南食盐的重要集散地。例如，20 世纪初期，东陂有 20 多家专门经营盐业的商店。④ 连阳

---

① 黄远奇、苏桂：《洞冠水流域传统社会调查》，Tam Wei Lun and Zeng Hanxiang, eds., *Traditional Society and Customs in Yangshan, Lianshan and Liannan*, Vol. 1, pp. 118-120；黄远奇：《阳山县黎埠镇洞冠村的村落文化》，Tam Wei Lun and Zeng Hanxiang, eds., *Traditional Society and Customs in Yangshan, Lianshan and Liannan*, Vol. 1, p. 245。

② 黄远奇、苏桂：《洞冠水流域传统社会调查》，Tam Wei Lun and Zeng Hanxiang, eds., *Traditional Society and Customs in Yangshan, Lianshan and Liannan*, Vol. 1, p. 122。

③ 黄远奇：《阳山县黎埠镇洞冠村的村落文化》，Tam Wei Lun and Zeng Hanxiang, eds., *Traditional Society and Customs in Yangshan, Lianshan and Liannan*, Vol. 1, pp. 242-243, 245, 247；苏桂：《阳山县黄垒传统社会与寺庙》，Tam Wei Lun and Zeng Hanxiang, eds., *Traditional Society and Customs in Yangshan, Lianshan and Liannan*, Vol. 2, pp. 387, 402。

④ 黄翰锋：《东陂的传统经济》，Tam Wei Lun and Zeng Hanxiang, eds., *The Traditional Economy, Religion and Customs of Lianzhou*, Vol. 1, p. 138。

所有的大小市场都有政府管理的售盐商店，更不用说在明清民国时期各地都有大量非法走私的盐。①

<h1 style="text-align:center">结　论</h1>

尽管学者们的注意力大多集中在从广州等港口城市出口的中国商品上，但这些商品多数并非来自港口城市，而是来自连阳等内陆地区。在近代早期，存在一种复杂和高度一体化的贸易体系，将区域内、跨区域和跨国贸易连接在一起，把沿海港口与内地市场联系起来。连阳贸易体系既相互联系又相互重叠。连阳地区的内河口岸和内陆市场形成了它们自己的交易层次和网络，从大市场到小市场，从内河港口到山区集市和贸易站点。与此同时，随着山货进入珠江三角洲的转口港（广州、佛山、江门、澳门、香港），进而进入中国的其他地方和世界各地，这些连阳市场也复杂地与更大的广州贸易世界联系在一起（见图3）。

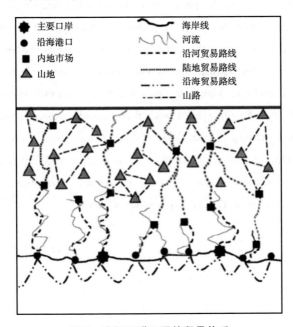

图 3　连阳互联互通的贸易体系

---

① 关于湖南、广东以及江西边界地区食盐贸易，参见黄国信《区与界：清代湘粤赣界邻地区食盐专卖研究》，生活·读书·新知三联书店，2006。

Canton and the Lianyang Trading System in Historical Perspective

Robert J. Antony

Abstract： In the ancient Han dynasty the famous Fubo General Lu Bode led a naval unit of 100, 000 men across the mountains from what is today Hunan province to Lianzhou in Guangdong province. There they cut down forests and built a fleet of warships and sailed down the rivers to Canton and then to the sea. The events of Lu Bode were important milestones in ancient Chinese history and in the development of what has become known as the "ancient roads" that connected the mountains along the Hunan－Guangdong－Guangxi border via the North River with Canton, the greater Pearl River delta, and the seas beyond. This was a vital strategic route not only for politico-military purposes but also for trade and communications between the interior and the sea from the ancient period to modern times. Based on textual sources and fieldwork this paper is a case study of the Lianyang (Lianzhou, Lianshan, and Yangshan) trading system. By the late imperial age (Ming and Qing dynasties) there already existed a sophisticated and highly integrated trading system that linked intraregional, transregional, and transnational trade, as well as coastal ports with riverine and highland markets.

Keywords： Canton; Lian River; Lianzhou; Yangshan; River Ports; Ancient Roads; Coasting Trade; Commodity Chains

（执行编辑：申斌）

明代海洋社会中的"报水"研究

刘璐璐[*]

海洋社会的组织与运作有不同于陆上农耕社会之处。海洋社会权力,是国家与社会各种海上力量在一定海域利用和控制海洋的权力。著名海洋史专家杨国桢先生多次强调海洋活动群体与海洋社会权力在海洋史研究中的重要性,指出"海洋社会权力,在 16~17 世纪大航海时代,主要表现在海上商业的能力和军事的能力"[①]。他曾从海洋社会权力的角度重新解读明末郑芝龙、郑成功以及清中叶海盗、水师的相关史事、史料,通过分析传统海洋社会,我们看到海洋社会既有官方的公权力,也有民间的私权力,并且,在明清时期两者有过分裂的恶性局面,也有过整合的良性局面。[②] 通常来说,海洋社会公权力指官方的合法行为,海洋社会私权力是以非法的暴力手段为支撑,来再次分配海洋利益,并被海洋社会中的一部分群体所默认、接受。而"报水"(又称"买水")作为海洋社会权力实践的重要方式,常见诸明代海洋文献中,也为中外关注海洋史的学者零星提及,只是仍缺乏专文来整理与深入研究。

一 学界有关海洋社会"报水"问题的研究现状

学界有关海洋社会"报水"的研究屈指可数,在海洋文献中,"报水"

---

* 作者刘璐璐,广东省社会科学院历史与孙中山研究所(海洋史研究中心)助理研究员。

① 杨国桢:《郑成功与明末海洋社会权力》,《瀛海方程——中国海洋发展理论和历史文化》,海洋出版社,2008,第 285 页。

② 杨国桢:《从海洋社会权力解读清中叶的海盗与水师》,《海港·海难·海盗:海洋文化论集》,台湾:里仁书店,2012,第 279~306 页。

这一词语多与海盗、海商等内容相联系。最早关注到"报水"问题的是国外研究海洋史的学者。1979 年美国学者卫思韩（John E. Wills）在《从王直到施琅的海上中国：边缘地区的历史》一文中讨论了"报水"（water payments）问题，他提到 1625 年左右郑芝龙在中国海域向过往船只征收通行费的行为，可以追溯到嘉靖时期著名海盗王直称霸东亚海域的时期，并且"报水"也是下一个 20 年里维系郑芝龙海上系统的支柱。[①] 1990 年荷兰学者包乐史（Leonard Blussé）在《闽南人还是世界主义者？郑芝龙的崛起》一文中认为，收取"报水"（water taxes）是中国沿海商寇的惯例。[②] 2004 年美国学者欧阳泰（Tonio Andrade）在《荷兰东印度公司与中国海寇（1621~1662）》一文中提到中国海寇收取保护费或"报水"的行为，他认同卫思韩、包乐史的观点，并在荷兰东印度公司的档案材料中发现一个例子，"李旦的儿子李国助向中国渔民收取保护费。渔民们用收货的百分之十即可买到一张签字证明，遇到海盗时出示证明即可保证免遭抢劫"。荷兰东印度公司获悉此事后，在 1626 年以后也加入收取保护费的生意，"荷兰人分派三艘战舰于一批新近到达的 120 艘捕鱼舢板旁巡逻。荷兰人与海寇收费一样，收取所收获的百分之十的保护费。这是公司在其据点最早征收的税收之一"[③]。此外，美国学者穆黛安（Dian H. Murray）在 1987 年出版的《华南海盗（1790~1810）》一书中，论及清代海盗组织对其他水上成员有派"单"收取保护费、劫船绑票、勒索赎金的行为，但她并未提到"报水"这一词语。[④] 总体而言，国外学者对"报水"的解读不深，未曾挖掘史料来支撑他们的猜测，基本将"报水"等同于海盗向过往船只征收通行费或向渔民收取保护费的行为。

---

① 但是在文中卫思韩并没有直接的史料来证明"报水"起源于王直称霸海上时期，他引用的《厦门志》中只记载了郑芝龙等勒要"报水"的行为。John E. Wills, "*Maritime China from Wang Chih to Shih Lang: Themes in peripheral History*," in Jonathan D. Spence and John E. Wills, eds., *from Ming to Ch'ing: Conquest, Region, and Continunity in Seventeenth-Century China*, New Haven and London: Yale University Press, 1979, pp. 217-218.

② Leonard Blussé, "*Minnan-jen or Cosmopolitian? The Rise of Cheng Chih-lung Alias Nicolas Zhilong*," in E. B. Vermeer, ed., *Development and Decline of Fukien Province in the 17ᵗʰ and 18ᵗʰ Centuries*, Leiden: Brill, 1990, pp. 259-260.

③ 〔美〕欧阳泰：《荷兰东印度公司与中国海寇（1621~1662）》，陈博翼译，《海洋史研究》第七辑，社会科学文献出版社，2015，第 243 页。

④ 〔美〕穆黛安：《华南海盗（1790~1810）》，刘平译，中国社会科学出版社，1997，第 86~91 页。

国内来说，1982年台湾学者张菼在《关于台湾郑氏的"牌饷"》一文中虽未曾讨论"报水"问题，但他指出"牌饷"与"报水"存在关联，并且"郑芝龙的报水虽是一种勒索，但船舶却得到保护，所以他的报水含有海上安全费用分担之性质，仍和其后演变而成的牌饷相同"。① 2009年郑丽生编纂福建《文史丛稿》时，列出"报水"一条，将《长泰县志》《海澄县志》中所记录的天启六年郑芝龙收取"报水"的两段内容罗列其中。② 2012年台湾学者周婉窈在《山在瑶波碧海中——总论明人的台湾认识》的注释第68条中提及"报水"，她猜测"'报水'是对出海贸易者所做的一种强索费用的行为。或许此一用语原先来自海防官员强索规费，转而指海盗强索费用"③。这些有关"报水"的说法基本是一带而过，并未找出史料加以展开讨论。事实上，国内学者对"报水"问题讨论最多的是杨国桢先生，2003年他在《郑成功与明末海洋社会权力的整合》一文中，对"报水"的来龙去脉简单梳理后，得出以下看法：

> "报水"原是官府抽分非朝贡番舶进口税的俗称。它起于正德四年（1509）广东镇巡官对暹罗漂风船番货的抽分，但至正德十六年（1521）广东禁绝朝贡番舶贸易，即被禁止。由于民间与番船贸易为非法，官员收取"报水"，被视为对控制海洋的公权力的滥用。万历时，明廷把"报水"定为私出外境及违禁下海罪名之一，立法严惩。

在海防废弛，官府失去对海洋的控制力之时，船头或海寇收取"报水"，取而代之，使海洋社会权力从官府下移到民间。嘉靖后期以降，在海上走私贸易盛行的海域，海商向海寇"报水"很快地发展成海洋社会通行的民间通则。④

按照杨国桢先生的论述，明代海洋社会的"报水"大致可分为两个阶段，第一阶段是在官方能够掌控海洋秩序的情况下，"报水"是官方合法的

① 张菼：《关于台湾郑氏的"牌饷"》，《台湾郑成功研究论文选》，福建人民出版社，1982，第221页。
② 郑丽生：《文史丛稿（上）》，海风出版社，2009，第106页。
③ 周婉窈：《山在瑶波碧海中——总论明人的台湾认识》，《海洋与殖民地台湾论集》，台湾：联经出版事业股份有限公司，2012，第32页。
④ 杨国桢：《郑成功与明末海洋社会权力的整合》，《中国近代文化的解构与重建［郑成功、刘铭传］——第五届中国近代文化问题学术研讨会文集》，台湾：政治大学文学院，2003。

海洋权力，还有一部分是海防官员营私获利的非法操作；第二阶段是在官府失去对海洋控制力后，"报水"成为船头或海寇在海洋社会的私权力，由官方规则转变为民间通则。"报水"的主体与对象到底有哪些海洋活动群体呢？其起源、内涵与具体变化过程到底如何？又有着怎样的社会根源？本文将在前辈们的研究基础上，加以厘清、补充与论证。

二　"报水"的起源与官方的海洋社会权力

关于海洋社会的"报水"或"买水"行为的起源，按照学界现有猜测有二，第一种猜测是来自民间的海上规则如嘉靖时期大海寇王直称霸东亚海域时有可能存在"报水"行为，但现今并没有直接的史料来证明；第二种猜测是"报水"最初作为官方的海洋权力，可以追溯到正德、嘉靖年间广州实行的"抽分制"，这基本是可以论证的。海洋社会的"报水"或"买水"行为，确切可追溯到正德、嘉靖年间广州实行的"抽分制"。当时广州是朝贡贸易的主要港口之一，常常有私舶往来贸易。正德年间有人提出对私舶冒充贡舶来华贸易者应当抽取十三之税，允许公开贸易，即按"至即年分，至即抽货"的政策实施。对其过程，学界从中外贸易史的角度有较详细地梳理。[①] 具体来说，第一次实施是正德四年（1509）以后，广东镇巡等官、两广都御史陈金等建议"要将暹罗、满剌加国，并吉阑国夷船货物，俱以十分抽三，该户部议：将贵细解京，粗重变卖，留备军饷"[②]。正德五年，巡抚两广都御史林廷选提议将番船中货物按照十分之三的比例抽取税收，得到户部准许。但正德九年，因广东布政司参议陈献伯的反对被禁绝。第二次是正德十二年，因陈金与布政司吴廷举的建议，再次"命番国进贡并货舶船榷十之二解京，及存留饷军俱如旧例，勿执近例阻遏"[③]。但正德十五年，明朝又因葡萄牙海盗带来的冲击，令广东地方禁绝贡舶贸易，"严加禁约，夷人留驿者，不许往来私通贸易，番舶非当贡年，驱逐远去，勿与

---

①　李龙潜：《明代广东对外贸易及其对社会经济的影响》，《明清广东社会经济形态研究》，广东人民出版社，1985，第279~312页；林仁川：《明末清初私人海上贸易》，华东师范大学出版社，1987，第283~288页。

②　黄佐撰修（嘉靖）《广东通志初稿》卷三五《外夷》，广东省地方史志办公室誉印，2003。

③　《明武宗实录》卷一四九，正德十二年五月辛丑，"中研院"历史语言研究所校印，1983，第2911页。

抽盘"①。第三次是在嘉靖八年（1529），在提督两广军务都侍郎林富的上疏建议下，恢复了广东番舶通市，可是才执行一年，又再次禁绝。值得注意的是，在正德至嘉靖初年广东地方允许番船贸易，并对其抽取大约十分之三到十分之二货物税的年份里，"抽分"是官方的合法行为。基本上，海洋社会中"报水"的起源正是正德年间官方的"抽分"。嘉靖抗倭名将俞大猷在建议广东地方开市贸易时，明确用到了"报水"一词，他说：

> 市舶之开，惟可行于广东。盖广东去西南之安南、占城、暹罗、佛郎机诸番不远，诸番载来，乃胡椒、象牙、苏木、香料等货。船至报水，计货抽分，故市舶之利甚广。②

俞大猷指出的"船至报水"，并非凭空想象，而是广东在正德、嘉靖年间在珠江口屯门等海岛开洋时的写照。"报水"征收者是官方，征收对象是安南、占城、暹罗、佛郎机等来广东贸易的船舶，征收的方式是"计货抽分"，即根据货物的精良粗细来抽税。也就是说，在官方明法开洋的政策下，"报水"是官方合法的海洋收入，按照规定交付货物抽分税等的番舶被允许进入广东贸易。除却抽分外，据李庆新老师的研究，广东默许葡萄牙人贸易所征收关税中，还有按船只大小丈量、按停泊吨位来征收的船税。而对赴澳门贸易的中国海商，官府发放"澳票"的凭证，舶商回国须照例抽分。③ 而且，这套中外商人共同遵循的权宜性贸易规则，被学界称为"南头体制""屯门体制"，后来更演变发展为"广中事例"，并且隆庆以后福建月港开洋征税方式也可能学习了"屯门体制"。④ 虽然在官方正式文书中很少把"屯门体制"的抽分制与"报水"等同称呼，但从俞大猷的记载来看，显然在俗称中"报水"就指代了正德、嘉靖年间广东的"计货抽分"体制。

大体说，官方收取"报水"是在基本能够掌控海洋秩序的前提下。尤其是朝廷平定嘉靖倭患后，隆庆元年（1567）漳州海澄月港开海，因为开

① 《明武宗实录》卷一九四，正德十五年十二月己丑，第3631页。
② 俞大猷：《正气堂集》卷七，廖渊泉、张吉昌整理点校《正气堂全集》，福建人民出版社，2007，第196页。
③ 李庆新：《明代海外贸易制度》，社会科学文献出版社，2007，第254~261页。
④ 李庆新：《地方主导与制度转型——明中后期海外贸易管理体制演变及其区域特色》，《学术月刊》2016年第1期。

洋政策的持续实施，官方所受的"报水"也更加制度化。在操作上，明朝在月港设置督饷馆，往东西洋的海商们必须购得由海防官发放专门的船引方可出海贸易。最初的规定是：

> （东西洋每引税银三两，鸡笼、淡水税银一两，其后加增东西洋税银六两，鸡笼、淡水二两。）……其征税之规，有水饷，有陆饷，有加增饷。水饷者，以船广狭为准，其饷出于船商。陆饷者以货多寡计值征输，其饷出于铺商……加增饷者，东洋吕宋，地无他产，夷人悉用银钱易货，故归船自银钱外，无他携来，即有货亦无几。故商人回澳，征水陆二饷外，属吕宋船者，每船更追银百五十两，谓之加征。①

"船引"或称"洋引"成为纳税的方式，即为"引税"，"引税"的规定与实施在制度上比"抽分"更加完善，商船出入海需要持有官方的许可证即船引，海防官兵在特定港澳盘查勘验后方可放行。而船引的申请除却单纯上交饷银外，更是官方对船主、海商的严格控制，"每一商引之上，明白登记船商的姓名、籍贯、职业以及所欲通航的目的地。同时，还要邻里取保"。② 另外，商船回澳还需征税，征税的规额有三种，"水饷"即船税，"陆饷"即货物税外，"加增饷"即货币税。除商船外，隆庆开海后对出海捕鱼的渔船也采取发放船引、征收引税的方式。如《天下郡国利病书》所记："凡贩东西二洋，鸡笼、淡水诸番及广东高雷州、北港等处商渔船引，俱海防官为管给，每引纳税银多寡有差，名曰'引税'。"③ 在开洋的政策下，"报水"体现了官方对海洋贸易的控制与海洋利益的分享。而且，官方的文书中"船引""引税""水饷""陆饷""加增饷"等名称替代了俗称的"报水"。作为合法的行为，"引税"等是在"报水"基础上演变而成的更为严密完善的纳税方式，体现了官方对海洋社会具备掌控能力。

但同时，"报水"也可能成为海防官兵对海洋公权力的滥用。明代海防官兵私受"报水"的情况比较普遍，一是在禁洋政策下，民间与番舶贸易被视为非法；二是在开洋政策下，未获得官方许可的走私船舶也是非法的，

① 梁兆阳等修《海澄县志》卷五《饷税考》，书目文献出版社，1990，第364页。
② 韩振华：《一六五〇—一六六二年郑成功时代的海外贸易和海外贸易商的性质》，《郑成功研究论文集》，上海人民出版社，1965，第169页。
③ 顾炎武：《天下郡国利病书·福建备录》，上海古籍出版社，2012，第3092页。

而一些徇私枉法的海防官员私受"报水"后，让本来非法的船舶获得进出海港的权利。嘉靖时屠仲律指出，"臣闻倭之入也。岂尽无军之患，盖有军而移入便地者矣，有失于巡哨者矣，甚有买渡报水，受其钩饵者矣"①。例如，嘉靖二十七年（1548），浯屿水寨把总指挥金事丁桐，"纵容土俗哪哒通番，屡受报水，分银不啻几百，交通佛朗夷贼入境，听贿买路砂金，遂已及千"②。所以，在明朝官方的律令中，有专门针对海防官员私受"报水"的惩治。《大明会典》规定：

> 凡守把海防武职官员，有犯听受通番土俗哪哒报水，分利金银货物等项，值银百两以上，名为买港，许令船货私入，串通交易，贻患地方及引惹番贼海寇出没，戕杀居民，除真犯死罪外，其余俱问受财枉法罪名，发边卫永远充军。③

嘉靖年间成书的《读律琐言》也有类似记录：

> 各该沿海省分，凡系守把海防武职官员，有犯受通番土俗哪哒，报水分利，金银至一百两以上，名为买港，许令船货入港，串通交易，贻患地方，及引惹番贼海寇出没，戕杀居民，除真犯死罪外，其余俱问受财枉法罪名，比照川广、云贵、陕西等处，汉人交结夷人，互相买卖，诓骗财物，引惹边衅，贻患地方事例，问发边卫，永远充军，子孙不承袭。④

此外，万历年间成书的《海防纂要》《大明律集解附例》等都记录了相同内容。⑤ 哪哒指船主、海商或海寇头目。⑥ 在律文中，我们可以清楚地看到自嘉靖至万历时海防官员们私受的"报水"基本等于买港费，走私通番

---

① 屠仲律：《御倭五事疏》，《明经世文编》卷二八二，中华书局，1962，第2980页。
② 朱纨：《甓余杂集》卷六，《四库全书存目丛书》，齐鲁书社，1997，第155页。
③ 《大明会典》卷一六七《私出外境及违禁下海》，《续修四库全书》，上海古籍出版社，1995，第48页。
④ 雷梦麟著，怀效锋、李俊点校《读律琐言》卷十五《私出外境及违禁下海》，法律出版社，2000，第275页。
⑤ 王在晋：《海防纂要》卷十二《私出外境及违禁下海》，国家图书馆出版社，2013，第248页；高举等纂《大明律集解附例》卷十五《兵律·私出外境及违禁下海》，国家图书馆出版社，2015，第208页。
⑥ 聂德宁：《明代嘉靖时期的哪哒》，《厦门大学学报》（哲学社会科学版）1990年第2期。

的头目们向负责把守盘查海洋进出关卡的海防官兵支付金银之后，获得了船货进出港贸易的非法权利。在这个过程中，官方控制海洋的公权力被滥用，国家对海洋的控制力大打折扣。

除却纵容走私的私受"报水"外，一些海防官兵还有借缉拿走私之名向合法捕鱼的渔船与走私或合法盐船强行索取"报水"的情况。对此，明代史料中除有"报水"的俗称，还有"索羡""澳例"等说法。对渔船、渔民强索"报水"的行为，万历年间任吏部文选主事的福州闽县人董应举曾多次记载，一是在非禁渔期间福建沿海的福、兴、泉三郡渔船按常例往浙江、南直隶外洋捕鱼时，"浙兵索报水、索羡，课船皆顺从，而岸船多抗拒"，对浙兵无理索取报水的行为，一家人都在船上生活且势单力薄的课船只好顺从，而颇有实力且以雇募海民来捕钓的岸船则多抗拒。针对抗拒又落单的岸船，浙兵"辄以贼报，或有数十兵船围一岸船，竟以贼解者"。① 二是在福州的兵船在巡查走私盐船的时候，乘机驱逐盐船而对亟须用盐的渔民强索"报水"，"今乃假协缉之名，酷索报水，乘海民用盐至紧之时，尽逐渔民，使无处买"②。海防兵船这种向渔民强索"报水"的行为，无疑是对官方公权力的滥用，破坏了官方与民间既定的良好秩序，也是对较为弱势的渔民群体合法经济利益的侵剥，使得渔民困苦不堪。至于嘉靖年间巡哨的官兵对盐船、盐徒私自强索"报水"的行为，万历《福建运司志》多次记载，如嘉靖三十三年户部郎中钱嘉猷在奏疏上所言，"盐徒聚众越关，私自贩卖，经过关津，勒索报水，难保必无"③。在关卡津要巡捕的官兵向盐徒勒要报水俨然是当时的常态。当时在福、兴、漳、泉一带与延建二府都存在这种现象"各该府卫县港寨、巡捕、巡司等官惟图索取盐徒报水分例，故纵卖放，不行用心捕获解报，往往将官盐反行刁勒阻骗，以致私盐盛行、官盐阻滞"④，"如延平府尤溪、永安、沙县等处路通上里、浯州出盐地方，豪顽之徒聚众兴贩私盐，水陆大行，经过巡捕、巡司、关隘，索受报水分例，公然卖放，积惯棚主、私牙引领窝顿代卖习为常"⑤。私卖私盐者通过向巡哨

---

① 董应举：《崇相集·条议二·护渔末议》，国家图书馆出版社，2013，第1344页。
② 董应举：《崇相集·条议二·海课解疑》，第1283页。
③ 江大鲲等修《福建运司志》卷十三《条陈盐法助边疏略》，《玄览堂丛书》第三册，广陵书社，2010，第2239页。
④ 江大鲲等修《福建运司志》卷五《案验》，《玄览堂丛书》第三册，第2159页。
⑤ 江大鲲等修《福建运司志》卷十四《条议四路运使姜恩议》，《玄览堂丛书》第三册，第2265页。

于港寨关津的官兵"报水",而获得了安全通过的权利,使得预设的巡哨、缉捕形同虚设,最终导致私盐大肆流通,官盐通行反而受阻,影响到国家财政收入与社会秩序。

总的来说,海洋社会的"报水"起源于官府对非朝贡番舶征收进口税的俗称。无论正德嘉靖年间广东官府对商船的"抽分"、隆庆月港开洋后所规定的洋引与水饷等税种,还是明代海防官兵们于海商、渔民、盐徒等海洋活动群体私受与强索的"报水",都体现了官方的海洋社会公权力。官方主导下的"报水",是在基本控制海洋秩序的前提下,能够对进出港澳的人群、船只、货物加以盘查、管理与利益分配,也体现了官方对海洋的控制力与控制方式。而其中滥用公权力私受与强索"报水"的行为,不仅影响到明代开禁洋、巡捕缉拿私盐等具体政令的实施程度,也在某种程度上损害了官方与民间既定的良好秩序,因此《大明律》等法律条文对此有明确惩治。

三　嘉万年间闽粤海寇的勒要"报水"

嘉靖后期以来,随着海洋秩序的失控,在官方海禁政策下,收取"报水"这一海洋社会权力出现了由公到私的转变。在海上走私贸易盛行的海域,海寇向其他海洋活动群体如海商、盐商、渔民等勒要"报水"发展成海洋社会通行的民间通则。在闽粤海域,尤其是月港—浯屿—梅岭—南澳—东里一带及邻近海域是走私贸易的据点,而勒要"报水"也成为以这些海域为主要基地的巨寇们的重要经济收益。据记载,嘉靖、万历年间活跃的海寇们如许朝光、曾一本、林道乾、朱良宝等均有勒要"报水"的行为。

许朝光,广东饶平人,是嘉靖年间活跃在月港到南澳一带以及广东洋面的巨寇,为巨寇许栋的义子。乾隆《潮州府志》记载,嘉靖三十二年(1553),许朝光杀掉许栋后,"尽有其众,号澳长,势益炽,踞海阳之辟望村,潮阳之牛田洋,揭阳之鲍浦,计舟榷税,商船往来,皆给粟抽分,名曰买水"[1]。海阳、潮阳、揭阳三县都隶属潮州府,位于韩江、榕江中下游成掎角之势,而辟望村(今澄海县内)、牛田洋(今汕头市内港)、鮀浦(今汕头市内)都是过往船只进出海的重要内港。潮州府东南面外海中最大的

---

[1]　林杭学等修《潮州府志》卷三八《征抚》,潮州市地方志办公室、潮州市档案馆编印,2001,第927页。

岛是南澳岛，因明洪武初年弃而不守，已成为中外走私贸易与海盗聚集的窝点，也是许朝光海盗帮派的主要基地。许朝光占据这些海船往来必经之地，逼迫往来海商"买水"。而且，需要"买水"的对象是"过往商船"，它的内容包括"计舟权税"与"给粟抽分"，即一是按照舟船尺寸大小收取船税，二是按照货物抽分。这种征收方式，与官方开洋时征收的海洋税收相似，显然不同于一般的绑架勒索赎金行为。许朝光凭借自己的海上力量，将公权力化为私有，将之推广到官方伸手莫及的地方。而且在嘉靖四十二年（1563），许朝光接受招抚后，依旧勒要商船"报水"如故。据隆庆《潮阳县志》与康熙《澄海县志》记载：

> 抚盗许朝光分据潮阳牛田洋，算舟征税。……又今据潮、揭、牛田、蛇浦等处，凡商船往来，无论大小皆给票抽分，名曰买水。①

> 朝光虽听招，仍四处剽掠无虚日。分遣头目驾巨舰屯牛田洋，盘问船只，不问大小，俱勒纳银，方敢来往生理，名曰报水。②

在"报水"的过程中，海商向海寇支付银两后，海寇立下票据作为凭证，从而海商得以安全通过海港或洋面。一般来说，"报水"时给票的时间在货物尚未发出贩卖之前，其具体操作过程，比照崇祯二年浙江海贼的规格有如下方式：

> 贼先匿大陈山等处山中为巢穴，伪为头目，刊成印票，以船之大小为输银之多寡，或五十两、或三十两、二十两不等。货未发给票，谓之"报水"；货卖完纳银，谓之"交票"。③

这看起来相对温和的手段，其本质是以暴力相威胁的。许朝光接受招抚获得"把总"头衔后，勒要"报水"披上半合法化的外衣。但其实质仍是以社会暴力的方式，分割其他海洋活动群体的经济利益。

---

① 黄一龙纂修《潮阳县志》卷二《县事纪》，潮州市地方志办公室编印，2005，第27页。
② 王岱纂修《澄海县志》卷一九《海氛》，潮州市地方志办公室编印，2004，第163页。
③ 《兵科抄出浙江巡抚张延登题本》，《郑氏史料初编》，台湾：大通书局，1984，第14～16页。

　　曾一本，福建诏安人，原系大海盗吴平的手下。吴平死后，他乘机聚集余部，在广东海面的高州、雷州、海丰、惠阳等地活跃，待势力扩张后，他又回到潮州沿海，四处侵扰剽掠，并勒民"报水"。[①]《明穆宗实录》记载，曾一本在隆庆二年接受招抚后，被安插到潮阳后，"仍令其党一千五百人窜籍军伍中，入则廪食于官，出则肆掠海上人，令盐艘商货报收纳税，居民苦之"[②]。福建巡抚涂泽民也说，"曾一本，为海中巨寇，岂不知此。明系阴怀异志，假为说辞，不然既称投降，何又抢虏渔船，勒要居民报水"[③]。曾一本勒要"报水"的对象，不仅包括商船，还有渔船也在内。"报水"范围的扩大，损害了其他海洋群体的生存空间，加上地方官府的纵容与无力管制，"今又阴行曾贼重贿，纵令报水激变，居民侵突省会"[④]，严重破坏了社会秩序。

　　此外，林道乾、朱良宝等海盗也纷纷勒要"报水"，而且手段更为暴力残忍。《潮州府志》记载：

　　　　嘉靖壬子以后，倭寇海贼纵横为患，朱良宝、林道乾其尤也。魏朝义、莫应敷复纠党出海，官兵因地方多事，兵为难分，准其告抚。既抚以来，朱据南洋寨，林据华美寨，魏住大家井，莫住东湖寨，朱、林仍杀人报水，民苦之，然不敢声言其冤。[⑤]

　　林道乾，广东惠来人，原与曾一本同属吴本部下，活跃在闽粤海面。朱良宝，即诸良宝，潮州人。嘉靖三十一年（1552）以后，林道乾与朱良宝、魏朝义、莫应敷等相互呼应，行劫海上，并与曾一本互为犄角。同样，在他们接受招抚安插到潮州地方后，依旧聚党立寨自据，杀人报水。而且，他们"报水"的对象已经涉及商船、渔船以及周边居民。隆庆三年（1569），俞大猷曾亲自诘问林道乾，谕之曰：

①　关于吴平的事迹请参见陈春声《16世纪闽粤交界地域海上活动人群的特质——以吴平的研究为中心》，《海洋史研究》第一辑，社会科学文献出版社，2010，第129~151页。
②　《明穆宗实录》卷二二，隆庆二年七月辛未，"中研院"历史语言研究所校印本，1962，第603页。
③　涂泽民：《咨两广广东二军门》，《明经世文编》卷三五四，第3807页。
④　《明穆宗实录》卷二四，隆庆二年九月庚戌，第644页。
⑤　吴颖纂修《潮州府志》卷七《朱良宝、林道乾之变》，潮州市地方志办公室编印，2003，第264页。

汝既招抚，尚聚数千人为一寨。一寨之人，生杀由汝。四傍乡村报
水，贩盐船只抽税，汝当初为贼，则宜如此。汝为抚民，即是良民，岂
可如此？此方百姓受汝之害，苦不得官兵一日尽灭汝也。①

"四傍乡村报水"，其遭受勒索与抽税的不仅有过往盐船，还有当地居
民包括以海为生的渔民、疍民以及陆居的编户齐民。林道乾等人的"报水"
变成一种单纯依靠武装暴力勒要钱财的勾当，而且对不服从者采取极端的手
段。这不仅破坏了海上秩序，也是对传统陆地秩序的冲击。

许朝光、曾一本、林道乾等海盗在接受招抚后，都安插在潮州地方。但
是，他们勒要"报水"的行为没有随之消失，反而愈演愈烈，这与潮州沿
海社会也有莫大的关联。隆庆年间任工科给事中的陈吾德曾指责广东地方在
招抚一事上妥协过多："微剿首恶、抚协从，当事者失策，令许朝光报水，
致曾一本、林道乾继兴为地方患。"② 而当时乡居在家的潮阳士绅林大春在
《论海寇必诛状》中更一针见血地道明了地方"民""盗"难分的现状：

是沿海之乡，无一而非海寇之人也。党与既众，分布日广。自州郡
以至监司，一有举动，必先知之。是州郡监司之左右胥吏，无一而非海
寇之人也；舟楫往来，皆经给票，商旅货物，尽为抽分，是沿海之舟楫
商旅，无一而非海寇之人也；夺人之粮，剽吏之金，辄赈给贫民，贫民
莫不乐而争赴之，是沿海贫民，无一而非海寇之人也。③

"舟楫往来，皆经给票，商旅货物，尽为抽分"实则就是"报水"，而
"报水"能够大范围实行有其社会根源。陈春声曾深刻分析过嘉靖以来潮州
地方社会"民""盗"界限模糊，官府软弱，无力御盗护民的现象。④ 在潮
州一带，官吏中不乏与海盗勾结者，民众中也有不少与海寇接济通气者，至
于普通海商、渔民为自保只好向巨寇"报水"或受其勒索不敢言。这说明

---

① 俞大猷：《洗海近事》卷下，《正气堂全集》，第 898 页。
② 陈吾德：《条陈广东善后事宜疏》，日本藏中国罕见地方志丛刊，书目文献出版社，1991，
　第 714 页。
③ 林大春：《井丹诗文集》卷八，香港潮州会馆董事会，1980，第 4 页。
④ 陈春声：《从"倭乱"到"迁海"——明末清初潮州地方动乱与乡村社会变迁》，《明清论
　丛》第二辑，紫禁城出版社，2001，第 73~106 页。

"报水"在潮州地方有了一定的社会基础，能够成为潜在的通则被民间默认。尤其在官府软弱无法守护民众的生存空间时，为了求得生存发展，海寇、海商、渔民、疍民、船工以及从事农耕的编户齐民这些群体的角色本身就可能时常转换，而且他们也只好遵守其中的强者所建立起来的报水规则。

"报水"已成为嘉靖以来大海寇们的普遍行为。据记载，嘉靖四十一年（1562）十一月，窜入闽东寿宁、政和县的海寇，往广东、广西报水。万历三十年（1602）跟随浯屿水寨钦依把总沈有容赴台湾剿倭的陈第，记载了东海倭寇勒民报水的现象：

> 贼据东海三月有余，渔民不得安生乐业，报水者（渔人纳赂于贼名曰报水）苦于羁留，不报水者束手无策，则渔人病倭强而番弱，倭据外澳，东番诸夷不敢射雉捕鹿，则番夷亦病。[1]

当时，一股盘踞台湾海峡的倭寇强令渔民纳银报水，不报水的渔民无法进入台湾海峡，他们的生业遭到威胁。后来，在沈有容渡海剿倭成功后，才解决此困局。实则，海寇能够勒令渔民报水，官方的海上力量鞭长莫及也是原因之一。此外，地方势豪也有类似勒民"报水"的行为，《崇武所城志》记载福建沿海一带"无耻之子弟，窥伺停泊各商贩船只，横征澳泊之例"[2]。万历末以后，"报水"愈演愈烈。不用说海寇势力强大的漳泉、潮汕等地，甚至连福州海域的海寇都在寨游水军基地与内洋沿海港口肆掠，收取报水：

> 又睥睨内港、壶江、馆头、琅琦诸澳张榜索银，又遣贼坐澳头，柴贩船以出，此直在省城重门之内，而猖獗如此矣。往时，贼索报水，劫人取赎，岁不过一两次。今四季索报，如征税粮。前贼既免，后贼又索。[3]

在海政败坏、寨游失势的情势下，海寇勒索"报水"的行为猖獗频繁如同征税，而"今民以纳贼为固然。贼以索赎报水，因船于我，取人于我

---

① 陈第：《舟师客问》，《闽海赠言》，台湾：大通书局，1959，第30页。
② 叶春及撰《惠安政书 附：崇武所城志》，福建人民出版社，1987，第35页。
③ 董应举：《崇相集·条议二·福海事》，第1310页。

为固然"①。在海贼控制福海的情况下，兵船无法过问，水寨游击的海防官员不敢上报，甚至纳银与火药等给予海贼，以换取自身的安宁。这种极端的情况，意味着这个时期官方海洋力量的退缩，无法维护原来既定的海上秩序。

总的来说，被民间海洋社会默认的"报水"规则，与官方的"报水抽分"等既有相似性又有差别。嘉靖至万历年间海寇们勒要"报水"的对象，不仅有过往海商、盐船，还包括渔民以及周边居民，其实施过程还可能伴随着极端暴力行为。但与绑架勒索、劫掠不同的是，收取"报水"者一般不是零星小股海盗，而是拥有较强实力的大海盗帮派。并且，他们在收取买路费和抽分船货时是有组织有规则的，一般不愿意用极端暴力来破坏他们的行规。事实上，海寇们的"报水"能够在一定地方与海域实行，一是官方海上力量的退缩，无力主导海洋航运与海洋商业贸易，使得非法的海寇有机可乘；二是有其社会根基，海洋社会的流动、竞争、对抗，"报水"往往盛行于官方难以控制的民盗模糊地域，其终极原因是海上实力至强者制定的规则才是海洋世界的通例。

四　郑芝龙的"报水"与海域控制方式

明末天启崇祯年间，郑芝龙私人海上武装崛起，福建地方以俞咨皋为代表的水师不能节制之。随着郑芝龙对漳州港区军事控制的实现，嘉靖以来海寇分割海洋经济利益的方式——"报水"也成为郑芝龙及其部下分割海洋经济利益与海域控制的手段。并且，其具体实施方式也逐渐发生变化。

福建地方志多记载天启七年（1627），郑芝龙及其手下伙党收取"报水"之事。据崇祯《海澄县志》记载，郑芝龙的伙党之一曾老五往海澄港"横索报水"，而当地居民为了免受杀戮往往主动献上钱财。对于当地不服从的大户，另一伙党之下的哨头杨大孙则焚烧谢家宗祠与族屋，毁其棺木，并尽劫掠钱财而去。

> 报水者户十而五，来往如肆。
> 是年十二月，寇复驾艇鼓百泊澄港，哨官蔡春于威武庙前杀数贼，

---

① 董应举：《崇相集·条议二·福海事》，第1311页。

贼为稍退。次日，焚港口祠屋千余间，环邑雉民庐薄城下者，县命折之为清野。计村落报水者又比栉矣。且有缘之为利，代索报水者名曰傍缘。①

天启七年，在水师毫无抵御之力的情形下，海澄游兵各自逃窜。郑芝龙得以攻入漳州海澄县，并遣分支头目往各都各村落收取"报水"，而收取的金额常常达"百金"之上。显然，"报水"早为海澄地方民众所知。为了保全自身，很多村落都主动献钱银给芝龙伙党，正如《海澄县志》所说"报水者，约略村居若干，献金供贼为寿，冀无诛杀我"②、"所在村居献金供应，免其蹂躏，方言报水"③。"报水者户十而五""村落报水者又比栉"，说明服从海寇行规的大有人在。而对不愿意"报水"者，例如三都的谢氏宗族，哨头杨大孙等采取残暴的手段惩罚之。这时的"报水"与嘉万时期海寇们的做法，并无差别。而且，他们收取"报水"的对象，随着他们的势力范围的变化从海上延伸到海滨居民，并发展出代理人所谓"傍缘"者逐个村落帮助海寇们收取献金。

天启七年兵部题行稿记载：

> 本年二月二十二日，芝龙突犯铜山寨，把总茅宗宪新任不备，遂烧我兵船十五只。漳属一带，勒民报水，据船杀兵，焚毁官民房屋。④

同年八月，福建巡抚朱一冯题本中记载：

> 臣于五月五日备将铜山、中左，两次溃败，崖略具疏驰报，嗣是贼纵横流突，倏而高崎、倏而浯屿，倏而含英等处。把截渡口，劫虏商船，沿海居民被其勒票报水。……而内地居民从之若骛，或开报富民勾引行劫，或执持伪票辗转售奸，或为之打听衙门行事，泄露军机，或为

① 梁兆阳修《海澄县志》卷十四《寇乱》，第474页。
② 梁兆阳修《海澄县志》卷十四《寇乱》，第474页。
③ 陈锳等修《海澄县志》卷十八《寇乱》，台湾：成文出版社，1967，第213页。
④ 《兵部尚书王之臣题行稿》，《明清宫藏台湾档案汇编》第三册，九州出版社，2008，第11页。

之窥伺村落行人，瓜分囊裹家艳寄归之赃。①

天启七年水师溃败，郑芝龙攻破铜山、中左所后，在漳州、厦门一带勒民报水，渡口过往商船与沿海居民皆在其列。而且，内地居民有不少拥护接济者，包括出售报水票据的代理人。正因为沿海社会官方无所作为，铜山、中左一带"贼""民"几乎不分，"一人作贼，一家自喜无恙；一姓从贼，一方可保无虞"。"白昼青天，通衢闹市，三五成群，声言报水，则闾里牵羊载酒，承筐束帛，惟恐后也"②，"报水"有着深刻的社会基础，所以这一规则能够在这些地域得到认同。从"报水"的实施程序看，在完全掌握沿海村落居民生活情况下，有专门的代理人向沿海居民、商船出售票据，而凭借票据则可以在郑芝龙控制的海域通行，同时郑芝龙只需要控制渡口要港与检验自己所发放的票据就可获得相应的经济利益。

同时，郑芝龙收取"报水"与逐渐呈现与其他海寇们的不同之处，如康熙《长泰县志》所记：

> 天启六年丙寅，郑芝龙起海上，船泊金门、厦门二岛，树旗招兵，自号一官。旬月之间，从者数千，派沿海居民助饷，有千金者，派一百；有万金者，派一千，谓之报水。不从者，全家俘掠，下令不焚屋，不掳妇女牛畜，故不扰。年余，聚众数万。③

道光《厦门志》所记：

> 六年春海寇郑芝龙犯厦门（劫掠闽广间，至袭漳浦旧镇，泊金、厦，树旗招兵，旬日之间，从者数千，勒富民助饷，谓之报水）。④

同安县令曹履泰《靖海纪略》所记：

> 七月廿三日，商民陈芳者，昔曾被劫于海洋，感贼不杀之恩，设席

---

① 《福建巡抚朱一冯题本》，《明清宫藏台湾档案汇编》第三册，第76~77页。
② 《兵部尚书阎鸣泰等题行稿》，《明清宫藏台湾档案汇编》第三册，第86~87页。
③ 张懋建等修《长泰县志》卷十《兵燹》，台湾：成文出版社，1975，第722~723页。
④ 周凯纂修《厦门志》卷十六，《纪兵》，台湾：成文出版社，1967，第332页。

请柯爱等数人饮酒。饮毕，遂拥至澳民吴廷尚家，索取海洋票约旧银。①

今龙之为贼，又与禄异。假仁假义，所到地方，但令报水，而未尝杀人。有彻贫者，且以钱米与之。其行事更为可虑耳。②

是日午间，贼闻外洋有番船，遂率诸船出外劫掠，而内地仍有贼哨，乘潮往来各港，令人报水。③

从以上史料看，当时郑芝龙亲自率领部下占据厦门，而他的做法与占据海澄的伙党以及杨禄等海寇们有所不同，第一是主要勒富民报水纳银，按照居民财富差别来适量收取钱财，"报水"的比例是大约抽取富民资产的百分之十，对赤贫者则救济钱米；第二是有较道义的规矩，对不服从者也不杀人、不焚屋、不掳妇女牛畜；第三是在陆上打着"助饷"的旗号，招兵买马。并且，在这个过程中有令明朝官方甚为敏感的"树旗"的叛逆行为，而"报水"程序中负责发放出售"海洋票约"的代理人似乎已有较固定人员住在澳民之间。郑芝龙的"报水"使得海寇、海商、各港澳和居民们能够较和平地共存，维持着一定的秩序，所以也吸引了一大批附从者。在他主导的海洋秩序中，在陆上有他的代理人向海商、渔民等收取报水费，在重要海港与洋面也有他的巡哨向过往船只收取报水费，而已付过报水费者凭借海洋票据在郑芝龙所掌控的区域获得人身安全与自由通过的权利。

崇祯元年（1628）秋天，郑芝龙接受明朝招抚后，"报水"的性质向半合法化转变。与其他海寇不同，收取"报水"不仅成为郑芝龙的重要经济收入，也是其控制海域的重要方式之一。

时海盗蜂起，洋泊非郑氏令，不行，上自吴松，下至闽广，富民报水如故，岁入例金千万。自筑城安平寨，拥兵专制滨海。④

在这段记载中"郑氏令"也是"报水"的凭证物，"自就抚后，海舶不

---

① 曹履泰：《靖海纪略》卷一《上周衮元按台》，台湾：大通书局，1995，第1页。
② 曹履泰：《靖海纪略》卷一《上周衮元按台》，第4页
③ 曹履泰：《靖海纪略》卷一《答朱明景抚台》，第4页。
④ 周凯纂修《厦门志》卷十六《纪兵》，第332~333页。

得郑氏令旗不能往来。每一船，例入二千金"①。"商舶出入诸国者，得芝龙符令乃行。"② 故"郑氏令"应该是指郑芝龙的符令与令旗。对此，张菼先生认为这是郑成功时代"牌饷"制度的前身，"但其渊源，则是神宗时的'水饷'之遗，郑芝龙不过将之化公为私，并将'报水'混为一体"③。林仁川先生认为张菼的看法不够全面，他认为"发给令旗，已经把水饷和引税合二为一了"④。杨国桢先生认为，"郑芝龙发放符令、令旗，是一种以海防官员名义征税后发放的船籍和出口证明。持有郑氏令旗的海舶，得到出口地和国外贸易地官方的承认，在中国沿海航行时还受到保护。这标志着明朝东西洋贸易制度的又一变化，即把地方官府征税的公权力和民间报水的私权力收归海防体制，这是以国家暴力取得海洋商业和航运权力的表现"⑤。实则这个时期郑芝龙收取"报水"的方式应当是通过代理人出售海洋票据，同时发放相应的符令与令旗，而海商向其"报水"后凭借票据与符令，并在航海时将郑氏令旗挂于海船桅杆上就可安全通过郑氏控制的海域，⑥ 并且在面临其他海上势力袭击时也会受到郑氏海上力量的保护。⑦ 收取"报水"是官方与民间海上势力控制海洋航运与贸易的重要手段之一。而在明末民间海上力量新一轮分裂、重组的形势下，海上武装帮派所受"报水"的区域即其势力范围。崇祯元年郑芝龙伙党李魁奇背叛他后，曾短暂占据厦门湾，也采用"报水"的方式，控制厦门港通往台湾等地的航线。崇祯二年荷兰人对李魁奇的记载："据说，如果没有他的许可而带来卖给我们，会受到严厉处罚，如果去申请许可，必须付他很多税，多到无利可图。"⑧ 所谓申请

① 计六奇：《明季北略》卷一一，台湾商务印书馆，1979，第140页。
② 邵廷采：《东南纪事》卷一一《郑芝龙》，台湾：大通书局，1961，第131页。
③ 张菼：《关于台湾郑氏的"牌饷"》，《台湾郑成功研究论文选》，第209页。
④ 林仁川：《试论郑氏政权对海商的征税制度》，《郑成功研究国际学术会议论文集》，江西人民出版社，1989，第265页。
⑤ 杨国桢：《郑成功与明末海洋社会权力》，《瀛海方程——中国海洋发展理论和历史文化》，第293页。
⑥ 这一点可以从现存的一些明清时代东亚海域活动的船舶的图像，如17世纪一些中国商船与欧洲商船上的荷兰旗帜、琉球进贡清朝船只上的龙旗来佐证。
⑦ 其他海上势力如西班牙、葡萄牙、荷兰人对袭击夺取有郑氏许可通行证明的商船往往有所顾忌，而且一旦发生劫掠行为，郑氏则有对其索赔、禁航、制裁的行动。参见胡月涵（Johannes Huber）《十七世纪五十年代郑成功与荷兰东印度公司之间来往的函件》，《郑成功研究国际学术会议论文集》，江西人民出版社，1989，第297、300页。
⑧ 《热兰遮城日志》第一册，1630年1月3日，江树生译注，村上直次郎原译，台南市政府发行，2002，第11页。

许可,相当于自由海商向李魁奇"报水"后获得自厦门港出入贩洋的权利。崇祯三年,郑芝龙联合另一伙党钟斌和荷兰人除去李魁奇,重新控制大厦门湾,"报水"的权力也重新收回。与此同时,海上巨寇如钟斌、刘香等纷纷拦截要路索要"买路银"。① 崇祯四年,消灭钟斌。尽管朝廷尚未解除禁海之令,福建地方在熊文灿、郑芝龙等的主导下已经发放洋引,将海洋贸易合法化。崇祯六年,郑芝龙代表明朝水师击败荷兰人与刘香联合舰队后,明朝明令开洋,洋引由漳泉海道负责发放,而郑芝龙依旧在分配洋引给海商以及控制海道贸易上占据主导权,他通过这种半合法的方式来控制海洋航运与贸易利益。

郑芝龙收取"报水"的范围代表着他可控制的有效海域。据荷兰人的文献记载,郑芝龙作为明朝官员时依旧收取"报水"。

> 一官在为中国政府工作的期间,都由他自己一人包办所有荷兰人的事务,因此不准任何没有他的许可的商人航往大员,用独享所有的利益,就像以前许心素所作的那样;也因此,他只用 Bendiock 和 Gampea 来秘密进行他的计划,既不用其他的商人,也不准其他商人来通商贸易,除非他们事先同意,愿意支付生丝5%,布、糖、瓷器及其他粗货7%给他,他直到现在都一直享受这项收入。
>
> 他的收税代表(派人来大员向每一艘戎克船收税)。②

荷兰人所说的"许可"以及按照货物抽分,实质就是李旦、许心素等大海商按照惯例收取"报水",郑芝龙的做法不过是遵循了民间海洋社会的规矩。Bendiock 和 Gampea 都是郑芝龙派往大员(台湾南部港口)贸易的代理商,从事海洋贸易与收取"报水"是他的两项重要经济收入。郑芝龙派出收税代表到台湾收取"报水",反映了海峡两岸都在他的势力范围之内。而收取报水的对象,除了海商外,还有渔民。郑永常曾指出郑成功派官员跨海到台湾魍港向中国渔民征税的事实。③ 在1651年5月郑成功回复侵据台湾的荷兰海盗的信件中,我们可以得知在他父亲郑芝龙之前,比荷兰人更早

---

① 《为议除粤东海寇郑芝龙接济澳夷等弊事》,《明清台湾档案汇编》第一册,第391页。
② 《热兰遮城日志》第一册,1633年9月15日,江树生译注,村上直次郎原译,第123页。
③ 郑永常:《郑成功海洋性格研究》,《成大历史学报》2008年6月,第61~92页。

的时代，中国官员就已经对往台湾捕鱼的渔民们收税。据荷兰人的记载：

> 他向魍港渔民收税，是延续自古以来的惯例，并非他创新之事。八年前他父亲 Theysia 向官员 Lya 购得这权利，现在这权利转交给他了。那时渔夫也通常必须先在那边纳税，然后才取得许可来此捕鱼。但是，自从那时以后，那些渔民当中有些人因战争散失了，因此他许可别人来取代这些人的位置。因为他们贫穷，允许他们来捕鱼一年后回去才纳税。现在他们来此数年了，还不回去缴税，因此他阁下认为应该从那边派一艘戎克船来收取上述的税，等等。①

"Theysia" 即郑芝龙，"Lya" 据考证可能是天启年间担任福建小埕寨把总的李应龙，或者大海商李旦。② 李旦拥有一股强大的海上势力，在天启年间他的儿子李国助曾向台湾的中国渔民收取"报水"。但八年前是崇祯十六年（1643），郑芝龙升为福建总兵，从时间上更可能是他接过海防官员李应龙这项包办引税的权力。所以，"报水"这项"延续自古以来的惯例"，随着郑芝龙的归顺也收归于明廷公有，而奉明朝为正朔的郑成功也理所当然地在魍港有合法收税的权力。总体而言，郑芝龙凭借强有力的海上力量，得到东亚海域其他海上势力的认可，因而他才能通过发放令旗，将"报水"合法化，而"报水"的海域基本等同于他的势力范围。到郑成功时代，在他父亲的基础上建立起一套更加完善的"牌饷"制度，实现了自"报水"到"牌饷"的转变，用"给以照牌，分别征税"的方式，使得对东亚海域航运与商业等的控制更加强化。

结　语

　　"报水"显示的是海洋活动群体对海域的控制力与利益分割，一般来说，"报水"的一方支付钱财后获得人身安全与出入海港与关津的权利，"报水"的另一方收取钱财后有保障其人身安全与海道通畅的义务。故"报

---

① 《热兰遮城日志》第三册，1651 年 6 月 23 日，江树生译注，村上直次郎原译，第 222～223 页。

② 王昌：《郑成功与魍港税权争夺》，《中国社会经济史研究》2016 年第 3 期。

水"的实质是通过海上军事力量控制关津要道与海域而获取与分割海洋经济利益的一套规则。"报水"原是官府抽分非朝贡番舶进口税的俗称,可以追溯到正德、嘉靖年间广州实行的"抽分制",并逐渐演变为更为严密完善的"海洋引税"制度。明中叶以来,收取"报水"的主体既有官方海上势力(主要是海防官兵),也有民间海上武装势力(主要是大海盗帮派、海寇商人),还有一些地方势豪;而被勒令"报水"的对象则包括海商、渔民、盐徒、沿海居住的船民甚至周边村落的编户齐民。而且,"报水"这一海洋社会权力在公私之间的转化,在不同场合下其内容、方式与范围亦会有所差异。通常来说,当官方能够掌控海洋秩序时,收取"报水"的权力收归公家,而官方文献中往往用"税""饷"等更为正式合法的称呼且在实施程序上更为严密,但"报水"也可能成为海防官兵对海洋公权力的滥用,他们中间有普遍向其他海洋活动群体私受或强索"报水"的行为,而明朝官方也通过明令法律条文来惩治;当官方无力掌控海洋秩序,无力保护海洋活动主体的权益时,海洋社会权力向民间下移,收取"报水"就会成为私人的权力。

民间的"报水",是以海上武装力量为依托,强者为尊,挤压弱者生存空间的规则。同时,海洋社会的流动性,渔民、盐商、海商、海寇虽是不同的海上社会群体,但也有互为依存、相互转换的一面,尤其在民盗界线模糊的地域,这就使得"报水"有深刻的社会根基。嘉靖、万历以来海上巨寇们勒民"报水",反映了官方海上力量与民间海上力量的内耗,并不是理想的海洋秩序。然而,"报水"也是天启崇祯年间郑芝龙控制海域的重要手段,尤其是在官方与民间力量短暂的整合后,"报水"被逐渐合法化,"报水"是海上势力控制海域的重要手段之一,而"报水"的海域则是其势力范围。在郑成功凭借强大的海洋军事力量在东亚海域占据主导地位后,实现了"报水"向"牌饷"制度的转变与完善,并通过这种方式实现对海洋航运与商业的控制与利益分割,在对抗西方海洋势力的东侵与竞逐中发挥了积极作用。

The Study of "Water Payments" in the Maritime Society of the Ming Dynasty

Liu Lulu

Abstract: As an indispensable and important form of practice of the power in the maritime society, "water payments" has been commom in the maritime literature of the Ming dynasty. It has reflected the control of sea area and the division of maritime interests by official or non-governmental maritime forces. On the basis of previous studies, this paper will clarify the main body, form and origin and development of the "water payments" in maritime society, and demonstrate the social origin of "water payments" in the different power systems including government and private and also the substantive role it play in the control of sea area.

Keywords: the Ming Dynasty; Water Payments; the Power of Maritime Society; Control of the Sea

（执行编辑：林旭鸣）

疍民与明清时期的海上贸易

胡 波[*]

在人们的印象里，疍民主要是以水为生，以捕捞为业，以渔船为家；捕鱼、采珠、取蚝等是疍家人较为普遍的生产劳作方式，也是他们最主要的经济生活资料来源；他们仿佛较少涉及海陆商贸活动。尽管以往的疍民文化研究也注意到疍民在运输业和商贸方面的一些表现，[①] 但并没有专门讨论疍民与海上贸易的论著。

事实上，只要我们仔细阅读相关地方志和历史文献，以及国外著述，就会发现疍民与明清海上贸易自始至终都有着千丝万缕的联系，并在明清时期的海上贸易活动中扮演着十分重要的角色，发挥了极其重要的作用。尤其在早期中外商贸文化交流中，疍民不仅起到了桥梁和中介作用，而且也是积极的参与者和见证者。因此，本文拟根据目前掌握的资料，对明清时期疍民在海上贸易中的活动及其作用和影响作一次粗略的探讨，以求教于大家。

一 交换：疍民最基本的生存与生活方式

北宋初年乐史在《太平寰宇记》中说："疍户，县所管，生在江海，居

* 作者胡波，广东省中山市政协专职常委，原广东省中山市社会科学界联合会主席。

① 张寿祺：《疍家人》，中华书局（香港）有限公司，1991；陈序经：《疍民的研究》，商务印书馆，1946；黄新美编著《珠江口水上居民（疍家）的研究》，中山大学出版社，1990；广东民族研究所编《广东疍民社会调查》，中山大学出版社，2001；伍锐麟著，何国强编《民国广州的疍民、人力车夫和村落：伍锐麟社会学调查报告集》，广东人民出版社，2010；余定邦、朱军凯《陈序经文集》，中山大学出版社，2004。林有能、吴志良、胡波主编《疍民文化研究——疍民文化学术研讨会论文集》，香港出版社，2012；林有能、吴志良、龙家玘主编《疍民文化研究（二）——第二届疍民文化学术研讨会论文集》，香港出版社，2014。

于舟船，随潮往来，捕鱼为业。若居平陆，死亡即多，似江东白水郎也。"①
周去非在《岭外代答》中记载："以舟为室，视水如陆，浮生江海者，蜑
也。钦之蜑有三：一为鱼蜑，善举网垂纶；二为蚝蜑，善没海取蚝；三为木
蜑，善伐山取材。"② 清代钱以垲在《岭海见闻》中曾有这样的记述："蛋
家捕鱼为业，舟楫为家，故曰'蛋家'。或编蓬濒水而居，谓之水栏。"③ 到
了晚清光绪年间，《崖州志》仍称："疍民，世居大疍港，保平港、望楼港
濒海诸处。男女罕事农桑，惟辑麻为网罟，以鱼为生。子孙世守其业，税办
渔课。间亦有置业耕种者，妇女则兼纺织为业。"④ 虽然濒水滨海的疍民在
生存方式上也许并不完全一致，但以舟为家，靠捕鱼、捞虾、采蚬、取蚝为
生的生产生活方式则大致相同。

其实，疍民虽然如宋代杨万里诗中所言："天公分付水生涯，从小教他
踏浪花。煮蟹当粮那识米，缉蕉为布不须纱。夜来春涨吞沙嘴，急遣儿童剧
获芽。"但日常生活的维持还需更多的诸如食材、饮料、油盐、衣物、用具
等生活必需品。因此，物物交换或产品交易也就成为他们生活中的常态，疍
民将鱼获拿到集市上或岸上去贩卖，然后买回自己家庭必需的生活用品和食
物。唐代刘恂的《岭表录异》里就有"海夷卢亭，往往以斧揳其壳，烧以
烈火，蚝即启房。挑取其肉，贮以小竹筐，赴墟市以易酒"⑤ 的记载，刘禹
锡也有"市易杂鲛人，婚姻通木客"的诗句纪实存史，韩愈在《送郑尚书
赴南海》诗里用"衙时龙户集，上日马人来"⑥ 的诗句，同样生动地反映了
唐代疍民以鱼货易于市的场面。《独醒杂志》里曾有这样的记载："庐陵商
人彭氏子，市于五羊，折阅不能归，偶知旧以舶舟浮海，邀彭与俱。彭适有
数千钱，谩以市石蜜。发舟弥日，小憩岛屿，舟人冒骤暑，多酌水以饮。彭
特发奁，出蜜遍授饮水者。忽有蜑丁十数跃出海波间，引手若有求，彭谩以
蜜覆其掌，皆欣然舐之，探怀出珠贝为答。彭因出蜜纵嗜，群蜑属餍，报谢
不一，得珠贝盈斗。"⑦ 这里讲的就是彭氏用糖霜与疍民交换珍珠的事情。

① 《太平寰宇记》，卷一十五，商务印书馆，1936，第302页。
② 周去非著，杨武泉校注《岭外代答校注》，中华书局，1999，第115~116页。
③ 钱以垲：《岭海见闻》，广东高等教育出版社，1992，第55页。
④ 清张嶲、邢定纶等著《崖州志》，广东人民出版社，1983，第84页。
⑤ 刘恂：《岭表录异》，中华书局，1985，第21页。
⑥ 韩愈著，严昌点校《韩愈集》，岳麓书社，2000，第135页。
⑦ 曾敏行：《独醒杂志》卷十，《宋元笔记小说大观》第三册，上海古籍出版社，2007，第3296页。

对于明清时期的疍民及其生存方式的关注，在一些历史文献中均有所反应。明代嘉靖《广东通志初稿》卷十八中记载："疍户者，以舟而居，不事耕稼，惟业捕鱼，卖以供食。"① 这就说明疍民的生存方式在明代还没有太大的改变。清代屈大均在《蛋家艇》中，对疍家生活作了更加详细的记述："诸蛋以艇为家，是曰疍家……蛋人善没水，每持刀棹水中与巨鱼斗"，取鱼脂卖于市，"货至万钱"。② 这就说明到了清代，疍民的生存方式开始出现新的趋势。到了道光年间，疍民也有不少人开始以租渡为业，《新会县志》有云："江边有白沙钓台，双篷小艇多泊于此，以载游客，蛋人唤渡声喧不闲昼夜。"③ 而且除了渡人之外，还装载货物，"至蛋户以舟楫为宅，捕鱼为生，新邑河浅无鱼，大都驾船装客货，取资糊口"④。不仅如此，疍民对于各自运输的范围也有明确的分工，大家互不干涉，"蛋户浮家泛宅为业，以县城分上水、下江之界。上水者只渡县河以上至货物，下江者专接县河以下之客商，不相涉也。年岁无鱼米课，男女粗蠢，不谙礼数，婚姻以酒食相馈，联舟群饮于洲溆，齐民无与联姻者。又鱼蛋只捕鱼度活……春夏水潦鱼多，则资息稍裕，冬寒，几难自存"⑤。直到抗日战争前夕，海南儋县疍民仍然"居海滨之沙洲茅舍，男子鲜事田圃，惟缉麻为网罟，以捕鱼为生业，子孙世代守其业，岁办鱼课。妇女专事螺蛤之业，贩挑上市，纺织者少"⑥。清人张渠在《粤东闻见录》一书里，对疍户的生计也格外关注，谓其"每岁计户稽船，征其鱼课，隶河泊所……往时多为非法登岸夜劫，诱载谋害。今俱有埠主约束，不敢轻出矣"。"男女朝夕局蹐舟中，衣不蔽体。春夏水涨鱼多，可供一饱，率就客舟换米和盐。常日贫乏不能自存。土人不与通婚姻，亦不与陆居。蠹豪又索诈以困之。海滨贫民，此为最苦。雍正七年奉旨：'悯广东蛋户不敢与齐民抗，应听其居陆力田，以昭一视同仁之意。'"⑦

不难发现，疍民的生存方式也是因时因地而异的。他们或渔业，或农

① 戴璟：(嘉靖)《广东通志初稿》卷十八，明嘉靖刻本，第7页。
② 屈大均：《广东新语》卷七《人语》，中华书局，1985，第485页。
③ 林星章：(道光)《新会县志》卷三，1841年刻本，第17页。
④ 刘芳：(乾隆)《新兴县志》卷二六，1934年铅刻本，第1页。
⑤ 《广东历代方志集成》肇庆府部第32册，岭南美术出版社，2007，第469页。
⑥ 彭元藻等修，王国宪纂《儋县志》卷二《地舆·习俗》，1936年铅印本。
⑦ 张渠撰，程明校点《粤东闻见录》卷上《疍人》，广东高等教育出版社，1990，第59~60页。

耕，或盐业，或商业，但最终均需要在物物交换或社会交往中获得生存和发展。马克思和恩格斯在《德意志意识形态》中曾阐述了生产与交往的相互作用关系。他们认为，生活资料的物质生产，是人同动物开始区别开来的标志，但是，这种生产又是同交往不可分离的，而且"这种生产第一次是随着人口的增长而开始的。而生产本身又是以个人彼此之间的交往为前提的。这种交往的形式又是由生产决定的"①。实际上，人与自然客体的交往和人与人之间的交往并不是彼此分离、彼此无涉的系列。在人的存在领域，自然客体构成人与人交往的重要中介之一，也就是说，人常通过占有或加工手边的物而相互发生关联；同时，进入人的实践领域的物也通过人际交往这个中介，重构彼此间的相互关系，生成为人化自然。② 以舟为家的蛋民虽然以捕捞为生，但严格来说，他们只有通过以捕捞海产品到市场上去变卖，或与他人物物交换，才能换回自己所需的日常生活资料，包括衣、食、住、行等方面的生产和生活资料。只是在不同的历史时期和不同的环境条件下，他们用来交换的物品和采用的交换方式有所不同而已。清代周晞曜就曾指出："海洋聚劫多出蛋家，故欲为海上清盗数，必先于蛋家穷盗源。何也？蛋艇杂出，鼓棹大洋，朝东夕西，栖泊无定，或十余艇，或八九艇，联合一枞艒，同罟捕鱼，称为罟朋。每朋则有料船一只，随之腌鱼，彼船带米以济此蛋。各蛋得鱼，归之料船，两相贸易，事诚善也。但料船素行鲜良，忽伺海面商渔随伴，船少辄纠诸蛋，乘间行劫，则是捕鱼而反捕货矣。"③ 清乾隆时期驻守香山县前山的海防同知印光任乘船在三灶巡视时所见的场景亦复如此："风雨初晴岁欲除，舟维海汊意何如？村墟易米盐为钞，蛋艇提壶酒换鱼，岸脚日斜潮去急，山头云冷雁来疏，莫嫌残腊迟归棹，一样闲吟把旧书。"④

因此可以说，交换是蛋民生存的方式和生活的法则。没有交换的发生，就没有生存的可能。以鱼获等换回食粮、油盐和生活必需品，或通过海上劳动获得钱钞间接地获取生活资料，已成为明清时期蛋民生存生活的一种常态化的方式。

---

① 《马克思恩格斯选集》第一卷，人民出版社，1995，第68页。
② 衣俊卿：《现代化与日常生活批判》，人民出版社，2005，第133~134页。
③ 舒懋官：(嘉靖)《新安县志》卷二二《条议》，《广东历代方志集成》广州府部第26册，岭南美术出版社，2007，第452页。
④ 黄国信、钟长永主编《珠江三角洲盐业史料汇编——盐业城市与地方社会发展》，广东人民出版社，2012，第518页。

二　参与：疍民与明清时期的海上商贸活动

疍民虽有鱼疍、蚝疍和木疍之分，世世以舟为居，无土著，不事耕织，唯捕鱼装载以供食，但为了生存和生活，他们不得不在寻求物物交换的同时，主动参与逐渐兴盛起来的海上贸易。

明清时期，中外贸易和中西文化交往日趋频繁，加上沿海生态环境的恶化给捕捞业和盐业等带来的威胁，疍民不得不开始转变生产生活方式以适应环境和条件的变化。庆幸的是，他们习水性、擅舟楫，"人性俭朴，词讼简稀"①，在早期那个造船业和航运业尚不受重视也不发达的年代里，他们很自然地承接了海上客货运输的大量业务，又直接参与了早期中外海上贸易的各种活动。所谓"火船初泊客心忙，疍女车夫乱进舱，行者步随怜疍妹，岂真车费价嫌昂"，就从侧面真实地反映了疍家女子与车夫争抢下船乘客的现象。

尤其是晚明至晚清时期，随着新航路的开辟和欧美商人纷至沓来，中外海上贸易日趋频繁，以江海和走水商人为纽带的商贸网络，把沿海沿江各地带入了一个兴盛的商品经济发展期，而惯于在江海上作业和生活的疍民，也因此获得了前所未有的经营自己的生存空间的机会，成为明清海上贸易网络和地域社会生态体系中的不可或缺的一部分。虽然疍民对自己的海上贸易活动缺乏文字记载，但大量的历史文献中亦不乏相关的描写或记录。早在元代，东莞人张惟寅就在《上宣慰司采珠不便状》中说："蛋蛮日与珠居，而饥寒蓝缕，甚于他处贫民；不采珠以自给者，畏法故也。近日官司采捞，督勒本处，首目不道，号召蛋蛮，祷神邀福，投牲醪于海，以惑愚民，首目迎合官司之意，自行贩卖，愚民一时畏威嗜利，冒死入水，虽能得珠，岂无死伤。"② 说明元代以前，疍民不仅为生计而冒死潜入深水采珠，而且他们早已懂得采珠可获大利的道理。

宋代赵汝适在《诸蕃志》"海南"中记述海南商贸和市舶管理时曾提到"疍舶"："琼山、澄迈、临高、文昌、乐会，皆有市舶。于舶舟之中分三

---

① 阮元：(道光)《广东通志》卷九三，1822年刻本。
② 舒懋官：(嘉靖)《新安县志》卷二十二《条议》，《广东历代方志集成》广州府部第26册，第446页。

等，上等为舶，中等为包头，下等为疍舶。至则津务申州，差官打量丈尺，有经册以格税钱，本州官吏兵卒仰此以赡。"① 明代新会著名学者陈献章也有不少反映疍民从事海上运输和贸易的诗文："沙笼寒月树笼烟，香彻龙溪水底天，斜隔竹林窥未得，更寻西路上渔船。""江湖城市气交吞，谁放兰舟系柳根，肯与渔翁通水界，白头破浪在江门。"② 清人李桦在《南海泛舟》中，曾描述过香山南海的情景："南河堤畔绿杨风，一水湾环两桨中，荡入卖鱼墩里去，午潮刚到石桥东。"③ 清人阮元监修的《广东通志》更有类似的记载："贫者浮家江海，岁入估人舟算缉。中妇卖鱼，荡桨至客舟前，倏忽以十数。"④ 甚至《古今图书集成》也引《漳州府志》云："南北溪有水居之民焉，维舟而岸往，为人通往来，输货物，俗呼之曰'泊水'，官以其戴天也。"⑤ 疍民参与早期海上商贸活动，我们从乾隆年间任福清县丞的岑尧臣的《嗟渔户》中也可略见一斑："渔户不解耕，祗以海为田。托身鱼虾族，寄命波涛间。朝载网罟出，暮乘舴艋还。海熟心欢喜，海荒怀忧煎。一朝风信好，得鱼辄满船。挑置市上卖，值价常盈千。归来对妻子，沽酒开心颜。竟忘风信恶，无鱼但临渊。我来莅兹土，于今已三年。颇识海上俗，但知顾眼前。嗟嗟尔渔户，静听我一言：有钱莫使尽，会当念无钱。勤俭成家木，奢侈非自全。我言虽质直，尔民当勉旃！"⑥

　　如果说早期文献记载的还只是疍民为生存生活而偶尔参与海上商贸活动或集市贸易的话，那么，在我们所见的明清时期，特别是清代中晚期的档案文献、中外人士笔记游记以及诗文里，疍民参与海上走私、贸易、运输等的各种商贸活动的现象则比比皆是。威廉·C·亨特在他的《广州"番鬼"录》中就有这样的记载："公司的买办也随船同行，他掌管有三四只快艇以传递信息、访友，或者分送新鲜牛奶……每只艇约有水手15人，他们驾船娴熟，令人赞叹。这些中国船民在世界上可能是无以伦比的。他们不仅聪明

① 赵汝适著，杨博文校释《诸蕃志校释》"海南"条，中华书局，2000。
② 《白沙验集》卷九《七言绝句》，清乾隆辛卯年翻刻碧玉楼版本。
③ 光绪《香山县志》卷四《舆地上·山川》所引之诗，《广东历代方志集成》广州府部第36册，第46页。
④ 阮元：《广东通志》卷九二《舆地略十·风俗一》。
⑤ 《古今图书集成》第146册，"职方典"第一千一百一卷，《漳州府部汇考七·漳州府风俗考》，中华书局，1934，第49页。
⑥ 岑尧臣：《嗟渔户》，乾隆《福清县志》卷十二《艺文》，《中国地方志集成·福建府县志辑》第20册，上海书店出版社，2000，第305页。

活跃，而且性格善良，乐于助人，似乎急于让船只尽快地前进。"① "外国人往返澳门时所坐的艇，称为'内河快艇'（如果人数众多，则用驳艇）。它们既宽敞又舒适方便，船舱内可容客人站立，两边还有宽大的铺位，上面铺着干净的席子，人可以在上面睡觉……水手为 12 或 15 人，他们总是机敏地努力操作，而且性情和善……全程的租艇费用为 80 元，而通常的赏钱是 10 元到 15 元多，根据个人在旅途上的痛快或沉闷的心情而定。"② 这些疍民不仅为外国游客提供交通和海上旅途的服务，而且还为从事商业贸易的人提供日常生活用品和食物，"河面上挤满了往来两岸的小艇，艇上满载着各种各样的土产和乘客。他们睁大眼睛好奇地望着我们"③。

其实，疍民参与早期海上商贸活动，不仅局限于海客运输和提供海上航行、日常生活用品和食物等方面服务，还参与了海上走私、鸦片贩运、劳工贩运和抢劫商船等活动。清代一口通商时期，澳门及珠三角疍民就被卷入全球化的贸易时代，当时外国船只进入澳门停泊，为确保安全靠岸，他们往往寻找熟悉水陆交通环境条件的疍民作引水人或提供淡水和食物，"各国客商来粤贸易，船到见岸，必请熟识水路之人，方敢进港，因山水口深浅不定，是必请外洋带水，其带水之人，即今之渔艇是也"④。这些交易活动在鸦片战争爆发后被政府禁止，"在夷船湾泊洋面，常川巡查。一切民疍艇只，均不许拢近洋船，私相交易，以杜接济"⑤。但由于海岛远离陆地，难于控制，疍民接济的情况仍然存在，"英货船皆泊老万山外洋不肯去，惟以厚利啖岛滨亡命渔舟疍艇致薪蔬，且以鸦片与之市"⑥。屈大均就指出，疍民"以其性凶善盗，多为水产祸患……粤故多盗。而海洋聚劫，多其疍家。其船杂出江上，多寡无定。或十余艇为一艖，或一二罛至十余罛违一朋。每朋则有数乡舠随之腌鱼。势便辄行攻劫，为商旅害"⑦。

这种约束实际上也为澳门及珠江三角洲的疍民提供了新的谋生途径。已经在澳门列册编号的疍家渔船，可以合法地受雇于中外商贩，在内河及沿海

---

① 〔美〕威廉·C·亨特著《广州"番鬼"录》，冯铁树译，广东人民出版社，1993，第 61 页。
② 〔美〕威廉·C·亨特著《广州"番鬼"录》，冯铁树译，第 63～64 页。
③ 〔美〕威廉·C·亨特著《广州"番鬼"录》，冯铁树译，第 62 页。
④ 程美宝：《水上人引水——16～19 世纪澳门船民的海洋世界》，《学术研究》2010 年第 4 期。
⑤ 《清宣宗实录》第 38 册，卷五二八，道光十四年十月甲午条，中华书局，1986，第 931 页。
⑥ 梁廷枏：《夷氛闻记》卷二，中华书局，1959，第 35～36 页。
⑦ 屈大均：《广东新语》卷十八《舟语》，第 486 页。

摆渡，从事运输，载人运货，赚取薄资。尤其是疍家人借助水上往来飘忽不定、官府不易稽查的便利条件，频频私通和接济居住在澳门的葡萄牙人和海上走私的商人。明清政府屡禁不止而又苦无良策，深为头痛。崇祯十二年（1639），有人上奏朝廷，提议对不法官民从严法办，"疍户原系吾民，反为异类操戈，渐不张，应从重究"①。1749 年，澳门同知张汝霖与香山知县暴煜制定了澳门善后事宜条例，对疍家船只做了较为详细的规定，"稽查船艇，一切在澳快艇，果艇及各项疍户罟船，通行确查造册，发具编烙，取各连环保结，交保长管束，许在税厂前大马头湾停泊，不许私泊他处，致有偷运违禁货物，藏匿匪窃，往来诱卖人口及载送华人进教拜庙，夷人往省买卖等弊。每日派拨兵役四名，分路巡查，遇有潜泊他处船艇，即时禀报查拿，按律究治。失察之地保，一并连坐。兵役受贿故纵，与犯同罪"②。但由于受利益驱动的影响，禁令实际上是一纸空文，根本禁止不了海上的走私贸易。载运鸦片的外国商船湾泊在澳门周围海域，为了迅速获取利益，疍家也偷偷地接近这些不法商船，买卖食物或购买零星烟土，"访近年鸦片行销日盛，皆由土棍驾驶快船透漏，节经咨行舟师，将在洋停泊夷船随时催令开行，并严禁船疍艇与夷船交易接济，并严拿走私土棍"。"饬令香山协派拨巡船两只，在于夷船湾泊洋面常川巡查，一切买卖食物民疍船只，均不许拢近夷船，私相交易，以杜接济。"③

事实上，在林则徐查禁鸦片之前，沿海地区的疍家人实际上就是运输、贩卖鸦片的主力军，正如有人所言"烟土之入，始在澳门，继归黄埔。今上初元，森严设禁，酒移泊于新安县属之零丁洋。其地水路四通，凡福建、天津、江浙之泛外海者，皆必由焉。（沿海）岛民万余家，皆蛋户渔艇，贩私为业"④。有的学者更明确地指出："琼州疍民与东南亚各国以及西方各国在海上贸易往来中起着联系沟通参与的作用。他们收购当地土特产，销售该国货物，……就东南亚各国几千万侨民的人口以及货物往来，疍民成为他们

① "中研院"历史语言研究所编《明清史料》第 8 本，中华书局，1985，第 716 页。
② 印光任、张汝霖、赵春晨校注《澳门纪略》卷上《官守篇》，澳门文化司署，1992，第 93 页。
③ 卢坤等：《广东海防汇览》卷三七《方略二六·驭夷二》，清刊本，第 28、29 页。
④ 转引自《魏源全集》第 7 册《海国图志》卷七八《筹海总论二》，岳麓书社，2004，第 1898 页。

互往的纽带。"① 另一位研究者还进一步指出："珠三角水上网络的天然条件和蛋民在水上生活方式的结合，是发展水上交通和商品交换的理想之路。虽然这些条件在历史上存在已久，但却是在广州成为一口对外贸易港，到鸦片战争前后，才发展到一个互相结合，有力促进地方经济发展的时期。……在这个时期内，以省（广州）、港（香港）、澳（门）为核心的珠三角地带，蛋民成千上万聚集。他们配合十三行、东印度公司、太古洋行等这些著名的中外商业贸易集团在这里活动，把大量的货物集中、存放、批发的工作完成。大量刻画省港澳和珠三角一带的历史绘画作品形象地告诉我们，这里每天有巨额的货物和人流在水面上来往穿梭，围绕这些商业贸易活动，许多相应的运输和生活设施建立起来，在水面形成一个繁华'海上世界'"。② 可以说，蛋民实际上是明清时期海上贸易的积极参与者和见证人。

三 结论：蛋民在明清海上贸易中的地位和作用

明清时期，随着中外贸易活动的广泛开展和珠江三角洲生态环境压力的增强，以江海为生存依托的蛋民在面临生存挑战的同时，也迎来了千载难逢的机遇。他们一方面继续发挥其水上作业的专长，在中外商贸活动中充当中介人或服务者的角色，通过提供有效快捷的货物运输和日常生活用品等，以换取自己日常生活的必需品；另一方面，他们也积极投身于海上商贸活动，成为明清时期海上贸易的一支具有影响力和充满活力的群体。

大致说来，蛋民在明清时期参与海上贸易，主要体现在以下三方面。

其一，在向外商和内陆居民出售自己的渔获，满足他人之需的同时，也换取自己及家人生活必需品，即所谓"晚堤收网村头腥，蛮蛋群沽酒药瓶"，"夜半蛋船来泊此，斋厨午饭有鲜鱼"。交换，成为他们在与周边社会共生共存的一种生活常态。

其二，蛋民不仅是早期中外海上贸易的桥梁，也是早期中西文化交流的纽带。他们因略识夷语，熟悉沿海与内河水文，不仅充当早期洋船进入中国沿海港口和内河航道的引水，而且还为外商在中国期间的日常生活提供多种

---

① 郑玥：《古代华夏南海先行者：海角蛋民——琼州蛋民历史定位初探》，林有能、吴志良、龙家圮主编《蛋民文化研究（二）——第二届蛋民文化学术研讨会论文集》，第194页。

② 郑德华：《蛋民与清代珠江三角洲的社会经济》，林有能、吴志良、胡波编《蛋民文化研究——蛋民文化学术研讨会论文集》，第115~116页。

必需的服务，甚至成为洋行的买办，直接为外商和中国商人的贸易牵线搭桥，排忧解难。① 自从澳门成为东西方贸易的枢纽后，各国商船云集珠江水域或伶仃洋面，为了商船往返安全，外商不得不雇佣疍民作为引水。又因疍民拥有船艇，往来内河便捷，熟悉内河水路交通，因此很自然地又成为外商采购食物和日用品的买办。

其三，疍民中有部分人因受利益的诱惑，参与了早期中外鸦片贸易和各种海上走私活动，充当了外国商人推销鸦片等违禁物品的马前卒。

总之，明清时期沿江沿海地区的疍民，虽然仍以捕捞为业，但因得天时地利和自身的特长，较早地参与了早期中外贸易和鸦片走私活动，甚至成为海上运输和贸易的主力军。尽管他们最初的参与动机带有强烈的谋生和逐利倾向，但在长期海上贸易和中外文化交流中，不自觉地充当了明清时期的中国走向世界和世界走向中国的中间人。

Tanka and Seaborne Trade in Ming and Qing Dynasties

Hu Bo

Abstract：In the Ming and Qing Dynasties, the Tanka living along rivers and oceans are still took fishing as their occupation. Because of the favorable conditions and advantages, they took part in the early sino-foreign trade and opium smuggling activities, and even became the main force of maritime transportation and trade. Although they had a strong motivation for making a living and seeking profit at the beginning, they unconsciously acted as the middleman between China and the world during the long-term maritime trade.

Keywords：the Tanka; Seaborne Trade; Exchange; Participation

（执行编辑：王一娜）

---

① 参阅胡波《香山买办与近代中国》，广东人民出版社，2007。

民间文献所见清初珠江口地方社会

——"桂洲事件"的再讨论

张启龙[*]

　　明清嬗变之际，中央王朝和各地官吏为了笼络地方势力，吸纳和招抚了不少地方武装，其中就包括那些曾被政府和民间认定是"盗贼"的群体。这一举动在一定程度上助推了地方社会"民盗不分"现象的形成。[①] 自明中后期以来，地方社会的军事化问题与"倭乱""鼎革""迁海"等一系列沿海地区发生的重大事件交织在一起，并引起了中央王朝的高度重视。[②] 因此，如何处理带有军事化色彩的地方基层组织，成为清王朝稳定时局后整合地方社会的重要议题。[③] 本文从学界已经关注到的"桂洲事件"入手，重新审视明末清初珠江口"民盗不分""兵寇难分"的社会现象，探讨清初以平南王为代表的广东官员与民间群众的互动关系。

---

[*] 作者张启龙，宁夏大学人文学院历史系副教授，研究方向：南明史。
本文系国家社会科学基金项目"民间文献所见南明史料的收集、整理与研究"（20XTQ006）的阶段性成果。论文部分内容曾在 2019 年 11 月举办的"大航海时代珠江口湾区与太平洋-印度洋海域交流"国际学术研讨会中汇报，得到与会专家学者的点评和修改建议，谨致谢忱。

[①] 刘志伟、陈春声：《明末潮州地方动乱与"民""盗"界限之模糊》，《潮学研究》第 7 辑，花城出版社，1999，第 112~121 页。

[②] 参见陈春声《从"倭乱"到"迁海"——明末清初潮州地方动乱与乡村社会变迁》，朱诚如、王天有主编《明清论丛》第 2 辑，紫禁城出版社，2001，第 73~106 页；唐立宗《在"政区"与"盗区"之间——明代闽粤赣交界的秩序变动与地方行政演化》，《台湾大学文史丛刊》，2002；饶伟新《明清时期华南地区乡村聚落的宗族化与军事化——以赣南乡村围寨为中心》，《史学月刊》2003 年第 12 期；肖文评《白堠乡的故事：地域史脉络下的乡村社会建构》，生活·读书·新知三联书店，2011。

[③] 参见拙文《明清鼎革时期广东地方武装研究》，暨南大学博士学位论文，2017。

一　"桂洲事件"及相关研究

康熙元年（1662），桂洲地区①因涉嫌暴乱谋逆，被平南王尚可喜派兵围剿，在陈太常等官吏的大力周旋，以及胡氏族人主动擒交贼首的努力下，该地区才避免了"屠乡灭族"之祸。该事件对于桂洲士民而言具有特别的意义，是胡氏后人不断书写和追溯的家族记忆，这在他们编纂的《胡氏族谱》中可窥见一斑。"桂洲事件"的大体经过并不复杂，但"桂洲事件"如何由一个地方乡寨的内部骚乱发展为受广东最高行政长官高度关注并多次命令官兵屠村剿贼的重大事件，内中情由仍需深入剖析。

鲍炜曾以"桂洲事件"为个案对清初广东"迁海"问题展开过相关讨论。② 科大卫等学者在探讨明清时期东南沿海的社会变迁问题时，曾在鲍炜的结论上进一步延展。③ 鲍炜关于"桂洲事件"的主要学术观点，与陈春声等学者所主张的"迁界"问题根源不在于海上而在于陆地的看法相一致，④他认为，"桂洲事件"是一次迁界前地方盗贼问题的表现，是清王朝镇压广东沿海地方社会盗贼的一次有力行动，被剿的桂洲乡民，自然而然地被认定为地方动乱分子。鲍炜从沿海陆地的"盗贼"问题入手，探讨清初广东"迁界"的前因，该视角对于明清之际的东南沿海地方社会变迁问题具有很好的借鉴和启示作用。但"桂洲事件"背后的社会问题极为复杂，各史料对"桂洲事件"的记载亦有矛盾、冲突之处。"桂洲事件"的若干前因后果在鲍炜的研究中并未完全交代清楚。因此，本文认为有必要在鲍炜研究的基

---

① 桂洲乡位于顺德县，属于清政权与南明政权主要交战的区域。胡氏是主掌桂洲地区社会事务的大姓家族。咸丰《顺德县志·志图经目》记载："桂洲堡，凡二村，曰桂洲里村，桂洲外村。隶丞在县南，去城二十有二里，印天度二十二度之四十三分。南界香山之小榄，而西接昌教，东接容奇，北接马冈。"参见郭汝诚修、冯奉初纂咸丰《顺德县志》卷二《图经二》，广东省地方史志办公室辑《广东历代方志集成》广州府部第17册，岭南美术出版社，2007，第20页。

② 鲍炜：《迁界与明清之际的广东地方社会》，中山大学博士学位论文，2003。鲍炜将其中涉及桂洲事件的章节单独发表，详见《清初广东迁界前后的盗贼问题——以桂洲事件为例》，《历史人类学刊》第1卷第2期，2003，第85~89页。

③ 科大卫：《皇帝和祖宗：华南的国家与宗族》，卜永坚译，江苏人民出版社，2010，第208页。

④ 参见陈春声《从"倭乱"到"迁海"——明末清初潮州地方动乱与乡村社会变迁》，朱诚如、王天有主编《明清论丛》第2辑，第73~106页。

础上再次就该事件展开讨论，探讨该事件的实质及其与明清之际广东地方社会变迁的关联。

二　再议"桂洲事件"的起因

就事件起因而言，各史料记载大体无二，但通过细节的比对仍可看出不同书写者对该事件的认知差异。

作为"桂洲事件"主要当事人之一的当地乡绅胡天球，其在《花洲纪略》一文中称：

> 康熙元年壬寅八月八日，桂洲乡有小丑百辈，夜聚鸣锣，焚劫里村。诘旦贼杀一仇，竿首传衢，连日白牌，鸣锣不歇，阖乡惊惶。①

在胡天球看来，导致桂洲乡乱的是百余名"小丑"，他们聚众报仇，杀了一个人，惊动乡里，演变为乡族范围内的一场骚乱。

如果说作为当事人的胡天球有美化乡人而将罪名嫁祸于他人的嫌疑，那么受命来桂洲剿贼的清军副都统班际盛则没有偏袒桂洲乡民的理由。班际盛在事息后发给乡民的告谕中称：

> 照得桂洲小丑跳梁。本府遵奉王令，统领大兵，前来捣剿。②

从班际盛事后对该事件的定性来看，他也是认为有"小丑"作乱。

胡天球是桂洲乡绅，班际盛是尚可喜指派的清军都统，亲身经历本次事件的此二人言辞一致，都认为桂洲乡乱是由"小丑"作乱造成的。姑且不论二人口中的"小丑"身份，仅就乡乱的性质而言，二人都认为只是一般的地方骚乱，而非大逆不道的叛乱。

二人均未指明身份的"小丑"具体是些什么人。此后的地方志在记载

---

① 胡天球：《花洲纪略》，胡锡芬、胡安龙《柳盟胡公纪实》，道光三十年骏誉堂刻本，广东省立中山图书馆藏，第 2 叶。下文关于"桂洲事件"引文未注明出处者，均出自此版本。

② 班际盛：《班公告示》，胡锡芬、胡安龙《柳盟胡公纪实》，第 8 叶。

"桂洲事件"时均认为"小丑"是指疍民①：

> 康熙壬寅，有蛋民为鼠窃者，数人混入村市中，莫之觉也。②
> 康熙壬寅，乡蛋为窃，保甲未之觉也。③

　　鲍炜认为疍民并不是桂洲动乱的发起者，而是遭到了胡氏一族的栽赃嫁祸。④ 但从目前的记载来看，作为事件经历者并提供第一手资料的胡天球，此时对"小丑百辈"的身份并未点明。班际盛作为清王朝的军事将领，也未提及这些小丑的身份是否为疍民。

　　将疍民认定为引发"桂洲事件"导火线的，主要是不同时期《顺德县志》的编修者。乾隆《顺德县志》是目前所见最早记载"桂洲事件"的地方志。⑤ 众所周知，地方志所载与史实之间常常存有误差，更何况乾隆顺德志的编修时间距离事发已近百年。因此，"蛋民有罪"很可能是后世地方志修纂者的看法。而鲍炜对"桂洲事件"的解读倾向于桂洲乡民"有罪"，并认定"蛋民有罪"是胡氏族人推卸责任的自我辩护，此论恐有主观之嫌。鲍炜对此的解释是，推诿给疍民的做法在当时颇为常见，胡天球见怪不怪，从而"未必视之为本乡之耻"，因此在其书写中"未至于考虑周全"。⑥ "小丑"的身份和事件的起因，详见后文"贼首"一节的论述，但需要强调的是，鲍炜对史料书写者主观立场的审视，提醒我们《胡

---

① 有关明清时期广东社会疍民身份和疍民在地域变迁中的身份和历史作用可参见罗香林、刘志伟等人的研究。罗香林：《蛋民源流考》，广西民族研究所资料组编《少数民族史论文选集（三）》，1964，第141~167页；Liu Zhiwei, *Lineage on the Sands: The Case of Shawan*. In David Faure and Helen Siu, eds., *Down to Earth: The TerritorialBond in South China*. 1995, pp.21-43；萧凤霞、刘志伟：《宗族、市场、盗寇与蛋民——明以后珠江三角洲的族群与社会》，《中国社会经济史研究》2004年第3期，第1~13页。

② 陈志仪修，胡定纂乾隆《顺德县志》卷十二《人物列传一·忠义》，《广东历代方志集成》广州府部第16册，第489页。

③ 郭汝诚修，冯奉初纂咸丰《顺德县志》卷二十五《列传五》，《广东历代方志集成》广州府部第17册，第601页。

④ 鲍炜称："自称为良民的岸上人把矛头指向了蛋民……只有那些游离于基层社会约束之外的水上人才是作乱者，这种逻辑显然被胡氏族人在作自我辩护的时候所使用。"鲍炜：《清初广东迁界前后的盗贼问题——以桂洲事件为例》，第87页。

⑤ 乾隆顺德志前尚有两部康熙朝所修《顺德县志》，令人疑惑的是，两部康熙顺德志均未提及"桂洲事件"。

⑥ 鲍炜：《清初广东迁界前后的盗贼问题——以桂洲事件为例》，第85页。

氏族谱》等材料必定对不利于家族的内容有所避讳和修饰，应当细加辨别。

三　顺德知县"王仞"与"桂洲事件"的定性疑团

"桂洲事件"如何引起官方乃至尚可喜的注意，才是影响事件走向的关键。尚可喜之所以派发大兵屠乡，是因桂洲乡乱发生后顺德知县以"谋逆叛乱"罪上报省院。那么，时任知县的顺德长官是谁，他又为何这般处理此事呢？咸丰《顺德县志》记载：

> 先是桂洲有小丑焚劫，为仇陷诬以叛逆，邑令王印误信，申请尚藩剿村。①

此处指出，顺德知县"王印"误信了桂洲乡仇家的言说，将"有误"的情报上交至藩院。

事实上，仇人构陷、乡遭诬剿的言论是后世地方志的一致口径。乾隆《顺德县志》称桂洲"康熙元年，乡遭诬剿"②，指出是有人诬告陷害桂洲乡民才引发了随后的灾难。那么，诬告桂洲乡民作乱之人是谁？乾隆《顺德县志》进一步指出："仇家侦知，诬其乡聚众为变，报县详请藩院征缴。"③此记载成为后世县志编纂的标准，比如咸丰《顺德县志》："康熙壬寅，乡蛋为窃，保甲未之觉也。仇家诬以构变，县令遂请尚藩大发兵围剿。"④ 从地方志的记载来看，有仇家借乡乱之事对桂洲进行诬陷，从而实现打击报复的目的。其中缘由，有可能是桂洲士民得罪了某位权贵，也有可能是地方区域的利益之争，甚至是桂洲乡民在王朝鼎革中曾做出了"错误"的判断和

---

① 郭汝诚修、冯奉初纂咸丰《顺德县志》卷三十一《前事略》，《广东历代方志集成》广州府部第 17 册，第 705 页。
② 陈志仪修、胡定纂乾隆《顺德县志》卷六《寺庙庵观》，《广东历代方志集成》广州府部第 16 册，第 346 页。
③ 陈志仪修、胡定纂乾隆《顺德县志》卷十二《人物列传一·忠义》，《广东历代方志集成》广州府部第 16 册，第 489 页。
④ 郭汝诚修、冯奉初纂咸丰《顺德县志》卷二十五《列传五》，《广东历代方志集成》广州府部第 17 册，第 601 页。

立场选择，等等。① 但从"仇家"轻易能说服知县，并成功使之以谋逆作乱之罪上报藩院来看，其来头似乎不小。

从事件的发展来看，"王印"应该在接到信息后，并未怀疑桂洲作乱的真实性，也并未听取桂洲乡民的反馈，而是直接上报叛乱。顺德知县"王印"这么做的原因无非有三：一是他确信桂洲乡有不轨之举；二是为了政绩，在并不熟悉当地局势的前提下直接上报；三是他知道桂洲乡民冤枉仍刻意为之。由此，讨论"桂洲事件"的定性问题，就必须先对这一关键人物进行讨论。

现有史料中对顺德知县"王印"的记载并不多，各方材料对"王印"的记载也十分混乱，最突出的是对"王印"姓名记载的多样。目前可见到的有王印、王仞、王胤、王应、王允五种不同的记载，兹列举部分如表 1 所示。

表 1　顺德知县"王印"姓名记载差异一览

所载姓名	出处	原文
王印	罗天尺《五山志林》	县令王印、邑令王印
	《平南敬亲王尚可喜事实册》	知县王印
	咸丰《顺德县志》	王印，山西辽州人，元年任
王仞	陈太常《遗爱纪实》	县主王仞
	胡士洪《纪事跋言》	邑令王仞
	康熙十三年《顺德县志》	王仞，山西辽州人，岁贡，康熙元年任
	康熙二十六年《顺德县志》	后宰王仞
	乾隆《顺德县志》	王仞，山西辽州人，岁贡，康熙元年任
王胤	释今释《平南王元功垂范》*	县令王胤
	屈大均《皇明四朝成仁录》	知县王胤
	钮琇《觚剩》	县令王胤
王应	道光《广东通志》	王应，辽东人，贡生，元年任
	光绪《广州府志》	王应，辽东人，贡生，元年任，顺德志作王印
王允	乾隆《番禺县志》	知县王允
	同治《番禺县志》	知县王允（……据《觚剩》修）

＊ 康熙十年（1671）九月前后，尚可喜委托与屈大均私交甚笃的乙未科（1655）进士尹源进为之纂修个人传记，编成《元功垂苑》。释今释所编版本，亦是受尹源进委托编订而成。

---

① 明清之际广东地方社会的利益争斗十分复杂，王朝鼎革又进一步催化和加深了地方武装和地方权势之间的矛盾纠葛，具体可参见拙文《明清鼎革时期广东地方武装研究》。

本文认为顺德知县名为王仞的记载最为可信。首先，作为事件亲身经历者的陈太常以及胡氏族人胡士洪均记载当时的顺德知县名为王仞。其次，康熙十三年和康熙二十六年所编《顺德县志》是距离事件发生时间最近、地点最切合的材料，可靠程度较高，二者亦记载当时的顺德知县名为王仞。

其他史料为何误传，是否有迹可循？康熙十三年《顺德县志》称："王仞，山西辽州人，岁贡，康熙元年任。"① 随后康熙二十六年《顺德县志》、乾隆《顺德县志》亦沿袭康熙十三年《顺德县志》王仞的记载不变。那么，为何咸丰《顺德县志》将王仞改作"王印"？对此，咸丰《顺德县志》记载：

> 继者王印。按陈志云"后宰王仞"，今考《职官》，策后卜兆麟署，非王也。又《觚剩》作王允，与陈志同误。诸书皆作印，从之。②

可见，咸丰《顺德县志》参考过陈志（乾隆《顺德县志》），但他认为前志"后宰王仞"记载有误，担任顺德知县的顺序应为张其策③、卜兆麟④，其后才是王仞。咸丰《顺德县志》理解"后宰"为紧随其后之意，但若将其理解为在其后，那么乾隆顺德志记载并无问题。⑤

此外，咸丰《顺德县志》指出《觚剩》作"王允"是因为错误地抄录了乾隆《顺德县志》的缘故。乾隆《番禺县志》及同治《番禺县志》均作"王允"，其中同治《番禺县志》在文中明确强调作"王允"是"据《觚

① 黄培彝修，严而舒纂康熙《顺德县志》卷四《秩官》，《广东历代方志集成》广州府部第 15 册，第 233 页。

② 郭汝诚修，冯奉初纂咸丰《顺德县志》卷二十一《列传一》，《广东历代方志集成》广州府部第 17 册，第 493～494 页。

③ 张其策，顺治十一年（1654）任顺德知县。黄培彝修、严而舒纂康熙《顺德县志》卷四《秩官》，《广东历代方志集成》广州府部第 15 册，第 233 页。

④ 卜兆麟，顺治十八年（1661）任顺德知县。阮元修、陈昌齐等总纂道光《广东通志》卷四十五《职官表三十六》，《广东历代方志集成》广州府部第 15 册，第 729 页。

⑤ 原文中王仞事迹附于张其策传。康熙、乾隆《顺德县志》均言"后宰"，指王仞于张其策后任顺德知县。笔者认为并非一定为紧随其后之意，且于张其策后任顺德知县的卜兆麟上任不到一年便调离，由王仞接替。

剩》修"。① 但《觚剩》中并非以"王允"为准，而是采用"县令王胤"的说法。乾隆、同治《番禺县志》中的"王允"很可能是为了避讳，才将"王胤"改为了"王允"。其所依据的《觚剩》版本，很有可能也因此进行过修改。事实上，包括《觚剩》作者钮琇在内，用"王胤"之说还有释今释、屈大均，此三人均生活在明清之交，当时尚未有"胤"字的避讳。虽然三人生活在事件发生的年代，但三人均未亲身经历"桂洲事件"，与顺德知县亦无直接交往，因此可信度较之康熙《顺德县志》以及胡天球等人有所不及。

至于咸丰《顺德县志》所言的"诸书皆作印"，则需要继续考察其参照的范本。对此，咸丰《顺德县志》中称：

> 王印，山西辽州人，元年任。贡生。按：诸书或作王仞、王允，同人。②

> 王印，旧志作王仞，当是同声之讹。通志、府志作印，今从之。③

显然，咸丰《顺德县志》的编修者是进行过相应的考证，指出"王仞""王允"以及"王印"都是同一个人，并认为"王仞"的说法是音调讹传造成的，而通志、府志均采纳了"王印"的用法，故咸丰《顺德县志》也以"王印"为准。

需要承认的是，各类史料中关于顺治和康熙初期不少记载的流失也是造成这类讹变的原因之一，时人尚且不能做到明晰各个人物和历史事件的"真实"，后世更是不断将疑团复杂化和神秘化。不论是"王仞"，还是"王印""王胤""王应""王允"，通过对史料的梳理，基本可以确定这些所指称的均为同一人，且不少是语音、避讳等问题造成的记载混乱。

顺德知县王仞于康熙元年上任，具体月份不详，但"桂洲事件"事发

---

① 李福泰修、史澄等纂同治《番禺县志》卷五十三《杂记一》，《广东历代方志集成》广州府部第 20 册，第 657 页。
② 郭汝诚修，冯奉初纂咸丰《顺德县志》卷九《职官表一》，《广东历代方志集成》广州府部第 17 册，第 177 页。
③ 郭汝诚修，冯奉初纂咸丰《顺德县志》卷九《职官表一》，《广东历代方志集成》广州府部第 17 册，第 187 页。

于该年八月,可见王仞上任至事件发生时的间隔并不长。由此,王仞对于顺德地方社会基本情况的掌握程度就值得思考。此外,王仞本人就任顺德知县期间的事迹和为人,也是考察的重点。现存史料对王仞的记载不多,地方志和时人对王仞的评价并不高。目前最早记载顺德知县王仞政绩的地方志是康熙十三年《顺德县志》,具体称:

> 王仞,山西辽州人,岁贡,康熙元年任。性愚而贪,被贼破城掳去。①

此外,康熙二十六年《顺德县志》亦称"后宰王仞,失政"②。随后各个时期的《顺德县志》基本上都延续了对王仞行政不端的记载,如咸丰《顺德县志》称其"多秕政"③。

结合地方志中对其"多秕政"的记载来看,王仞横征暴敛的行为应该有迹可循。生活于康、雍、乾时期的顺德文人罗天尺在其《五山志林》中记载了一则罗孙耀④与知县王仞之间政治纠纷的事例:

> 昔年地方多故,军书旁午,县令王仞主见不定,听左右征敛。公为桑梓计,挠之。令深衔公,架词诬陷。时令所布爪牙皆藩党也,多方鼓扇。卒邪不胜正,王宽谕寝其事。⑤

罗天尺的记载中有几个重要信息:首先,王仞"性愚而贪"的形象与地方志所记载的相一致;其次,由"令深衔公,架词诬陷"可见王仞深谙

---

① 黄培彝修,严而舒纂康熙《顺德县志》卷四《秩官》,《广东历代方志集成》广州府部第16册,第233页。
② 姚肃规修,余象斗纂康熙《顺德县志》卷四《官师》,《广东历代方志集成》广州府部第16册,第131页。
③ 郭汝诚修,冯奉初纂咸丰《顺德县志》卷二十一《列传一》,《广东历代方志集成》广州府部第17册,第494页。
④ 《五山志林》记载:"罗公孙耀,司铎曲江日,事上之体特慕海忠介,诏守深衔之。守幕下腹心为曲江弟子员,所为非法事败,守欲公曲庇,公不奉命。守怒,风波随之。顺治丁酉年事也。期当公车,挈家夜通,旋登进士,乃获免。"可见罗孙耀秉性耿直,刚正不阿。参见罗天尺《五山志林》卷二《三松处士》,《广州大典》第401册,广州出版社,2015,第434页。
⑤ 罗天尺:《五山志林》卷二《三松处士》,第434页。

诬陷地方士绅的做法，同时身边尚有一群“多方鼓扇”的党众；最后，从这些人的身份来看，包括王仞在内，都依附于此时广东最高长官尚可喜。以上信息有助于我们理解顺德知县王仞在“桂洲事件”中起到的作用。

就罗孙燿一事，为何众藩党多有诬陷之词，而尚可喜却宽其事？咸丰《顺德县志》对此记载：

> 会县有军事旁午，令王印夺于吏胥，征敛无艺，孙燿计挠之，揭八大罪陈平，藩令亦污孙燿，庭质知其事直，得寝。遂隐石湖别业，自立生圹，门植松三，号三松处士。[①]

本应该起到上传下达与沟通协调作用的地方行政官员忘却了自己的职责，致使地方社会成为其暗箱操作、欺上瞒下的平台。藩王尚可喜最先是听取王仞等人的说法认定罗孙燿有罪，但当罗孙燿与尚可喜有了直接面谈的机会后，尚可喜接受了罗的陈词。尚可喜认定罗孙燿“知其事直”的同时，也就间接地承认了王仞“性愚而贪”“架词诬陷”的本质。结合这些，便不难理解“桂洲事件”中王仞的所作所为。

在王仞的“操作”下，平南王尚可喜所了解到的顺德地方社会面貌不一定与当地的真实情况相符合。王仞及其党众，如何将地方情况上报给藩院，这决定着一个地区数万生灵的命运。正如胡氏族人对“桂洲事件”的记忆：“康熙壬寅年，桂洲为流言中伤，藩委总兵领兵围剿，十万生灵命悬旦夕。”[②]

值得注意的是，胡氏族人胡士洪对王仞形象的描写以及其在“桂洲事件”中作用的记载：

> 值邑令王仞，邑人所目为王泥团，以失城掳辱而褫官者。徇某甲之谮，以急救危城事申详藩王院宪，谓贼众百数，筑濠寨设船械，致藩院发师进剿。[③]

① 郭汝诚修，冯奉初纂咸丰《顺德县志》卷二十一《列传五》，《广东历代方志集成》广州府部第17册，第595页。

② 《今将李向日事迹开列》，胡锡芬、胡安龙《柳盟胡公纪实》，第22叶。

③ 胡士洪：《纪事跋言》，《顺德桂洲胡氏第四支谱全录》卷八《谱牒外编·艺文》，光绪述德堂刻本，广东省立中山图书馆藏，第52~53叶。

通过胡士洪的记载来看，王仞在地方社会的评价也非常糟糕，对其"王泥团"的称呼形象生动地点出了王仞的为人。另外，胡士洪的记载中还有一处值得深究，即胡士洪称王仞"徇某甲之谮"，从而声称桂洲有"贼众百数，筑濠寨设船械"。

综合各方史料来看，"桂洲事件"很可能是一起在乡乱基础上，遭到他人诬告并由顺德知县误判上报的地方危机事件，并产生了随后一系列的危机公关活动。

四　"桂洲事件"中贼首未死的证据

"贼首"问题是鲍炜着重强调的问题之一。这里说的贼首即桂洲胡氏族人胡渐逵。桂洲乡民在与官府妥协的过程中，数次缉拿的动乱分子都不能得到朝廷的满意。最后在朝廷的不断施压下，胡渐逵被迫出头，"挺认贼首就戮"。地方志、胡氏后人以及鲍炜等学者均认为这是桂洲乡难得以解决的主要原因之一。不同之处在于，地方志和胡氏后人认为胡渐逵乃大义之士，而鲍炜则怀疑胡渐逵"挺认贼首"的真正动机是因为他确为盗贼，或被人强迫从而成为替罪羊。① 本文结合胡天球《桂洲乡绅老保甲具结》发现，胡渐逵虽然"挺认贼首"，但并未被杀。地方志、胡氏后人对事件的理解和记载均有误，那么，鲍炜建立在"贼首就戮"之上的分析也就难以成立。"贼首"问题的含糊不清正说明此事背后存在隐情。可以说，胡渐逵在"桂洲事件"中的身份以及最后结局，与"桂洲事件"中的军民博弈息息相关。

关于尚可喜要求桂洲必须交出一个有分量"贼首"的记载，见《胡氏族谱》：

> 尚藩仍令擒获贼首以绝根株，兵始全撤。乡人缚首祸窃蛋于官，又畏死不承，事方罅蠡。②

从上述材料我们看到，桂洲乡民缉拿的"贼首"乃是作乱的蛋民，但该人

① 鲍炜：《清初广东迁界前后的盗贼问题——以桂洲事件为例》，第93页。
② 胡寿荣：《附识三房十世渐逵公义烈传》，《顺德桂洲胡氏第四支谱全录》卷八《谱牒外编·列传》，第6叶。

并不承认自身所犯的罪行。由此，才有胡氏族人胡渐逵"挺认贼首"一事。

目前可见最早记载此事的地方志是乾隆《顺德县志》，其对"贼首"胡渐逵挺身就义的记载颇为详细。具体如下：

> 胡渐逵，桂洲人，慷慨尚义。……乡人搜获蛋窃数人，畏死不承，渐逵乃慨然曰："我非盗，然杀一己以活数万人，所愿也。况汝等向曾为窃乎？"拉同赴军前，渐逵挺认贼首，就戮。兵借以解，乡人德之。①

地方志的记载对后世认知胡渐逵产生了重要影响。光绪庚子年（1900）八月六日，胡氏十九世子孙胡寿荣从地方志中读到了胡渐逵的英雄事迹，感其义烈，为之立传：

> 余读顺德志。康熙壬寅，阖乡遭难。……有胡渐逵者，慨然出曰：我非盗，然舍一己以活多人，义固宜之，心甘无悔。乡人不得已解赴军前，渐逵供承如指，乡难始免。
>
> 而益叹公之死难，为不可忘也。夫守土官遇贼围城，城陷死之。将弁督兵赴敌，兵败死之。义当死，亦势不得不死也。渐逵公不过一乡人耳，非若当事缙绅之莫可如何也。公不自出首，夫孰得以言咭之，以势迫之耶！而乃力顾大局，舍命不渝，此虽慷慨捐躯，直等从容就义。
>
> 读理刑陈公《遗爱实录》于公死难一节，阙略未详。余谓本族王陈二公祠当添置渐逵公神位于右侧，递年恭祝恩主诞，设筵分献，亦祭法以死勤事则祀之义。②

从地方志以及胡寿荣的言论中我们看到，地方社会和胡氏后人均认为胡渐逵原本并不为贼，却在乡难中挺身认贼，牺牲自己救民于水火，可谓全乡百姓的恩人，胡寿荣更以"慷慨捐躯""从容就义"等词对他大加褒赞。

胡渐逵并未就戮的可能在胡寿荣本人所写《附识三房十世渐逵公义烈

---

① 陈志仪修，胡定纂乾隆《顺德县志》卷十二《人物列传一·忠义》，《广东历代方志集成》广州府部第16册，第489页。

② 胡寿荣：《附识三房十世渐逵公义烈传》，《顺德桂洲胡氏第四支谱全录》卷八《谱牒外编·列传》，第6叶。

传》一文中已经可以揣度一二。首先，胡寿荣称"陈公《遗爱实录》于公死难一节，阙略未详"。《遗爱实录》乃在"桂洲事件"中多方为桂洲乡民斡旋的清廷官员陈太常所著，记载了不少"桂洲事件"之事，可惜今已失佚，只能从胡氏族人的转引中得见些许。陈太常作为尚可喜委派剿乡的清廷官员，最终选择替桂洲乡民申冤，其所言可信度无须质疑。显然胡寿荣见过《遗爱实录》，但其中并未记载胡渐逵相关的英雄事迹，这让他颇为遗憾。胡渐逵如果真有牺牲自己解救乡民的义举，陈太常却只字未提，那么胡渐逵"挺认贼首就戮"一事便颇值得怀疑。其次，胡寿荣建议应在"王陈祠"①中竖立胡渐逵的神位，以纪念这位在"桂洲事件"中有大恩的先祖。言下之意，胡渐逵这位大义之士，百年来并未受到胡氏族人的重视。倘若胡渐逵真的牺牲自己拯救全乡士民，为何陈太常以及当时胡氏族人都不提及其人其事？如果胡渐逵并未牺牲自己，也未说出上述自我牺牲的豪言壮语，那么这些疑惑自然而然就迎刃而解了。

至此，有必要谈一谈胡渐逵未死的证据。目前记载胡渐逵"挺认贼首就戮"的材料，除了乾隆、咸丰《顺德县志》②以及胡寿荣《附识三房十世渐逵公义烈传》，道光年间胡氏后人胡斯球为胡渐逵所作《义士诗》，亦是胡氏后人记载胡渐逵义举的代表：

> 知士保身，烈士徇名，身名不顾，念切群生。
> 富者捐金，儒者求直。非富非儒，挺身认贼。
> 身前无累，身后无求。慷慨赴义，义重花洲。
> 七尺微躯，万人同感。代死固难，悬首尤惨。
> 俎豆馨香，监军庙食。独此义士，无称见德。③

鲍炜根据诗中"非富非儒""身前无累，身后无求"等描述，认定胡渐逵"身份颇为普通……这样毫无背景的人在宗族中的地位是可想而知的"④，并以此为根据做出如下推断："（胡渐逵）极有可能是被迫成为了保全宗族

---

① "王陈祠"乃桂洲民众为纪念有恩于乡的王来任与陈太常二公而建立。陈太常于"桂洲事件"中为桂洲多方申冤，王于迁界时恳请朝廷复界。
② 咸丰《顺德县志》称材料取材自乾隆《广州府志》以及乾隆《顺德县志》。
③ 胡斯球：《竹畦诗钞》卷一《义士诗》，清道光刻本，广东省立中山图书馆藏，第5~6叶。
④ 鲍炜：《清初广东迁界前后的盗贼问题——以桂洲事件为例》，第93页。

其他人性命的牺牲品，甚至是充当了族内真正盗匪的替罪羊。"① 姑且不论胡斯球所言"非富非儒"的判断是胡渐逵的真实情况还是文学创作的渲染，鲍炜的结论都存在可商榷之处。胡斯球在《义士诗》序中称：

> 胡公，讳渐逵，慷慨士也。……藩院发师来剿，幸得司李陈公申救，仍责令擒获贼首，方许退兵。然贼不可得，公向未染非，挺身认贼首，就戮，以纾乡难，行谊载郡邑志。②

胡斯球强调自己是从顺德地方志中得知胡渐逵事迹的，与胡寿荣获取胡渐逵事迹的渠道一样，都是通过地方志的记载了解到先祖的相关事迹。目前咸丰《顺德县志》是取材于乾隆《顺德县志》，而乾隆《顺德县志》的取材来源并不明确。前文提及康熙两版《顺德县志》均未有记录"桂洲事件"的只言片语，也就是说胡渐逵"挺认贼首就戮"一事并非由时人所写，而是百年后的人对这段历史的"想象"。鉴于地方志一类史料中历史记载的真实性和可信度，学界在使用时普遍比较谨慎。③

此外，笔者在"桂洲事件"的相关记载中发现了另一份证据：

> 忽于前月，突出蠢徒，纠合外贼，明火持杖，夜劫本乡，猖獗纵横，法所不宥。已经县主八月初十日发示安民，谕令解散，数日，就蒙天兵行剿。幸际天台好生，俯念桂洲匪类百余，不忍以数万生灵概加屠戮，分别良歹，谕赐招抚，迨案府四爷详究。……兹蒙将爷天台连日查访山川水陆，并无设寨找船及铳炮器械情形，今抚目胡渐逵等改行从善，而余党谭杜启等亦授首，地方赖宁，间有余孽潜散，乡民极力穷追搜擒，无容隐瞒，只得备详本乡颠末匍赴……为此联结呈报。倘日后有强凶甘同坐罪，枭斩无辞，中间不敢欺瞒，所结是实。康熙元年九月日结。④

这份重要的材料名为《桂洲乡绅老保甲具结》，是桂洲乡绅胡天球等

---

① 鲍炜：《清初广东迁界前后的盗贼问题——以桂洲事件为例》，第93页。
② 胡斯球：《竹畦诗钞》卷一《义士诗》，第5叶。
③ 衣若兰：《史学与性别：明史列女传与明代女性史之建构》，山西教育出版社，2011。
④ 胡天球：《桂洲乡绅老保甲具结》，胡锡芬、胡安龙《柳盟胡公纪实》，第6~7叶。

人在"桂洲事件"平息后交给官署的保证书，是地方与官方对"剿贼"事件最终达成的妥协。其中，有几个值得关注的信息：第一，"突出蠢徒，纠合外贼"说明桂洲乡绅虽有"外贼"诱导的推脱之意，但最终还是承认了本族内部存在问题；第二，"匪类百余""数万生灵""分别良歹"等几个关键词引出了一个明清之际地方社会重要的身份判定难题，即地方和官方如何区分"民"与"盗"的身份；第三，"今抚目胡渐逵等改行从善，而余党谭杜启等亦授首"一句证明了本文所持观点，即"贼首"胡渐逵并未"就戮"，"授首"者另有其人。再结合其他材料，胡渐逵未死的事实得以大白。

虽然明确了胡渐逵并未"授首就戮"，但仍有疑点值得思考，比如地方志中胡渐逵牺牲自己解救全乡百姓的言论出自何处？目前可见最早的记载出自乾隆《顺德县志》，而胡氏族谱和胡天球的相关记载中均未对胡渐逵的"英雄事迹"有所标榜，因而此段书写很有可能是乾隆《顺德县志》编修者的讹传。据笔者分析，"桂洲事件"过程中，乡绅胡天球以及李向日二人曾犯险替桂洲乡民陈情被清兵扣押，其间李向日曾表达过不愿独生苟且、愿与乡民共患难的言辞：

> 向日曰："杀一人，活千万人，吾所乐也。"左右怜其诚，代言于帅，由是阖乡获免，乡人至今德之。①

因此，地方志很有可能是将李向日的事迹嫁接至胡渐逵身上，从而导致胡渐逵"挺认贼首就戮"的说法出现。

因胡氏后人的信息渠道来自地方志，同时又添加了不少主观的理解和想象，正如鲍炜所言："这段记载为后人所撰，难免有'为先人讳'的动机在内，把胡渐逵的形象拔高了。"② 总之，本文通过梳理"桂洲事件"的相关文献，发现胡渐逵"挺认贼首"后并未被杀。"贼首就戮"是被塑造出来的历史想象，并非事实。由此，包括地方志、胡氏后人的记载以及相关学者的解读，都被历史书写的假象"欺骗"了。

---

① 《今将李向日事迹开列》，胡锡芬、胡安龙《柳盟胡公纪实》，第22叶。
② 鲍炜：《清初广东迁界前后的盗贼问题——以桂洲事件为例》，第92页。

五　官方整合地方武力背景下的官民博弈

"桂洲事件"的复杂之处在于清廷官员对于桂洲乡民的立场出现了分化，既有人称其谋反叛乱，也有人为其申冤。桂洲乡民之所以能够有时间与知县王仞周旋一二，首先得益于清右卫守备邱如嵩的帮助：

> 时有右卫邱讳如嵩，以征屯粮在乡，备悉厥由，亦为陈解。[①]

恰逢在乡征粮的邱如嵩熟知桂洲乡的情况，因此他的陈情在一定程度上起到了作用。胡天球也对此记载：

> 赖右卫守备邱公讳如嵩力阻得缓。[②]

从邱如嵩的言辞来看，桂洲乡应属被诬告。但是邱如嵩人微言轻，虽然为桂洲乡争取了一点时间，但是仍不能化解大兵剿乡的危机。那么，尚可喜复派大军屠村，桂洲乡是如何渡过厄难的？对此，胡天球记载：

> 藩令复遣兵络绎南下，委广州司李陈公讳太常监军，偕副都统班公讳际盛。环围骈集，约会廿七日开剿。谓乡故多贼寨，故动大兵。[③]

这次受命前来的统军将领是陈太常、班际盛二人。二人领兵兴师的原因是桂洲一地"多贼寨"。结合前文可知，这是顺德知县王仞反馈给尚可喜的信息。

陈、班二人也是本着剿贼的心态前往桂洲的。对此，陈太常本人在上呈省院的告帖中也称：

> 广州府理刑陈为密禀事。卑职于八月二十六日抵桂洲堡，随于二十

---

① 胡士洪：《纪事跋言》，《顺德桂洲胡氏第四支谱全录》卷八《谱牒外编·艺文》，第53叶。
② 胡天球：《花洲纪略》，胡锡芬、胡安龙《柳盟胡公纪实》，第3叶。
③ 胡天球：《花洲纪略》，胡锡芬、胡安龙《柳盟胡公纪实》，第3叶。

八日具有塘报一纸，已蒙宪览矣。但向来兵势凶横，志在进剿，且屡接王谕，必须照县报擒捕以断根株。①

塘报说明尚可喜完全是以军事行动态度对待围剿一事。再结合陈太常的禀词，"屡接王谕""以断根株"说明尚可喜对待此事不留余地。根据"照县报"的细节来看，尚可喜所依据的正是王仞转达至藩院的信息。可见，"多贼寨"的消息来源多是顺德知县王仞呈交的报告。

面对大兵来袭，桂洲乡绅胡天球"挺身倡赴军前，泣诉难蒙"②，但被扣押，虽然桂洲乡绅未能如愿为桂洲乡民脱罪，却引发了陈太常的疑虑：

时监军司李陈太常稍觉其诬，入村巡视并无濠寨。③

咸丰《顺德县志》甚至称陈太常入乡视察时，桂洲仍"塾有书声"④，显然是后世夸张的记载，而事件经历者胡天球称当时乡民战栗惊悚、百业暂停的景象更为可信：

当大兵环绕桂洲，轴舻千百，杀气弥天，悲风震地，士罢于学，农罢于田，商罢于肆，旅罢于途，庶民若釜中之鱼，万姓若鼎烹之鸟。⑤

陈太常实地考察后认为应是顺德官员上报给藩院的信息有问题，"实未尝按名而稽也"⑥。对于监军陈太常积极游说并替桂洲陈情纾难，鲍炜提出质疑："陈太常不过是一个普通的地方官员，他为何会在这次事件中为胡氏奔走，并且能解救胡氏族人，此中有何待揭之隐，则需要在资料中逐步去发掘。"⑦ 其论点的前提是桂洲乡确有叛乱之举，因此陈太常等人的求情行为

① 陈太常：《陈公上抚院禀帖》，胡锡芬、胡安龙《柳盟胡公纪实》，第4～5叶。
② 《今将胡天球事迹开列》，胡锡芬、胡安龙《柳盟胡公纪实》，第19叶。
③ 陈志仪修，胡定纂乾隆《顺德县志》卷十二《人物列传一·忠义》，《广东历代方志集成》广州府部第16册，第489页。
④ 郭汝诚修，冯奉初纂咸丰《顺德县志》卷二十五《列传五》，《广东历代方志集成》广州府部第17册，第601页。
⑤ 胡天球：《募建报德生祠疏》，胡锡芬、胡安龙《柳盟胡公纪实》，第9页。
⑥ 陈太常：《陈公上抚院禀帖》，胡锡芬、胡安龙《柳盟胡公纪实》，第5页。
⑦ 鲍炜：《清初广东迁界前后的盗贼问题——以桂洲事件为例》，第89页。

在其看来难以理解。

有关陈太常的相关信息,《柳盟胡公纪实》中引陈太常《遗爱纪实》称:

> 陈公讳太常,号时夏,四川顺庆府大竹县举人,顺治十六年任广州府理刑,康熙二年升任抚院。①

从目前可考的材料来看,陈太常在"桂洲事件"前与胡氏一族并无瓜葛,从此后胡天球与陈太常的书信往来中亦可证明二者此前并不相识。因此,陈太常并非因私交而替桂洲乡陈情。事实上,如果跳出桂洲有罪的思路,认清桂洲被诬告的事实,陈太常等人选择帮助桂洲乡的行为就不难理解。

除了邱如嵩、陈太常二人,认为桂洲无罪并选择替桂洲乡说情的清军将领还有两人,那就是同陈太常一同领兵的副都统班际盛与紫泥司杨之华。以班际盛为例,其在发给桂洲乡民的《告示》中明确表达他也因所见与所闻的不一致而起疑:

> 本府遵奉王爷令,统领大兵,前来搗剿。本府因见该乡士民安居乐业,并无濠寨。一知大兵临境,即捉获匪类出献,情似可原。②

陈、班等人皆因桂洲实乃寻常百姓而向藩院陈情。为了搞清楚其中缘由,陈太常特意严训了顺德县的一名兵吏,并得到了一些线索:

> (陈太常)遂将县吏兵东夹讯,供吐系某宦书瞒县申文致动王师。③

因此,陈太常了解到具体实情后,立即向尚可喜说明情况呈请罢兵:

> 严鞫县兵吏得令听仇嘱,故亟剀切禀巡抚请之。④

---

① 陈太常:《陈公上抚院禀帖》,胡锡芬、胡安龙《柳盟胡公纪实》,第412页。
② 班际盛:《班公告示》,胡锡芬、胡安龙《柳盟胡公纪实》,第8叶。
③ 胡士洪:《纪事跋言》,《顺德桂洲胡氏第四支谱全录》卷八《谱牒外编·艺文》,第53叶。
④ 郭汝诚修,冯奉初纂咸丰《顺德县志》卷二五《列传五》,《广东历代方志集成》广州府部第17册,第601页。

按照常理而言，当陈太常将地方实情上报藩院后，事情就应当告一段落。但是事情的发展并没有那么简单，尚可喜在收到陈太常等人的陈情后，依旧不肯罢兵，而是进一步要求桂洲乡擒获贼首后方肯罢休，从而有了前文胡渐逵"挺认贼首就戮"一事。

桂洲乡民之所以能够在与官方博弈的过程中化险为夷，主要得益于陈太常等官吏的大力相助。在此过程中，当地士绅大力主张与桂洲恩人建立关系，并通过多种方式表达对这些人的感激之情。如士绅胡士洪《纪事跋言》开篇即称桂洲乡民全赖众恩公之拯救才得以保全，为防年代久远而将义举淹没，故将其事迹载入文册，以供族人世代景仰：

> 人享安居乐业之福，不知覆载之为恩，及阽危颠沛中有能脱之汤火而予以衽席，则身之所受者切，而心之所感也深。然或恩在一己，功在一时，亦未能普及广众，垂示无穷也。吾乡受司李陈公、中丞王公之拯救，则人人共切而所感诚深矣。但虑世远年湮，感殊身受，或几同于覆载之相忘，将有欲举似而无从考据者，爰不惮缕烦而叙二事之颠末，以示不朽。……非陈公监君，谁肯疲神竭虑，冒犯詈辱，拮据戢兵，再三请陈，保全数十万之民命乎？阽危颠沛，身受心感，岂独一己一时而已哉。若右卫邱公之代为陈解，绅士胡天球、李向日等之迎师吁诉，且捐赀营救，是皆有功于乡，例当附书者也。[①]

当事人胡天球亦号召族人建祠以纪念"桂洲事件"中有恩于乡的陈太常、邱如嵩等人，兹节录其《募建报德生祠疏》一文如下：

> 今观公祖陈老先生极力扶桂洲之事，盖转地轴于坤维之中，而培天柱于九霄之上，其功甚巨，其力甚劳，其心甚苦，其势甚难，可为知者道，难与俗人言也。曰者不肖，从青衿保甲后，趋谒幕府见其语恻然、其色凄然，私自语曰："救吾乡者其在斯人乎？"询之左右曰："广州府理刑陈四爷也。"……斯时也，尚有游魂残喘，以睹天日哉。赖陈四尊以西秦照胆之镜，识东海孝妇之冤，兵东一夹，含沙鬼蜮，遂无遁情，

---

① 胡士洪：《纪事跋言》，《顺德桂洲胡氏第四支谱全录》卷八《谱牒外编·艺文》，第52~53页。

手书印钤，铁案不易，士民快离暴网，老稚庆获更生，手示一谕，怆人
心脾。……正所谓一字一泪，又复一泪一珠。……阖乡士民捐赀买地，
创建生祠，尸而祝之，社而祀之，少伸一念之萦，维永作万年之香火，
是即补地之缺，回天之事也。若夫右卫邱公、巡宰杨公，左提右挈，俾
无陨坠，皆有功于本乡，庚桑畏垒，与陈公并垂不朽，知德报德，或者
惠邀一路福星，长照桂花洲上。①

据乾隆《广州府志》记载，桂洲乡桂宁墟建有怀德祠，便是为纪念
"桂洲事件"中有恩于乡的广州理刑陈太常、右卫邱如嵩、紫泥司杨之华，
以及迁界过程中奏请复界的两广总督李率泰、广东巡抚王来任五人而建。②

"桂洲事件"的转机，实际上是陈太常、邱如嵩、班际盛等人的努力和
游说起到了作用。值得注意的是，陈太常、班际盛等人替桂洲乡陈情游说一
事，虽然受到了桂洲乡民的感激，却得罪了对"剿贼"颇有兴致的清兵。
在此过程中也能够看出清廷内部在对待地方社会态度上的严重分化。具体情
形，陈太常本人称：

> 卑职等窃幸宪台恩威，谓地方庶可稍靖，将士庶可凯旋，乃兵心攘
> 臂不已。卑职委曲调停，劳瘁固所不惮，但众口纷纷，辱及宗族，卑职
> 不知何罪而遭此也。③

陈太常认为，桂洲乡并未有造反叛乱的事实，那么围剿贼寇的清兵即可班
师。但是来剿的士兵对此却意见颇大，陈太常周旋其中，却被清兵辱骂。

这个现象颇值得玩味，陈太常奉尚可喜之命，率兵剿贼，但因所谓的
"贼"并非为贼，陈太常申请撤军却遭到了大兵的反对甚至诋毁。胡氏族人
对此亦有记载：

> 无如将悍兵横，詈辱肆加于陈公，将被羁绅士及乡耆保横加挞辱，

---

① 胡天球：《募建报德生祠疏》，胡锡芬、胡安龙《柳盟胡公纪实》，第9~10页。
② 张嗣衍修，沈廷芳纂乾隆《广州府志》卷十七《祠坛》，《广东历代方志集成》广州府部第
　　16册，第384页。
③ 陈太常：《陈公上抚院禀帖》，胡锡芬、胡安龙《柳盟胡公纪实》，第5页。

诛索犒赏。①

可见，除陈太常、班际盛等人，大部分的清军兵将对于兴师动众而来却无"功"而返颇有意见，不仅对陈太常言语不敬，亦将怨气发泄到被拘的桂洲乡绅身上。前文提及，胡天球以及李向日二人曾赴军前陈情被扣押一个月，此期间"（胡天球）数月几受戮者数"②。

为何前来剿村的清兵对于班师一事有如此大的反应？尚可喜得知桂洲一事的真相后为何依旧要求擒拿贼首？要辨析清楚这些问题就需要结合明清之际"兵寇难分"的社会背景：

> 顺治十四年丁酉四月十四日，兵以逐贼为名抢散十余良寨。……兵因清查为名，索馈赂横冈、横溪头二寨，少迟违即目以从贼，破之。③

这样的现象在明清之际的广东十分普遍，大兵以逐贼为借口而行贼所为，地方社会若不配合则被视为"贼"伙而遭屠戮，官兵名为剿贼，实为剿民，反而不少被清王朝定义的"贼寇"往往并不扰民。④

前文已经提到明清之际清军队伍良莠不齐的情况，掌管广东局势的高级官员也是有心无力。在这样的情况下，大兵对借"剿贼"而大发横财的行为已经颇为习惯，对于他们而言，贼盗也好，良民也好，都不过是横征暴敛的由头而已。陈太常等人陈情成功的结果就是大兵无"功"而返，这便破坏了众兵将谋利的企图，自然而然会受到反对和辱骂。尚可喜在听取了陈太常等人的汇报后，仍坚持听信顺德知县王伋的言辞而不肯罢兵，其中复杂的利益关系可从该事件中管窥一二。

① 胡士洪：《纪事跋言》，《顺德桂洲胡氏第四支谱全录》卷八《谱牒外编·艺文》，第53页。
② 陈志仪修，胡定纂乾隆《顺德县志》卷十三《人物列传二·行谊》，《广东历代方志集成》广州府部第16册，第524页。
③ 陈树芝纂修雍正《揭阳县志》卷三《兵事》，《广东历代方志集成》潮州府部第16册，岭南美术出版社，2009，第373页。
④ 拙文《明清鼎革时期地方武装研究》，第231~233页。

结　语

明清鼎革时期广东地方武装与明、清两个王朝的纠葛，深刻影响着清初政府对这些带有军事化色彩地方武装的立场和态度，数量众多、固守一隅且关系分合不定的地方武装，既是明、清政权争夺广东的棋子，也是影响王朝定鼎的绊脚石。清军对于广东地方武装的态度则充满弹性，既会为了稳定一方、赢取民心而予以镇压，也会因兵力短缺而采取利诱、拉拢的抚慰政策。随着局势向清廷有利一方倾斜，清廷开始收紧政策，加大对武装势力整合的力度，以防范地方武装尾大不掉。清王朝平定广东后，广东地方武装或分离消散，或改头换面融入地方军事体系，逐渐"消失"在鼎革的历史舞台上。①

因此，尚可喜在整合地方武力化的过程中，所持的态度很可能是"宁可错，勿放过"，这是理解和讨论"桂洲事件"的重要前提。桂洲发生乡乱事件是毋庸置疑的，不论是桂洲士绅的记录，还是后世地方志的书写，都承认了这一点。但这场乡乱的起因和祸源，至今仍难定论。史料的含混不清，也反映出桂洲乡乱中多方利益的牵扯和纠缠。

"桂洲事件"牵涉到鼎革之际地方军事化、疍民叛乱、宗族内乱、兵寇难分、民盗不分等一系列社会问题，是一场错综复杂、各执一词的地方事件。该事件折射出清初整合具有武力化色彩的地方势力之际，官方和地方等多元势力间复杂的博弈互动关系。

The Study Basis for Folk Literature about Local Society
of Pearl River Delta in Early Qing Dynasty：
The Further Discussion on "The incident of Guizhou"

Zhang Qilong

Abstract：A rebellion happened in Guizhou countryside，which was situated

---

① 拙文《明清鼎革时期地方武装研究》，第 233 页。

in Shunde, Pearl River Estuary, in 1662. The incident had attracted Shang Kexi's attention and he sent troops to suppress the rebellion many times. The incident was finally settled under the coordination of Guizhou villagers and some Qing army leaders. Some scholars took this incident as perspective to discussed the policy of "Coastal Evacuation" in the early Qing Dynasty. However, the specific details and internal reasons of the incident are still unclear. We can make a textual research on the doubts of "The incident of Guizhou", including the the cause of the rebellion and who was the head of the rebels. In essence, the incident was the game and interaction between the official and local forces when the Qing Dynasty integrated the local forces by force in the early Qing Dynasty.

Keywords: Early Qing Dynasty; Folk Literature; The Incident of Guizhou

（执行编辑：林旭鸣）

明清时期广东大亚湾区盐业社会

——基于文献与田野调查的研究

段雪玉 汪 洁[*]

大亚湾是广东众多海湾之一，位于今广东省惠州市惠东县、惠阳区和深圳市宝安区之间，"东靠红海湾，西邻大鹏湾"，"该湾由三面山岭环抱，北枕铁炉嶂山脉，东倚平海半岛，西依大鹏半岛"[①]。据《中国海域地名志》，大亚湾位于 N22°30′~22°50′，E114°29′~114°49′，湾内岛屿众多，岸线曲折，大湾套小湾，有百岛湾之称。[②] 宋元时期大亚湾区就有淡水盐场的记载，明清以降由淡水场分出碧甲栅（场）、大洲场（栅），形成湾区三处场栅鼎立的生产格局。具体而言，淡水场从明代后期开始扩张，隶属于淡水场的碧甲、大洲岛增置为盐栅、盐场，派委员和场大使独立管理，下迄民国成为广东海盐产量最高之地。[③] 对两广盐区盐政而言，大亚湾区盐场（栅）的重要性不言而喻。

2018~2019 年，笔者带领华南师范大学历史文化学院 24 位本科生对港口滨海旅游度假区东海行政村和大园行政村以及稔山镇范和村、长排村等盐

---

   * 作者段雪玉，华南师范大学历史文化学院副教授，研究方向为明清史、明清社会经济史；汪洁，广东省惠州市惠东县平海镇平海社区党委书记，研究方向为惠州地方史。

① 中国海湾志编纂委员会编《中国海湾志》第九分册《广东省东部海湾》，海洋出版社，1998，第 221 页。

② 《中国海域地名志》，中国地名委员会（内部印刷），1989，第 56~57 页。

③ 邹琳编《粤鹾纪实》第三编《场产》，华泰印刷有限公司，1922，第 3 页。参见段雪玉《清代广东盐产地新探》，《盐业史研究》2014 年第 4 期。

场村落展开了为期一年的调研。① 根据田野调查搜集所得民间文献、口述史料，结合地方史志文献，大致可以勾勒出明清时期大亚湾区盐场的社会历史。大亚湾区各盐场社会联系密切，它们生产的海盐部分运销省城广州，其余通过湾区西北部的小淡水厂供应东江流域的惠州府、江西南赣部分州县。乾嘉时期改埠归纲，它被称为"东柜"，属六柜之一。因此大亚湾区三处盐场与小淡水厂构成相对独立、场栅之间联系密切的盐业生产、运销网络。

一　明清以前大亚湾区盐业扩张

大亚湾区在秦汉六朝时期的行政隶属多有变化，自 589 年（南朝陈祯明三年，隋开皇九年）后一直属归善县（民国元年改名惠阳县）。汉唐时期，大亚湾区盐业历史记载不详。《汉书》载南海郡有番禺、博罗等六县，其中仅番禺县"有盐官"②。但最近广东省文物考古研究所整理文物，发现 2000 年广惠高速公路博罗岭嘴头考古出土的一件汉代陶器残件，上刻"盐官"字样（见图 1）。唐代刘恂在《岭表录异》中提到广东有"野煎盐"③，文中仅提及恩州场、石桥场，位于今阳江市和海丰县，分处广东海岸线东西两端，说明此种煎盐法可能在岭海已经普及。

宋代惠州归善县始有淡水盐场的记载，其为广南东路盐场之一。④ 元代关于淡水盐场的记载稍为详细。元于江西行省置广东盐课提举司，下辖盐场 13 所，淡水场为其一。盐场设有职官，"每所司令一员，从七品；司丞一员，从八品；管勾一员，从九品"。⑤《元典章》称"惠州等处淡水盐司：古隆，淡水"⑥。元《大德南海志》载"淡水、石桥二场隶惠州路"，"淡水场周岁散办盐一千九

---

① 华南师范大学历史文化学院 24 位本科生分别是：邓滢滢、李桂梅、邓惠之、朱筱静、张梅、林星岑、黄诗然、骆妍、伍欣仪、张泳琳、陈斯茵、吴奇孟、曾博奥、晏智健、谢泽、梁立基、张浩文、吴福强、黄格林、刘康乐、刘美好、石珂源、杨毅珩、梁旭辉。感谢各位同学参与！本文所用民间文献皆由田野调查中获得，感谢所有文献提供者！谨向平海镇政府致以谢忱！

② 班固：《汉书》，中华书局，1964，第 1628 页。

③ 参见吉成名《唐代海盐产地研究》，《盐业史研究》2007 年第 3 期。

④ 脱脱等：《宋史》，中华书局，1977，第 2239 页。

⑤ 宋濂等：《元史》，中华书局，1976，第 2314 页。

⑥ 陈高华等点校《元典章》，中华书局、天津古籍出版社，2011，第 345 页。参见吉成名《元代食盐产地研究》，《四川理工学院学报》（社会科学版）2008 年第 3 期。古隆位于海丰县，参见邹琳编《粤鹾纪实》第三编《场产》，第 1 页。

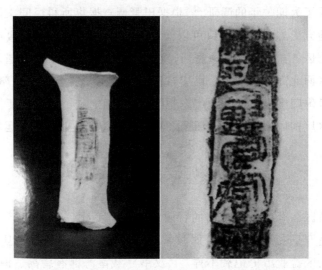

图1　广东省文物考古研究所藏汉代"盐官"字样陶器残件*

* 照片由惠州市博物馆于 2019 年 8 月 27 日提供给汪洁，谨致谢忱。

百二引"。① 东莞伯何真曾于元至正初任淡水场管勾。② 据戴裔煊考订，宋代广东海岸线上皆有盐场，但数量和产量以广州居多。③ 宋元时期惠州淡水盐场不如广州盐场重要。

二　淡水场分场栅增置

明初承宋元旧制。广东设"广东、海北二提举司"提举盐务，其中"广东所辖盐场十四，海北所辖盐场十五"。④ 设盐课司驻盐场，设场大使（有的设有副使）管理盐的生产、场课征收。⑤ 明代后期，广东食盐产地分布发生了重要变化。第一，随着海北盐课提举司下辖盐场裁并或归于州县兼管，万历时期裁革海北盐课提举司，⑥ 两广盐区食盐主要由广东盐课提举司

① 《大德南海志》卷六《盐课》，《续修四库全书》第 713 册，上海古籍出版社，2002，第 7 页。
② 张廷玉：《明史》，中华书局，1974，第 3834 页。参见段雪玉《乡豪、盐官与地方政治：〈庐江郡何氏家记〉所见元末明初的广东社会》，《盐业史研究》2010 年第 4 期。
③ 戴裔煊：《宋代钞盐制度研究》，中华书局，1980，第 27~30 页。
④ 张廷玉：《明史》，第 1931 页。
⑤ 张廷玉：《明史》，第 1846~1848 页。
⑥ 张江华：《明代海北盐课提举司的兴废及其原因》，《中国历史地理论丛》1997 年第 3 期。

盐场供应。第二，随着珠江三角洲沙田的扩张，广州府沿海地区作为食盐产地中心地位持续衰落。相应的，惠、潮二府的食盐生产持续扩张。如淡水场"原额课银八百六十五两一钱九分七厘五毫。天启四年申详，新垦溢额银二十九两三钱九分，共额银八百九十四两五钱八分七厘五毫"①。表明这一时期有新垦盐田申报盐课银。明末鹿善继也认为梧桂、荆楚食盐实际已由惠潮之盐供应："东粤左襟汀漳，右控梧桂，负荆楚而面滇渤。……潮有隆井、招收、小江，惠有淡水、石桥之饶，其盐为青、生。潮商繇广济桥散入三河，转达闽之汀州，为东界。水商运惠潮之盐贸于广州，听商转卖。"②

民国邹琳认为惠阳县（即归善县）淡水墟"宋时设场当在此地附近，乃因地势变迁，移场署于平海墟"③。《惠州史稿》也载宋代惠州盐场在淡水。④ 不过，明嘉靖时淡水场盐课司已移至平海所城东门外，⑤淡水场盐课司设大使一人，吏攒典一人。⑥ 明清鼎革，淡水盐场生产一度受到冲击，不过恢复很快。"归善盐场从前商办，自康熙五十六年裁场商，发帑收盐，改盐课司驻平海所城，督收盐斤，征解引课。至雍正十年又改盐课司为淡水场盐大使，自谢应翰始，而大洲栅、碧甲栅皆委员焉。"⑦ 雍正二年（1724）二月，两广总督孔毓珣请于"归善等县淡水等各场产盐甚多之处，请择廉干之员督收，其实心办事者，三年保举议叙，以示奖励"⑧。"乾隆二十一年九

---

① 康熙《归善县志》卷十《赋役下》，《广东历代方志集成》惠州府部第6册，岭南美术出版社，2009，第140页。

② 鹿善继：《鹿忠节公集》卷十《粤东盐法议》，《续修四库全书》第1373册，上海古籍出版社，2002，第226页。

③ 邹琳编《粤鹾纪实》第三编《场产》，第3页。

④ 谭力浠、朱生灿编著《惠州史稿》，中共惠州市委党史研究小组办公室、惠州市文化局，1982，第27页。另参见广东省惠阳地区地名委员会编《广东省惠阳地区地名志》，广东省地图出版社，1987，第11页。

⑤ 嘉靖二十一年《惠州府志》卷六《公署》，《广东历代方志集成》惠州府部第1册，第183页。

⑥ 嘉靖二十一年《惠州府志》卷六《公署》，《广东历代方志集成》惠州府部第1册，第183页。另参见嘉靖三十五年《惠州府志》卷六《建置》，《广东历代方志集成》惠州府部第1册，第385页。

⑦ 乾隆《归善县志》卷十一《赋役》，《广东历代方志集成》惠州府部第7册，第149页。

⑧ 《清世宗实录》卷二五，雍正二年二月甲戌条，《清实录》第7册，中华书局，1986，第389页。

月，议准将归善县淡水场之大洲、墩白二栅，海丰县石桥场之小靖栅改为盐场"①，"俱改为盐场实缺，各设大使一员。照例以五年报满，颁给钤记"②。墩白栅位于海丰县境内，"旧统于淡水，后改为墩下场，又分白沙栅，地隶海丰，盐额此不复载"③。广东盐场经过裁并、增置，道光时期广州府仅余上川司一场，产量不足总产量的1%，惠州府、潮州府共计十四场栅，盐产占总产量的70%有余（见表1）。广东盐产地中心转移至惠州府、潮州府沿海地区，奠定了18世纪以后广东食盐产销、税课制度的基础。④

表1　道光十六年（1836）广东盐场额盐统计

所属府	所属州县	盐场名称	额收生、熟盐数量（单位：包）	各场盐包占总额百分比（%）	各府盐场所占总额百分比（%）
广州府	新宁	上川司	熟盐 12158	0.7	0.7
惠州府	归善	淡水场	生盐 126214	7.7	48.2
		碧甲栅	生盐 68961	4.2	
		大洲场（连大洲栅）	生盐 176744	10.9	
	海丰	墩白场（连白沙栅）	生盐 144006	8.8	
	陆丰	石桥场	生盐 93974	5.8	
		小靖场内五厂	生盐 53505	3.3	
		小靖场外三厂	生盐 51648	3.2	
		海甲栅	生盐 70000	4.3	
潮州府	潮阳	招收场	生盐 83793	5.1	23.7
		河西栅	生盐 93785	5.8	
	惠来	隆井场	生盐 30000	1.8	
		惠来栅	生盐 29640	1.8	
	饶平	东界场	生盐 81150	5	
		海山隆澳场	生盐 43740	2.7	
	澄海	小江场	生盐 24000	1.5	

① 民国盐务署纂《清盐法志》卷二一四《两广一·场产门一·场区》，于浩辑《稀见明清经济史料丛刊》第2辑第10册，国家图书馆出版社，2012，第304页。

② 《清高宗实录》卷五二〇，乾隆二十一年九月丙寅条，《清实录》第15册，第558页。

③ 乾隆《归善县志》卷十一《赋役》，《广东历代方志集成》惠州府部第7册，第150页。

④ 段雪玉：《清代广东盐产地新探》，《盐业史研究》2014年第4期。

续表

所属府	所属州县	盐场名称	额收生、熟盐数量（单位：包）	各场盐包占总额百分比（%）	各府盐场所占总额百分比（%）
阳江直隶州		双恩场	生盐 41333	2.5	2.5
高州府	电白	电茂场	生盐 159196	9.8	22.9
		博茂场	生盐 202269	12.4	
	吴川	茂晖场	生盐 10600	0.7	
廉州府	合浦	白石东场	熟盐 21404	1.3	2
		白石西场	熟盐 10791	0.7	
总　计			额收生熟盐 1628911	100	100

注：表中没列入雷州府、琼州府。明正统以后，琼州府盐场归本府行销。万历时期海北盐课司裁撤后，高州府、雷州府、廉州府、琼州府盐场皆为府佐兼理。清承明制，除高、廉两府盐场归两广都转运盐使司管理外，雷州府、琼州府仍归本地兼理、本府行销。参见张江华《明代海北盐课提举司的兴废及其原因》，《中国历史地理论丛》1997 年第 3 期。

资料来源：道光《两广盐法志》卷二三《场灶二·额盐》，于浩辑《稀见明清经济史料丛刊》第 1 辑第 42 册，图书馆出版社，2009，第 225~237 页。

雍乾以后经过盐场分栅增置，至道光时期归善县共有淡水场、大洲场（大洲栅并入）、碧甲栅等三盐场栅分布于大亚湾区。① （见图 2、图 3、图 4）

图 2　道光时期淡水场图

资料来源：道光《两广盐法志》卷首《绘图》。

---

① 道光《两广盐法志》卷二三《场灶二》，于浩辑《稀见明清经济史料丛刊》第 1 辑第 42 册，国家图书馆出版社，2009，第 225~237 页。

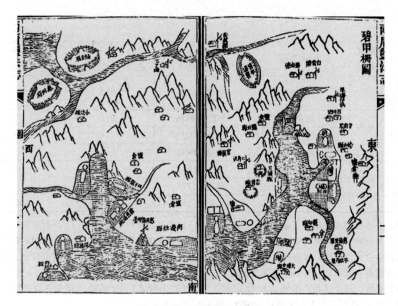

图3　道光时期碧甲栅图

资料来源：道光《两广盐法志》卷首《绘图》。

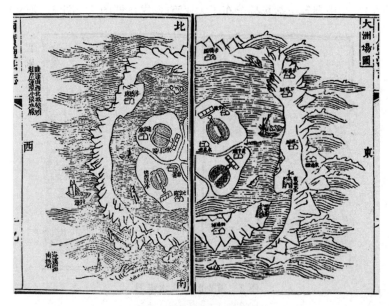

图4　道光时期大洲场图

资料来源：道光《两广盐法志》卷首《绘图》。

三　淡水场与平海城

由上述讨论可知宋代淡水场场署尚设在淡水,至迟明嘉靖时期已迁至平海城东门外,这一过程是大亚湾区盐业生产扩张的结果。不过,为何淡水场场署会迁至平海城?淡水场与平海城有什么关系?

明清时期地方志中的淡水场,除官署与场产、课额的记载,生产食盐的盐田区域范围并不清晰,不过前引道光《两广盐法志》卷首《绘图·淡水场图》标注出的"黄甲、四围、港尾"三处地名,据《盐法通志》记载大致可以勾画出盐田区的范围:"淡水场,在碧甲栅之南四十五里,(场署)设在平海卫城内西南隅,东至葫芦潭过港,南至黄甲,西北至葵坑,横约九里,纵约一十五里。"① 民国《粤鹾辑要》所载淡水场盐田区方位、生产组织更为详细:"淡水场,坐落惠阳县平海城,距县城一百六十里,盐田区域分东西二处。东路在葫芦潭过港周围,合计一十五方里,距场署约一里许。西路在葵坑周围,合计约五方里,距场署约十七里。东路向分四厂,曰东洲厂、四围厂、黄甲厂、港尾厂,西路厂盐塽因年久荒芜,今不可考。此外,新增应归围盐塽系于民国二年侨商张振勋集款兴筑,故不在东西路范围之内。"② 以上两种记载比较清晰地勾勒了清末民国淡水盐场的盐田区,但这是不是明代以后淡水场的范围并不明确。据方志记载,明嘉靖时期归善县有四巡检司,其内外管巡检司位于"府东南一百三十里饭罗冈,洪武元年建",有一图、六图等二里。③ 崇祯县志称"内外管社",其中仅有"葵坑"与上述盐田区内地名吻合。④

1940年,惠阳盐场公署报两广盐务局批准,将淡水改称平海,碧甲改称稔山,麻西改称黄马。1950年,广东省人民政府盐务局改为两广盐务管理局,产盐地区设盐场管理处,下设分处,分处下设场务所(后改称盐务

① 周庆云:《盐法通志》卷二《疆域二·产区二》,于浩辑《稀见明清经济史料丛刊》第2辑第16册,国家图书馆出版社,2012,第130页。

② 两广盐运使公署编《粤鹾辑要》,桑兵主编《清代稿钞本三编》第145册,广东人民出版社,2010,第95~96页。

③ 嘉靖三十五年《惠州府志》卷六《建置》,《广东历代方志集成》惠州府部第1册,第384页。饭罗冈,即今稔山镇范和村,清碧甲栅所在地。

④ 嘉靖二十一年《惠州府志》卷一《图经》,《广东历代方志集成》惠州府部第1册,第118页。崇祯《惠州府志》卷七《都里》,《广东历代方志集成》惠州府部第2册,第426页。

所）。成立惠阳盐场管理处，下辖稔山、平海、大洲、黄马四场务所。①
1961 年，惠阳县改设区、公社建制。平海人民公社下辖四围（平海）渔盐
公社，港口渔盐人民公社下辖东海盐业大队，同时隶属惠阳县渔盐工委。②
1965 年，成立惠东县盐场管理委员会，同时成立惠东县盐务局，两个机构，
同一个班子，合署办公。稔山盐业大队改称为惠东盐场稔山盐业分场，平海
盐业大队改称为惠东盐场东海盐业分场，归属惠东盐务局领导。③ 1984 年成
立广东省惠阳盐务局，下辖惠东县盐务局、海丰县盐务局和陆丰县盐务局。
1988 年，广东省惠阳盐务局改称为广东省东江盐务局，与广东省东江盐业
公司合署办公，隶属于广东省盐务局（广东省盐业总公司）。④

从地理位置和行政区划来看，淡水盐场位于今惠东县港口滨海旅游度假
区（2008 年由平海镇分出）。2018 年 11 月、2019 年 1 月，笔者和华南师范
大学历史文化学院 17 位本科生对港口滨海旅游度假区东海行政村、大园行
政村进行了两次田野调查。今东海行政村下辖埔顶村、洪家涌村、东洲村、
应大村、罗段村、港尾村、古灶村、头围村、三围村、四围村等 10 个自然
村，大园行政区下辖南北寮村、上新村、林厝村、大园村、大塘村等 5 个自
然村。根据 15 个自然村的村情信息，⑤ 它们都属于淡水盐场的范围，有的
村全村村民世代业盐，有的村部分村民世代业盐或从事渔业。而关于祖先来
村开基的记忆集中在明清时期，个别村的姓氏自元代迁入。东海埔顶村和大
园大塘村都有黄甲玄天上帝庙，虽然现在并没有名为"黄甲"的村，但各
村对黄甲玄天上帝庙都有较深的记忆，应是对"黄甲""黄甲厂"盐业生产
组织的信仰记忆。另一点让人印象深刻的是，15 个自然村内的民居建筑多
为单体建筑，统一修缮为 20 世纪 60~70 年代，建筑面积均为 30 平方米左
右，村内缺少岭南地区常见的样式复杂、做工精美的大宅民居，即使是祠堂
也与民居相似，颇为简陋，表明这些村落明清时期并没有出现具有一定经济
实力或在地方上有大影响力的显要人物。从口述史资料来看，这些村落年纪
稍大的盐民的记忆都以租佃盐埠的生活为主，家里是没有盐田的。据《惠
州（东江）盐务志》记载，民国 70% 以上盐田掌握在地主、埠主、恶霸、

---

① 高明奇主编《惠州（东江）盐务志》，中共党史出版社，2009，第 29~30 页。
② 平海镇地方志编纂委员会编《平海镇志》，岭南美术出版社，2019，第 39~40 页。
③ 平海镇地方志编纂委员会编《平海镇志》，第 222 页。
④ 高明奇主编《惠州（东江）盐务志》，第 35 页。
⑤ 东海、大园行政村村情资料由汪洁搜集提供。

官僚及祖尝管理人手中。占盐田人口不到 10% 的墒主，占有包括由其控制的公尝盐田总数的 60%~70%。① 淡水场盐田生产关系想必不仅民国时期如此，明以降随着珠江三角洲盐业生产的衰落，两广盐区对食盐的需求转而向惠、潮二府集中，位于今港口滨海旅游度假区内适宜生产食盐的沿海滩涂逐渐被开发出来。不过，对这些沿海滩涂的权力掌控可能并不在盐田区的村落内，这些村落整齐简陋的单体式民居布局表明村里的盐民是租晒盐墒的生产者人群，他们以少则百余人多则千余人的规模聚居，形成世代佃晒盐墒的村落。

那么，盐墒主是谁？除淡水盐场所在盐田区的村落，平海所城的军户以及因从事农渔业、手工业、商业等生计而定居于平海的人群同样是淡水盐场社会结构中的重要组成部分。

明洪武二十七年（1394），广东都指挥同知花茂请设沿海二十四卫所，其中有平海守御千户所，隶属于碣石卫。② 平海所城因而修建起来。据记载，平海守御千户所原额旗军一千一百四十五人，经历调防和逃亡，嘉靖年间仅剩四百余人。③ 清代以后，卫所被逐渐裁撤，但平海的军事建置并没有削弱。康熙九年（1670），设右营都司一员、守备一员驻守平海。此外，平海、白云各汛，东江、归善各哨江之兵俱由平海右营拨遣。④ 在"三藩之乱"中，平海所城的军事职能继续加强。康熙十七年（1678）设镇标都司一员、守备一员，领兵六百九十五名驻平海所城。⑤ 康熙四十三年（1704），将顺德镇标左营改为平海营，顺德镇标左营游击移驻平海。⑥ 雍正九年（1731），平海所城正式裁所，改设"巡检一员，以视资缉"⑦，结束了平海守御千户所的历史。明清时期，平海经历了从千户所到平海营的军事建置变化，作为明清两朝广东重要海防营所，平海的重要军事地位相沿不辍，平海城池因而扮演了广东海防军事要塞的角色。⑧ 据平海镇东和村委洞上村《吕

① 高明奇主编《惠州（东江）盐务志》，第 96 页。
② 张廷玉：《明史》，第 3908 页。
③ 嘉靖三十五年《惠州府志》卷十《兵防》，《广东历代方志集成》惠州府部第 1 册，第 453 页。
④ 康熙《归善县志》卷二《邑事纪》，《广东历代方志集成》惠州府部第 6 册，第 164 页。
⑤ 雍正《归善县志》卷二《邑事纪》，《广东历代方志集成》惠州府部第 6 册，第 412 页。
⑥ 张建雄：《清代前期广东海防体制研究》，广东省人民出版社，2012，第 24 页。
⑦ 光绪《惠州府志》卷六《建置·城池》，《广东历代方志集成》惠州府部第 4 册，第 111~112 页。
⑧ 参见李珮妮《明清平海所城社会研究》，华南师范大学硕士学位论文，2019。

氏族谱》记载，"（平海所城）城上有四门四楼（东楼晏公爷、南楼协天大帝、西楼华光大帝、北楼玄天大帝），有四庙（东北角玄檀爷、东南角阿妈庙、西南角张飞公、西北角包公爷）、四局（火药局、冲口局、军账局、沙尾局，以供军士储放军器等用），城内四条正街向四个门楼，并交叉呈十字形，建有两座衙门（守府衙门和大衙门）、七个水井以及义学、盐厂、城隍庙、文昌公、东岳庙、龙泉寺、榜山寺、普照庵，在西门外设置军士练武场"①。

本文作者之一汪洁为土生土长的平海人，他根据自己的生活经验，借助盐法志书中的平海城池图及族谱记载，绘制了平海所城示意图（见图5）。

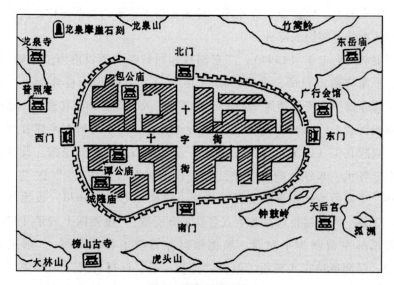

图 5　平海所城示意

资料来源：刘车、汪洁著《平海城事》，广东人民出版社，2014，第28页。

今平海城内的民宅方位大体上沿袭明代所城的布局，西北村曾家、王家、汪家、翁家、丁家；东大街杨家；南摆村林家、徐家、潘家等都是明代的军户家族，大多可与地方志书记载的军户姓氏吻合。他们聚族而居，城内大多民居皆为其各房系后代居住，构成平海所城的主体。② 平海城东面临

---

① 民国《吕氏族谱》，平海洞上村吕顺财家藏，2018年8月12日李珮妮搜集。
② 李珮妮：《明清平海所城社会研究》，第33页。参见张伟海、薛昌青《历史文化名城平海》，广东人民出版社，2005；刘车、汪洁《平海城事》，广东人民出版社，2014。

海，海船可在东门外港口停泊，并由此上岸入城。因而东门外形成了贸易集市和手工业、商业性村落上中村和西元村。西元村有街巷名"盐埠头"，即为居住于此的邓氏收取淡水场盐课之地。① 今西元村张姓村长家藏有一份民国十七年（1928）分家书，由张氏三房共执。其家产包括东门外利旺街的商铺、农田、东洲厂晒水盐町等，三房在均分农田、商铺后，共同商议将"东洲厂晒水盐町壹塥，又麦元典授租谷捌石正，此二款归朱氏留为口食，供膳费用。倘百年身后，将此田交出做丧费之需，余用有存归众做尝。照三大房轮流。此据"②。这份民国分家书表明，可能明清以来淡水场盐相当一部分盐塥归平海大姓所有，以祖尝形式代代相沿，即使有买卖，也在这些地方有势力的家族中流动。可以说，淡水场的社会经济结构表现为晒盐权与塥主权在空间上的分离。③

四　碧甲栅：稔山镇范和、长排等盐业村

清末盐法志书记载："碧甲场坐落惠阳县，属范和冈乡，离县城一百二十里，管理盐田分三厂，左循海坝经芙蓉乡、圆墩乡至红石湾、大石湾等处约二十里归范和厂；右循海坝经大墩、稔山、王公前等处直至崩山地方约八里有奇，并大墩隔海之蟹洲、黄施洲、三连洲三处归稔山厂；又离场西向八十里之盐田归麻西厂，东西约八九十里，均距县城一百二十里。"④ 这条史料提供了清末民国时期碧甲场地理方位的详细信息，即位于今惠东县稔山镇范和、大墩、芙蓉和长排等村。⑤

稔山镇位于大亚湾区稔平半岛西北部，依山傍海。明代设内外管巡检司于饭罗冈。清同治年间改归平政巡检司管辖（驻范和冈）。⑥ 碧甲场委员署

① 根据 2019 年 1 月 18 至 24 日平海调研资料整理。盐埠头邓氏，为惠阳区淡水邓氏分支迁入平海。根据族谱记载，其为东江之盐商。本文第六部分主要讨论邓氏与小淡水厂、东江盐业的关系。
② 2019 年 1 月 18 至 24 日于平海西元村村主任家搜集。按：平海关于盐塥的分家书、契约和族谱，我们还搜集到几种，内容和时间都比较接近，限于篇幅，本文举此为例。
③ 2018 年 11 月调研团队罗段村村主任访谈记录，罗段村的盐田塥主 1949 年前大多都是稔山范和村的。
④ 两广盐运使公署编《粤鹾辑要》，第 94~95 页。
⑤ 稔山镇地方志编纂委员会编《稔山镇志》，北京图书出版社，2015，第 57 页。
⑥ 稔山镇地方志编纂委员会编《稔山镇志》，第 2 页。

在范和冈。① 今稔山镇从事盐业的村落主要有稔山社区、大埔屯社区、范和村、芙蓉村、长排村和大墩村，各村姓氏宗族对定居于此的记忆可追溯至宋代。以渔业为主的船澳村地处大亚湾亚婆角海岸，相传南宋末帝昺逃亡时避难于此。文天祥也曾于此地练兵五个月。② 规模最大的范和村，"明洪武元年（1368），潮州、潮阳县一带渔民因年关躲债漂泊来到范和。后又有部分人从粤东兴梅地区迁来。高、王、郭姓相传于宋末元初落籍范和，陈姓于元末明初迁入罗冈围……林姓于清初迁入吉塘围，欧姓和吴姓都是明末清初分别迁入山顶下和关帝爷。1704~1715 年，有大鹏守备协标右营官兵 548 人进驻饭罗冈"③。不过，这些业盐为主的村落有的杂姓超过五十个，陈姓始终是各村大姓。

2019 年 1 月 18 至 24 日，笔者带领华南师范大学历史文化学院 5 位本科生重点在稔山镇范和村和长排村展开调研。其间搜集到两种共计五本陈氏族谱：一为范和村、芙蓉村陈氏，有《福建莆田浮山陈氏族谱》（2013 年修）、《惠东稔山芙蓉陈氏族谱》（2015 年修）、《诒远堂陈氏三房族谱》；二为长排村、大墩村的陈氏，有《广东省惠东县稔山长排、大墩陈氏族谱》（1992 年修）、《广东省澄海县澄城沟下池陈氏族谱》（1991 年修）。根据族谱所载，两个陈氏并不同宗，各有渊源。

范和村、芙蓉村《福建莆田浮山陈氏族谱》《惠东稔山芙蓉陈氏族谱》记载，其先世出自河南淮阳，唐陈遇后裔举家渡江，后入闽居住在莆田，成为陈氏浮山派入莆田始迁祖。元至正二十四年（1364）入迁稔山开基祖第一世陈从仕（又名陈从周）获赐进士，派任循州判，后迁任候补博罗县正堂。洪武元年（1368）明朝张寒判占领博罗县城，从仕公因此自解弃之，回闽时经过稔山，爱其山水形势，遂定居于此，成为范和、芙蓉陈氏始祖。从仕公生三子：获位、获禄、获寿。长子奉命与母亲携妹妹回原籍继承祖业，次子获禄到"笭冈围"（罗冈围）定居，从仕公与三子到芙蓉立业。后四世祖隆基公携家眷在罗冈围外东山边下一处地方分居立业，取名"三角聚"（三角市）。故范和、芙蓉陈氏自元末明初以来发展为一祖三地：芙蓉陈氏"雍熙堂"，范和南门罗冈围陈氏"诒远堂"，范和三角市陈氏"锡庆

① 光绪《惠州府志》卷七《廨署》，《广东历代方志集成》惠州府部第 4 册，第 118 页。
② 稔山镇地方志编纂委员会编《稔山镇志》，第 107 页。
③ 稔山镇地方志编纂委员会编《稔山镇志》，第 66~67 页。

堂"，传至今已有二十四代。①

二世祖获禄公与获寿公定居稔山范和、芙蓉时，"兄弟勤苦儒业，（从仕）公躬率工人辟地开荒，有良田千余亩，盐町二百余塅，遵承咸淡粮课注册输纳，编户名陈从周，奏米若干石"。陈氏定居范和、芙蓉，并非佣耕或贸易之无名之辈，谱载："明洪武十四年（1381）辛酉春三月，朝编赋役黄册，秋七月奉谕举孝弟力田贤良方正文学之士，获禄公遂偕弟获寿公同擢南京贡士。获禄公为人敦诚，友爱好善乐施，闾里乐其惠，故以乐字冠诸子侄也。"② 陈氏由元入明，开基祖陈从仕以弃官身份入稔山定居，二世祖兄弟二人入籍，有素封，奠定了明以降稔山陈氏掌控渔盐等丰富资源的大族地位。

不仅陈氏开基祖、二世祖积攒了良田、盐町等财富，其房系后代利用王朝鼎革之机，终扩张为清代碧甲栅的大盐塅主。芙蓉三房后代珠古石公后裔十世祖第三支房自得公，外号"大头公"，生于清康熙九年（1670），公胆识过人，有远见，拥有巨额家财。康熙年间带领族人集资围海建造盐田，从"烧灰港"海滩围至"大围港"一带，共筑海堤三千多米，得可用地三四千亩，给族中后人用作建造盐田和开垦农田。同时还在村东边建造一座大书房，供族中子孙读书，当地人称"芙蓉有个大目易，胜过他乡三个举"。凤地公后裔作求堂第一支房十一世祖英毅公，生于康熙二十九年（1690），经商四方，善通官府。雍正年间，英毅公按当时世道，结交清廷各级官员，将站在芙蓉村放眼能看清的海滩、农地、山岭都圈起来，办"田契证"，交"税赋"，对外乡人凡务耕、探海者都实行按地收租。外乡人有意见，告到惠州府。公以田契证、税单为凭据，赢得官司。五房公后裔妈地公支房十五世祖路稳公，外号"大路稳"，生于清咸丰七年（1857），家庭富裕，住在大路小乡围屋，在归善地区可算富甲一方，拥有盐田七十二塅，年产量二万多担，属惠州府纳盐大税户之一。③ 以上陈氏扩张盐业的事迹，与清乾隆时期碧甲栅因产量大增，由淡水场分出独立成栅的历史同步，乾隆时期碧甲栅场产达到58900余包。④ 道光时期增产达68900余包。⑤ 民国时期产量高达

---

① 《惠东稔山芙蓉陈氏族谱》，2015，第24~26页。
② 《诒远堂陈氏三房族谱》，第3~6、11页。
③ 《芙蓉陈氏历代名贤录》，《惠东稔山芙蓉陈氏族谱》，第73~75页。
④ 乾隆《两广盐法志》卷十八《场灶下·盐包》，于浩辑《稀见明清经济史料丛刊》第1辑第37册，国家图书馆出版社，2009，第494页。
⑤ 道光《两广盐法志》卷二三《场灶二·额盐》，第228页。

32 万余石，合 8 万余包（1 包 400 斤，每 100 斤 1 石）。[①] 可见，碧甲栅的盐埠主主要由范和、芙蓉陈氏的祠堂祖尝或后代子孙掌控。

长排、大墩陈氏追溯自己的祖先来自福建莆田，元末明初迁至潮州澄海，做小生意维持生计。传至八世祖时居住在县城沟下池一带，长房八世祖元勋公中进士，修进士第，宅第前有池塘环绕，名沟下池。《广东省惠东县稔山长排、大墩陈氏族谱》追溯其在稔山开基祖陈氏三兄弟，"一世祖平洲公、易洲公、一五传讳（交洲公移居东莞桥头乡），于明嘉靖末年（约 1566 年）由潮州澄海县沟下池，挈家移居归善县平政司海洲角村（今惠东县稔山镇海洲村），创业垂统，世代繁衍，发展成为稔山一大陈氏家族"[②]。留在稔山开基并繁衍后代的实际是平洲公、易洲公两兄弟，其中平洲公传至三世祖居伍公为清康熙初年，"康熙元年，始自海洲角约林、李、洪、潘、苏、黎诸亲，共买长排围地，安土敦仁始基于此，围地载米八升，县在里一四甲陈从周户下，康熙三十年收入里六四甲房癸孙户内"[③]。这段记载中特别值得注意的是，长排、大墩陈氏与范和陈氏并非同祖，但在开基入籍时，将税粮登记在了范和、芙蓉陈从周户名之下。从州县的户籍登记来看，稔山范和、芙蓉、长排、大墩陈氏合用一个"陈从周"户名，为同一个陈氏。但在稔山各村陈氏后代来看，他们是不同宗的两个陈氏，二陈泾渭分明。明嘉靖时期入籍的长排、大墩陈氏，借助入籍范和、芙蓉陈氏从而获得了在稔山的合法居住权。从族谱来看，长排、大墩陈氏的扩张过程并不清晰，盐田的买卖事迹记载不详。不过，方志中有一段民国长排填海造盐田的记载，从侧面反映了长排的盐业扩张比范和、芙蓉陈氏来得要晚："民国时期，由于盐田有限，盐民为了生计，土法上马填海造盐田。当年，长排村的陈氏'埠主'在稔山沿海一带填海造田，填海近 100 亩（630 公亩）。"[④]

综上所述，碧甲栅所在稔山范和、芙蓉、长排、大墩等盐业村落陈氏大族，利用王朝鼎革时机，通过户籍登记等手段，获得对盐田的合法所有权。同时通过入籍本地同姓大族，取得合法居住权，并联合他姓合力开垦大围，从而奠定地方大族的地位。手段各异，但都实现了对富饶的渔盐资源的控制

---

① 两广盐运使公署编《粤鹾辑要·灶丁及滩户》，第 135 页。
② 《广东省惠东县稔山长排、大墩陈氏族谱》，第 11 页。
③ 《广东省惠东县稔山长排、大墩陈氏族谱》，第 16~17 页。
④ 稔山镇地方志编纂委员会编《稔山镇志》，第 242 页。

和垄断，成为富甲一方的大埠主。稔山碧甲栅的陈氏呈现了不同于平海淡水场的历史过程。

五　大洲场：渔民上岸的盐业社区历史

此外，笔者前些年对大洲场所在盐洲岛（今属惠东县黄埠镇）也做过田野考察。

清末盐法志书记载："大洲场坐落惠阳县东，相距约一百六十里，俗名盐洲。周围十三里有奇。原辖十厂，附场四厂，曰望京厂、白沙厂、大南厂、望斗厂，离场署二里曰三洲厂，三里曰下坑厂，八里曰东涌厂，十四里曰西涌厂，二十里曰沙桥厂，三十里曰小漠厂，以上共十处，均属该场所辖范围。"① 时广东盐场分为五等，大洲场为一等盐场。②

盐洲"曾名大洲岛"，"在广东省惠东县考洲东南部，三洲水道与盐洲水道之间，扼洲洋出口，东南距大陆0.35公里。明万历年间（1573~1615）岛上已有渔民定居开拓盐田，始名盐洲。后依其面积大于洲洋内其它岛改称大洲岛。1987年复名盐洲。南北长2.76公里，东西宽2.25公里，岸线长9.7公里，海拔4.4米，面积3.35平方公里"。"四周筑有16公里长防潮海堤。""全岛大部分为盐田。"③ 按行政区划，盐洲位于惠州市惠东县黄埠镇，该镇下辖沙埔、望京洲、埠头、联新、三洲、望斗、前寮、白沙、新渔、西冲、霞坑等11个行政村。④

较早注意到大洲岛历史的是刘志伟，他在1992年调查了大洲岛。刘志伟对大洲岛的信仰与社区关系做了专题研究。他认为，岛内市仔天后宫作为全岛祭祀中心，把大洲岛上十三个自然村联结成一个自成体系的社区。而市仔天后宫与海口天后宫的紧密联系揭示出岛上居民由海上到陆上定居的历史。大洲居民最早的定居时间已不可考。现在岛上居民大多宣称明末清初来此定居。他见到一手抄本《林氏族谱》记载林姓在大洲的开基祖是七世祖，而其父卒于明嘉靖三十三年（1554），因此七世祖迁入大洲当在万历、天启年间。不过，今大洲岛居民对祖先来此开基的回忆并不说明这一时期是大洲

---

① 两广盐运使公署编《粤鹾辑要》，第92~93页。
② 两广盐运使公署编《粤鹾辑要》，第88页。
③ 《中国海域地名志》，第496页。
④ 惠东县地方志编纂委员会编《惠东县志》，中华书局，2003，第83页。

岛最早有人居住的年代。大洲岛上有许多以姓氏命名的村，如李甲、唐甲、施甲、翁甲、丁厝、马厝等，但这些村的居民现在大多非原来用作村名的姓氏。刘志伟认为大洲历史上作为一个避风港，海上渔民来来往往，定居的时间不可能是同时的，在定居后的社区整合进程中，岛内各村也存在家族或村落兴衰的过程。大洲岛还有一个值得注意的现象，就是宗族组织的相对不发达，使得大洲岛上以神庙和神明祭祀为中心的地缘组织的作用比血缘组织更为重要，大洲岛的村落是一种由许多来历不同的迁入者共同组成的村社的典型。①

刘志伟对大洲岛的研究恰恰表明盐业是海上渔民上岸定居的重要经济因素，明后期广东东部海盐业的扩张趋势影响到这个深处考洲洋内的海上小岛，由于能够有效避免台风的肆虐，万历以后岛上逐渐有人开垦盐田，定居下来，一直到雍乾时期由于盐产高昂，从淡水场分出独立成栅。"设于前清雍正二年，由淡水场分派委员到场管理。乾隆二十一年始设大使，专员另设大洲栅，以委员分任。乾隆五十年裁大洲栅，归并大洲场，遂相沿至今。其大洲栅故址因年久湮没，今不可考。"② 大洲岛上以神庙和神明祭祀为中心的地缘组织背后的推手无疑是明后期广东东部沿海地区盐业的持续扩张。

六　淡水邓氏：清代东江盐业的盐商家族

2019 年 1 月笔者在平海调研，于平海城东门外西园村盐埠头发现一本《惠阳淡水邓氏族谱》。族谱名称中的淡水显然不是指淡水盐场，而是惠阳区的淡水街道，历史上称作淡水墟，也是前述宋代盐场场署所在地。③ 根据这本族谱的记载，大亚湾区盐业从生产到运销是清代以后东江盐务的重要构成，湾区西北部的淡水墟将淡水、碧甲、大洲诸盐场的生产与盐商、税课的运作紧密地连在一起。

如前所述，宋代淡水盐场官署应当在淡水，明代以后才迁至平海。这意

---

① 刘志伟：《大洲岛的神庙与社区关系》，郑振满、陈春声主编《民间信仰与社会空间》，福建人民出版社，2003，第 415~437 页。

② 两广盐运使公署编《粤鹾辑要》，第 124 页。

③ 惠州市惠阳区行政区划，惠阳区人民政府门户网站（huiyang.gov.cn），发布日期：2023 年 4 月 11 日。

味着大亚湾区早期盐业重心当在西北湾区以淡水为中心的沿海地区。几千年前，大亚湾西北湾区海滩"伸延至淡水的桅杆岭、墩头围一带"，此地因海上渔民寻找淡水到此而得名。宋末这里的小市集称上圩，后改称锅笃（乌）圩。① 另一种说法是"传说晋朝时候淡水已有圩集"②。不过有史记载则在明代，明嘉靖时期"归善之市……曰淡水墟"③。

归善县的淡水墟除承担圩集功能，还是明清时期重要的东江食盐转运枢纽，盐法志称小淡水厂。大亚湾区的食盐经海运至淡水，统一于此掣验，再溯东江水系运抵各处盐埠。清乾隆时期规定"惠州府属一州九县俱运销场盐"，江西省赣州府"安远、信丰、龙南、定南俱运销广东惠州府场盐"。④ 如惠州府归善埠"场引船赴平海、碧甲等场掣配，由平海港出大星汛，至墩头赴小淡水厂，交官贮仓，领程筑包，经惠粮厅点验，过浮桥抵埠。程限三十五日"⑤。其他如龙川埠、连平埠、永安埠，以及江西省赣州府信丰埠、安远埠、龙南埠、定南埠皆按此转运规定，赴小淡水厂点验，再各按程限通过东江水系抵达盐埠。⑥（见图6）

乾隆五十四年（1789）两广盐区在废除推行七十余年的官帑收盐后，改行纲法，省河一百五十埠设立总局，"举十人为局商，外分子柜六，责成局商……运配各柜。所有原设埠地，悉募运商，听各就近赴局及各柜领销"，此为改埠归纲。⑦ 嘉庆十七年（1812）再次改纲归所，裁去局商，于埠商中之老练者择六人经理六柜事务，组成六柜总商，省城总局改为公所。⑧ 省河六柜包括：中柜设于三水，北柜设于韶州，西柜设于梧州，东柜

---

① 《淡水镇简介》，《惠阳文史资料》第 4 辑，1990，第 1 页。

② 惠阳崇雅中学广州地区校友会编《淡水史话》第 1 辑，1988，第 2 页。

③ 嘉靖二十一年《惠州府志》卷五《食货志》，《广东历代方志集成》惠州府部第 1 册，第 180 页。

④ 乾隆《两广盐法志》卷十六《转运·疆界》，于浩辑《稀见明清经济史料丛刊》第 1 辑第 37 册，第 204、206 页。

⑤ 乾隆《两广盐法志》卷十六《转运·疆界》，于浩辑《稀见明清经济史料丛刊》第 1 辑第 37 册，第 234 页。

⑥ 乾隆《两广盐法志》卷十六《转运·疆界》，于浩辑《稀见明清经济史料丛刊》第 1 辑第 37 册，第 237、270、271、272 页。参见高明奇主编《惠州（东江）盐务志》，第 142 页。

⑦ 《清史稿》卷一二三《食货志四·盐法》，中华书局，1977，第 3616 页。参见黄国信《清代两广盐法"改埠归纲"缘由考》，《盐业史研究》1997 年第 2 期；黄国信《清代乾隆年间两广盐法改埠归纲考论》，《中国社会经济史研究》1997 年第 3 期。

⑧ 邹琳编《粤鹾纪实》第四编《运销》，第 3 页。

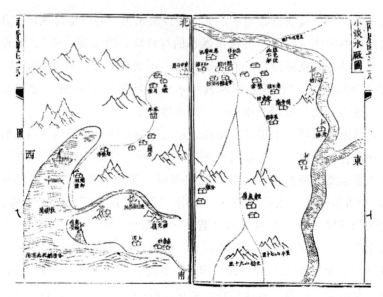

图 6 乾隆时期小淡水厂图

资料来源：乾隆《两广盐法志》卷首《绘图》。

设于小淡水厂，南柜设于高州府梅菉镇，平柜设于廉州府平江口。[1] 民国实际沿袭清后期六柜运销格局，其中东柜即为后来的东江盐务局。

清代至民国小淡水厂承担了惠州府和赣州府食盐转运枢纽的重要职能，那么小淡水厂是否有盐商的经营？幸运的是，《惠阳淡水邓氏族谱》的发现使我们得以管窥清代东江流域大盐商之一斑。

《惠阳淡水邓氏族谱》1996 年重修本，收藏于平海城东门外西园村盐埠头邓姓村民。据邓先生介绍，他的祖先清朝由惠阳淡水迁来，在此设立盐埠头，是帮政府收盐税的。[2] 该谱首列《南阳邓氏族谱源流序》《重修邓氏族谱后跋》《重修族谱字派目》《重修淡水邓氏族谱后跋》《续编邓氏族谱序》《邓氏重修族谱序》等六篇序言。首篇序言由晋王羲之撰（当系假托），第二篇后跋、第三篇字派目由赐进士第翰林院编修邓瀛于清道光十四年（1834）撰。比较重要的是民国二十一年（1932）淡水邓承宜撰写的第四篇后跋，清晰勾勒了淡水邓氏由大鹏城迁入的历史："吾族聚居淡水数百年于

---

① 道光《两广盐法志》卷十五《转运二·配运程途》，于浩辑《稀见明清经济史料丛刊》第 1 辑第 37 册，第 163~296 页。

② 平海西园村盐埠头邓先生访谈记录，2019 年 1 月 21 日，段雪玉、汪洁、石珂源、杨毅珩采访。

兹矣。族谱所载，利生公于前清初叶由惠州至大鹏城营盐业，旋迁至淡水，因落居焉。溯利生公生奕富、奕贵两公，奕富公迁观音阁，而世居淡水者为奕贵公。我奕贵公生四子，腾龙、云龙、兆龙、从龙四公。自是支分派衍，继继绳绳至于今日。计全族老少男妇达千人，惟其中或迁居惠州，或侨居南洋，移居稔山、平海。考诸族谱，多付阙如。甚且聚居淡水间，有未曾登载。承宜等有见及此，爰为作一次之修辑，凡我利生公奕贵公一脉相传之后嗣子孙，悉分别男妇名字、姓氏详加增订，志在得一淡水邓氏之完备族谱，斯则修订之本旨也。是为跋。十八世裔孙承宜敬撰。1932 年冬。"① 第五篇序言写于 1996 年，集体撰写。第六篇序言写于道光十三年（1833），由赐进士出身文林郎拣选县正堂第九房裔孙邓彬撰。是故六篇序言（派目）除了引王羲之源流序，其余撰写于道光时期至当代 1996 年，表明淡水邓氏族谱首修于清代后期，重修于民国，新修于 1996 年。其序言作者邓瀛、邓彬和邓承宜是淡水邓氏重要代表性人物。

邓氏谱称入粤一世为南宋进士文渊公（九十三世祖），游潮州府程乡松口，因爱其山水，遂举家迁至松口铜盘桥琵琶铺开基立业。文渊公生九子，在粤开枝散叶，故俗称九子公，会医术，也称太乙老人。② 入粤第十一世祖维翰，于万历戊午（万历四十六年，1618）科乡试中第三十六名举人。顺治己丑年（顺治六年，1649）委惠州府长宁县教谕。是为邓氏入清以后有科举功名之第一人。③ 邓氏十二世祖邓枌，偕三子由嘉应州到惠州归善县，遂家于县城。其子十三世祖邓利生由归善县城移居于新安县大鹏城。④ 正是邓利生子十四世祖奕贵公，于康乾时期由大鹏城迁居归善县碧甲司，"属淡水镇，创建拔子园老屋。公生平孝友慷慨，乐善好施积德。承先创业，裕后承办东江盐务，商名时宜，是为乔迁开基"⑤。康乾时期迁入淡水的奕贵公作为开基祖，生四子腾龙、云龙、兆龙、从龙，是为淡水邓氏四大房：长房、三房、四房、五房。长次之间生一女，出嫁。四房之下又派衍出二十三分支。⑥ 此后直至民国，淡水邓氏通过承办东江埠务，不仅成为淡水大族，

---

① 《惠阳淡水邓氏族谱》，1996，第 6 页。
② 《惠阳淡水邓氏族谱》，第 31~32 页。
③ 《惠阳淡水邓氏族谱》，第 41 页。
④ 《惠阳淡水邓氏族谱》，第 46 页。
⑤ 《惠阳淡水邓氏族谱》，第 51 页。
⑥ 《惠阳淡水邓氏族谱》，第 52 页。

也成为晚清民国东江最大盐商之一。其后代子孙相继于晚清民国百余年间承担东江埠务，充任两广盐政要职，清末民初交游于孙中山、廖仲恺、陈炯明等广东政要，是晚清民国广东地方横跨政商界的地方大族。

谱载，三房云龙公"自幼佐父创业埠务家务，极其繁剧，悉一手综理所为"。云龙公长房重润公嘉道时期"赞助叔父兆龙经理"东江埠务，重润公二子十七世祖伦斌公"己酉科中式本省乡试第四十二名举人，拣选知县"，其第六子十八世承愭公"光绪辛丑年选岁贡生。宣统己丑年①被选广东咨议局议员，辛亥年任惠阳县县长，民国元年授两广盐政处总理"，"民国成立，奉委为惠阳县县长，旋升充广东盐政处总理，改良鹾政，自由配运，一税收数倍，当道每举以风示僚属，其于国计民生裨益不少"。伦斌公脉系十九世邓启诚于民国二年（1913）"授大洲场场长"。重润公三子伦琛公"中式己酉科本省乡试第十八名举人"，其曾孙二十世邓立云"民国九年（1920）充两广盐运使利深缉私舰舰长，十一年（1922）调充江澄缉私舰长"。重熙公子十七世祖伦升公，"道光癸卯科本省乡试第五十二名举人"，"举孝廉后以会试不第，即捐知府衔回乡，总办东江盐务，拓先人旧业，宏鹾制新猷。于是家成巨富，筑蔬香圃花园以自娱"。伦珠公脉系二十世邓洪"民国二年（1913）奉委广东军法处员。七年（1918）授惠潮梅督办署军务处处长，旋充福建永定县知事。九年（1920）任广东财政厅金库长。十年授潮桥盐运副使。十一年（1922）任粤军总司令部总参议长"。二十世邓靖"民国二年（1913）两广盐运使缉私舰长。七年（1918）署吴川县虎头岭警察署长。十年任潮桥盐务查验局局长"。伦秀公脉系十八世祖邓承宜"民国二年（1913）充香安盐务督销兼缉私委员。五年（1916）代理广东淡水盐场知事。八年（1919）任福建漳浦县产烟苗委员。九年（1920）任潮州广济桥缉私局局长。十二年（1923）充琼崖全属盐务总办。十八年（1929）充惠阳第二局治安委员会主席兼惠阳自治筹备员"。邓承宜即族谱序言作者之一。

淡水邓氏三房云龙支二系十九世邓怀彰"因与廖仲恺、朱执信、黄克强、赵声、邓铿、陈炯明请于游，得晤孙中山先生于香港，遂加入兴中会，致力排满运动。旋受密令返乡编练民团，以树军命根本实力。创办坤德女学校，使清廷不致生疑。设惠工织造工司，集合党人机关，凡此大端，进行最

---

① 宣统年号内无"己丑"年，疑为"己酉"之误。

密，非局内人鲜有知者。布置妥帖，出与党人谋进取。辛亥（1911）三月廿九日，广州之役，公参与焉。宣统三年（1911），武汉革命军与公同乡率民团响应，出师之日身殉国难，而东江革命健儿归邓铿领导，直扑惠城。清提督秦炳直降，全粤因而底定"。其兄弟邓宝渠"民国元年（1912）广东六门缉局利安缉私舰舰长"。

淡水四房兆龙生于乾隆二十年（1755），卒于道光十五年（1835），"壮岁继承家业，守而兼创，恢廓埠务，慷慨好施，不蓄私财，好学乐善，至耄不倦。早岁以诗经受知督学汤公，先甲取进业学生员，旋补增广生转贡，加捐封诸。值海氛不靖，出身禀请招安洋匪，捐备需数以巨万，并给资散归生全无数，功德在民至今传诵"。其子邓文典"由大学生加捐盐大使，分发山西补授河东西盐大使，历署东场盐池巡检"，后殁于山西官署。

淡水五房从龙公长子邓文焕，生活于乾隆、道光时期，"由国子监加捐盐知事，分发两淮，历署丰利、草堰场大使"。文焕十八世孙邓承修，号铁香，名声最著，"清咸丰十一年（1861）中第一百一十九名举人，加捐刑部郎中朝考御史。总办秋审学内廉监试官，考试八旗教习场内监试官，考试内阁中书会试稽察磨勘官，甲戌科殿试分卷官"。"光绪十三年（1887）法国侵越镇南关，却敌后，钦差为中越勘界大臣，议约全权大臣，争回权力不少，让诰授通议大夫，告老还乡，在惠州主讲丰湖书院，设尚志堂以经史理学辞章课士子，于淡水设崇雅书院而崇尚风节，树之风声，一时士风丕变。"著有《语冰阁奏议》若干卷，《清史稿》列传二三一有传。① 五房伦铨公脉系十九世祖邓杰，"民国壬子年（1912）授碧甲场场长，壬申年授淡水圣堂乡长"。五房支四际华公，从龙公四子，其曾孙十九世邓怀灿，"民国元年（1912）充广东盐政徙总务科员，二年（1913）调充广州东汇关监制，查验缉私委员，兼操江缉私舰管带。旋充东汇关委员。后调充淡水场场长。四年（1915）任鹰璘舰长。民国七年（1918）任省河督销局长。民国八年（1919）充潮桥缉私连长，九年（1920）充缉私大队长"②。

淡水邓氏四房后裔业盐事迹，表明其子孙于清后期至民国时期连续

---

① 《清史稿》，第 12457~12459 页。今惠州市博物馆藏邓承修撰"何处下渔竿"青石刻下联，参见邹永祥、吴定贤编《惠州文物志》，惠州市文化局、惠州市博物馆，1986，第 84~85 页。
② 除单独注释外，淡水邓氏三房至五房支系子孙业盐事迹皆录自《惠阳淡水邓氏族谱》，第 111~275 页。

以科举出仕，不仅充任两广军政、盐政要职，甚至出任山西、两淮盐政，更重要的是百余年间牢牢把持东江盐务，遍涉碧甲、淡水、大洲盐场场务，盐商埠务，缉私等要职，对清后期至民国大亚湾区历史有着重要影响。

结　语

广东大亚湾区毗邻珠江三角洲，如果说宋元时期岭南盐业生产中心在珠江三角洲沿海地区的话，那么明清以后中心就转移到了广东东部海岸。尤其是大亚湾区在清至民国时期成为两广盐区的高产之地，有着相当重要的经济地位。

宋元时期，大亚湾区盐业以淡水盐场命名，但具体生产地域记载不详，其重要性不如珠江三角洲。明中叶以降，随着广东西部、珠江三角洲盐业生产衰落，大亚湾区盐业生产开始起飞，淡水场署也转移到平海。两广盐区的生产重心开始向粤东沿海地区转移。清康熙时期，通过官帑收盐改革和盐场裁减、增盛，政府厘清广东盐场的生产区域，重新建立起对高产盐场的严密管控。大亚湾区淡水场因此析出碧甲栅和大洲场（大洲栅并入），这一格局直至 20 世纪下半叶都没有太大改变。

大亚湾区盐场、盐栅所在的村落，有着多元的历史过程。明后期以降，淡水场署迁至平海城东门外，标志着此地成为淡水场的生产中心。平海城外的盐田区分布着大大小小十余个自然村，村民祖先多以制售盐为业，但他们都不是盐场埠主，而是受雇佣的盐民群体，平海与淡水场的关系体现在埠主与晒工聚落的空间分离。碧甲栅所在的稔山镇范和村、长排村中，范和村大姓陈氏祖先于元末明初来此定居，随即开垦盐田，成为碧甲栅最大的埠主。长排村陈氏于明后期始迁入，通过在范和村陈氏的州县户籍登记获得合法身份，进而通过在清初联合村内其他姓氏家族修建大围等策略，也成为拥有碧甲栅盐田的大埠主。大洲场以大洲岛为中心，明后期渔民陆续上岸拓殖盐田，建立起大洲岛盐业村落，天后崇拜等民间信仰整合了岛上的盐业村落，使得岛内村落之间势均力敌，呈现出与淡水场、碧甲栅不同的盐业社会扩张过程。清代淡水墟邓氏家族代际房系成员维系食盐经营，以及历任地方盐政职官，表明清代东江流域食盐运销实际由地方大盐商家族垄断。

The Salt Yards Society in *Guangdong Daya* Bay in Ming-Qing and Republican China: A Study Based on Literature and Field Work

Duan Xueyu　Wang Jie

Abstract: In the Ming and Qing dynasties, there were three salt yards in Guangdong *Daya* Bay became the new center of salt production. These salt yards villages have different historical contexts. There are employer's villages, hired workers' villages, single surname villages and fishermen's villages. Deng salt merchant family in *Xiaodanshui* of Northwest *Daya* Bay Area monopolized salt sales rights from the Qing Dynasty to Republic of China. Three salt yards and Deng salt merchant family formed a production, distribution system of salt in *Dongjiang* River Basin.

Keywords: Ming and Qing Dynasties; Guangdong *Daya* Bay Area; Salt Yards; Salt Merchant Family

（执行编辑：申斌）

明清珠江口水埠管理制度的演变

—— 以禾虫埠为中心

杨培娜　罗天奕[*]

引　言

对我国历史上河湖海洋等水域资源管理的研究，是近年学术热点之一，针对不同水域利用的民间惯例及官方制度，涌现了一系列的研究成果。[①] 珠江三角洲的形成与发育是自然规律与人工行为共同作用的结果。一方面，西江、北江和东江及其支流所携带的泥沙，以曾是浅海中的基岩岛屿为核心逐渐淤积、扩展、连接成陆，最终成为河网密布的珠江三角洲。[②] 另一方面，自宋代开始在珠江口修筑堤围，明代人工围垦大规模进行，嘉靖、万历以后尤为迅速。围垦加快了成田速度，也加速了珠江三角洲河网水系的形成。垦区内涌渠纵横棋布，田与田、田与涌渠之间有供排灌的窦闸连接。[③] 随着珠

---

[*] 作者杨培娜，中山大学历史学系、历史人类学研究中心副教授，研究方向为中国社会经济史、海洋史；罗天奕，上海交通大学媒体与传播学院硕士研究生，研究方向为传播学。

本文系国家社会科学基金项目"清代海洋渔政与海疆社会治理研究"（20BZS061）、广州市哲学社会科学发展"十三五"规划 2020 年度广州大典专项课题（2020GZDD06）的阶段性成果。

① 徐斌：《制度、经济与社会：明清两湖渔业、渔民与水域社会》，科学出版社，2018；刘诗古：《资源、产权与秩序：明清鄱阳湖区的渔课制度与水域社会》，社会科学文献出版社，2018；杨培娜：《从"籍民入所"到"以舟系人"：明清华南沿海渔民管理机制的演变》，《历史研究》2019 年第 3 期。

② 吴尚时、曾昭璇：《珠江三角洲》，《岭南学报》第 8 卷第 1 期，1947。

③ 叶显恩：《明清珠江三角沙田开发与宗族制》，《中国经济史研究》1998 年第 4 期。

江口潮水的涨落，大小水道水位和水流出现周期性变化，沙田区逐渐形成了一套能够适应这种季节性咸淡变化的农业生产节奏。①

三角洲南部低沙田区主要种植高杆耐咸水稻品种，植株间距大，经营方式粗放，"听任洪水和涨潮淹没"②，一年一造。与此同时，这些介于海陆之间咸淡水交界处的滩涂、湾叉水面，富有营养物质，鱼虾贝藻资源非常丰富，沙田区民众逐渐形成多样化生计模式。例如明清时期的稻田养鸭法，因沙田稻禾间多产蚂蜞，易伤禾苗，故人户多有养鸭，"春夏食蚂蜞，秋食遗稻"③，既可除稻害，又可饲鸭出售，获利甚大。④ 而其他诸如禾虫、白蚬、蚝等水生物，明清史料也多有记载。这些物产因为自然环境和生物习性的区别，在空间分布、捕捞时间上都有所区别，形成不一样的生产节律。例如禾虫，主要生长于河流入海口咸淡水交界处的低稻田中，以腐烂的稻根为食。⑤ 禾虫平时栖息于稻田等水域的表土层，极少浮出水面，只有在农历八月中旬前后生殖季节，才游出水面，进行交配产卵，形成生殖汛期，这时也是捕捞禾虫的最佳时节，俗称"禾虫造"。⑥ 禾虫入食，明清笔记也有记载。屈大钧《广东新语》言禾虫"得醋则白浆自出，以白米泔滤过，蒸为膏，甘美益人，盖得稻之精华者也。其腌为脯作醢酱，则贫者之食也"⑦。今天，禾虫被誉为"珠江三角洲的水产珍品"，"炖禾虫"也是广府美食的代表之一。

水生物是一种天然资源，但是对这种资源的利用却并非人人可得。例如蓄养鸭只，捞取禾虫、鱼虾的滩涂浅海水面相应被称为鸭埠、禾虫埠、晋门等，各埠往往各有其主。明清时期珠江口沙田区出现岸上拥有仕宦背景的强宗大族投资围垦，雇佣濒海疍人耕种经营的结构。⑧ 那么，这些中间状态的

① 马健雄：《沙水之间》，广州市南沙区东涌镇人民政府、香港科技大学华南研究中心编《从沧海沙田到风情水乡》，中国戏剧出版社，2013，第46页。
② 赵焕庭：《珠江河口演变》，海洋出版社，1990，第113页。
③ 屈大均：《广东新语》，中华书局，1985，第524页。
④ 周晴：《珠江三角洲地区的传统稻田养鸭技术研究》，《中国农业大学学报》（社会科学版）2015年第6期。
⑤ 禾虫又称"沙虫""沙蚕""海蜈蚣"，属于沙蚕科。参见管华诗、王曙光主编《中华海洋本草图鉴》第2卷，上海科学技术出版社，2016，第29~33页。
⑥ 渔工：《珠江口的水产珍品——禾虫》，《江西水产科技》2007年第1期。
⑦ 屈大钧：《广东新语》，第595页。
⑧ 参见谭棣华《清代珠江三角洲的沙田》，广东人民出版社，1993；萧凤霞、刘志伟《宗族、市场、盗寇与蛋民——明以后珠江三角洲的族群与社会》，《中国社会经济史研究》2004年第3期。

水埠及相关生物资源的利权及政府规制又经历了怎样的变化过程呢？既有研究或多聚焦于沙田经营管理，强调各种类型水埠是沙田利益的附属，多为岸上世族所拥有；[1] 或从环境史角度讨论各类水产资源的空间分布、生产利用和社会生态的变化，[2] 对明清时期政府实际管理不同类型水埠时存在的差异性和内在逻辑讨论较少。本文尝试以禾虫埠为重点，以《广州大典》收录的哥伦比亚大学图书馆藏《广东清代档案录》为核心资料，参照其他文献，梳理明清广东官员对珠江口各类水埠的管理观念和制度演变，以期拓宽对历史时期濒海物产资源经营管理的认识。

一 埠主制的出现及其变化：从陆向水的延伸

明代是今天珠江三角洲格局形成的关键时期。有明一代，珠江三角洲的沙田围垦线快速南移，西江、北江三角洲前缘从番禺南部、中山北部和新会东部一带推展到磨刀门口附近，原珠江口湾内的海岛黄杨山、五桂山等岛屿已经跟三角洲连成一片，三角洲范围比之前扩大一倍。[3] 而伴随着新沙田的围垦，淡水注入湾区，这种咸水淡水混合的环境非常适宜鱼虾贝藻等水产资源的发育，蟛蜞、禾虫、白蚬等水生生物生长，浅海各类滩涂、水埠的权利争夺越发频繁。黄佐编修的嘉靖《香山县志》中言：

> 濒海为害者二，曰看鸭船，曰禾虫船，皆顺德大户，相毁至于杀人者有之，不可以不禁也。（顺德人以火伏鸭孳生最多，驾船而来，以食田间彭蜞为名，并损禾稻。禾虫如蚕，微紫，长一二寸，无种类，禾将熟时，由田中随水出，俗以络布为罾收之，人所嗜食，其利颇多。）[4]

---

[1] 谭棣华：《清代珠江三角洲的沙田》，第 54~55 页；〔日〕西川喜久子：《关于珠江三角洲沙田的"沙骨"和"鸭埠"》，叶显恩主编《清代区域社会经济研究》，中华书局，1992，第 933~943 页。

[2] 吴建新：《清代珠江三角洲沙田区的农田保护与社会生态——以蚝壳带的个案为中心》，《广东社会科学》2008 年第 2 期；周晴：《清民国时期珠江三角洲海岸滩涂环境与水产增养殖》，《中国农史》2015 年第 1 期；周晴：《珠江三角洲地区的传统稻田养鸭技术研究》，《中国农业大学学报》（社会科学版）2015 年第 6 期。

[3] 佛山地区革命委员会《珠江三角洲农业志》编写组《珠江三角洲农业志·初稿 1·珠江三角洲形成发育的开发史》，1976，第 89 页。

[4] 嘉靖《香山县志》卷二《民物志》，《广东历代方志集成》广州府部第 34 册，岭南美术出版社，2007，第 30 页。

香山县地处珠江口湾西侧，属于西江水道主要辐射区。明代，其县境陆域以珠江口湾中的各类海岛如五桂山、黄杨山为核心逐渐淤积、围垦成陆，[①] 而来自周边的南海、顺德、番禺、新会等县势豪则垄断了该县境内众多沙田资源，香山县专门设立寄庄都图以辖之。[②] 黄佐在县志中对这些寄庄户多有批评，并认为，顺德人的牧鸭船和禾虫船是濒海沙田区治安混乱的两大源头。如前文所述，鸭可捕食田间害虫，每年春夏间早稻生长，放鸭入田间以食蟛蜞。[③] 不过在黄佐笔下，顺德养鸭船极为强横，在稻田强行放鸭，损伤本地禾稻，引发纠纷。嘉靖年间，珠江三角洲已经形成了食用禾虫的习惯，[④] 捕捞禾虫成为获利颇丰的一种营生。结合上下文，禾虫捕捞多为顺德等寄庄户所垄断。

万历《顺德县志》中对禾虫的捕捞方式有更详细的记载：

> （禾虫）夏秋间早稻晚稻将熟之时，由田中出，潮长漫田，乘潮下海，日浮夜沉，浮则水面皆紫。采者预为布网，巨口狭尾，口有竹，尾有囊，树杙于海之两旁，名为埠，各有主。虫出则系网于杙，逆流迎之，张口束囊，囊重则泻于舟，多至百盘。[⑤]

沙田围垦过程中会形成大小不同的水道，各水道之间有窦闸分流、控制排灌。在稻禾将熟亦即禾虫成熟时，于沙田水窦处立一定的木桩，然后将一张巨口狭尾网两端挂于木桩之上。八月中潮长，漫入稻田，原来藏于田泥中的禾虫浮出水面，随潮水流出水口时，被网所拦。这是一种季节性极强的定置张网捕捞方式，捕捞禾虫的水域被称为禾虫埠，而拥有禾虫埠的人，则为"埠主。"

---

① 中山大学地理学系《珠江三角洲研究丛书》编辑委员会编《珠江三角洲自然资源与演变过程》，中山大学出版社，1988，第4页。

② 香山县专门设立三个寄庄都图："番（禺）南（海）都图"、"新会都图"和"顺德都图"。参见嘉靖《香山县志》卷一《风土志》，第9页。

③ 周晴：《珠江三角洲地区的传统稻田养鸭技术研究》，《中国农业大学学报》（社会科学版）2015年第6期。

④ 禾虫有多种食用方法，"活者制之可以作酱，炮之可以作浆，味甚美。或淹而藏之为咸，压而爆之为干皆可"。万历《顺德县志》卷十《杂志》，《广东历代方志集成》广州府部第15册，第107页。

⑤ 万历《顺德县志》卷十《杂志》，第107页。

　　珠江三角洲"埠主"制可追溯至明初鸭埠制度。[①] 据出身南海县、祖先养鸭起家[②]、嘉靖年间官至礼部尚书的霍韬所言，珠江三角洲原有"鸭阜米"，源于洪武时期"老军闸民养鸭"，鸭子以田间遗留禾穗为食，官府规定只要他们认纳这些"滞穗之田"的田赋米一石以上，就将这些田地作为他们放鸭的"永业"，即鸭埠，[③] 而承纳"鸭阜米"的人就是鸭埠埠主。霍韬说："洪武永乐宣德年间养鸭有埠，管埠有主，体统画一，民蒙鸭利，无蟊蜞害焉。"[④] 由此可见，鸭埠应该是指可供牧鸭的濒海沙田，有界址区划，有鸭埠图志，[⑤] 鸭埠主通过承纳"埠米"，即拥有一定范围的低地稻田间放牧鸭群的权力。

　　成化十年（1474），韩雍革除埠主，开放鸭埠，[⑥] 使得各方势力均可以插手鸭埠资源，纷争不断。正德年间，两广总督陈金着令广州知府曹琚恢复鸭埠制度，不久又废除。[⑦] 嘉靖十四年（1535）《广东通志初稿》中记录巡按戴璟颁布数条禁约，第八条"禁养鸭"中言：

　　　　访得广州等府顺德香山东莞等县一带，沿河嗜利之徒，不守本分，构结群党，专以养鸭为生。打造高头艜船，摆列违禁兵器，装载鸭只，一船或一二千不等，在海。每遇潮田禾稻成熟，纵放践食，及因而抢割，间或被害之人追逐，辄以逞凶持刃，鸣击锣鼓，烧放铳炮拒敌，致伤人命，惨若强盗。巡捕巡司哨江官兵若罔闻之，深为地方之害。[⑧]

　　戴璟所言鸭船为匪的现象，正是黄佐县志中所言鸭船之害。这些养鸭之

① 西川喜久子曾对珠江三角洲鸭埠制度的推行进行梳理，认为鸭埠是指广东沙田地区鸭船的停泊地。参见〔日〕西川喜久子《关于珠江三角洲沙田的"沙骨"和"鸭埠"》一文。
② 霍韬：《渭崖文集》卷十，《四库全书存目丛书》集部第69册，齐鲁书社，1996，第352页。
③ 嘉靖《香山县志》卷二《民物志》，第25页。
④ 霍韬：《书畜鸭事（复旧制）》，陈子龙辑《明经世文编》卷一八八，中华书局，1962，第1946页。
⑤ 叶春及言："鸭埠起于洪武、永乐年间，其图具在，虽非渔业，以之抵课，有四善焉。"叶春及：《石洞集》卷十，《景印文渊阁四库全书》第1286册，台湾商务印书馆，1983，第575页。
⑥ 嘉靖《香山县志》卷二《民物志》，第25~26页。
⑦ 郭棐：《粤大记》卷十二，黄国声、邓贵忠点校，中山大学出版社，1998，第108页。
⑧ 嘉靖《广东通志初稿》卷十八《风俗》，《四库全书存目丛书》史部第189册，齐鲁书社，1996，第337页。

民"以鸭为命，合党并力以拒官兵，或贿诸仕宦之家为之渊薮主"①。对此，霍韬认为要维持珠江口的治安，清除盗寇，就需要恢复"埠主"之制。他建议让岸上有恒产之民充当埠主，如此既能减少对抢夺鸭埠的纠纷，同时也能约束大量流动的疍民，是"由埠有定主，田有定界，不出户庭而顽民自不敢肆也"②。

对于霍氏的建议，不少广东官员持肯定态度。戴璟亦言可参照曹琚之前所定鸭埠之法，"使凡养鸭姓名尽报于埠官，择良民以为埠长，有事则坐之，亦似有理"，并要求广州府讨论其可行性。③

恢复埠主制度，虽是针对鸭埠而言，但其实随着沙田围垦的扩大，沙田所有者往往依托于岸上土地而延伸出对水面权力的占有，成为各类近海滩涂水面资源的"埠主"。嘉靖《香山县志》载：

> 本县沿海一带腴田各系别县寄庄，田归豪势，则田畔之水埠、海面之罟门亦将并而有之矣。④

大部分地方官员默许了这种"埠主"制的存在。前引万历年间叶春及纂修《顺德县志》卷三《赋役志》中提到：

> 夫渔业有浮实，乘潮掇取若棹艇往来，浮业也；罾门禾虫埠之类，实业也。邑中实业尽入豪宗，利役贫民而不佐公家之赋，今不欲更而张之，与小民争一手一足之利，并度豪宗，甚非计也。⑤

可见时人对渔业的认识有浮实之分。随潮汐起落，驾驶船只，追逐鱼汛生产的，被认为是浮业；而在近岸滩涂、浅海处设立定置渔具如各种扈门、罾门、网门，于固定的水面进行生产的，则属于实业。沙田围垦过程中形成不同水面，田畔水埠和近岸海面水深较浅，适合发展定置渔业，禾虫捕捞就

---

① 霍韬：《渭崖文集》卷十，第322页。
② 霍韬：《渭崖文集》卷十，第322页。
③ 嘉靖《广东通志初稿》卷十八，第337页。
④ 嘉靖《香山县志》卷三《政事志》，第45页。
⑤ 万历《顺德县志》卷三《赋役志》，第32页。这段议论也被收入叶春及《石洞集》卷十，
　 第575页。

是其中一种。叶春及本意是批评那些拥有相对稳定区界和获利的实业基本被"豪宗"所占，而地方官员没有尝试去改变这样的局面，反而跟小民争利，把无征的渔课虚米摊派到内河船夫身上，① 加重了他们的负担。但反过来看，实业之名被普遍接受，也意味着包括叶春及在内的大部分地方官员其实是承认了陆上沙田占有者对水埠权利的主张，他批评的重点只是实业不佐公家之赋，而非否定实业的存在。

叶春及认为，有作为的地方官员应该将"禾虫埠""缯门"这些实业的收益用来抵补大量无征的渔课虚米。事实上，万历中期以后，为了应对各方加派，尤其是辽饷所需，广东地方官员即纷纷对鸭埠、禾虫埠等濒海水埠征税充饷。顺德北门《豫章罗氏族谱》卷二十《宪典》中收录了一份天启五年（1625）罗大宗告承鸭埠的给贴：

　　广州府顺德县为酌议抵免辽饷以足军需以固邦本事。天启五年正月二十七日奉道、府信牌，奉两广军门何宪牌前事，转行，仰县即将发来核过该县应抵长饷数目……查得册开，一议复鸭埠饷银三百八十两七钱五分。奉此，案查先奉宪牌，行县酌议抵免辽饷，已经具由详报去后，今奉前因，就据大良堡第四图业户罗大宗呈为遵示确报饷额事，称宗有祖经奏开垦土名半江宪司第四洲东翼外栏沙，万历二十九年，以孙罗约出名告承鸭埠三十顷，纳饷给帖，粮东案证。近奉明文承复，因约已故，今大宗遵承罗约原额鸭埠田三十顷，岁纳饷银三两等情。……为此，帖付饷户罗大宗收执，照依事理，即将所承前项上名鸭埠田三十顷，查照界至，看养鸭只，食田遗下子粒，递年该饷银三两，务要依期赴县秤纳，类解充饷，毋得逋负，如有奸徒纵鸭越界搀食赚饷者，许即指名告究。须至帖者。
　　右帖付饷户罗大宗执照
　　天启五年五月初二日给②

罗氏照帖中所指何宪，即两广总督何士晋。为抵辽饷，何士晋等广东地

---

① 万历《顺德县志》卷三《赋役志》，第32页。
② 顺德北门《豫章罗氏族谱》卷二〇《宪典》，转引自谭棣华《清代珠江三角洲的沙田》，广东人民出版社，1993，第66~67页。

方官员多方抽补，顺德县鸭埠饷银有 380 多两，其中罗大宗所纳鸭埠饷为每年 3 两。罗氏原于万历二十九年（1601）承纳该鸭埠，天启年间官府为派辽饷，要求其重新确认，获取官府颁发的照帖，罗氏也进一步巩固了自身的资源占有权。

万历、天启年间，军费大增，各级官府需要从多种渠道扩充军饷，于是广东官员大规模确认濒海埠主业权，发放埠贴，征收饷银，埠主制获得官府的正式承认。其适用范围不仅仅是鸭埠，还包括了禾虫埠、鱼埠等各类水埠和其他杂饷。《明熹宗实录》卷六十载："粤自正饷外，有鸭饷、牛饷、禾虫等饷……皆豪门积棍钻纳些须于官府以为名……旧督臣何士晋慨然为抵免辽饷之计而奉行。"①

而事实上，承课纳饷，正是濒海众多势豪用于圈占濒海滩涂、水面的手法。② 屈大均《广东新语》卷十四《食语》"舟楫为食"条载：

> ……禾虫之埠、蠘蚬之塘皆为强有力者所夺，以渔课为名而分画东西江以据之，贫者不得沾丐余润焉。蛋人之蚬筝虾篮，虽毫末皆有所主，海利虽饶，取于人不能取于天也。③

明末清初，禾虫埠与罾门、白蚬塘"皆土豪所私以为利者也"。④ 平南王尚可喜控制广东时期，仍以承认"埠主"权力为前提，对各类水埠征税。《岭南杂记》言："藩逆时禾虫亦税至数千金。"⑤ 这样的情形到康熙年间才发生了较大的转变。

二　康熙雍正年间废除埠主与疍船依埠造册

康熙末年，清政府为重构东南沿海秩序，否定、清理各类海主港主名

---

① 《明熹宗实录》卷六〇，天启五年六月甲辰条，"中研院"历史语言研究所，1962，第 2860 页。
② 参见杨培娜《从"籍民入所"到"以舟系人"：明清华南沿海渔民管理机制的演变》，《历史研究》2019 年第 3 期。
③ 屈大均：《广东新语》，第 395 页。
④ 屈大均：《广东新语》，第 606 页。
⑤ 吴震方：《岭南杂记》卷下，丛书集成初编本，中华书局，1985，第 42 页。

色。①《广东清代档案录》"商渔"部分抄录有《禾虫埠埗悉归蛋民装捞岸民商同呈请给管拟不应重律》一条，明确记载："康熙五十二年奉行禁革海主，埠归蛋民采捕，鱼课银米即于里户全数扣出，统按鱼蛋船只摊征。"② 海主等对濒海各类水埠、海面的权利被否定之后，"康熙五十五年以前老册□契之有海主名色者，悉作无用废纸"③，各类水埠原则上允许蛋民自行捞捕，而渔课米则改由渔蛋船摊征。

如果说康熙五十二年（1713）法令取消了埠主独占禾虫等水埠的合法性依据，将禾虫等水埠开放给蛋民采捕；那么雍正时期依埠按船对蛋户编甲的政策，则建立起编甲蛋户与特定水埠之间的对应关系。这意味着朝廷对濒海秩序的调整进入新的阶段。这一变化可以从税收和治安两条线索进行分析。

首先，随着革除海主名色，额定渔课"按鱼蛋船只摊征"，"听渔户自纳"。④ 取消包纳，濒海渔蛋民与强宗大族一样一同纳税。雍正七年（1729）五月皇帝颁布上谕，针对广东蛋户遭受歧视的情况，指出："蜑户本属良民，无可轻贱摈弃之处，且彼输纳鱼课，与齐民一体，安得因地方积习，强为区别，而使之飘荡靡宁乎？"⑤ 强调蛋户原本就输纳渔课，是王朝的编户齐民；发布这道谕旨，最重要的目的是要否定一种社会习见，并强调要将蛋户与一般民户一同编甲管理，最好能让其务本力田，以享安居之乐。

康熙雍正年间，除了渔课从埠主包纳改为按船摊征，原来蛋民交给埠主的私租以及地方官府向埠主征收的陋规也发生了变化。如前所述，明末清初地方官府加征的禾虫饷税等地方私税也是向埠主科征。随着取消埠主独占权利，蛋户为获准在水埠采捕，原来向埠主缴纳的私租转变为向官府缴纳的公课，构成了禾虫饷税等地方陋规的一种来源。在耗羡归公改革过程中，这类

① 参见杨培娜《清朝海洋管理之一环——东南沿海渔业课税规制的演变》，《中山大学学报》（社会科学版）2015年第3期。
② 《广东清代档案录》"商渔"部分《禾虫埠埗悉归蛋民装捞岸民商同呈请给管拟不应重律》（乾隆三十一年），《广州大典》第37辑史部政书类第41册，广州出版社，2015，第254页。
③ 《广东清代档案录》"商渔"部分《海中礁虫鱼虾螺蟹苔菜蟳蚬等物许附近贫民采取分界造册给照稽查示禁海主名色》（乾隆十八年），《广州大典》第37辑史部政书类第41册，第251页。
④ 《雍正二年六月二十四日孔毓珣奏陈广东内河外海事》，《宫中档雍正朝奏折》第2辑，台北故宫博物院，1977，第802页。
⑤ 《清世宗实录》卷八一，雍正七年五月壬申条，《清实录》第8册，中华书局，1985，第79页。

陋规性征收被规范化，南海九江鱼苗埠租就是一例。西江下游沿江两岸的鱼苗捕捞和养殖业在明代就非常兴盛。① 自弘治十四年（1501）起，经两广总督刘大夏上疏，将"西江两岸河埠，上自封川，下至都含，召九江乡民，承为鱼阜……给贴照船捞鱼，永著令典"②。由此，地方官府通过承认包纳制度征收饷银，抵补"各水蛋户流亡所遗课米数千石"。此后，凌云翼大征罗旁，采用同样的办法，开放罗旁及都含以下诸处鱼埠，"岁饷约有千金"③。九江鱼埠的包纳制度确定了九江乡民对西江下游沿岸鱼埠捕捞权的垄断地位，而一般疍民捞捕鱼苗，则需要向这些埠主缴纳一定的租金。这样的规制，在雍正年间遭到否定，"雍正七年奉行，埠归官，批租之银解修府属基围"④，也就是将鱼埠收归官府管辖，疍民捞采鱼苗所交租金纳入官库，用来维修"府属基围"。

其次，出于整顿濒海治安的需要，雍正帝在沿海推行"保甲弥盗之法"，通过严格推行依托港澳登记船只并编甲的制度，来强化对水上人群的管理。⑤ 雍正帝认为广东沿海疍民极具流动性，且多易藏奸，需要在其经常采捕、湾泊的地方设立埠头，按船编甲，对疍船也应该如沿海渔船一样，进行编号印烙。雍正二年（1724）七月初四，皇帝给两广总督朱谕三道，命"广东蛋民编立埠次约束"，疍户跟水埠的结合作为原则明确下来。同年十二月二十二日两广总督孔毓珣的奏折中称：

> （蛋户）广东惟广惠潮肇四府沿河州县、广西梧州府地方亦有之，世居船上，其承有渔课者，河面即其产业，采捕资生。其支分人众、无课可承者，则向有课之蛋户认租采捕，或不能采捕而略有力量者，则造船装载客货来往，若无力不能造船者，则一叶飘流，竟无定止。臣遵谕旨，分行有蛋户各府县，令各蛋户于采捕贸易附近处所设立埠头为湾泊之地，按船编甲，某埠船若干只，某船男妇若干口，编列造册，每埠选择一老成人为埠长，专司查察，各蛋船无论大小，船尾必粉书某县某埠

---

① 赵绍祺、杨智维修编《珠江三角洲堤围水利与农业发展史》，广东人民出版社，2011，第300页。
② 屈大均：《广东新语》，第566页。
③ 屈大均：《广东新语》，第566页。
④ 《广东清代档案录》"商渔"部分《禾虫埠埗悉归蛋民装捞岸民商同呈请给管拟不应重律》（乾隆三十一年），《广州大典》第37辑史部政书类第41册，第254页。
⑤ 参见杨培娜《澳甲与船甲——清代渔船编管制度及其观念》，《清史研究》2014年第1期。

蛋户某人字样，或联合数只采捕鱼虾，则令其共泊一处，不许出十日之外，仍归埠头；或揽载人客来往，必去有定向，住有实据，倘行踪诡秘，形迹可疑，埠长即报官究查。若蛋民为盗事发，查系某埠长管下，并将埠长治罪。若埠长查察不公，欺凌勒索，听蛋户告官责革。现据各县陆续查编，虽尚未编完，凛遵谕旨奉行，自不致如从前之散漫无稽矣。①

由此可知，承充渔课的只是一部分蛋民，其他"支分人众""无课可承"，只能向"有课之蛋户认租采捕"，有课蛋户与无课蛋户的关系类似于早先埠主与蛋户的关系。朝廷为了约束这些"一叶飘流，竟无定止"的蛋户，根据蛋户以船为家的特点，在他们经常停泊船只的地方设立埠头，按船编甲，任命埠长，造册管理。这就强化了蛋户与特定埠头水面的对应关系。该制度客观上有助于某些水埠的采捕贸易利权属于该埠蛋户这一观念的形成。

三　乾隆时期地方官府分类而治的实践

雍正年间所形成的针对广东沿海水埠和蛋民的若干原则和制度，在乾隆年间进一步明晰。乾隆时期，皇帝降旨免广东全省埠租：

> 免广东……通省埠租……再查粤东有埠租一项，亦民间自收之微利。前经地方官通查归公，为凑修围基之费。夫围基既动公项银两修筑，则埠租一项亦着一体免征，以免闾阎之烦扰。该督抚转饬有司实力奉行，毋使奸胥地棍借端私取，致穷民不得均沾实恩。②

乾隆皇帝的这一谕令，其实直接针对的是九江鱼苗埠的处理方法，认为既然取消埠主包纳，那么蛋户捞采也应该取消埠租，以示体恤。但是，谕旨中又没有明确指定为九江鱼埠，所以在政策推行过程中，地方官员也有一些弹性空间可资操作。

---

① 《宫中档雍正朝奏折》第3辑，台北故宫博物院，1978，第647~648页。
② 《清高宗实录》卷十五，乾隆元年三月乙卯条，《清实录》第9册，第413页。

乾隆元年（1736）这道除豁埠租令，在相关研究中都有所提及，但是均没有讨论到面对王朝最高权力的关注和直接介入，广东地方官员所形成的应对措施，以及可能对珠江口既有资源分配秩序的影响。而《广东清代档案录》中抄录的乾隆二年（1737）案卷中，详细记载了当时上到督抚，下至香山、顺德知县对境内包括鱼苗、鸭埠、禾虫和缯箁蟛蚬等各类水埠管业的处理办法。①从这份档案可以看出，在乾隆元年（1736）谕令的压力下，广东地方官员们面对濒海各类水埠管业混杂的情况，形成的处理办法是"分类治之"。

根据乾隆二年（1737）案卷，结合其他相关内容可将乾隆年间各类水埠的处理办法整理如表1所示。

表1 乾隆年间水埠分类处理办法

所涉水埠	援引案件	处理办法*	后续处理
南海九江鱼苗埠	关云兴案	原有印照契据、纳粮由单者，仍照旧管业；无照者，将埠分给疍民承管；若附近无疍民，由附近乡民共同承管，以租利修护基围	
禾虫埠	余凝堂案	归疍民采捞。具体办法是每年春初，县出公示，疍民赴县呈报，承领印照采捞	乾隆三年（1738），进一步统一处理原则，明确广州及广海、新宁、新会等卫所屯田内之鸭埠归还业主管，而禾虫埠应归附近疍民捞采 乾隆二十一年（1756），明确禾虫埠原则上归疍民捞采，但若该处无疍民或原分配的疍民不愿捞取，可分给附近岸上贫民暂时捞采，但不给印照，以免岸民借机垄断
牧鸭埠	杨廷照案	由业主自行发批招租管业	乾隆三年（1738），进一步统一处理原则，明确广州及广海、新宁、新会等卫所屯田内之鸭埠归还业主承管，禾虫埠应归附近疍民捞采
缯箁蟛蚬等埠	黄清立案	渔疍按埠编成牌甲，各埠编号，每年春初各甲公推甲长一人到县抓阄，领取照票，同一牌甲内可共同捞采	乾隆三年（1738），进一步明确渔船疍船编甲以及各埠抓阄分配办法；强调不许岸民蒙混入册，恃强争占垄断 乾隆十八年（1753），明确沿海礁屿所产鱼虾螺蟹鱼菜等物，官府划分不同区域范围，允许附近贫民登记后呈报捞取，按户发给印照

*表中所列办法均定于乾隆二年，具体办法均系据原文缩略。

① 《广东清代档案录》"商渔"部分《鱼苗禾虫牧鸭缯箁蟛蚬各埠事宜》（乾隆二年），《广州大典》第37辑史部政书类第41册，第249~250页。

如前所述，埠租此时已经是地方官府的重要收入，围绕埠租也形成了濒海资源利权分配的秩序，贸然改动牵涉甚多。事实上，广东地方官员并非完全遵照朝廷政令统一取消埠租，而是将沿海各类水埠分成四种类型，鱼苗埠、禾虫埠、鸭埠和缯笭蟛蚬埠，实行了不同的管理制度。

其中，顺德九江鱼苗埠和鸭埠的情况相同，二者自明代中期就有较大收益。九江鱼苗埠的收入既是广东军饷的重要来源，同时也是西江沿岸大量基围维修经费的来源，跟地方组织有根深蒂固的关系。① 针对这样的对象，地方官员们的处理办法仍然是承认既有管业权，只要有印照契券、完粮"由串"（"由单串票"的合称），就可以继续管业。如无，也收归地方公用，以维持基围建设。在乾隆二年（1737）的案件中，明确指出这种处理方式"盖专指沿海鱼苗一埠而言，与各县禾虫牧鸭鱼虾等埠无涉"。至于鸭埠，其处理办法"查系小民自有之利，前已奉行归返业主自行批回"，② 即延续从前，强调其跟田业结合，承认持有印照埠贴的业主继续拥有管业权利。

变化最大的是禾虫埠和缯笭蟛蚬埠。这两类水埠的处理办法都是否定原有埠主的权利，将之前的"承埠印帖及纳租油单"概行追缴。其中，对缯笭蟛蚬等埠的处理是新定章程，具体办法是将各县境内疍户渔船编订牌甲，每甲选一甲长，每年春初到县抓阄，分配股份，同甲疍民公同捕捞。至于禾虫埠的处理，不论屯田、民田，境内禾虫埠原则上应统归疍民捞采。乾隆三年（1738），原广州卫所屯丁吴林英等请求将香山县屯田内之禾虫涌埠归其装捞，藉办科场公费，而地方官员最后形成的处理办法是进一步明确鸭埠仍照旧分配归还原业主，但是"禾虫埠均应并归与附近蛋民捞采"。③ 在这一案卷中，香山县令明确表示，屯田内禾虫埠，虽然在此之前归屯丁管业，但那时候属"未奉免租之前，尚输租于官，自可呈承捞采"，现在奉旨豁免埠租之后，就应"任听附近疍民公聚采捕，不得以原业名色争执"。④ 由此可

---

① 关于南海九江鱼苗埠与地方社会之间关系的讨论，参见陈海立《商品性农业的发展与局限：西樵桑基鱼塘农业研究》，广西师范大学出版社，2015，第27~35页；徐爽《明清珠江三角洲基围水利管理机制研究：以西樵桑园围为中心》，广西师范大学出版社，2015，第53~54页。

② 《广东清代档案录》"商渔"部分《鱼苗禾虫牧鸭缯笭蟛蚬各埠事宜》（乾隆二年），《广州大典》第37辑史部政书类第41册，第249页。

③ 《广东清代档案录》"商渔"部分《广州等卫所屯田鸭埠归返业主禾埠归蛋民捞采》（乾隆三年），《广州大典》第37辑史部政书类第41册，第249页。

④ 《广东清代档案录》"商渔"部分《广州等卫所屯田鸭埠归返业主禾埠归蛋民捞采》（乾隆三年），《广州大典》第37辑史部政书类第41册，第248页。

见，乾隆元年（1736）的免租上谕成为地方官员处理各种旧有水埠管业的分界点。

在其后出现的各种纷争中，地方官员每每以此为原则，不过也稍有变通。如乾隆二十一年（1756），允许若干水埠确查没有疍民捞采后，可以分配给近岸贫民装捞。① 不过，官员们在处理到禾虫埠的分配时，仍很警惕这类生计"非别项世业可比"，强调其与"礁石港澳采于海而必凭照验者不同，若按户给照，必致辗转顶旧，藉名埠主，从而滋弊，亦如所议，止会存案记册，毋庸给予印照"。② 防止岸民借此转卖或以埠主为名霸占。

所以在处理过程中，原则上是将该禾虫埠明确分配给若干登记在册的疍民，由他们负责捞采。即使因当时没有疍船湾泊，临时分配给其他附近岸民，也不发给印照（原先发给的印照要交回销毁），以防止岸民借此"辗转顶旧，藉名埠主"，再起纷争。分配的岸民每年做一次登记，如果有人员变动或者财产变动，则取消承领的资格。而如果此后有疍民前来承采，则仍需归疍民。如香山县黄圃、小榄一带有禾虫埠 42 处，原先没有疍民采捕，于是允许岸民胡胜万等"暂行采取"，乾隆二十六年（1761），官府照例公开召疍户承采，这时候有疍民冯建德等前来承采，于是原来属于小榄、黄圃二乡贫民之埠埗"概给蛋民承采"。③

通过梳理这些政策演变，可以发现清代广东官员在处理濒海社会经济问题时，更多注意到濒海人员、财产的流动性，并注意区分不同资源的属性和实际运用过程中存在的区别，呈现出据当地实情，进行精细化管理的倾向。官员们强调，禾虫埠跟礁石港澳等具有相对稳定和长期收益的世业不同，其收获物是一种季节性极强的水生物，收获的时间极短。将捕捞禾虫这种短时收益独立出来进行分配，正适应珠江口疍民临时性季节性强的生计方式。

这种管理制度对既有的地方秩序产生了一定的影响。

其一，随着政府力量的介入，关于濒海水埠的管业权争夺变得更加复杂。乾隆《番禺县志》卷十七《物产》"禾虫"条中载：

---

① 《广东清代档案录》"商渔"部分《禾虫埠埗归贫民装捞度活》（乾隆二十一年），《广州大典》第 37 辑史部政书类第 41 册，第 252 页。

② 《广东清代档案录》"商渔"部分《蛋民不愿装捞之埠埗暂给附近贫民承采如有蛋民承赴仍即照例拨给每岁底清查造册通送瞒串私批之埠租追出充公》（乾隆二十五年），《广州大典》第 37 辑史部政书类第 41 册，第 253 页。

③ 《广东清代档案录》"商渔"部分《禾虫埠埗悉归蛋民装捞岸民商同呈请给管拟不应重律》（乾隆三十一年），《广州大典》第 37 辑史部政书类第 41 册，第 254~255 页。

水田中禾根所产，身软如蚕，细如著，长二寸余，中有浆，初出相
连，后自断，邑人取其浆以盐晒，名禾虫酱，东莞爱食禾虫，以为上
味。产时在获禾后，禾民以为生吾田，虫随田主捕，蜑民以为育吾水，
虫随水户捕，争不息，往往诉于行台，频年不得休。[1]

如前所述，明代官员以实业看待沿海水埠，暗示承认其因土地而衍生出
来的权利。清代国家权力的主动介入，让水埠纷争涉及的主体更加复杂。禾
虫埠等采捞权利独立成业，并为蜑民所有。这可看成是依水而生的权利主张，
并得到官府的认可。只是，既有的对濒海资源进行强力圈占的格局仍然延续，
所以档案中也常见对土豪包揽或蜑民依托土豪而对禾虫埠等进行垄断的批评。[2]

其二，将禾虫埠采捕的优先权划归蜑民，本身是政府对蜑民权利的照
顾，或者在某种程度上是试图弥合蜑民和岸民的间隙；然而这种对蜑民权利
的确认，其实反过来在制度上将蜑民与岸民的身份区隔进一步明确化。结合
上文，雍正、乾隆皇帝及地方大员对珠江三角洲这种资源开发和分配模式持
续专注，从雍正二年（1737）开始，地方官府关于广东沿海蜑民蜑船的登
记不断细化，且尝试去厘清所谓岸民跟蜑民的区分，用船只编甲、设立埠长
等方式来管理蜑民，同时也借以厘清沙田开发过程中形成的大量水埠的分配
秩序。在此过程中，部分进入官府登记之列的水上流动人员成为得到官府认
证的蜑民，他们能够介入沿海水埠例如禾虫埠涉的权益关系当中。蜑户之
名，在这样的情景下其实也变成一种有利的资源。《广东清代档案录》所收
录的案卷中，不时出现蜑民控告岸民冒占水埠的案例，如乾隆二十五年
（1760）香山县蜑民梁兴德控告岸民罗永贤即罗永年等假冒蜑民之名承充禾
虫埠一案。这是清政府对水上世界的管治进一步细化的结果，也可看作濒海
人群对政府政策的一种灵活运用。

结　语

海陆之间各类"活动的"生物资源的利权如何确立、划分归属、政府

---

① 乾隆《番禺县志》卷十七《物产》，《广东历代方志集成》广州府部第 19 册，第 415 页。
② 《广东清代档案录》"商渔"部分《海中礁虫鱼虾螺蟹苔菜蟛蚬等物许附近贫民采取分界造
　册给照稽查示禁海主名色》（乾隆十八年），《广州大典》第 37 辑史部政书类第 41 册，第
　251 页。

如何管理是明清濒海秩序形成过程中的重要问题。明清时期是珠江口沙田开发的重要时期，伴随不同的水陆形态演化，珠江口盛产各类水生生物，由此也引发了对包括禾虫埠在内的各类水埠占有权的纷争。在此过程中，陆上沙田主强调其由陆上土地权延伸而来的、对田边水埠和近岸海面的控制权。面对这种惯习，明朝更关心的是民间纠纷对地方治安的影响，嘉靖年间对鸭埠和禾虫利益的争夺，被众多官员和士大夫视为直接威胁珠江口社会治安的重要问题。而万历中叶之后，在军事财政压力下，政府急于寻求新的税源，往往通过明确这些资源利权归属（发放埠帖）建立起课税制度。也就是说，政府的介入，并没有改变民间惯习，而是承认、强化了原有埠主制度。埠主权利又可进一步切分，把捕捞权租佃出去，大量沙田疍民通过依附或缴纳私税的方式得以在这些水埠上进行作业。清政府尝试对濒海资源的分配进行调整，康熙末年直接否定了各类"海主""埠主"的合法性，"海埠半归疍民"。雍正、乾隆年间，随着最高统治者对广东濒海疍民生计和组织状态的持续关注，地方官府逐渐形成对不同水埠"分而治之"的处理原则，其中，疍户获得禾虫埠捞采的优先权，有了对水面的权利。伴随着官府对疍民依照水埠编甲印烙、加强管理，清政府对濒海资源的利权划分和社会治理制度趋于细密化。在此情景下，疍户的身份也不再仅仅是被歧视的弱势一方，而是可资利用的资源，导致清代各类濒海资源的争夺主体和权利分层变得愈发复杂。

The Evolution of the Management System of "Water Port" (*Shuibu*) at the Pearl River Estuary during the Ming-Qing Period

Yang Peina Luo Tianyi

Abstract: Relying on the "sands" (*shatian*) at the Pearl River Estuary which grew quickly during the Ming-Qing period, various aquatic animals flourished and showed great economic value. The coastal waters that nourish these animals were called "water port" (*shuibu*), and there are constant disputes over their control and fishing rights. Since the mid-Ming period, a "port-owner" (*buzhu*) system has been formed in the interaction between officials and the people. The government admitted various rights of the "port-owner" as they pay the quota of fishing tax without taxpayer. The "port-owner" was banned in the late Kangxi period, and the registration of "*Dan*" (people who lived by fishing, on boats, or under awning set up by the water) was strengthened. In this context, the imperial court ordered that the right to benefit from the water port should be attributed to the *Dan*, but the local government adopted different governance measures according to classification of these water ports in practice.

Keywords："Water Port"（*Shuibu*）；Pearl River Estury；Ming and Qing Dynasties

（执行编辑：申斌）

清前中期粤海关对
珠江口湾区贸易的监管

——以首航中国的法国商船安菲特利特号
为线索的考察

阮 锋[*]

大航海时代，对于欧洲国家来说，就是探索的时代，它伴随着基督教的传播、海外贸易的扩张以及海上的掠夺。在此期间，葡萄牙最先崛起，带着武装商船沿着非洲海岸进入印度洋，强行参与亚洲贸易。之后十几年，西班牙急起直追。葡萄牙主要向东行，发现西非沿岸，开设殖民点或者商埠，发现了西非以外有一个叫"Cape Verde"（佛得角）的群岛。西班牙主要向西行，发现了新大陆，来到加勒比海、西班牙岛（伊斯帕尼奥拉岛）、古巴等地。其间二者冲突不断。当时葡萄牙、西班牙的国王皆属天主教会，由教会调停冲突，划分各自探险航海和传教的范围。1494 年，教皇为了永远结束伊比利亚半岛上的争端，根据《托尔德西拉斯条约》在亚速尔群岛和佛得角群岛以西由北向南画一条直线，东侧属葡萄牙势力范围，西侧属西班牙势力范围。葡萄牙、西班牙两国在大航海时代从世界各地得到不少好处，这吸引欧洲其他国家开始向外探索。其后荷兰及英国亦步亦趋，分别于 1602 年和 1600 年底成立各自的东印度公司。同一时期，法国国力也逐渐增强，国王路易十四下令建立舰队

---

* 作者阮锋，广州海关教育处科长，研究方向为粤海关史。

和商船队，仿效英国、荷兰、葡萄牙等西欧国家成立贸易公司，大力扩大在亚洲地区的政治与经济利益。法国商船安菲特利特号①就是在这样的背景下开启访华之旅的。

一 安菲特利特号及相关研究

对于法国，清代魏源的《海国图志》引《察世俗每月统纪传》称："法兰西国，东连阿理曼国，西及西班牙国，南及地中海、意大理国，北及英吉利海比利润峡。国广大六十二万七千方里，分八十六部落，田十万三千有余顷，圃园山林万八千有余顷。"② 清朝立国后不久，中法之间曾展开过一些商贸交往，"佛郎机"曾是当时中国人对法国的称谓。此佛郎机有时又被写作佛朗机、佛兰西、佛兰哂、咈哂、弗郎西、发郎西、和兰西、法兰西、佛郎西、佛郎佳、佛郎机亚、佛郎济亚等。③《清朝柔远记》记载中法的首次贸易来往地点在广东，时间是 1647 年，④ 亦有其他说法，认为法国于顺治十七年（1660）始派商船到广东开展贸易。⑤

在众多来往中法的船只中，尤其值得注意的是安菲特利特号。美国学者乔尔·蒙塔古（Joel Montague）、肖丹指出，全面研究和弄清安菲特利特号的航行细节，有利于我们重新认识地理大发现之后，尤其是大航海时代晚期西方对外贸易的本质。⑥ 大量的史料或者档案，都显示首航中国的商船安菲特利特号揭开了法国对华直接贸易的序幕。尼古拉斯·朗格莱特·德·弗雷斯诺伊

① 安菲特利特号（L'Amphitrite），以希腊神话中的海洋女神安菲特里忒（Amphitrite）命名，传说她可以令大海平静并且能够保佑人们安然穿过风浪。关于该商船在不同研究论文有多个中文译名——安菲特里忒号、昂菲德里特号、海后号、海神号等，为便于阅读，除研究论文题目保留原译名外，本文统一使用"安菲特利特号"。
② 魏源：《海国图志》卷四十一，岳麓书社，1998，第 1201~1202 页。
③ 庞乃明：《明清中国负面西方印象的初步生成——以汉语语境中的三个佛郎机国为中心》，《史学集刊》2019 年第 5 期。
④ 王之春：《清朝柔远记》卷一，中华书局，1989，第 4 页。
⑤ 金体乾：《海关权与民国前途》，台湾：文海出版社，1928，第 9 页。亦见陈恭禄《中国近代史》卷一，香港中和出版有限公司，2017，第 45 页。
⑥ Joel Montague、肖丹：《首航中国的法国商船"安菲特里特号"兴衰史——兼论"安菲特里特号"与广州湾之关系》，《岭南师范学院学报》2018 年第 1 期。

（Nicolas Lenglet du Fresnoy）、① 英国皇家地理学会、② 唐纳德·拉赫（Donald F. Lach）、③ 克莱尔·勒科比勒（Clare Le Corbeiller）、④ 希伍德（Heawood）、爱德华（Edward）⑤ 等指出，安菲特利特号首航时间是 1698 年。法国学者伯希和（Paul Pelliot）曾有专著对事情缘由、船上人员、所在货物以及在华贸易情况进行了系统考察，该书于 2018 年再版，用法文撰写，目前尚无中译本。⑥ 国内研究方面，耿昇从商船远航缘起、人员及货物分析来考察 17~18 世纪的海上丝绸之路。⑦ 乔尔·蒙塔古、肖丹研究商船的兴衰史，并指出该船从激动人心的商业冒险开始，逐步过渡到涉足剥削、人性堕落和罔顾道德的奴隶买卖的冒险，变成了那个时代的罪犯。⑧ 严锴、吴敏通过商船两次中国之行，指出贸易与宗教同行，有利于法国人将商品、教义及文化传输到遥远的中国。⑨ 伍玉西、张若兰通过商船来华贸易的细节，得出对传教士而言，宗教利益永远高于商业利益的结论。⑩ 沈洋认为古代海上丝绸之路是 1840 年鸦片战争之前中国与海外国家之间的政治、经济和文化交

① Nicolas Lenglet du Fresnoy, *Méthode pour étudier l'histoire : avec un catalogue des principaux historiens : accompagné de remarques sur la bonté de leurs ouvrages, & sur le choix des meilleures éditions*, Paris: chez Debure... [et] N. M. Tilliard, 1772, p. 124.

② Royal Geographical Society (Great Britain), *The Geographical Journal*, Vol. 19, London: Royal Geographical Society, 1908, p. 652.

③ Donald F. Lach, Edwin J. Van Kley, *Asia in the Making of Europe*, Volume Ⅲ: *A Century of Advance. Book 1: Trade, Missions, Literature*, Chicago: University of Chicago Press, 1998, p. 104.

④ Clare Le Corbeiller, John Goldsmith Phillips, *China Trade Porcelain: Patterns of Exchange: Additions to the Helena Woolworth McCann Collection in the Metropolitan Museum of Art*, New York: Metropolitan Museum of Art, 1974, pp. 2-3.

⑤ Heawood, Edward, *A History of Geographical Discovery: In the Seventeenth and Eighteenth Centuries*, London: Cambridge University Press, 2012, pp. 205-206.

⑥ Paul Pelliot, *Le premier voyage de l'Amphitrite en Chine*, Create Space Independent Publishing Platform, 2018.

⑦ 耿昇:《从法国安菲特利特号船远航中国看 17~18 世纪的海上丝绸之路》,《西北第二民族学院学报》(哲学社会科学版) 2001 年第 2 期。

⑧ Joel Montague、肖丹:《首航中国的法国商船"安菲特里特号"兴衰史——兼论"安菲特里特号"与广州湾之关系》,《岭南师范学院学报》2018 年第 1 期。

⑨ 严锴、吴敏:《贸易与宗教同行——以"安菲特里忒"号中国之行为中心》,《法国研究》2013 年第 3 期。

⑩ 伍玉西、张若兰:《宗教利益至上:传教史视野下的"安菲特利特号"首航中国若干问题考察》,《海交史研究》2012 年第 2 期。

往的通道，考察与分析了法国在中欧海上丝绸之路中的历史地位。① 最新关于安菲特利号研究的力作则是杨迅凌对该船远航中国时所绘华南沿海地图的探索。② 但他们似乎对这一时期在海运枢纽与贸易中心上，商船来华贸易过程中与中国最重要的对外贸易监管机构粤海关关系的研究较少注意。本文拟从商船首航中国切入，结合相关档案史料，探究清前中期粤海关对珠江口湾区贸易的监管及其地位与作用。

二　明清时期的珠江口岸

自古以来，广州一直就是沿海对外贸易的重要商埠，到明清时期先后开辟了多条广州至世界各洲的贸易航线。位于南海北部、广东中部珠江出海口的珠江口湾区，处在太平洋、印度洋海域航海区位之要冲。这里季风吹拂，拥有蜿蜒曲折的海岸带、星罗棋布的岛屿、天然优渥的港湾以及肥沃富庶的珠江三角洲，在历史上是中国大陆与全球海上交通的重要孔道。珠江口湾区一带的季风，使得西洋商船选择航行到这里作为贸易口岸，对于清政府来说，由于广州本身并不处在海岸线上，统治者可以通过珠江河道有效管制外国商人的进出。《粤海关志》记载：“粤东之海，东起潮州，西尽廉，南尽琼崖。凡分三路，在在均有出海门户。”③ 大航海时代欧洲各国纷纷开启冒险征服的航行旅程，这时远航各地的帆船逐渐串起了东西方的国际贸易，这也可称为“帆船时代”。例如马尼拉大帆船（Manila galleon），因运载大量中国商品又有“中国船”（Nao de China）之称，常常带着银块直接从拉美经太平洋来到西班牙控制的亚洲地区。

1698 年 3 月 6 日，在大西洋沿岸的法国拉罗舍尔（La Rochelle）港口，一艘名为安菲特利特号的商船，开始其直航中国的探索之旅。④ 据史料记

---

① 沈洋：《法国在中欧海上丝绸之路中的历史地位——以“海后”号两航广州为线索的考察》，《南海学刊》2016 年第 1 期。

② 杨迅凌：《法船“安菲特利特号”远航中国所绘华南沿海地图初探（1698~1703）》，《海洋史研究》第十五辑，社会科学文献出版社，2020，第 133~164 页。

③ 梁廷枏撰，袁钟仁点校《粤海关志》卷五《口岸一》，广东人民出版社，2014，第63页。

④ S. Bannister, *A Journal of the First French Embassy to China, 1698 - 1700*, London：Thomas Cautley Newby, 1859, pp. 1-2.

载，这艘商船在罗什福尔（Rochefort）建造，并从法国海军租借过来。[①] 商船免费搭载了白晋（Joachim Bouvet）等 11 位耶稣会士以及数名法国海军军官。在此之前的康熙二十四年（1685）法国国王路易十四出资派遣洪若翰（Jean de Fontaney）、白晋等 6 名耶稣会士前往中国，当中 5 位辗转到达北京，他们精通天文数理，受到康熙的信任。为了招募更多的欧洲科技、工艺人才，康熙三十二年（1693），皇帝命白晋以特使的身份出使法国，并赠送路易十四许多礼物，同时邀请法国商船来华经商。1697 年，回到法国的白晋向国王路易十四力陈派船直航中国的重要性，指出："一旦建立了贸易关系，在主的庇护下，我们的船只今后将每年运送一批新的传教士到远东，同时在吾王的支持下，每年将搭载许多勤勉的中国人到耶稣基督的国度。"[②] 在传教与商业利益的共同作用，以及当时清政府开放海上通商口岸和自由传教等便利条件推动下，路易十四特别批准建造安菲特利特号来华贸易。商船于 1697 年（康熙三十六年）11 月初抵达广州，次年 1 月 26 日，康熙派使者——刘应（Claude de Visdelou，1656 ~ 1737）、苏霖（Jose Suarez，1656 ~ 1736）两位神父和一名被白晋记为"Hencama"的内廷满族官员到达广州迎接。[③]

作为一艘越洋帆船，安菲特利特号能顺利到达广州并且开展贸易，深受季风的影响。通过档案可以发现船上人员对季风情况的重视，仅从澳门进入黄埔锚地的过程就有多次记录，如"（10 月 28 日下午 2 点）风向转为东南偏南"[④]、"（10 月 30 日上午 6 点）随着东北偏北风起锚"[⑤]、"（10 月 31 日上午 6 点）乘着东北风迎风而行，并于上午 9 点进入虎门"[⑥] 等。受惠于季风以及地理环境等优势，珠江口湾区呈现出最方便于中国和外国商人进行贸易的港口潜力，广州对中国和欧洲国家的贸易重要性不容忽视。明清时期以广州、澳门为中心的港口城市蔚然兴起，成为明清连接世界的海运枢纽与贸易中心。

---

① Joel Montague、肖丹：《首航中国的法国商船"安菲特里特号"兴衰史——兼论"安菲特里特号"与广州湾之关系》，《岭南师范学院学报》2018 年第 1 期。

② Joachim Bouvet, *Histoire de l'empereur de la Chine：presentée au Roy*, Paris：Robert & Nicolas Peple，1699，pp. 168-169.

③ 陈国栋：《武英殿总监造赫世亨："礼仪之争"事件中的一位内务府人物》，《两岸故宫第三届学术研讨会：十七、十八世纪（1662 ~ 1722）中西文化交流》论文集，2011。

④ S. Bannister, *A Journal of the First French Embassy to China*, *1698-1700*, p. 113.

⑤ S. Bannister, *A Journal of the First French Embassy to China*, *1698-1700*, p. 114.

⑥ S. Bannister, *A Journal of the First French Embassy to China*, *1698-1700*, p. 114.

三 清前中期的粤海关

（一）粤海关的设立及相关职能

粤海关之建立，是中国着重开展对西洋贸易之开始，也是中国海关贸易管理制度之开始，对华南沿海等地的对外发展和交往皆有开创性意义。① 康熙二十二年（1683）台湾被收复后，清政府考虑开海展界事宜。康熙二十三年（1684）正式解除海禁，"令福建、广东沿海民人，许用五百石以下船只出海贸易，地方官登记人数，船头烙号，给发印票，防汛官验放"。② 此后，闽、粤、浙、江海关相继设立，专门负责对海运进出口船舶和货物、人员监管的事务。其中粤海关最重要，专置监督，其余三处海关则归地方将军或巡抚统辖。粤海关口岸监管机构，按功能分类大致分为"正税之口""挂号之口""稽查之口"，这些口岸均承担着监管征税的职责任务。正税口分布在沿海各县，对进出口船货征收正税、船钞等。商人俱赴所在口岸海关正税口纳税。当货船进出贸易口岸之时，所在地的挂号口则办理申报、丈量、查验、核销、放行等通关程序。稽查口负责对进出粤海关各口岸船只及货物的稽查，但不征收关税，如发现偷漏关税行为，则由稽查人员押送到正税口补交关税并交罚款。③ 属于具体执行总口指令和业务操作的机构，类似当今海关的查验、缉私、稽查等部门。

（二）粤海关对珠江口岸的监管

西洋商船来到广州贸易，不是长驱直入广州，而是需要根据粤海关规章，依次停靠珠江各个口岸，办理相关通关手续，最后抵达省城交易。安菲特利特号的首次来华经历及其相关档案，可以从一个侧面反映粤海关所行使的口岸监管职能。

澳门。澳门设有粤海关澳门总口。康熙二十四年（1685）开海贸易之

---

① 周鑫、王潞：《南海港群——广东海上丝绸之路古港》，广东经济出版社，2015，第30~31页。

② 《清文献通考》卷三十三《市籴二》，王云五主编《万有文库》第二集，商务印书馆，1936，第5155页。

③ 戴和：《清代粤海关税收述论》，《中国社会经济史研究》1988年第1期。

后，粤海关沿用旧例，只许外国商船在澳门停泊与交易。康熙三十七年（1698）清帝谕："海船亦有自外国来者，如此琐屑，甚觉非体，着减额税银三万二百八十五两，着为令。"① 在此前后，粤海关当局开始允准外国商船到广州（黄埔）交易。包括安菲特利特号在内的商船驶入澳门后，先要申报挂号，缴纳挂号费，取得具有通行证作用的"部票"后，再由粤海关派拨在当地县丞处登记并取得引水执照的引水员与通事（翻译）等人上船，引领船只驶向广州，同时协助外商完成贸易需要的各种手续。档案显示，安菲特利特号进入澳门之后，船上首席大班贝纳克先生（M. de Benac）的通事带着他到粤海关并与一个较低职务官员交谈，受到官员较为尊重的接待。② 粤海关的澳门总口（香山），专门管理对西洋贸易，"是口岸以虎门为最重。而濠镜一澳，杂处诸番，百货流通，定则征税，故澳门次之"③。同时根据行政组织架构以及海防任务的重要性，设置官员管理，"大关澳门，则设防御；其余五大总口，并置委员"④。

虎门。粤海关在虎门设有挂号口，西洋商船和引水员、通事的证照手续在这个挂号口都要接受粤海关官员的检查，卸下船上所载的护航火炮和所有政府禁止进口的物品，方可启程。安菲特利特号到达虎门时，粤海关监督派员登船进行查验。⑤ 传教士白晋向"当地主官"说明了自己的钦差身份，因此粤海关官员不敢怠慢，特地为商船派来引水员。⑥ 船只在引水员的带领下，航行到虎门，后来进入黄埔。

黄埔。康熙开海后，西洋贸易海船从澳门移泊黄埔，黄埔挂号口（在今广州市海珠区黄埔村酱园码头）为外商货船停泊锚地。粤海关对外国商船来华实行严格管理，指定这些商船在黄埔口岸停泊、装卸、驳运。"乾隆中，粤省开港，以澳门为贸易之区，以黄埔为卸货之地。外洋商船率以七月来此换货，至冬回澳。"⑦ 档案记载，安菲特利特号也是在这个"单桅帆船

---

① 王之春：《清朝柔远记》卷三，第47页。
② S. Bannister, *A Journal of the First French Embassy to China, 1698-1700*, p. 107.
③ 梁廷枏撰，袁钟仁点校《粤海关志》卷五《口岸一》，第63页。
④ 梁廷枏撰，袁钟仁点校《粤海关志》卷七《设官》，第119页。
⑤ S. Bannister, *A Journal of the First French Embassy to China, 1698-1700*, p. 115.
⑥ S. Bannister, *A Journal of the First French Embassy to China, 1698-1700*, p. 109.
⑦ 梁鼎芬、卢维庆修民国《番禺县续志》卷二《舆地志二·海防》，《中国方志丛刊》第49册，台湾：成文出版社，1967，第68页。

以及其他来往广州的小船”的海关监管点下碇。① 《粤海关志》对涉及外国商船相关业务的收费有详细记载，如“凡夷船禀请批照，雇木匠、漆匠往黄埔修船，每名收银一钱”②，“凡夷船黄埔起货，每日收银三两四钱八分。（以上俱纹银九折九八平）”③，“驳鬼货扁艇（每只收银二钱四分），驳鬼货尾艇三板（每只收银一钱二分）……修整鬼船木匠、漆匠（每名收银二钱二分）”④。

广州（省城大关）。在清代诸海关中，只有粤海关设了大关。《粤海关志》载：“粤海关管理总口七处，以省城大关为总汇，稽查城外十三洋行及黄埔地方。”⑤ 大关置于粤海关监督署之下，粤海关监督居于此，建有银库、吏舍，设于广州城五仙门，是海关最高行政机构，负责统辖管理各海关口岸和兼管黄埔地区以及广州城的洋行商区，承担着领导协调总口或各个子口开展征收关税和管理贸易等职能。商船停泊黄埔挂号口之后，安菲特利特号的法国商人来到大关拜见了粤海关监督，⑥ 向海关申报船上货物情况，⑦ 以及办理税费征收减免和签发证照⑧等有关事宜。

（三）粤海关对商船及商品的监管

对西洋商船的监管，粤海关规定：“至夷船到口，即令先报澳门同知，给予印照，注明船户姓名。守口员弁验照放行，仍将印照移回缴销。如无印照，不准进口。”⑨ 一位法国东印度公司人员这样形容粤海关的大致监管流程：“所有欧洲人来到这里时，都会对这样的场景印象深刻。大量的船只来来往往，川流不息。河岸入口处设有多处关卡，对河口进行防御，防止偷税漏税……船一停泊至黄埔港，就有海关人员乘两艘中国船只来到船旁，上船检查。所有的货物都得付进出关税，也有些货物是禁止的，例如带入鸦片、运出白银。海关人员会发放一张通行证，任何物品在没有得到许可之前是不

---

① S. Bannister, *A Journal of the First French Embassy to China*, 1698–1700, p. 120.
② 梁廷枏撰，袁钟仁点校《粤海关志》卷十一《税则四》，第 218 页。
③ 梁廷枏撰，袁钟仁点校《粤海关志》卷十一《税则四》，第 219 页。
④ 梁廷枏撰，袁钟仁点校《粤海关志》卷十一《税则四》，第 224 页。
⑤ 梁廷枏撰，袁钟仁点校《粤海关志》卷七《设官》，第 121 页。
⑥ S. Bannister, *A Journal of the First French Embassy to China*, 1698–1700, p. 120.
⑦ S. Bannister, *A Journal of the First French Embassy to China*, 1698–1700, p. 120.
⑧ S. Bannister, *A Journal of the First French Embassy to China*, 1698–1700, p. 133.
⑨ 梁廷枏撰，袁钟仁点校《粤海关志》卷十七《禁令一》，第 342 页。

能卸货的。"①

　　从安菲特利特号首航中国至鸦片战争前，来华的法国商船基本上停泊在广州口岸，法国曾经成为英国之外与中国贸易最活跃的欧洲国家。从《清宫粤港澳商贸档案全集》所摘录的相关档案中看到，在康熙五十四年至雍正十三年（1715～1735），几乎每年都有法国商船出入广州的记录。雍正七年（1729）粤海关监督祖秉圭奏："仰赖我皇上仁恩远播，海外各国群赍所产，争来贸易，自六月十八日起，至今有英吉利、法兰西、河兰等国洋船陆续已到八只，闻接踵而至者尚有数帆。"② 雍正八年（1730）祖秉圭再奏："海外各洋法兰西、嗼咕唎、河兰……等国商船大小陆续共到一十三只，历考从前，实为仅见，是皆圣主仁恩远播，重译闻风向化，是以争来恐后。"③ 18世纪中后期，法国国内以及国际形势发生重大的变化，比如1754～1763年的"七年战争"中法国大量海外殖民地被英国夺去，1774年美国独立战争爆发后欧洲各国海上贸易发生了许多纠纷，1789年法国爆发大革命，都严重影响前来广州贸易的法国商船数量。1778～1782年，没有一艘法国商船来广州。

　　对于贸易商品，康熙二十三年（1684）九月，清帝下旨："今若照伊尔格图等所呈，给与各关定例款项，于桥道渡口等处概行征税，何以异于原无税课之地，反增设一关科敛乎？此事恐致扰害民生，尔等传谕九卿詹事科道会议具奏。"④ 清政府根据广东地区实际，结合榷关税则制定《粤海关税则》，对进出口货物制定了征税标准。《澳门纪略》记载："（西洋商船）其来以哔吱、哆啰嗹、玻璃、诸异香珍宝，或竟以银钱。其去以茶、以湖丝、以陶器、以糖霜、以铅锡、黄金，惟禁市书史、硝磺、米、铁及制钱。"⑤ 根据高第（Henri Cordier）描述，欧洲船只前来广州贸易的货物是茶叶、瓷器、生丝、丝织品、漆器、画纸和其他物品。⑥ 法国主要从中国输入茶叶、

① Joseph François Charpentier de Cossigny, *Voyage à Canton, Capitale de la Province de ce nom, à la Chine*, Charleston: Nabu Press, 2011, pp. 72-73.

② 中国第一历史档案馆编《清宫粤港澳商贸档案全集》第1册，中国书店出版社，2002，第399页。

③ 中国第一历史档案馆编《清宫粤港澳商贸档案全集》第1册，第434页。

④ 《清圣祖实录》第5册（影印本），中华书局，1985，第212页。

⑤ 印光任、张汝霖：《澳门纪略·官守》，广东高等教育出版社，1988，第44页。

⑥ Henri Cordier, *La France en Chine au XVIIIe siècle*, Vol II, Paris: Edouard Champion-Emile Larose, 1913, p. 67.

丝绸、瓷器三样大宗商品。1700 年 1 月，安菲特利特号从广州起锚回航，船上运载的物品包括丝织品、瓷器和茶叶。他们带来的油画、法国宫廷人物肖像画、玻璃、毛纺织品（呢绒），似乎不甚受欢迎，广州的各国大班要想尽办法才勉强卖出。① 而银元则是法国对中国输出的最大宗商品。根据《清宫粤港澳商贸档案全集》收录的法国商船入口广州的档案，发现有大量法国商船运载银元来华贸易的纪录，如康熙五十四年"一只系佛兰西舡，无货，系装载番银来广置货"②，康熙五十五年"法兰西舡六只……俱系载银来广置货"③，雍正八年英、法等国商船已经入口"一十一只，载来货物甚少，银两颇多，业有四十万两"④，乾隆九年瑞典、法国"洋舡四只新开，装载哆啰绒、银子等货"⑤ 等。

（四）粤海关对具外交性质的贡舶贸易的监管

贡舶贸易，是从汉代延续至清代的一种官方贸易方式。宋代中外商人互市贸易，市舶司监官驻守现场，"两通判亦充市舶判官，或主辖市舶司事，管勾使臣并申状"⑥。清代前期也有明确规定："会验暹罗国贡物仪注：是日辰刻，南海、番禺两县委河泊所大使赴驲馆护送贡物，同贡使、通事由西门进城，至巡抚西辕门安放，贡使在头门外账房候立。俟两县禀请巡抚开中门，通事、行商护送贡物，先由中门至大堂檐下陈列，通事复出在头门外。两县委典史请各官穿公服，至巡抚衙门，通事引贡使打躬迎接。"⑦ 对于欧洲国家的朝贡贸易记载，可以追溯至顺治年间："（顺治）十二年覆准，广东抚臣题称，荷兰国遣使赍表入贡。"⑧ 对于进贡人员和船只，有明确的要求，如"顺治九年议准……由海道进贡，不得过三船，每船不得过百人"⑨，"（康熙七年）又覆准，西洋国人入贡，正贡一船、护贡三船，嗣后船不许

① S. Bannister, *A Journal of the First French Embassy to China*, 1698–1700, p. 86.
② 中国第一历史档案馆编《清宫粤港澳商贸档案全集》第 1 册，第 84 页。
③ 中国第一历史档案馆编《清宫粤港澳商贸档案全集》第 1 册，第 98~99 页。
④ 中国第一历史档案馆编《清宫粤港澳商贸档案全集》第 1 册，第 439 页。
⑤ 中国第一历史档案馆编《清宫粤港澳商贸档案全集》第 2 册，第 933 页。
⑥ 梁廷枏撰，袁钟仁点校《粤海关志》卷二《前代事实一》，第 20~21 页。
⑦ 梁廷枏撰，袁钟仁点校《粤海关志》卷二十一《贡舶一》，第 428 页。
⑧ 允裪等撰《大清会典则例》（乾隆朝）卷九十四《礼部·朝贡下》，《景印文渊阁四库全书》政书类史部三七八，台湾商务印书馆，1986，第 929 页上。
⑨ 允裪等撰《大清会典则例》（乾隆朝）卷九十三《礼部·朝贡上》，《景印文渊阁四库全书》政书类史部三七八，第 911 页下。

过三，每船不许过百人"。①

　　清代粤海关设立后，与此相关的朝贡②贸易继续占有一定地位，粤海关对贡物也做专门统计，贡舶进口的贡物一般都有清单、清表，详细列明了贡物的名称、数量，核实后方可以放行。安菲特利特号来华后，档案记载："中国人甚少接待外来人士，除了商船，或者贡船，像来自暹罗、东京和交趾支那的王，他们每三年向清朝皇帝进贡一次"③，"然而暹罗王并非有规律地进贡，目前为止，日本人更没有"④。清朝海关对不同种类船只采取不同征税标准，"贡船、渔船则免税"⑤。为了获得税费优惠以及贸易便利等好处，安菲特利特号对粤海关及当地官员宣称为"御船"，随船传教士白晋亦说明自己具有"钦差"的身份。由于在对西洋贸易船舶监管中只有"贡船"和"商船"之别，并无"御船"之说，这令粤海关的官员感到困扰。⑥最后粤海关及当地官员把"御船"当作来华进贡的"贡船"，估计减免征收12000~15000两纹银的船钞。⑦

四　清前中期粤海关的地位及作用

　　安菲特利特号来华贸易的经历，反映了清前中期珠江口湾区内形成了两个大"港口城市"（大关总口、澳门总口）、一个贸易中转枢纽"黄埔口"和一个中途监管要塞"虎门口"。⑧到了18世纪初，珠江口湾区内呈现出最方便于中国和外国商人进行贸易的优势，广州口岸对中国和欧洲国家的贸易日趋重要。粤海关作为当时中国官方的一个监管机构，在当时中西贸易中扮演着重要角色。

---

① 允裪等撰《大清会典则例》（乾隆朝）卷九十三《礼部·朝贡上》，《景印文渊阁四库全书》政书类史部三七八，第912页下。

② "朝贡"是藩属国向宗主国表示臣服的一种政治制度和礼仪形式。藩属国朝贡时一般都会向宗主国皇帝进献本国的珍品，宗主国也会回馈大量的珠宝财富，所以到后来，"朝贡"也附带了一定的商业贸易。下文中的"贡物"是清政府与海外诸国官方的进贡和回赐的货物。

③ S. Bannister, *A Journal of the First French Embassy to China*, *1698–1700*, pp. 109–110.

④ S. Bannister, *A Journal of the First French Embassy to China*, *1698–1700*, p. 110.

⑤ 梁廷枏撰，袁钟仁点校《粤海关志》卷十一《税则一》，第155页。

⑥ S. Bannister, *A Journal of the First French Embassy to China*, *1698–1700*, p. 109.

⑦ S. Bannister, *A Journal of the First French Embassy to China*, *1698–1700*, pp. 140–141.

⑧ 还有四个规模相对较小的港口城市佛山口、紫泥口、市桥口、镇口口，有机会另文探讨。

（一）重点实施贸易口岸管控职能

清前中期，欧洲各国商船通过珠江口驶入广州，开展对华贸易，形成了中西贸易史上重要的"广州贸易体制"。在这种体制下，粤海关负责进出口贸易监管，十三行负责同外商贸易并管理约束外商。在西方史料里，有些记载了在黄埔挂号口"要遭受中国人对外国人的种种刁难"[1]，"对海关胥吏、书办等不使礼银……在办事过程中麻烦不断"，同时要"安排"公司的大班们给广东巡抚、广东粮驿道、粤海关监督送礼[2]，一些外国人对当时广东官府的行为不理解，[3] 均表明粤海关在清前中期中外贸易中是重要角色之一。根据史料，安菲特利特号先后停泊澳门、虎门、黄埔等口岸，粤海关会同澳门同知等官员实施具体管控，包括派出内河引水员、签发"部票"、准许开仓贸易，并处罚"在粤海关监督发出贸易许可之前进行贸易的中国私商"[4]。商船最终在广州完成贸易后返回法国，1702 年再度来到广州贸易。此后法国东印度公司在广州设立商馆，1745 年取得在黄埔挂号口附近建造货栈的特别许可，用以堆放船具和存放货物，法国人打消"舍广州求宁波的意愿"。[5] 清前中期中西贸易长期在地方政府、军队和粤海关监管之下进行。

根据《清宫粤港澳商贸档案全集》档案，以英法为主的来华商船，其贸易商品除了茶、丝、瓷、银等物，还有哔吱缎、哆啰呢、哆啰绒、羽毛、洋布、鱼翅、胡椒、木香、檀香、紫檀、苏合香、乳香、没药、西谷米、自鸣钟、小玻璃器皿、玻璃镜、丁香、降香、棉花、沙藤、藤子、深藤、黄蜡、燕窝、黑铅等物，当中涉及不同的税款征收。清政府自康熙二十八年

---

① 解江红：《清代广州贸易中的法国商馆》，《清史研究》2017 年第 2 期。

② 伍玉西、张若兰：《宗教利益至上：传教史视野下的"安菲特利特号"首航中国若干问题考察》，《海交史研究》2012 年第 2 期。

③ 如 1703 年一艘西洋商船遭风，驶至澳门潭仔碇泊所停泊修葺，由于不接受当地官员的贸易安排，船长汉密尔顿（Capt. Alexander Hamilton）"用了巧计去躲避服从，将船货用小帆船运往广州"。根据清政府对西洋商人"上省下澳"的管理要求，"查外国夷人由澳往省，由省来澳，例应请给牌照，雇坐西瓜扁船，一路经过内海报验放行，以杜走漏之弊，不许私驾三板，来往任内，以致滋事，历经严禁在案"，粤海关承担给发印照的职能。洋商违反有关规定，无证私自进入广州以及运带未办理海关手续的货物，本应受罚，然而清政府仅将他的通事"下狱监禁"，洋商不理解反而认为不合理。根据马士《东印度公司对华贸易编年史（一六三五～一八三四）》第一卷（区宗华译，林树惠校，章文钦校注，广东人民出版社，2016）第 111~112 页内容整理。

④ S. Bannister, *A Journal of the First French Embassy to China*, 1698-1700, p. 133.

⑤ 严错：《18 世纪中法海上丝绸之路的航运及贸易》，《甘肃社会科学》2016 年第 3 期。

（1689）正式颁布粤海关税则，此后做了多次补充修订和完善，至乾隆十八年（1753）固定下来。该年修订的税则计有"正税则例"、"比税则例"和"估值册"三种，较以前的税则更完整详细。① 粤海关税则包括了进口货物和出口货物在内的系统分类，对进出口货物实行较为明确的"值百抽五"税率；实行不同的征收关税方式（从量税和从价税，以从量税为主）；明确了关税的保管、分配和报解等制度；建立了税收考核，奖惩制度的法律基础。粤海关对进出口商品的结构进行了差别化的设计，使关税在对外贸易发展中起到了重要的调节和促进作用，进一步吸引了西洋商船主力前来广州进行贸易活动。

（二）具体执行朝廷怀柔外夷政策

清前中期，广东货物贸易以海上和水道运输为主，船只有贡舶和商舶之分，船只进出均需要向粤海关申报，粤海关按照船只大小分等级征收不同税额的船钞，类似于后世的船舶吨税。《粤海关志》载："康熙二十四年……应将外国进贡定数船三只内，船上所携带货物，停其收税。其余私来贸易者，准其贸易。"② 当经济利益与政治外交出现矛盾时，清政府更多将政治外交放在第一位，以"怀柔远人"。以安菲特利特号商船为例，当时法国人声称是法国国王派来的"御船"，而且给中国皇帝准备了"贡品"，粤海关与当地官员履行了清政府所赋予的外交及监管职能，派出内河引水员，于黄埔挂号口鸣礼炮欢迎，依例减免有关税费，把船长当成贡使并请进广州"公馆"。开始之时亦按照规定对船上"贡品"先行禁止贸易，要求所有物品均需要上送北京，同时粤海关也派驻人员看管。③ 及后发现这其实是"四不像的御船"，广东官员无惯例与成法可循，因此先有"模糊的政治联系"和"带有官方色彩"的外交往来、"获得了免征关税的待遇"，后有依例暂时"封仓"、根据皇帝敕令必须"限日驶离黄埔港"等一系列事件。粤海关成为清政府对西欧各国怀柔外夷政策的主要执行者之一，履行了一定的外交职能。

---

① 广州海关编志办公室编《广州海关志》，广东人民出版社，1997，第211~212页。
② 梁廷枏撰，袁钟仁点校《粤海关志》卷八《税则一》，第157页。
③ S. Bannister, *A Journal of the First French Embassy to China, 1698-1700*, p.135.

Maritime Trade Supervision of "Yueh Hai-kuan" in the Pearl River Estuary in the Early and Middle Qing Dynasty: Based on L'Amphitrite's First Voyage to China

Ruan Feng

Abstract: The Pearl River Estuary has historically been a major channel for maritime trade between China and the world. Port cities centered on Guangzhou and Macau emerged in the Ming and Qing Dynasties and became a maritime hub and trade center connecting the Ming and Qing empires to the world. In 1684, one year after it unified Taiwan with the mainland, the Qing government established "Yueh Hai-kuan" (Canton Maritime Customs) in Guangdong area. The first voyage of L'Amphitrite, a French merchant ship, to China in 1698 marked the first Sino-French trade. In this paper, based on L'Amphitrite's voyage to Macao, Whampoa, Canton city, etc., the author mainly explores Yueh Hai-kuan's administration on foreign trade and analyzes its historical position in the Pearl River Estuary in the early and middle Qing Dynasty.

Keywords: The Pearl River Estuary; Supervision of "Yueh Hai-kuan"; L'Amphitrite

（执行编辑：林旭鸣）

再造灶户

——19 世纪香山县近海人群的沙田开发与秩序构建

李晓龙[*]

海岸带是陆海交互作用的过渡地带，尤其是江河入海口地带，历史上人文环境和地理环境的变迁，常常带来海岸带人地关系和区域经济的复杂变化。在我国，长江、黄河、珠江等重要河流的入海口区域，无不交织着丰富多彩的海洋生态资源开发，其历史过程由此引起学界的高度关注。[①] 刘淼、鲍俊林等学者关于明清江苏沿海荡地开发和人地关系的研究，蒋宏达讨论的杭州湾南岸地区退海还沙下的区域历史，谭棣华、李晓龙等关于珠江三角洲的沙田、盐田的开发和人群生计变迁的讨论等，都显示了江海之间存在的一种从海盐生产到农业垦作的生计转变，或可称之为从盐田到沙田（荡地）的历史过程。[②]

上述从盐田到沙田（荡地）的自然地理和区域社会历史变迁，深刻影响着近海人群的人地关系、生计模式和聚落形态。但另一方面，海岸带聚落

---

* 作者李晓龙，中山大学历史学系（珠海）副教授，研究方向：明清社会经济史。
　本文系中央高校基本科研业务费专项资金资助"清末民初的盐务改革与央地财政实践"（19wkzd08）阶段性成果。本文曾在 2019 年 11 月 "大航海时代珠江口湾区与太平洋-印度洋海域交流"国际学术研讨会及 2019 年 12 月 "再识岭南：滨海社会经济与人群"暨第三届岭南历史文化研究年会上宣读，得到许多与会学者的宝贵建议，特致谢忱。

① 姜旭朝、张继华：《中国海洋经济历史研究：近三十年学术史回顾与评价》，《中国海洋大学学报》（社会科学版）2012 年第 5 期。
② 刘淼：《明清沿海荡地开发研究》，汕头大学出版社，1996；鲍俊林：《15~20 世纪江苏海岸盐作地理与人地关系变迁》，复旦大学出版社，2016；蒋宏达：《明清以来杭州湾南岸的社会变迁》，香港中文大学博士学位论文，2015；谭棣华：《清代珠江三角洲的沙田》，（转下页注）

发展的不稳定性和明清王朝的海洋政策也同样提醒我们注意，在普遍重视文字书写的传统中国，从盐田到沙田的变化过程除了作为一种历史事实存在，还可能存在被以文本书写的形式加以塑造的过程。如果存在，那么文本书写的从盐田到沙田的历史过程只是一种历史陈述呢，还是包含着近海人群的现实诉求呢？①

　　位于海岸带的、珠江口西岸的香山县（包括现中山市和珠海市），最初虽是以盐场而立县，而明代以降主要因其沙田开发史而被学界关注和熟知。①香山县从盐田到沙田的过程中，对于当地声称为传统盐场地方的村落和人群来说，如何实现生计的转移以及社会秩序的构建，正是回答上述问题的重要观察点，也是理解19世纪海岸带社会转型的一个重要内容。因此，本文通过对香山县近海若干村落人群活动的考察，讨论19世纪当地普遍以沙田开发为主业的村落，如何处理盐作历史和农垦社会之间的联系，以及这种联系又如何通过与近海海洋制度演变相结合，影响着地方社会变迁和社区人群关系。

一　沙田与盐场：18～19世纪近海村落人群的生计方式

　　清代以前，香山县很多地区都只是汪洋大海中的一些小岛屿。而18～19世纪正是香山大量开发沙田的时期。到光绪初，两广总督张之洞曾称："粤省沙田，以广州府属香山为最多。"②民国《香山乡土志》也称："东南一带沙田上腴，种稻者夥，西北一带者蚕业为盛。……东南滨海诸乡，如恭常都，属民亦有业渔者，然不及农业之盛也。"③

　　相应地，我们也可以在香山尤其是现珠海一带的乡村宗族文献中觉察到相关沙田经营的记载。如生于崇祯壬午（1642）、卒于康熙甲午（1714）的

　　（接上页注②）广东人民出版社，1993；李晓龙：《明清盐场制度的社会史研究——以广东归德、靖康盐场为例》，中山大学博士学位论文，2013；廖欣妍：《从盐田到沙田——晚明以降广东香山盐业的生计、制度与社会研究》，中山大学学士学位论文，2020。

①　参见谭棣华《清代珠江三角洲的沙田》，广东人民出版社，1993；叶显恩《明清珠江三角洲沙田开发与宗族制》，《中国经济史研究》1998年第4期；刘志伟《地域空间的国家秩序：珠江三角洲"沙田-民田"格局的形成》，《清史研究》1999年第2期；黄健敏《伶仃洋畔乡村的宗族、信仰与沿海滩涂：中山崖口村的个案研究》，中山大学硕士学位论文，2010；李铭建《海田逐梦录：珠江口一个村落的地权表达》，广东经济出版社，2015等。

②　彭雨新编《清代土地开垦史资料汇编》，武汉大学出版社，1992，第603～604页。

③　民国《香山乡土志》卷九，中山市地方志编撰委员会办公室，1988，第1～2页。

翠微村韦士俅，据说"中岁起家，置田扩业"。又韦豹炫，生于顺治己丑（1649），卒于雍正戊申（1728），"晚年勤俭成家，扩田百余亩"。① 那洲村的谭杰士，生于康熙甲戌（1694），卒于乾隆丁亥（1767），"尝在三灶耕围田，载谷归里"。② 康雍年间的学士惠士奇在为北山村杨默撰序时称："北山村邮四环皆海，青溟白浪，浮峙三山，其中有田数十顷，居民数百家，日出而耕凿，日入而休息。"③ 又如其族"西窗祖佛仔阁等处数十亩之田及锦岳祖南大涌等处五十余亩"皆康熙四十六年（1707）生人杨作凤"司理"。④ 上栅村非常重视的生计也是沙田。到光绪年间，上栅村因邻村官塘人试图抢占其海边沙坦而争讼多年，最终由香山署理知县柴廷淦派员进行调解并亲到两村"督同立碑"，至今碑文尚存。⑤ 可见这些家族的生计主要以沙田开发为主。

而这些地区实际上也是明代香山盐场所在地。光绪《香山县志》称香山盐场在"县南一百二十里"，⑥ 若结合笔者的研究，即明弘治前后的盐场灶户编审形成与州县图甲的对应关系，⑦ 那么嘉靖《香山县志》所记载的县南一百二十里的恭常都可能即是香山盐场的范围。即"村二十二，曰上栅、北山、南大涌、圃袖园、界涌、那州、蚝潭、东岸、下栅、神前、楼前、纲涌、鸡拍、唐家、翠眉（微）、灶背、上涌、南坑、吉大、前山、沙尾、奇独澳"。⑧ 这些家族修于晚清的族谱中也不回避盐场的历史。光绪《香山翠微韦氏族谱》中则明确说明其祖先为盐场灶户："里正慕皋公，旧谱叙公讳方寿，碧皋公长子，幼聘翠微梁氏，既长，家于梁，遂居翠微，置产业二顷余，明洪武［十］四年，初造黄册，随田立灶籍。"⑨ 邻近前山村的徐氏家族，也在光绪年间所修的族谱中，说明其祖先入籍盐场灶户的情况，称："吾族奉延祚公为始祖。公长子广达公……见前山山水明秀，可为子孙计长

① 珠海《香山翠微韦氏族谱》卷四，光绪三十四年刻本，广东省立中山图书馆藏，第60、63页。
② 珠海那洲《谭敦本堂族谱》卷三，民国壬申年重修本，第10页。
③ 珠海《北山杨氏族谱》卷三，咸丰七年刻本，哈佛大学燕京图书馆藏，第71页。
④ 珠海《北山杨氏族谱》卷七，第19页。
⑤ 碑文现存珠海市金鼎镇上栅村合乡祠内。
⑥ 光绪《香山县志》卷四，《广东历代方志集成》广州府部第36册，岭南美术出版社，2007，第111页。
⑦ 李晓龙：《生产组织还是税收工具：明中期广东盐场的盐册与栅甲制新论》，《盐业史研究》2018年第4期。
⑧ 嘉靖《香山县志》卷二，《广东历代方志集成》广州府部第34册，第8页。
⑨ 珠海《香山翠微韦氏族谱》卷一，第88页。

久，因徙居之。数年，弟广德公访兄至前山，亦家焉。同占县籍，购得朱友仁田二百九十四亩，编为二场第一甲灶户，则洪武二十四年及永乐元年先后登之版籍者也。"① 上栅村主要居住着卢、梁、蔡、邓、黄等五姓后人。蔡姓据说是东莞靖康盐场的灶户，明洪武时期迁入香山县莲塘，邓姓则称祖先来自东莞归德盐场。北山村杨氏也称其二房先祖西窗公大致在明成弘年间"同云隐公工筑大围，开漏煎盐，会刘、容诸亲开图立户"②。

关于香山盐场，嘉靖《香山县志》记载："（明初）香山场盐课司廨编民二里，今存一百一十户，五百一丁。"又称501丁是成化八年（1472）时的数据。③ 康熙《香山县志》进一步说明，香山场"明初灶户六图，灶排灶甲约六七百户，正统间被寇苏有卿、黄萧养劫杀盐场灶丁"。之后，弘治年间广东盐法道"吴廷举奉勘合，令查民户煎食盐者拨补灶丁，仅凑盐排二十户，灶甲数十户"，并言明"分上下二栅，许令筑塥煮盐，自煎自卖，供纳丁课"。④ 康熙《香山县志》对香山场的这一记载基本构成了清朝当地人的重要记忆。

但是从明代后期，尤其是清代康熙朝以后，香山盐场已经发生了很大的变化。先是明初以来，香山县"其东南浮生，尽被邻邑豪宦高筑基坐，障隔海潮，内引溪水灌田，以致盐塥无收，岁徒赔课"。⑤ 至万历年间，香山"苗田多而斥卤少，煎盐之地日削，丁额犹循旧版，以故逃亡故绝者多，虚丁赔课为累甚大"。⑥ 明末的香山场已是"场灶无盐"，更于天启五年（1625）一度"裁汰场官，场课并县征解"。⑦ 清初的迁海对于盐场的影响更甚。清朝初年，"因江南、浙江、福建、广东濒海地方，逼近贼巢，海逆不时侵犯，以致生民不获宁宇，故尽令迁移内地"。⑧ 广东从康熙元年（1662）开始长达八年的迁界。广东大部分盐场均难幸免，香山盐场也在迁界之列。北山村杨氏在康熙十九年（1680）的族谱中称："（我）朝禁海洋勾接，康熙壬寅季春，京官奉旨插界，仲夏寨兵赶逐人眷，焚祠毁屋，平墙伐木，梓

① 珠海《前山徐氏宗谱》卷首，光绪甲申年重修，上海市图书馆藏，第6~7页。
② 珠海《北山杨氏族谱》卷四，第2页。
③ 嘉靖《香山县志》卷三，第44页。
④ 康熙《香山县志》卷三，《广东历代方志集成》广州府部第34册，第206页。
⑤ 光绪《香山县志》卷七，第112页。
⑥ 康熙《香山县志》卷五，第227~228页。
⑦ 光绪《香山县志》卷七，第112页。
⑧ 《清圣祖实录》卷四，顺治十八年八月己未，中华书局，1985，第84页。

里悉成坦荡，田地竟俱抛弃，乡族萍梗，散离恭谷，露处山园。"①康熙《香山县志》也称："康熙元年，沙尾、北山等乡奉迁，除去（灶丁）一百五十四丁。"②康熙三年（1664）五月广东巡抚卢兴祖奏称"场课一项系藉灶丁煎盐办纳，今则丁迁灶徙，场属丘墟，煎办无人，灶户流散，此场课之缺额万难派征"，嗣后准将"广州等府州县所辖十六场迁徙无征银七万一百一十五两零，免其摊派"。③

康熙八年（1669）以后，广东沿海陆续展复。从迁海到展界，沿海的盐场制度也发生一些变动。康熙《香山县志》记载，"今四大、恭常各都场外民户煎盐卖商，不纳丁课，场内办课灶丁反与埠商煎盐，计工糊口"，"灶户不过办纳丁课而已"。④康熙十二年（1673），香山场正式展复，当时原存及招复灶丁598丁，盐田118.37顷多。但这个数据也许并不准确。该志又称，康熙五十八年（1719）时"尚虚灶税"77.99顷多，共虚灶丁灶税银479两多。实际上只有康熙二十三年（1684）展复灶税20.26顷多，又康熙五十八年"上下栅灶户自首"共税12.67顷多。所以盐场缺征还是十分严重。康熙五十四年（1715），香山县"准将里民承垦溢坦老荒升科起征，陆续移抵该场虚课"。⑤民田的抵补额在光绪《香山县志》中有明确记载，称：盐场实正场课总额404两多，其中"民田沙坦升科抵补灶虚场课银"337.6两多，康熙三十五年（1696）"上栅、下栅灶户甲丁添立畸畛栅"征课丁银18.3两多，还缺课48两多。⑥实际上，到乾隆中期，广东盐场因"从前灶丁迁逃，盐田池塭荒弃，难以垦复"，而缺征的盐场课银已达3800多两。⑦这里反映出一个事实，即清代康雍时期，香山县百姓并不愿意成为灶户。这其中很重要的原因是康熙二十一年（1682），广东巡抚李士桢奏请朝廷"将灶丁名下原报垦复田塘等项，一概俱作盐田计算，每亩加增

---

① 《四修北山杨氏迁移家谱序》，珠海《北山杨氏族谱》卷一，第5~6页。
② 康熙《香山县志》卷三，第206页。
③ 《盐法考》卷六《广东事例》，未分页，清抄本，中国国家图书馆藏。
④ 康熙《香山县志》卷三，第206、207页。
⑤ 乾隆《香山县志》卷三，《广东历代方志集成》广州府部第35册，第76~77页。
⑥ 光绪《香山县志》卷七，第112~113页。
⑦ 杨应琚《题为核明广东各府州县上年灶丁迁移田漏荒缺征银两数目事》，乾隆十九年十二月二十日，档案号02-01-04-14803-011，中国第一历史档案馆藏。户部尚书永贵《题为遵查乾隆三十七年份广东新宁县海晏场招回灶丁征复盐课银两事》，乾隆三十九年四月二十六日，档案号02-01-04-16545-011，中国第一历史档案馆藏。

银二分至五分不等"。① 康熙十二年（1673）香山盐场灶田 118 顷 37 亩多，征盐课银 28 两多，康熙二十一年盐田加增后，灶田 98 顷 11 亩多，征课银 490 两多，到康熙三十二年（1693）"豁免加增一半"后仍征银 245 两多。② 康熙末年，盐田加增银经奏准取消，但随着盐场发帑收盐改革的推行，再次让沿海百姓望而却步。据称，"从前灶丁煎盐自卖，有利可图，后经发帑官收，止领帑价资生，实无余利可觅，并灶丁又有逃亡事"。③

香山盐场在乾隆三年（1738）才重新设立。新立的香山盐场产盐数量有限，"该场地方灶座甚属零星"，④ 香山县日常的食盐供给需要到别的盐场去采买。乾隆《香山县志》称，当时"许商人径赴盐课提举司承纳，另纳水客引饷银两，告给旗票，印烙船只，往东莞归德等处场买盐运回，经县盘验，嗣派发龙张〔眼〕都、大小榄、黄旗都、灯笼洲等处水陆地方散卖"。⑤ 原盐场产盐区的盐课缺征严重，而香山县南部高澜、三灶岛一带，自展复后，逐渐有香山及"南、新、顺各县里民陆续呈承垦筑，共池塌一百六十三口零，例以九亩五分为一塌"，"每塌一口，岁输饷银二钱三分一厘一毫"。⑥ 香山盐场的生产区在不断南移。香山场署也随着迁到三灶。据称"香山场委员署向在恭〔常〕都，乾隆十三年大使沈周详建在黄梁都三灶栅"。⑦ 乾隆《两广盐法志》的"香山场图"也表明，香山场的主要产盐地是在三灶、澳门一带的海岛上。

不同于明代，清代盐场并没有专门从事生产的灶户户籍，在盐与课分离之后，明代灶户所纳的"丁课"已经"归县征收"，盐业生产则听民户自行煎晒。也就是说，所谓的"灶户"身份在清初已经不复存在。而原产盐区的百姓，实际上生计仰给于沙田，乾隆五十年（1785）广东巡抚孙士毅《请开垦沿海沙坦疏》称："向来滨海居民，见有涨出沙地，名曰沙坦，开垦成田，栽种禾稻，实为天地自然之美利，海民藉以资生者甚众。"⑧ 经营

---

① 《清高宗实录》卷二十八，乾隆元年十月甲子，中华书局，1985，第 598 页。
② 乾隆《香山县志》卷三，第 76~77 页。
③ 广东巡抚王謩《题为广东编审各场新增垦复灶丁事》，乾隆三年，档案号 02-01-04-13038-008，中国第一历史档案馆藏。
④ 光绪《香山县志》卷七，第 114 页。
⑤ 乾隆《香山县志》卷三，第 77 页。
⑥ 道光《香山县志》卷三，第 347 页。
⑦ 光绪《香山县志》卷七，第 114 页。
⑧ 孙士毅：《请开垦沿海沙坦疏》，《皇朝经世文编》卷三十四，《近代中国史料丛刊》第 731 册，台湾：文海出版社，1966，第 1247 页。

沙田是明中叶以后香山盐场地区的主要生计方式，实际上也是受到珠江口沙田开发的重要影响。在这样的一个盐业生产环境下，加上乾隆朝的一些政治因素，乾隆五十四年（1789），广东宣布裁撤包括香山盐场在内的珠江三角洲的主要盐场。①

至此我们可以发现，18～19世纪的香山县原盐场地区，人群生计以沙田经营为主，大多数的百姓并不希望从事盐业生产，趁着迁海的机遇，开始与有着沉重盐业赋役的盐民身份脱离关系。官府实际上也承认这种做法，并采用以新垦民田抵补缺征盐课的措施。但我们同时也看到，在19世纪所纂修的族谱中，本应该逐渐淡化的盐场历史记忆，却在祖先故事中不断被书写。不再是盐场的地方，为何地方百姓却如此重视盐场历史呢？

二　对明代灶户组织的新造——香山场《十排考》的年代考订与新解

《香山翠微韦氏族谱》中收录的一篇题为《十排考》的短文，是了解明清香山盐场制度的重要文献。②《十排考》首先说明了明初香山盐场的组织构成，即"明洪武初，于下恭常地方设立盐场，灶排二十户，灶甲数十户。分为上下二栅，名曰香山场"。该文献还明确指出香山场上下栅具体二十户的名称，即："二十户者，上栅一甲郭振开，二甲黄万寿，三甲杨先义，四甲谭彦成，五甲韦万祥，六甲容绍基，七甲吴仲贤，八甲容添德，九甲杨素略，十甲鲍文真；下栅一甲徐法义，二甲刘廷琚，三甲谭本源，四甲林仲，五甲吴在德，六甲鲍祖标，七甲张开胜，八甲黄永泰，九甲吴舆载，十甲卢民庶。"然后称："各户皆恭［常］都诸乡之立籍祖也。合上下栅统名十排。"③翠微韦氏、前山徐氏、南屏容氏、北山杨氏等的祖先皆名列其中，由此构成他们从明初入籍盐场的历史证据。但是我们认为，"十排"组织的形成，未必如其所言，是洪武初的制度产物，反而可能与清代的区域历史有密切相关。

《十排考》中明确了灶排二十户的姓名，并统名为"十排"。十排是与

①　李晓龙：《乾隆年间裁撤东莞、香山、归靖三盐场考论》，《盐业史研究》2008年第4期。
②　段雪玉：《〈十排考〉——清末香山盐场社会的文化记忆与权力表达》，《盐业史研究》2010年第3期。
③　珠海《香山翠微韦氏族谱》卷十二，第21页。

山场村内的城隍庙联系在一起的。城隍庙位于现珠海市香洲区的山场村内，据说供奉的是盐城隍。这里也是明代香山盐场场署的所在地。据该庙内现存碑文记载，城隍庙曾于康熙五十八年（1719）、乾隆四十四年（1779）和光绪二十九年（1903）有过较大的修葺。《十排考》中讲述了城隍庙与盐场二十户的关系，称：

> （盐场二十户）在山场村内建立城隍庙，为十排报赛聚会之所。享其利者亦有年。厥后沧桑屡变，斥卤尽变禾田，盐务废而虚税仍征，课额永难消豁。追呼之下不免逃亡，利失而害随之，灶民贻累甚大。及万历末年江西南康星子但公启元来宰是邑，询知疾苦，始详请而豁免过半，灶民齐声额颂。爰择地于翠微村之西建祠勒碑以礼焉。自但侯施惠后，十排得以休养生息，害去利复兴，积有公项，购置公产，又拨赀设立长沙墟市，趁墟贸易者则征其货。先招有力者投之，岁可得投墟税银数十金。积储既厚，因定为成例。将所入之银计年分户轮收，析二十户而四分之，五年一直，周而复始。当直之年，均其银于四户，除完纳国课及赛神经费外，户各归其银于太祖。每年逢城隍神诞，各户绅耆到庙。赛神前期一日，直年者修主人礼，设筵具餐，以供远客。赛神之日，主祭、执事别设盛筵，各户例馈一桌。桌有定物，物有定数，毋增毋减。别具一桌，饷郭公以治之子孙，盖报功之典也。先是，长沙墟初开时，贸易颇旺，无何为邑豪绅夺收其税。十排人欲讼之，绅使人谕之曰：无庸，但十排人有登科者即当归赵。既而郭公以治登康熙乙酉科乡荐，绅果如言来归。郭公洵有功于十排矣，故报之也。迄今数百年来，欲寻当日煮盐故迹，故老无有能指其处者，而十排遗业则固历久常存，年年赛神，户户食德，亦恭［常］都内一胜事。[①]

城隍庙中供奉的据说是香山盐场的"盐举"谭虔源（一说为谭裕）。传说他是当地谭氏的祖先，因为在当地维持盐业市场的经营而被封为城隍爷。《十排考》还着笔于"郭公"即郭以治的功劳。郭以治的贡献在于他考取了功名，由此使当地豪绅兑现了"十排人有登科者即当归赵"的承诺。即因为郭以治登康熙乙酉科乡荐，由此十排人从"豪绅"那里拿回长沙墟的收

---

①　珠海《香山翠微韦氏族谱》卷十二，第22页。

益。上述碑文还讲述了另外一个故事，即盐场二十户合建城隍庙，时间应在"但侯施惠"后，即万历香山知县但启元实施对盐场灶户的优免之后，二十户的"公项"用于共同开垦沙田"长沙"，并设立墟市，"趁墟贸易者则征其货"作为城隍庙的收入。

《十排考》是盐场十排组织的最重要的文献来源，除了《香山翠微韦氏族谱》，南屏《容氏谱牒》也收录了这一文献。① 前山徐氏在叙述其祖先故事时，则直接指出明初义彰公在"香山场拟造城隍庙，久而弗集，公首倡，输重资，众闻之，釀金从公，后庙貌立新"。②

但《十排考》并未说明成文的时间，因此对于我们理解这一文本的意义造成了一定障碍。这一段文献常被认为讨论的是明初香山盐场的盐场制度，由此也常被认为这二十户就是明代香山盐场的人群组成。值得注意的是，在更早的提到"二十户"的《但侯德政碑记》中，却是有"灶排二十八户"的不同表述。立于翠微乡三山庙侧的碑文称：

> 粤东以南，滨海而遥，为香山县治，称岭海岩邑。第土瘠人稀，民疲财困，劳心抚字，而哀鸿遍野、伏莽盈眸，令其邑者实难。但侯以洪都名士奉命来莅兹土，甫下车即问民疾苦，恤民孤寡，坚持清白，所措事业有古遗爱风。禁蠹耗而宽秋夏之征输，饬营哨而免水陆之抽掠。祷雨而雨应，天格其诚；折狱而狱息，人服其公。其间善政难一一举。又东南一带，枕控沧溟大海，民间煮海为盐，一时利之。国初，设立盐场灶排二十户，灶甲数十户，分为上下二栅，详令筑埠煮盐，上以供国课，下以通民用。年来沧桑屡变，斥卤尽变禾田，而课额永难消豁。灶民有一口而匀纳一丁二丁以至三四丁者，有故绝而悬其丁于户长排年者，即青衿隶名士籍而不免输将。斯民供设艰于蚊负。由是多易子折骨，逃散四方，避亡军伍，琐尾流离，靡所不至。侯备得此状，遂慨然以苏困救毙为己任，退而手自会计，将升科粮银四十五两有奇，通请于上官以抵补丁课，因得豁免九十七丁。灶民咸举手加额……赐进士第文林郎四川道监察御史邻治生潘洪撰文。赐进士第刑科给事中奉敕主考山东治生郭

---

① 参见珠海南屏《容氏谱牒》卷十六，1929 年刻本，第 21~22 页。

② 《大宗祠记》（康熙五十九年），珠海《前山徐氏宗谱》卷十一，第 2 页。

尚宾书丹。万历四十三年岁次乙卯仲秋吉旦。盐场灶排二十八户同敬立。①

　　碑文于万历四十三年（1615）由潘洪执笔，涉及的是万历年间但启元以升科粮银抵补盐场丁课的事情。这可能是我们可见的较早关于香山盐场上下二栅的记载。而《十排考》可能是在此基础上，对二十户的名单进行更详细的说明。但我们注意到当时的立碑者为"盐场灶排二十八户"，即万历年间香山盐场应为28户而非20户。而这关键之处在《十排考》中并未得到说明。《十排考》看起来更想呈现明初确立的"二十户"的具体组成。但是，这"二十户"真的是《但侯德政碑记》所称的"国初设立盐场灶排二十户"吗？

　　近年在山场村发现的一通残碑足证我们对此的质疑。该残碑现立于城隍庙内，正文已经不可见，现只存该碑文落款，包括"今将灶排上下栅二十户本名开列于后"及二十户名单。名单与《十排考》完全一致。更重要的是，该碑文还提供了一个时间点，即立碑时间为嘉庆二十三年（1818），立碑人"首事黄明炜、吴泽怡、吴泽庄、吴宏昌、鲍仁守、吴宗启、鲍绍妍、吴宗和、鲍仁邦"九人。我们可以猜想，"二十户"的形成有可能是嘉庆二十三年的这一次立碑才明确下来。上述《十排考》有"迄今数百年来欲寻当日煮盐故迹，故老无有能指其处者"的说法，也说明"十排"的确立时间应当较晚。

　　我们再看这"二十户"的具体名单。《十排考》称"各户皆恭［常］都诸乡之立籍祖"。②而《香山翠微韦氏族谱》则称"考立籍祖多称里正公"，并指出其里正公即韦慕皋。但在十排中却只有上栅五甲韦万祥户，二者并不相符。再如前山徐氏，据说"广达公占籍香山，官注户名曰徐建祥，复编为第二场第一甲十排栅长，俾以灶户世其家"。徐氏最早立籍祖的户名似应为徐建祥，但在十排中的户名却为徐法义。故其族谱又解释称："旧版有之曰灶户徐法义，法者公兄法圣公，义即（义彰）公也。"③北山杨氏的例子更直接说明二十户户名并非来自明初。二十户中的上栅三甲杨先义和九甲杨素略都属于北山杨氏。乾隆五十八年（1793），《长房六修家谱序》称："始祖泗儒一族两户，长曰素略，次曰先义。"④虽然二者对应上了，但杨素

① 光绪《香山县志》卷六，第86页。
② 珠海《香山翠微韦氏族谱》卷十二，第21页。
③ 珠海《前山徐氏宗谱》卷十一，第1页。
④ 珠海《北山杨氏族谱》卷一，第9页。

略户却非明初始祖时候就形成的户名。据称万历三十八年（1610）"以本户田产日厚，告迁杨素恂为里长"。① "素恂公卒"后，雪松公讳素忠，"以讳素忠顶名为里长"。② 到了天启壬戌（1622），"届造册，以钦宇公讳素谅顶素忠为里长，本县以略字各有田，改名素略"。③ 如其所述，杨素略户应该形成于天启年间。此外，我们在前面提到明代香山盐场的村落范围，但明显这二十户并不包含明代所有的盐场村落，如唐家村的唐氏就不在其中。

还有一个细节值得注意，城隍庙中的乾隆四十四年（1779）《北帝庙重修序》并未提及该庙是城隍庙，而称之为北帝庙，并称：

> 真武大帝我香山场亦有是焉，由来尚矣。或曰建场时设立，或曰未建场时原有，姑不具论。第以乡邑滨海，于广府属，尤为水国边陲，而本场一方，地接零仃，外环夷岛，以潮以沙，悉鼋鼍龟鳖之与居，迄今数百年。朴者为田，秀者敦诗，无扬波之为患，有化日之舒长，非帝默默调护能致此耶。④

此碑主要强调了北帝对于香山盐场百姓的意义，也同时指出该庙曾于康熙乙亥（1695）修葺，再修则是乾隆四十四年，经"父老倡议，众喜捐资"而成。但似乎到了嘉庆二十三年（1818）前后，北帝庙变成了城隍庙，也有了城隍庙与长沙墟联系在一起的故事。而《香山县志》称，"官拨长沙墟税及灶田一顷零供（城隍庙）香火"。⑤ 相信读者也已经注意到，《十排考》中主要也在强调"二十户"对于"长沙墟"的拥有权。城隍庙二十户不仅成为"长沙墟税及灶田一顷"的业主，也同时成为其受益者。长沙墟是当时恭常都内的两个重要墟市之一，另一个墟市是上栅村的下栅墟。通过城隍庙和盐场故事，当地形成了以长沙墟为核心，以"十排"为名，以山场城隍庙为仪式场所的地方组织，并获得了官方认可，盐场"灶户"的身份也同时得到确认。

盐场的故事、祖先灶户的身份再次被强调，但有意思的是，盐场记忆并

---

① 珠海《北山杨氏族谱》卷三，第 30 页。
② 珠海《北山杨氏族谱》卷三，第 21 页。
③ 珠海《北山杨氏族谱》卷三，第 31 页。
④ 碑存珠海市香洲区山场村城隍庙内。
⑤ 道光《香山县志》卷二，第 325 页。这可能是可见的关于山场城隍庙的最早记载。

不是沿袭明末清初当地盐场制度的变化过程。这一方面反映在盐场记忆被锁定在明洪武初和景泰弘治年间盐场二十户初立时。在上栅村一座名为"莲塘西庙"的小庙里，遗存的牌匾有趣地刻录了两个时间，即"弘治年间"和"道光庚子重修"。另一方面，清前期见于文献的一些灶排并没有进入"二十户"的名单。如乾隆三十三年（1768），香山场业户梁禹都恳请将盐田改筑稻田，准于"灶排梁昆户内梁禹都名下豁除塭课"。① 而"灶排梁昆"并不见于十排，十排之中也并无梁姓。综上可见，我们似乎可以猜测，盐场十排二十户的组织更可能是形成于清代中期。

三 成为"十排"户与沙田换斥卤

联结十排组织的城隍庙经历了从乾隆碑刻中的北帝庙到城隍庙的转变，而城隍庙的关键是拥有长沙墟墟税银和一顷灶田。《十排考》记载，成为二十户之一后，长沙墟的"所入之银计年分户轮收，析二十户而四分之，五年一直，周而复始"。该年当值的户，"所入之银""除完纳国课及赛神经费外，户各归其银于太祖"。② 也就是当值的四个宗族可以从中获得收入。

不过，成为灶排"二十户"的意义不仅仅是分享"长沙墟"的收益。据说《十排考》和城隍庙石碑上的"二十户"的名单中，包括了山场谭氏、吴氏、鲍氏、黄氏，翠微韦氏、郭氏，前山刘氏，北岭徐氏，南屏容氏、林氏、张氏，北山杨氏，上栅卢氏等香山近海人群众多大姓的先祖。这些家族大多是在乾隆年间才开始兴起，如前述翠微韦氏就是自乾隆五十五年（1790）以后逐渐发迹，乃至"得金二千余两"，到嘉庆五年（1800）时开始编修族谱。③

在这些家族的清季民国新修谱中，多可明显觉察到与明代家族历史叙述的断裂。1921年卢国杰在香山《上栅四修卢氏族谱序》中称："康熙壬午，逸南、直庵两公，创建祠宇。越至雍正戊申，赛宾、殿槐、爕斋三公，更而新之。乾隆六年，文起公曰：有祠以聚族，不可无谱而志之。遂与廷臣、裕庵、治斋、子雄、竹溪、岐麓六公，创修斯谱。然精心苦思，

---

① 刘纶、英廉：《题为遵旨密议广东省沿海盐漏改筑稻田应征银米等项事》，乾隆三十三年七月十六日，档案号02-01-04-15978-003，中国第一历史档案馆藏。
② 珠海《香山翠微韦氏族谱》卷十二，第22页。
③ 珠海《香山翠微韦氏族谱》卷一，第6页。

搜寻考订。"① 可见，上栅卢氏的族谱实际始修于乾隆六年（1741）。《上栅卢氏开族记》也称："乾隆六年辛酉，始倡修谱。"② 卢性存《香山上栅重修族谱序》指出："我族自大振祖之肇基于此也，丧乱频经，家乘沦没，至十三传明府斗韩公，始行创修。"③ 上栅卢氏在乾隆六年修谱以前，对其家族在明代的历史并不十分清楚。

翠微韦氏的族谱在清代的第一次编修是在康熙五十三年（1714）。在该年的《甲午纂修家谱序》中，编修者特别考证了始迁祖迁义公和二世祖里正公的墓地所在，并指出当时可见的崇祯己巳年（1629）谱中未录二祖墓葬所在，是"镌谱诸人有所图"，祖茔实际存在且族人至今相沿祭扫。于是族人又搜出"拳石公嘉靖己未所修旧谱数页"，"载列先世甚明"，"自始祖至六世则字字不磨，举族欢欣鼓掌，以为几经兵燹而断简犹存，实列祖在天之灵"。④ 借用嘉靖谱，翠微韦氏也得以将里正公和嘉靖谱中的六世祖慕皋公对应起来，认为其应该为同一人，由此建立起和盐场灶户的联系。翠微韦氏第二次修谱是在乾隆十年（1745），再修于嘉庆五年（1800）。嘉庆《庚申纂修家谱序》中称，自乾隆修谱后，"久而未修者，非敢怠缓也，祖先之遗业无多，集众编修费用难以措办也"，到乾隆五十五年（1790），"阖族联成百子一会"，"设法生殖"，到嘉庆五年"除完供外，得金二千余两，置田二顷有畸"，才得再修族谱。⑤ 有意思的是，这里的"置田二顷"与族谱中称洪武年间里正慕皋公"置产业二顷余""随田立灶籍"竟意外相合，这也值得我们思考。

前山徐氏在康熙四十八年（1709）修谱时，也主要致力于"综三谱为一谱"。所谓"三谱"，其一为嘉靖三十八年（1559）七世祖达可公"辑观佐公以下一支为前山谱"，其二为崇祯二年（1629）信斯公"辑观成公以下一支为北岭谱"，观佐和观成据称皆为广达公之子。其三为"近时"慧子新修一谱，使"广达公之子孙乃无轶于谱之外"。但是这三谱均未有声称是广达公弟弟的广德公子孙的记录。所以广德公十世孙徐景晃另修"一谱以附

① 《新会潮连芦鞭卢氏族谱》卷二十五上，1949 年增修本，广东省立中山图书馆藏，第 17 页。
② 《新会潮连芦鞭卢氏族谱》卷二十六，第 17 页。
③ 《新会潮连芦鞭卢氏族谱》卷二十五上，第 8 页。
④ 珠海《香山翠微韦氏族谱》卷一，第 1 页。
⑤ 珠海《香山翠微韦氏族谱》卷一，第 6 页。

于前二谱"，但又思"此谱之不兼列广达公子孙，犹彼二谱之不兼列广德公子孙，敬宗收族，比物此志也"，因此便有"综三谱为一谱"之作。① 经此最新一谱，广德公千里访兄，而后"同占县籍"，同"为二场第一甲灶户"的说法才得成立。在晚清编修的族谱中，这些家族对于明初祖先入籍盐场灶户的记忆十分清晰，而这种清晰主要来自他们对晚明族谱的抄录和设法衔接。

如果联系到上一节的讨论，我们就会发现其中的巧合。即盐场十排二十户的建构与清中叶以后新修族谱对明代盐场祖先历史的叙述可能是有意的联系。那么为何嘉庆年间要重申明代盐场的"二十户"呢？这可能与乾隆后期香山近海社会发生的变化有关。这个变化就是乾隆末裁撤香山盐场之后地方官府对盐场的相关政策。濒海人群借机开始强调自己是明代的灶户，并再造了盐场十排二十户。香山盐场裁撤发生在乾隆五十四年（1789），当时经两广总督福康安奏准，将珠江口的丹兜、东莞、香山、归靖等盐场裁撤，"其裁撤盐额均摊入旺产场分运配督收，将池塪改为稻田，准令场丁照例承耕升科"。② 乾隆五十七年（1792），广东巡抚郭世勋提到裁场时也说："至裁撤各场池塪，现据地方官谕令晒丁实力上紧，垦筑改为稻田，照例详报升科。"③ 也就是说，香山等盐场的盐田，在盐场裁撤之后，将改为稻田进行耕种，而后由属于盐场的"场丁"承垦。

根据裁撤盐场时候的规定，以及广东巡抚郭世勋的说法，对于盐场盐田的处理办法是，令晒丁垦筑改为稻田，照例升科。④ 在嘉庆十六年（1811）两广总督蒋攸铦奏准东莞场灶户姜京木盐塪改筑稻田一案中，地方官员原本以盐田无法养淡且照斥卤升科所得银两不足抵补场课为由，反对盐田改筑。而姜京木的盐田则"委系沙泥久积，咸淡交侵，不能煎晒"，并且他愿意按照"新安水田下则例，每亩征粮银壹分柒厘叁毫"来纳课。按照新安水田下则例，姜京木名下的盐田可纳银 1.2396 两，较按照"斥卤升科，每亩征银肆厘陆毫肆丝"仅纳 0.3294 两为多。因较原定处理办法多纳不少税粮，

---

① 《增修前山徐氏宗谱原序》，珠海《前山徐氏宗谱》卷首，第 8~9 页。
② 张茂炯等编《清盐法志》卷二百一十四，盐务署 1920 年印行，第 2 页。
③ 《署理两广总督印务郭世勋奏报估变裁撤东莞等盐场旧厘桨船折》，中山市档案局、中国第一历史档案馆《香山明清档案辑录》，上海古籍出版社，2006，第 740 页。
④ 关于灶户户籍的问题，由于此时盐场管理已经演变成主要以盐田的登记和管理为主，而灶户更重要的是表现为一种身份认同而非户籍划分，因而裁场之后也并不见有对于灶户户籍的处理方法。参见李晓龙《盐政运作与户籍制度的演变——以清代广东盐场灶户为中心》，《广东社会科学》2013 年第 2 期。

因而得到批准。① 嘉庆《新安县志》称，经新安、东莞二县知县查勘，"东
莞、归靖二场盐田无几，本系沙石之区，咸水泡浸已久，难以养淡改筑稻
田，况照斥卤升科每亩征银四厘六毫四丝，统计征银有限"，"请将额征场
课银两全归局羡完纳"，不对盐田进行"养淡升科"。② 道光《香山县志》
也提到相似的说法，称："盐田税自裁场后准令各商丁养淡升科，抵补盐
课，现在未据呈报详升。"③ 香山盐田升科似乎一直到道光时期也未落实。
可见，盐田并没有随着盐场的裁撤而尽数消失，反而保留下来，继续承担盐
课，盐田改筑需要提请官府批准。这样一来，当地人群生计也就可能存在多
样的经营方式。表1给出了乾隆朝及之后香山近海人群可能需要缴纳的三种
赋税方式的大致比较数据。

表1　香山沙田、盐埠改田和盐田的税则比较

事项	比照税则	每亩折银数	文献出处
沙田1 （雍乾年间）	中　税	2.7242 分	乾隆《香山县志》卷二
	下　税	2.1885 分	
	斥卤税	0.464 分	
沙田2 （道光年间）	民税中则例	3.27 分	光绪《香山县志》卷七
	民税下则例	2.8465 分	
	斥则例	0.464 分	
盐田改筑	斥卤例	0.464 分	中国第一历史档案馆藏科题本
盐田	盐　田	0.2396 分 （另加增银 2.5 分）	乾隆《两广盐法志》卷十八

第一种是直接报垦沙田，除了少数可以按斥卤例起征，大多数面临每亩
折银 2.19~3.27 分的课额。第二种是经营盐田，每亩征银 0.2396 分，但可
能面临着每亩银 2.5 分的盐课加增银和每灶丁征丁银 46.5 分的附加。这里
的灶丁银不一定对应盐田，同时盐课加增银在乾隆朝之后逐渐免除。第三种
是照斥卤例每亩银 0.464 分起征。据称盐田改成的稻田，一般采用"香山斥
卤例"，"每亩科米四合二勺八抄"，折"征银四厘六毫四丝"。比较这三种

① 庆桂等《题为遵议广东东莞场盐田改为稻田升科抵课事》，嘉庆十八年五月二十三日，档
　案号：02-01-04-19374-026，中国第一历史档案馆藏。
② 嘉庆《新安县志》卷八，《广东历代方志集成》广州府部第26册，第321~322页。
③ 道光《香山县志》卷三，第348页。

方式，以盐塳改田名义起征斥卤税或仅缴纳盐田课银都相比直接报垦沙田纳税低得多。如陆丰县小靖场原征盐课银 3.4281683 两的盐田，向官府申请改为稻田之后，照"斥卤例"征税，折收银 2.83934476 两。① 又如乾隆三十三年（1768）时，香山场业户梁禹都将其盐田四塳七分九厘申请改为稻田，香山知县连同香山场委员查勘后，同意"照依斥卤例"征收。改田之后征银计 0.211 两，比原盐课银 1.107 两减了不少。② 从缴税组合情况看，盐场裁撤给近海人群带来了新的制度套利空间。

实际上沿海以开发盐田的名义经营沙田并不少见，两广总督就曾经指出："有商民串通滨海灶丁，巧借开筑盐漏为名，呈官给照，居然栽种禾稻，并未熬盐。及被告发，又变为养灶名色，饰词搪抵。"③ 由此可见，强调灶户的身份，不仅由此可以确立自己的产权，在乾隆五十四年（1789）以后还可以将盐田"援例改为稻田"，或"照依斥卤税例"，或"照水田例六年起科"，④ 以此获得种种田赋上的优惠政策。城隍庙在建设过程中就得到了香山知县拨给的"灶田一顷"。为了享受制度的优惠，近海人群需要证明自己盐户的身份。因此，在香山等这些裁场地区，近海人群重新强调自身的灶户后代身份，城隍庙灶排"二十户"就是在这样的制度改革背景之下发生的。

而我们确实也发现，这些所谓的"大族"从 19 世纪开始就在宗族名下拥有不少照斥卤升科的田地。城隍庙附近的翠微韦氏在道光以前似乎田产不多，《尝产经费谱》称："我族当道光季年祭祀之需，几乎不给，遑论其他。"⑤ 雍正七年（1729），该族"置买文曦号下咸田莱田一丘、田二丘，共该下则民税四亩九分三厘二毫四丝九忽九微，价银五十六两"。置买田产从乾隆五十八年（1793）开始，一直到嘉道年间，其中最大规模的是嘉庆二十四年（1819）置买的"梁耀明田土名池塘前，该下税二亩四分，价银一百六十两零八钱"。族谱显示，翠微韦氏在之后开始陆续不断地置买土地，而且如翠

① 李元亮、蒋溥《题为遵议广东省陆丰等县盐漏改筑稻田分数应征应豁钱粮事》，乾隆二十三年十一月初三日，档案号 02-01-04-15132-021，中国第一历史档案馆藏。
② 刘纶、英廉《题为遵旨密议广东省沿海盐漏改筑稻田应征银米等项事》，乾隆三十三年七月十六日，档案号 02-01-04-15978-003，中国第一历史档案馆藏。
③ 孙士毅：《请开垦沿海沙坦疏》，《皇朝经世文编》卷三十四，第 1247 页。
④ 庆桂等《题为遵议广东东莞场盐田改为稻田升科抵课事》，嘉庆十八年五月二十三日，档案号 02-01-04-19374-026，中国第一历史档案馆藏。
⑤ 《尝产经费谱》，珠海《香山翠微韦氏族谱》卷十二，第 2 页。

微"祖韦荣业堂"名下的田产就是大量置买的"起征升斥卤加征税"的潮田。如："置买唐廷禧潮田第三围,该起征升斥卤加征税二十四亩,价银九百八十九两正,印契似字六十五号,业户韦慕皋祖、韦荣业堂";"置买唐廷禧潮田也字环第三围,该起征升斥卤加征税十九亩,价银七百八十五两正,印契似字六十九号,业户韦碧皋祖";"置买黄裕经堂潮田蜘州涌土名裕兴围,该起征升斥卤税十九亩,价银九百一十二两正,印契启字三十三号,业户韦康寿社";等等。① 在"祖韦荣业堂"的田产置买记录中,印契字号是连续的,说明这些田产赋税的勘定并非反映最初置买田地时候的情况,而是同治、光绪年间重修发给印契时候核定的税额。也就是说,在此之前,这些田地有可能是作为盐田而存在。

我们可以进一步印证。在翠微韦氏不断"置产"之下,是不是意味着他们也要缴纳巨额的赋税呢?我们在该族的支出项目中找到了以下几项与赋税相关的内容:

> 一、完纳坑田、潮田粮务银米,伸算合计司平实银七十两有奇。
> 一、缴潮田沙捐,每顷银二十两,业主着八成,合计银七十七两四钱四分。
> 一、缴潮田巡船捕费,业主着五成,合计银三十二两有奇。
> 一、完纳十排灶税银一两零一分二厘。②

我们从这里的税收登记可以看到翠微韦氏的赋税,以及沙捐和巡船捕费等,总计约180.452两。那么,翠微韦氏的产业能够获利多少呢?族谱中记录有"潮田岁收租价",可以供我们了解翠微韦氏大致的收入情况:

> 西城围该税二十五亩,现批每年上期租价银九十七两五钱正。
> 新丰围共该税一项五十亩,现批每年上期租价银七百二十两正。
> 第二、三围共该税三项零九亩,现批每年上期租价银一千五百两有奇。③

---

① 珠海《香山翠微韦氏族谱》卷十二,第7~9页。
② 珠海《香山翠微韦氏族谱》卷十二,第14页。
③ 珠海《香山翠微韦氏族谱》卷十二,第11页。

仅就较大的四围而言，租税收入约 2317.5 两。除此之外，除了祖祠，隶属于祖祠的康寿社、禀遗社也拥有不少田产，据载：

> 裕兴围共该税一顷七十亩，现批每年上期租价银七百八十两正。
>
> 沙窦围该税三十一亩三分三厘四毫，现批上年租价银一百六十两正。
>
> 高坵等双造田共该税一十六亩一分，现批每年上期租价银八十五两二钱五分。
>
> 第二、三围共该税一顷零三亩，批每年上期租价银五百两有奇。①

通过简单的计算我们大致可以了解到该族在批租上的收入至少达3842.75 两，而上述的赋税及其他费用的支出只有 180.452 两。其中包括了灶排"二十户"所需要缴纳的十排灶税银 1.012 两。这 1 两多的灶税银的继续缴纳，并单独在族谱中列出，也表明了灶税银在宗族日常运作中的重要性。当然我们还需要对翠微韦氏等宗族在嘉道以后的宗族历史进行深入考察才能完全明晰"二十户"是如何在嘉庆时期作为盐场灶户组织凸显出来，并对之后的区域历史产生影响的，但限于篇幅，本文并不在此展开。

结　语

18 世纪末，朝廷裁撤香山盐场，香山作为盐场的历史宣告终结。实际上，明万历以后，盐业经济已经不是香山近海地区人群的主要生计方式，他们的主要利益追求是经营沙田。但是裁场之后盐田的有利政策，却使得灶户身份已经湮灭的近海人群再次通过宗族、信仰等各种方式，重新寻回自身的灶户"血脉"。

清初的香山盐场地区，百姓是不愿意成为灶户的。近海人群更希望摆脱盐户身份，成为民户——即便他们可能仍然从事与食盐贸易相关的事情，因为灶户要承担沉重的盐场赋役。另一方面，清代盐场制度与明前期通过灶户确认户籍，生产、办纳盐课不同，在盐场课盐分离的情况下，确认盐场产盐资格的标准主要是该户拥有盐田。灶籍身份在明末清初的盐场、盐业生产中

---

① 珠海《香山翠微韦氏族谱》卷十二，第 11 页。

已经不再重要。我们看到香山县的记载中很明确地指出灶户纳课，民户贩盐的事实。官府为了加强香山盐场的食盐征收，甚至在乾隆初，将食盐生产较为集中的三灶岛等地纳入盐场管辖范围，同时将盐场衙署迁至该岛，以便加强管理。这些痕迹都表明清代原香山盐场盐署所在地的山场村，及其周边如翠微、前山、北山等大多村落已经远离食盐生产作业。

　　灶户身份在18世纪晚期到19世纪在香山近海人群中再度被重视起来，但这一过程更多地体现在文献中，已经和盐场、制盐业本身没有太大关系，而是地方上因为某种目的而构建起来的"历史记忆"。这一记忆强化了盐场历史书写，却不一定完全符合真实历史。若深入考察这二十户的宗族历史，便可明白"灶户"身份在裁场之后对于近海人群经营沙田有着重要的意义。这些表明自己拥有"灶户"身份的家族，可以在当时享有很多赋税上的优惠政策。在这一过程中，裁场后的盐田优惠政策被地方大族所广泛利用，从而构建了《十排考》中的地方历史，并形成城隍庙十排二十户的地方社会组织模式。可见，海岸带近海生计的转变提供了近海社会重构的多样性选择，上述历史过程也反映了地理环境的变化只有和区域社会变迁结合起来，才能更深刻地被理解。

Reconstruction the Saltern Households: The Sand Fields' Development and Order's Construction of Coastal Crowd in Xiangshan County in the 19th Century

Li Xiaolong

Abstract: The livelihood of people in coastal zones changed from salt production to farming in the turn of the Ming and Qing dynasties. This transformation also provided a variety of options for the reconstruction of coastal society. The agricultural development in Sand Fields has become the main livelihood of local coastal people in Xiangshan county since the 18th century. After the shutdown of Xiangshan Salt field in 1789, the history of the salt field in Ming dynasty was reawakened and became an important resource to build local order, which was completely different from the situation of refusing to producing salt in the early Qing Dynasty. Many cases show that the history memory of salt fields in Xiangshan coastal area was formed under the background of local Sand Fields' Development after the mid-Qing Dynasty. With the development of clan construction, the coastal crowd used the local system of salt fields to formed a new local power structure.

Keywords: Coastal Society; Saltern Households; Sand Fields; Clan; Identity

（执行编辑：王一娜）

晚清珠江口濒海地带的基层治理

——以南海县为中心

王一娜[*]

一 广东士绅群体的情况

清代南海县，依照"冲、繁、疲、难"的地方等级制度，[①] 为四字"最要缺"，[②] 其地位之重要、社会情况之复杂，可见一斑。南海县作为附郭县（又称首县），要管理省城广州，还要兼管佛山，公务较其他县份多得多。曾两任南海知县的杜凤治称自己"日日奔走，公事山积，日事酬应，夜间每阅（公文）至三四更"。杜凤治是一个勤于政务、十分能干的地方官，但他因为作首县知县辛苦，两次在日记中引用官场顺口溜自我调侃："前生不善，今生州县；前生作恶，知县附郭；恶贯满盈，附郭省城。"[③] 即使一般州县，在当时的交通、通信条件下，仅仅依靠官府应付复杂的乡村基层事务也是远远不够的，更何况南海这种人口数过百万的大县。[④] 尤其在连续经历

---

* 作者王一娜，广东省社会科学院历史与孙中山研究所（海洋史研究中心）副研究员。

① 顺治十二年（1655），"诏吏部详察旧例，参酌时宜，析州、县缺为三等，选人考其身、言、书判，亦分为三等，授缺以是为差。厥后以冲、繁、疲、难四者定员缺紧要与否。四项兼者为最要，三项次之，二项、一项又次之。于是知府、同、通、州、县等缺，有请旨调补、部选之不同"。详见《清史稿》卷一一〇"志八五·选举五"，上海古籍出版社，1986，第 426 页。

② 详见《清史稿》卷七二"志四七·地理十九"，第 315 页。

③ 邱捷：《首县知县特别难当》，《羊城晚报》2018 年 8 月 4 日"博闻周刊"版。

④ 根据方志，道光十年（1830），南海县共计总人数为 1167139 人。[光绪《广州府志》（二）卷七〇"经政略一·户口"，《广东历代方志集成》广州府部第 7 册，岭南美术出版社，2007，第 1069 页。] 当时不可能有严格科学的人口统计，方志记载可大体反映人口状况。道、咸、同三朝，除洪兵起事外没有发生大规模杀戮居民的战乱，而洪兵起事也没有使人口发生锐减。

鸦片战争、洪兵起事、第二次鸦片战争这样的大动乱之后，要面对和处理的问题更加复杂。

朝廷和官府要将权力深入县以下的乡镇社会，与地方士绅合作是比较可行的办法。士绅群体比官员的数量要庞大得多，根据张仲礼依照学额的推算办法，南海县的正途士绅，在太平天国战事爆发前约为 1200 名，太平天国战事爆发之后数量在 1500 名之上。① 另外，恩荫、贴封这部分通常也被视为正途士绅的群体，人数无法统计。异途士绅的情况更加复杂，尤其伴随着太平天国运动和洪兵起事相继爆发，许多原本不是士绅的人，通过保举、军功、捐纳等途径取得了士绅身份。根据《叶名琛档案》中留下的一份咸丰初年大佛寺局、佛山分局等处捐纳监生的记载，即使按照每名捐生捐输银100 两计算，几年内捐生人数也已过万。要知道这是开捐初期较规范的价格。洪兵起事后，捐监、捐虚衔价格不断下降，"咸丰三四年起捐项通融以来，乡曲无赖、僻壤陋夫，无不监生职员矣"，"十余金即捐一监生，故不成器人皆充绅士，况红匪闹后六七品功牌亦多，亦自以为绅士"，异途士绅数额庞大毫无疑问。

除人数多的优势外，士绅还是一个具有政治、文化权力的群体。士绅的社会地位"与知县不相上下"，士绅"可以自由见官"，"可以参加文庙的官方典礼"。② 士绅犯罪不会上刑，如果所犯罪行严重且必须受罚，首先要"革去绅士身份"，然后才能处置，另外，"在诉讼中，平民不得指名绅士出庭作证。如绅士本人直接涉讼，他们不必亲自听审，可派其仆人到庭"。③如果士绅牵涉进诉讼，州县官并不是按照一般的程序在大堂或二堂审案，而是改为在花厅"讯问"，"这种情形下，州县仍坐主位，受询者或坐客位，或在旁另设坐位……这是一种表示礼貌的问法，（州县官）自然穿着也较为随意"。④ 士绅免服徭役，且无须缴纳丁税，即使在施行"摊丁入亩"以后，

---

① 太平天国运动爆发之前，广州府学文生员学额 40、武生员学额 41，南海县学文生员学额 20、武生员学额 15。太平天国运动爆发以后，增加"永广学额"之后，广州府学文生员学额为 45，南海县学文生员学额为 34。由于武生员之增广学额常不录，这部分无法计算。参见《清会典事例》卷三七九"礼部·学校"，中华书局，1991；《钦定学政全书》卷四二"学额总例"、卷五八"广东学额"，台湾：文海出版社，1998；光绪《广州府志》卷七二"经政略·学制"。南海县为附郭县，故笔者把广州府学一半的学额计算在内。
② 张仲礼：《中国绅士研究》，上海人民出版社，2008，第 26~29 页。
③ 张仲礼：《中国绅士研究》，第 27~28 页。
④ 里赞：《晚清州县诉讼中的审断问题——侧重四川南部县的实践》，法律出版社，2010，第 75 页。

"在实施摊丁入亩的那些地方，法律上绅士仍然享有传统的免丁税特权"。在一定时期内，"绅士还享有免纳一定限额以下的田赋"，后来即使田赋不免，朝廷也"往往允许他们拖欠赋款"，甚至在《大清律例》中还有专门的规定条文。① 士绅还通过"宗教"或"宗族组织"在地方树立权威。②

士绅也是社会上有经济实力的群体。尽管不是所有士绅都富有，但富有者在当时多数非官即绅。在广东，商人致富后通常都会捐官衔以提高社会地位，成为所谓绅商。从总体而言，在咸、同年间，说士绅是社会上经济实力最强的群体，是站得住的。尤其是一些大绅士，一些大宗族，拥有巨额财富和田产。以佛山为例，《叶名琛档案》的记载："松桂里梁族，长房梁九章、梁九图兄弟家赀不下五六万，二房梁植荣兄弟不下三万，三房梁应棠兄弟不下十余万。李都□尝项不下三万。李应棠兄弟析产，每人亦不下四万。前任湖南理猺厅张日强，家赀不下十万。区士珍家赀不下十余万，现贮银在省城洋行亦五六万。已故职员伍名成，赀不下二十万。高焯中，家赀亦五六万。杨清芳之从侄杨健，家赀不下十万。"③ 相对于外来地方官，本地士绅对当地社会情况更为熟悉。在重大战乱、重大灾害发生时，或兴建重大公共设施时，某些大绅士会捐出数额巨大的款项。如，伍崇曜"尝与新会卢文锦共捐赀十万，将桑园围改筑石堤"，伍崇曜的父亲伍秉鉴"道光廿一年辛丑（1841），捐输本省军需二十六万两，另捐美利坚洋船一艘，价值一万八千余两"，伍崇曜的大哥伍元芝"因回逆不靖，倡捐军储十万元"，另"修桑园围捐赀三万两"，二哥伍元兰"修桑园围捐赀三万两"，七弟伍崇晖"道光十一年辛卯（1831）捐修本省围工款"，"（道光）十八年戊戌（1838），捐置义仓"，"（道光）廿二年壬寅（1842），捐办军功"，"咸丰五年乙卯（1855），捐办红单船经费"，整个伍氏家族，在咸丰年间，"捐军需六百万两"，"先后捐助不下千百万"。④ 士绅在经济上的支持，对于经常财政窘乏的清王朝而言，尤为重要。

士绅还可以凭借同年、同乡、同僚、联姻之类的途径，建立起庞杂的社

---

① 张仲礼：《中国绅士研究》，第29~32页。
② 〔美〕杜赞奇：《文化、权力与国家——1900~1942年的华北农村》，王福明译，江苏人民出版社，2008，第158页。
③ 英国国家档案馆藏《叶名琛档案》，FO 931/1566，中山大学历史人类学中心藏影印件S049~S050。
④ 伍瑶光编《伍氏阖族总谱》（《岭南伍氏阖族总谱》）卷四，1933，石印本，第2~7页。

会关系网络，方便办事。并且从制度来看，士绅是在籍或未来的官吏，尽管
多数士绅最终不会成为实缺官员，但士绅与官员的政治、文化地位有相通之
处，而且，在士绅中能说官话者远多于一般平民百姓，官员与士绅沟通较之
与一般庶民更为容易。相对于外来的地方官，本地士绅对当地的社会情况也
更为熟悉。官府通过士绅管理地方社会，比直接与乡民打交道效率更高。

二　大动乱期间的公局和士绅

　　士绅权力组织，指由士绅控制、在乡村地区具有政治、文化权力，并拥
有武力的组织，并不是清王朝法定意义上的官方正式行政机构。它起源于乡
约制度与保甲制度的结合，武力化、具有防御职能的乡约（包括第一次鸦
片战争中通过创办团练、参与抗英斗争，取得掌管武装权力的"乡约式书
院"和"乡约式社学"①），以及由乡约衍生出来的公约与公局，在清中后
期都是广东较普遍的士绅权力组织的叫法。②士绅权力组织在道光前就已存
在，比如，乾隆年间南海九江乡为平定匪患，有士绅出面成立乡约。③在两
次鸦片战争和洪兵起事期间，为兴办团练、重整社会秩序，在官府鼓励下，
这类组织的数量越来越多。

　　在广东各地遭到洪兵冲击时，两广总督叶名琛谕令"各乡团练自守"，④
各地团练陆续建立，并参与对洪兵作战。咸丰四年（1854）洪兵首领李文
茂、甘先，威胁省城北面各乡，官府派参将崔大同带兵弹压，由于崔大同对
当地情况不熟，被洪兵"围而歼之"。此时，城北石井社浮山乡士绅梁起鹏
（国学生）毛遂自荐，地方官遂"大喜"，发布檄文让梁起鹏募勇团练。梁

---

①　刘伯骥：《广东书院制度沿革》，商务印书馆，1939，第 79～80 页。杨念群：《论十九世
　　纪岭南乡约的军事化——中英冲突的一个区域性结果》，《清史研究》1993 年第 3 期。王
　　日根：《论明清乡约属性与职能的变迁》，《厦门大学学报》（哲学社会科学版）2003 年
　　第 2 期。

②　邱捷：《晚清广东的"公局"——士绅控制乡村基层社会的权力机构》，《中山大学学报》
　　（社会科学版）2005 年第 4 期；《清末香山的乡约、公局——以〈香山旬报〉的资料为中
　　心》，《中山大学学报》（社会科学版）2010 年第 3 期。王一娜：《晚清珠三角地区公约、
　　公局的缘起及初期演变》，《广东社会科学》2011 年第 6 期；《明清广东的"约"字地名与
　　社会控制》，《学术研究》2019 年第 5 期。

③　（嘉庆）《龙山乡志》卷六"乡约"，《中国地方志集成·乡镇志专辑》第 39 册，江苏古籍
　　出版社，1992，第 76 页。

④　（同治）《南海县志》卷一七"列传"，《广东历代方志集成》广州府部第 11 册，第 657 页。

起鹏"倾家资万金，募勇五百，以军法部勒之，率为官兵先"。① 广州巡抚劳崇光请溶洲堡士绅招敬常（进士）平定当地洪兵，招敬常"挑选练丁数百，诱以赏，迫以刑，激以义"，斩杀洪兵数十人。② 又士绅冼斌（增贡生）会同冼佐邦（举人），"毁家办团，率南顺勇千余，随同官军收复佛山"。③

大沥四堡公局，是南海县影响力较大的地方团练公局。该局在战事中的表现，充分反映了广东公局在大动乱期间的重要作用。咸丰四年（1854），大沥等四堡地方出现了洪兵即将竖旗之端倪。④ 为预防洪兵，大沥等四堡九十六乡士绅联合开办团练公局。⑤ 七月，佛山洪兵发起进攻，遂遭到公局团练的抗击"乡勇发大炮毙贼十余人"，洪兵假装逃跑，局绅刘遇昌（监生）、刘遇鸿（监生）弟兄率勇奋力直追，遭遇埋伏，皆战死，"后队奋力再战，擒贼数人，贼乃退"。另一路洪兵，试图从大镇攻钟边、良豪、伯和，以破四堡。局绅率勇"斩数贼，贼败走"，局绅乘胜追击。⑥ 闰七月初，洪兵"众号十万"分十道进攻四堡，先派遣数千人攻仇边，仇边乡因众寡不敌，被洪兵攻占。又有别路洪兵，"由新桥渡攻江夏"，局绅与之交战失利。洪兵首领和尚能犯雷边、九潭等乡，陈开率洪兵进至水头墟。局绅即率领大部分局勇背水一战，"轰炮击毙数贼"。洪兵受挫后撤退，被埋伏于西面的局勇"轰毙多人"。该次战役，是大沥四堡公局历次战役中最为惨烈的一次，⑦ 影响很大，以后周边大圃、山南等乡，"遇有寇警"，都请四堡乡勇前往救援，而"贼悉望风披靡"。⑧ 十一月，大沥四堡局绅率局勇协助候补道沈棣辉所率清军大破何六于石桥头，在官绅武力联合打击下，"何六等弃巢潜遁"。随后，沈棣辉与公局绅勇"连日剿平谢边、横滘各贼垒"，"自是佛山

① （同治）《南海县志》卷一四"列传"，《广东历代方志集成》广州府部第 11 册，第 630 页。
② （同治）《南海县志》卷一四"列传"，《广东历代方志集成》广州府部第 11 册，第 615 页。
③ （宣统）《南海县志》卷一四"列传"，《广东历代方志集成》广州府部第 14 册，第 349 页。
④ （同治）《南海县志》卷一七"列传"，《广东历代方志集成》广州府部第 11 册，第 659 页。
⑤ （光绪）《广州府志》（二）卷八二"前事略"，《广东历代方志集成》广州府部第 7 册，第 1296 页。
⑥ （光绪）《广州府志》（二）卷八二"前事略"，《广东历代方志集成》广州府部第 7 册，第 1296 页。
⑦ （同治）《南海县志》卷五"建置略·祠庙"，《广东历代方志集成》广州府部第 11 册，第 484 页；（光绪）《广州府志》（二）卷八二，"前事略"，《广东历代方志集成》广州府部第 7 册，第 1297 页。
⑧ （光绪）《广州府志》（二）卷八二"前事略"，《广东历代方志集成》广州府部第 7 册，第 1297 页。

门户尽失，贼势始孤"。① 咸丰五年（1855）二月，"贼复由芦苞攻破官窑据之"。三月初，"四堡乡勇剿官窑贼，战于南门村"，局绅张瑞（军功六品）战死。不久，"官军复进攻官窑，贼巢平之"。②

据县志记载，大沥四堡公局镇压洪兵的战役多达两百余次，杀死参与起义者数以万计，战死的局绅、局勇共计179人。咸丰四年（1854），诸如大沥四堡公局这样的团练公局，南海县还有很多：九江堡士绅明之纲（进士）与冯锡镛（进士）开设了同安团练总局；③ 大通堡秀水乡士绅王鉴心（举人）设立了秀水局；磻溪堡士绅冯湘（举人）设立了磻溪局；三江司厚村士绅刘炳（孝廉）设立了彰善局；④ 沙丸堡士绅易维玑（举人），联合"毗连十一乡"，设立了怀仁局；沙丸堡士绅冯翔（贡生），先"合十乡绅士为一小团"，之后与耆老吕泽臣，⑤ "合五十三乡绅士"设立河荣屯练总局；⑥ 康有为的从叔祖康国熹在丹桂堡开设了同人局。⑦ 此外，先登堡士绅梁如廷（六品军功顶戴）⑧，罗园乡士绅罗熊光（举人），绿潭堡士绅罗子森（举人），恩洲堡士绅梁葆训（举人），叠窑堡士绅陈作猷（举人）、何子权（举人）、庞荣（举人）、孔广心（国学生）等，神安司平地堡士绅黄敬祜（举人），大冲乡士绅吕廷焯（生员，后同治年间中举人），溶洲堡溶州乡士绅招成鸿（廪生，后同治年间中举人），佛山堡士绅李宗岱（乡荐），都在地方开办了乡团局。⑨

应当注意到，在镇压洪兵期间，公局之间形成了互通消息的网络。咸丰十年（1860）二月，因思贤窑告急，九江同安公局将消息传达给新会冈州

---

① （光绪）《广州府志》（二）卷八二"前事略"，《广东历代方志集成》广州府部第7册，第1302页。

② （光绪）《广州府志》（二）卷八二"前事略"，《广东历代方志集成》广州府部第7册，第1305页。

③ （光绪）《九江儒林乡志》卷二"舆地略"，《中国地方志集成·乡镇志专辑》第31册，江苏古籍出版社，1992，第366页。

④ （宣统）《南海县志》卷一五"列传"，《广东历代方志集成》广州府部第14册，第383~386页。

⑤ （同治）《南海县志》卷二一"列传"，《广东历代方志集成》广州府部第11册，第690页。

⑥ （同治）《南海县志》卷一九"列传"，《广东历代方志集成》广州府部第11册，第680页。

⑦ 康有为：《康南海自订年谱》，《近代中国史料丛刊》第2辑，台湾：文海出版社，1998，第26页。

⑧ （同治）《南海县志》卷一七"列传"，《广东历代方志集成》广州府部第11册，第657页。

⑨ （宣统）《南海县志》卷一五"列传"，《广东历代方志集成》广州府部第14册，第383~388页。

公局，然后由冈州公局转告新会知县。这说明南海县、新会县的公局在防卫上建立了密切的联络，并且当时公局之间传递情报，可能要比官府更迅速、更准确。这可能是这一消息没有经两县官府之间公文传递的原因所在。而新会知县在接到公局传递的报告后，不拘泥于制度和程序，立即采取行动，派出武力越出县界防守，事后才向上司禀报，这一方面足见官府对公局的信任和依赖，另一方面也说明当时由公局之间传递信息的现象并非偶然。①

在大动乱时期，士绅权力组织除镇压洪兵外，也尽量使基层社会的生活秩序维持正常的运转。比如，沙丸堡在大动乱时期成为一处重要交通枢纽，为此当地公局加强了对道路的巡逻，"于津隘间道设勇"昼夜稽查，在"诘奸细"的同时保护过往行人，方志称"故出其途者，如行衽席间，无不感德"。② 又如，大动乱时期，因河道被洪兵所占，粮运不通。为解决粮食短缺问题。怀仁公局在当地开展平粜，"令境内人家有屯积者除计家口多少留为口食外，定公平价发行户碾米平粜"，并且规定"隐匿者充公"。此举使得该乡粮食短缺的情况得到了缓解，"民不苦饥，心益固"。③ 咸丰七年（1857），彰善局也在地方赈济饥荒。④

大动乱期间，士绅的权力大为扩张。一个比较重要的事实是，这一时期的士绅权力组织，拥有官府默许的处决人犯的权力。《叶名琛档案》记载，南海同人局"拿畏罪自尽逆匪苏国瑚等三百五十三名"。⑤ 在拘禁的条件下，自杀人数如此之多很不合情理。不难推断，这些人是在官府默许之下被公局法外行刑，但公局以"自杀"的说法禀报官府。有时官府甚至授权公局执行大规模的处决，南海同人局就因为"路途梗阻"不便押送，"奉谕就地处死逆匪陈亚计等一百三十名"。⑥ 又《枕戈氏笔记》的记载，南海、三水各处公局，"擒拿土匪并仆匪，就地正法，十分严紧"。⑦ 洪兵起义时期，虽然

---

① 聂尔康："防堵思贤滘口通禀"，《冈州公牍》，《聂亦峰先生为宰公牍》，1934年，第43~44页。

② （同治）《南海县志》卷一九"列传"，《广东历代方志集成》广州府部第11册，第680页。

③ （同治）《南海县志》卷一九"列传"，《广东历代方志集成》广州府部第11册，第680页。

④ （宣统）《南海县志》卷一五"列传"，《广东历代方志集成》广州府部第14册，第386页。

⑤ 英国国家档案馆藏《叶名琛档案》，FO 931/1093，中山大学历史人类学中心藏影印件N554。

⑥ 英国国家档案馆藏《叶名琛档案》，FO 931/1093，中山大学历史人类学中心藏影印件N554。

⑦ 佚名：《枕戈氏笔记》，《广东洪兵起义史料》上册，广东人民出版社，1992，第855页。

"拿获逆匪，就地正法"为"奏定章程"，但也仅限于地方官才有权实施。①
尽管公局对抓捕人犯的法外行刑是在地方官默许或授权之下执行的，但还是
可以反映士绅权力扩张的情况。不过这只是大动乱时期公局的一种临时权
力，在动乱平定之后便不再有，至少公局不能再大规模杀人。

　　除去以"匪"的名义处决人犯的情形外，局绅还会因为乡村日常事
务私自将人处死。石湾乡一吴姓乡民嗜赌，"不受母责反殴其母"，局绅
吴景星（贡生）知道后认为，"为子日事赌博，不顾父母之养，罪已无可
逭，至殴其母，国法当凌迟处死，然治以国法，累及宗族，不若以族法治
之，使族人知所警戒"，决定将他处死，"遂白其母，命子弟缚沉诸江"。②
虽说名义上征得此人母亲的同意，但以常理看，很少有母亲会同意把亲生
儿子活生生淹死。尽管是从维护纲常伦理的角度出发，但吴景星滥杀族人
也是违反清朝法律的。有意思的是，方志还将这件事作为正面事迹来写。
可见在大动乱期间，士绅为维护或重整地方秩序采用强势手段是被普遍接
受的。

　　由于筹集团练经费的需要，士绅在大动乱时期的征收权也有所扩张。尽
管此前，士绅权力组织便已具备一定的征收职能，但就数额而言，在战乱期
间士绅征收的银钱，要比之前多得多，且更具有强制性。在有的地方，士绅
机构所征收的数额，远超过该县地丁。清末《广东财政说明书》载，光绪
三十四年（1908），南海县征收地丁为48933.962两。③ 正如上文所说，数
额与咸丰年间的差别不大，比较而言，咸丰时期公局征收的团练经费却多得
多。仅"城西局"一局，自咸丰四年（1854）七月初七日至咸丰五年
（1855）八月十四日，就收得绅商捐输银495215两1分，各街捐输银18931
两2钱8厘，共计514146两2钱1分8厘。咸丰五年（1855）八月十五日
至九月十五日，该公局又收得捐输银26006两3钱，④ 已经是南海地丁的十
几倍。

　　大动乱期间，公局平定战事积攒的功劳，使得士绅也在乡村社会有了更

---

① "佛山李雄彪等案"（二）中的记载："本司道等查地方官拿获逆匪，就地正法，本属奏定
　章程。"（《广东洪兵起义史料》上册，广东人民出版社，1992，第303页。）
② （民国）《顺德县志》卷二〇"列传·吴景星"，《广东历代方志集成》广州府部第18册，
　第433页。
③ 《广东财政说明书》卷二"田赋上"，广东经济出版社，1997，第46页。
④ 英国国家档案馆藏《叶名琛档案》，FO931/1578，中山大学历史人类学中心藏影印件S106-
　S107。

高的威望。比如，同人局局绅康国熹①，原本是一名下层士绅，因大动乱的机遇得以成为公局的主持者或主导人物。他领导团练配合官兵平定洪兵，立下了汗马功劳。方志记载，"各公局措置有不平不公，其父老恒越县请国熹调处，经其判断者咸心服"。由于享有威望之高，当康国熹因故被捕之际，为之求情者不下少数。咸丰八年（1858），罗惇衍、龙元僖、苏廷魁三大绅奉旨办洋务，"设立丝经抽所，入以助饷"，三大绅因怀疑各公局"或有偷漏"，特派差人稽查此事。当稽查到同人局时，因差人"无札票为据""挑剔殊苛"，康国熹故而怀疑此差人乃冒充者，"误缚之"。于是有人向三大绅状告康国熹"跋扈抗法，宜置重辟"，三大绅闻讯大怒，移文督抚，官府遂将康国熹抓捕入狱。邑人为康国熹求情者甚多，"三县长老驾大筏到辕门代称冤者千百人"，康国熹最终被免除刑罚。②

大动乱过程中，广东战时成立的团练公局在战事被平定后或者先裁撤后重开，或改换名目，许多都被保留下来，原来没有公局的地方，根据从省级到州县官府的命令也陆续新建，逐步覆盖了全县，俨然已成为县以下的一级区域行政组织。

三　士绅权力组织的制度化

按照清王朝的制度，公局不属于地方官僚体系中的组成部分，更没有法定的缉捕盗匪、征收钱粮、审理案件等权力。然而，"知县通过'谕饬'等形式授权，使乡约、公局实际上成为县以下一级权力机构"。③

同治十一年（1872）七月，九江大桐堡显冈乡村民与村尾乡村民，因在墟市摆设"骰盆"事引发械斗，官府勒令大桐公局于十日内"交匪、交凶、交枪、交械"。④ 九月二十四日，知县杜凤治到官山公局请局绅协助粮站催粮。⑤ 当月，为清理沙口疏浚河道事，官府委派佛山公局向当地各行铺

---

① 方志称康国熹为"国学生"，康国熹的孙辈康有为说他为"布衣"，估计他是例监生。
② （同治）《南海县志》卷十七"列传·节义"，《广东历代方志集成》广州府部第11册，第657页。
③ 邱捷：《清末香山的乡约、公局——以〈香山旬报〉的资料为中心》，第81页。
④ 杜凤治：《南海县衙日记》，《望凫行馆宦粤日记》第22本，《清代稿抄本》第14册，广东人民出版社，2007，第228~229页。
⑤ 杜凤治：《调补南海日记》，《望凫行馆宦粤日记》第19本，《清代稿抄本》第13册，第419页。

劝捐以助工费。① 九江的同安局在晚清广府非常有名气。同治十二年
（1873）至同治十三年（1874），杜凤治曾多次致信局绅明之纲，请该公局
协助催收钱粮。② 明之纲主持同安局数十年期间，"地方安谧，乡内绝少盗
警"。③ 到民国时期，"九江同安局"更名为"九江镇同安保卫团局"，但时
人仍称之为"公局"，其办事的方式仍为清末公局的延续。④ 光绪三年
（1877）六月，鳌头堡梧村、河滘两乡，因争水道引发械斗，事情发生后，
鳌头公局召集两边绅耆到局调解，"劝喻立约永远不得械斗"。不过，公局
调解失败，这件事最后是由知县亲赴当地调处，才得以平息。⑤ 光绪九年
（1883），"法夷启衅，土匪煽动"，溶洲乡士绅招成鸿，"联集绅士禀办七堡
团练总局，公举正绅任事，用遏乱"。⑥ 这是溶洲乡一带的士绅为应对战乱
和治安不稳建立的范围较大的团练，此前各乡应当已有公局一类组织。光绪
末年，经大同局局绅李征霭"整饬乡规"，使得"合秤斗商人不敢售其
奸"。⑦ 宣统年间，沙头堡乡局以及"彰善局"，在当地实行禁赌。⑧ 李宗岱
主佛山四堡局政之时，"邻堡有两乡缠讼，县宪谕局查复者，必持正禀
复"。⑨ 这些记载，都是咸丰、同治年间广府士绅权力组织普遍设立和制度
化运作的有力证据。

　　局绅对维护地方治安，以及官府授权、谕饬交办的事务负有不可推卸的
责任。同治十年（1871）九月，佛山良宝乡发生盗匪劫案，知县杜凤治责
成该乡公局办匪。局绅廖翔（举人、广西试用知县）等人，平日没有查压，
案发后也没有向官府报告，杜凤治前往查案时廖翔还借故躲避，杜凤治非常
生气，其日记记有："上次予到良宝，伊托故晋省，予一回省，即差人问廖

① 杜凤治：《南海县衙日记》，《望凫行馆宦粤日记》第22本，第288页。
② 杜凤治：《南海官廨日记》，《望凫行馆宦粤日记》第25本，《清代稿抄本》第14册，第541页；《由南海调署罗定州日记》，《望凫行馆宦粤日记》第28本，《清代稿抄本》第15册，第391页。
③ （宣统）《南海县志》卷一四"列传"，《广东历代方志集成》广州府部第14册，第357页。
④ 参看邱捷《晚清广东的"公局"——士绅控制乡村基层社会的权力机构》。
⑤ 杜凤治：《重莅首邑日记》，《望凫行馆宦粤日记》第36本，《清代稿抄本》第18册，第388页。
⑥ （宣统）《南海县志》卷一五"列传"，《广东历代方志集成》广州府部第14册，第388页。
⑦ （宣统）《南海县志》卷一五"列传"，《广东历代方志集成》广州府部第14册，第381页。
⑧ （宣统）《南海县志》卷一五"列传"，《广东历代方志集成》广州府部第14册，第366、386页。
⑨ （宣统）《南海县志》卷一五"列传"，《广东历代方志集成》广州府部第14册，第384页。

翔归否，即持片往请，又询陈古樵，查其人在何处，岂伊闻予旋省，即日回乡。虽情形可疑，尚以为偶然，此番予来，闻伊又早晋省，则直是有心躲予。"后杜凤治听闻廖翔"寄省中西湖街鸿文堂"，于是，命令县丞带人到鸿文堂将廖翔留住，"俟予旋省，有话面谕，或交安良局暂留数日"，并且写信给安良局绅陈古樵，令其转告廖翔，如果再不出面负责，将禀报上司将其拘留，"责其同宗匪徒多多，平日既不查压，又不禀知，做出事来，又避匿不管，而又辗转避予，予必欲见之，嘱古樵将其留住，倘再狡猾，伊谓赴西省可免乎？予必详禀上宪将其扣留，一面出差持票传拘，不为留脸，令自思之"。[1] 同治十二年（1873）十一月，杜凤治委托同人局催收钱粮，并下令如若同人局催粮不利耽误完粮，官府要"先查该处绅士，斥革然后拿办"。[2]

从上述事实可见，咸丰、同治年间以后，广府普遍设立了士绅权力组织，官府把一些本应由州县官执行的公务责令公局去办理，局绅如果不完成或拒绝承担、躲避责任，就会受到告诫、训斥、限制外出、软禁、查办甚至详革功名官职、拘捕等处罚。这正是"士绅权力组织制度化"的重要标志。

清中后期，最初多为因防御盗匪、应对战事而设立的乡约、公约、公局这类士绅权力组织，在大动乱的实践当中发挥了重大作用，故而在大动乱过后，由临时性的机构演变为常设机构，在广府乡村地方被继续延用。尽管没有成文的法律依据，但士绅权力组织往往拥有自己直接指挥的武装，具有行政、征收、防卫、司法等权力，受到州县官管辖，成为州县级政权的延伸，其运作在很多方面也参照了州县基层衙门的做法，从督抚到州县官的官僚体系以及民间都认可了士绅权力组织的地位与权力。

① 杜凤治：《粤东首邑官廨日记》，《望凫行馆宦粤日记》第20本，《清代稿抄本》第13册，第465~466页。
② 杜凤治：《南海公廨日记》，《望凫行馆宦粤日记》第27本，《清代稿抄本》第15册，第234页。

Grassroots Governance in the Seaside World of the Pearl River Estuary in the Late Qing Dynasty: Centered on Nanhai County

Wang Yina

Abstract: This paper taking Nanhai County as the center, discusses how gentries in the seaside rural world of the Pearl River Estuary in the late Qing Dynasty used the Grassroots Authority such as xiangyue 乡约, gongju 公局, and gongyue 公约 to exercise gentry power in local society under the authorization, encouragement and management of governments, so as to achieve the governance of grass roots society, thereby deepening understanding about the social governance of the seaside society.

Keywords: the Late Qing Dynasty; Pearl River Estuary; the Seaside World; Grassroots Authority

（执行编辑：王潞）

袁永纶《靖海氛记》对嘉庆粤洋海盗的历史书写

彭崇超*

1987 年穆黛安《华南海盗：1790~1810》[1] 问世以来，乾嘉时期的华南海盗一直是中国海盗史研究中的重点之一。[2] 但海盗作为中国传统社会秩序

---

* 作者彭崇超，南开大学历史学院博士研究生，研究方向为史学理论及史学史。

① 〔美〕穆黛安：《华南海盗：1790~1810》，刘平译，商务印书馆，2019。
② 叶志如：《乾嘉年间广东海上武装活动概述》，《历史档案》1989 年第 2 期；林延清：《嘉庆朝借助西方国家之力镇压广东海盗》，《南开学报》1989 年第 6 期；武尚清：《南海华人海上武装与越南西山农民起义》，《华侨华人历史研究》1991 年第 2 期；李金明：《清嘉庆年间的海盗及其性质试析》，《南洋问题研究》1995 年第 2 期；刘平：《乾嘉之交广东海盗与西山政权的关系》，《江海学刊》1997 年第 6 期；刘平：《清中叶广东海盗问题探索》，《清史研究》1998 年第 1 期；刘平：《关于嘉庆年间广东海盗的几个问题》，《学术研究》1998 年第 9 期；刘平：《论嘉庆年间广东海盗的联合与演变》，《江苏教育学院学报》（社会科学版）1998 年第 3 期；郑广南：《中国海盗史》，华东理工大学出版社，1998；刘佐泉：《清代嘉庆年间"雷州海盗"初探》，《湛江师范学院学报》（哲学社会科学版）1999 年第 2 期；吴建华：《海上丝绸之路与粤洋西路之海盗》，《湛江师范学院学报》2002 年第 2 期；曾小全：《清代嘉庆时期的海盗与广东沿海社会》，《史林》2004 年第 2 期；曾小全：《清代前期的海防体系与广东海盗》，《社会科学》2006 年第 8 期；谭世宝、刘冉冉：《张保仔海盗集团投诚原因新探》，《广东社会科学》2007 年第 2 期；汤开建：《彭昭麟与乾嘉之际澳门海疆危机》，《中国边疆史地研究》2011 年第 1 期；叶灵凤：《张保仔的传说和真相》，江西教育出版社，2013；王日根：《清嘉庆时期海盗投首问题初探》，《社会科学》2013 年第 10 期；〔美〕安乐博：《海上风云：中国南海的海盗及其不法活动》，〔美〕张兰馨译，中国社会科学出版社，2013；陈钰祥：《粤洋之患、莫大于盗——清代华南海盗的滋生背景》，《国家航海》2015 年第 4 期；刘平、赵月星：《从〈靖海氛记〉看嘉庆广东海盗的兴衰》，《国家航海》2016 年第 1 期；陈贤波：《百龄与嘉庆十四年（1809）广东筹办海盗方略》，《华南师范大学学报》（社会科学版）2016 年第 4 期；彭崇超：《清嘉庆年间的粤洋海盗——以张保仔为中心的讨论》，《史志学刊》2018 年第 3 期；陈钰祥：《海氛扬波：清代环东亚海域上的海盗》，厦门大学出版社，2018。

中的边缘群体，其组成人员主要是贫穷的渔民疍户，破产的小商小贩，或是因罪革职的兵丁，多半目不识丁，很难留下自身生活方式和精神状态的第一手资料，这制约着相关研究。袁永纶的《靖海氛记》是专门记载嘉庆时期粤洋海盗活动的重要文本，虽仍非一手史料，但因相关文本的稀缺，成为其后广东诸多地方志中嘉庆粤洋海盗叙事的主要史源。

受西方"语言学转向"思潮的影响，中国学界的社会文化史研究异军突起，后现代主义取向的史学实践大行其道。与以往的史学研究通过"历史文本"重建"历史事实"不同，后现代史学认为构成文本的语言是不透明的，"历史文本"与"历史事实"之间存在隔膜，研究文本生成过程中的各种因素，才是史学研究该走的路。相较于"历史文本"所呈现的"历史事实"，"历史文本"本身被书写建构的过程也是一种"历史事实"。受此影响，本文试图在前人相关研究的基础上，对"海盗文本"《靖海氛记》进行解构，试图剖析生成该文本背后的某些情境要素。

一　《靖海氛记》的版本与成书

《靖海氛记》初版于道光十年（1830），七年之后，即道光十七年（1837）经作者增补后再刊。该书初版后不久，查尔斯·纽曼（Charles Fried Neumann）就将其翻译成英文在伦敦出版，书名为 *History of the Pirates who Infested the China Sea from 1807 to 1810*（《1807~1810 年间侵扰中国海面的海盗的历史》）。[①] 穆黛安的《华南海盗：1790~1810》一书即大量引用此版内容。

但不知何故，该书竟然在中国亡佚。香港学者叶灵凤在 1971 年出版《张保仔的传说和真相》时就曾感慨："可惜我始终未见过原书，访寻多年，也不曾有结果。"[②] 2007 年，香港珠海书院中国历史研究所教授萧国健与香港中文大学历史系教授卜永坚几经曲折，终于通过马幼垣从大英图书馆获得《靖海氛记》道光十五年本的影印本，经萧、卜两位先生整理笺注后，发表在香港科技大学华南研究中心通讯刊物《田野与文献》第 46 期上，这是该

---

① 萧国健、卜永坚笺注《〈（清）袁永纶著〈靖海氛记〉笺注专号》，《田野与文献》（香港）2007 年第 1 期，第 6 页。

② 叶灵凤：《张保仔的传说和真相》，第 113 页。

书足本首次进入国内研究者的视野。^① 2019 年 2 月，穆黛安《华南海盗：1790~1810》再版，刘平教授经萧、卜二先生同意，将《靖海氛记》重新标点附录于书后。^②

《靖海氛记》全书分叙、序、凡例、上卷、下卷、附。主要内容如下：上卷为对海盗兴起背景及活动状况的描写，官军与海盗的几次交战，海盗对珠三角内河地区的侵犯及沿岸乡民的抵抗；下卷为闻名中外的"赤沥角之战"以及海盗最终投诚或被歼的详细经过。该书作者袁永纶，字瀛仙，广东顺德县人。有关其生平资料极少，广东地方志中并未发现此人传记，笔者推测应是顺德地方的一名普通士绅。

该书的特点，道光十年苏应亨叙云，"如复见当日情形。词简而该，事详而确"，"事虽有大小之殊，然皆信而有征"。^③ 又何敬中序云，"展而读之，恍如前日事。余既嘉袁君之留心世务，殚见洽闻，复喜是编之成、之足当信史也"^④。袁氏在凡例中亦声称："是编专取耳闻目见、众所共悉者，逐节记叙"，"若得自道涂之口、闻见未真者，概不敢采入"，"篇中记叙，俱是目击时艰，直书所见"，"兹编记叙，虽似琐碎，然谨依月日，次第编入，事必求其确，语必考其真。诚不敢妄加粉饰，稍涉张皇，亦不敢强为申合，以近于小说家之流"。^⑤ 可见，作为亲历嘉庆粤洋海盗侵扰的地方士绅，袁永纶声称坚持"秉笔直书"的史家传统，将所知的这段历史按时间顺序书写。其客观翔实程度得到了两位同乡士绅的高度称赞。该书所建构起的嘉庆粤洋海盗活动的历史图景，其后还为官方所接受，成为广东诸多地方志中涉及乾嘉粤洋海盗问题的主要史源，可见其在当时的学术影响力。

二　《靖海氛记》对嘉庆粤洋海盗历史的建构

《靖海氛记》乃袁永纶所作有关嘉庆粤洋海盗活动的完整记录，是清代史家对嘉庆粤洋海盗历史所建构的最完整的版本。与其他相关文本对比，该书更加系统完整，透露出的历史信息更为丰富真实。乾嘉时期的粤洋海盗，

---

① 萧国健、卜永坚笺注《（清）袁永纶著〈靖海氛记〉笺注专号》，第 8~20 页。
② 〔美〕穆黛安：《华南海盗：1790~1810》，刘平译，第 226~243 页。
③ 萧国健、卜永坚笺注《（清）袁永纶著〈靖海氛记〉笺注专号》，第 8 页。
④ 萧国健、卜永坚笺注《（清）袁永纶著〈靖海氛记〉笺注专号》，第 8 页。
⑤ 萧国健、卜永坚笺注《（清）袁永纶著〈靖海氛记〉笺注专号》，第 9 页。

是当时清廷与广东地方社会最为棘手的难题之一。考察《靖海氛记》对这段历史书写建构的基调与故事情节设置的情况，可以揭示作为地方利益代表者的袁永纶的心态与深层的思想动机。

（一）对粤洋海盗猖獗的书写及海盗形象的建构

《靖海氛记》开篇即曰"粤东海寇，由来久矣。然皆随起随灭，未至猖獗。迨嘉庆年间，纠合始众，渐难扑灭。综其故，实由于安南"，言简意赅，点出了粤洋海盗的特点及嘉庆年间海盗猖獗的外因。① 由于安南西山政权的利用与扶植，郑七、郑一、麦友金等海盗集团势力发展壮大，而西山政权垮台后，这些广东海盗因失去靠山而重返粤洋。同时，作者对海氛不靖的原因及状况也有一概述：

> 是时，幸有王标为帅，提督水师，屡败强寇，海内外赖以相安。自王标没后，则有红、黄、青、蓝、黑、白旗之伙，蜂起海面……吴知青（混名东海伯），统黄旗，李宗潮附之。麦有金，乌石人（因号为乌石二），统蓝旗，其兄麦有贵、弟有吉附之；以海康附生黄鹤为之谋士。郭婆带（后改名学显），统黑旗，冯用发、张日高、郭就喜附之。梁宝（混名总兵宝），统白旗。李尚青（混名虾蟆养），统青旗。郑一则红旗也。各立旗号，分统部落。②

这里所言王标实为黄标之误。作者强调水师提督黄标的重要性，他的去世是粤洋海盗"愈盛而不可制"的契机，似乎暗示了广东水师赢弱乏人的局面。接着作者描述了海盗在广东洋面的分布情况，将广东近海分为东（惠、潮）、中（广、肇）、西（高、廉、雷琼、钦、儋、崖、万）三路，并指出"东、中两路，则郑一嫂、郭婆带、梁宝三寇踞焉；西路则乌石二、虾蟆养、东海伯三寇踞焉。由是近海居民，不安业者十余年矣"。③

在海盗形象的建构上，作者选择重点介绍了红旗帮的张保仔。张保仔原

---

① 萧国健、卜永坚笺注《〈清〉袁永纶著〈靖海氛记〉笺注专号》，第9页。
② 萧国健、卜永坚笺注《〈清〉袁永纶著〈靖海氛记〉笺注专号》，第10页。
③ 萧国健、卜永坚笺注《〈清〉袁永纶著〈靖海氛记〉笺注专号》，第10页。

是新会江门的渔民之子，每日出海打鱼。十五岁那年为郑一所掳。他"聪慧，有口辨，且年少色美，郑一嬖之，未几升为头目。及嘉庆十二年十月十七（1807 年 11 月 16 日），郑一为飓风所沉。其妻石氏，遂分一军以委保，而自统其全部，世所称郑一嫂者是也"。①

张保仔成为头目后，每日出海劫掠，党徒与船只逐渐增多，于是自立了三条帮规："一、私逃上岸者，谓之反关，捉回插耳，刑示各船，遍游后，立杀。一、凡抢夺货物，不得私留，寸缕必尽出众点阅；以二分归抢者，以八分归库。归库后谓之公项，有私窃公项者，立杀。一、到村落掳掠妇女，下船后，一概不许污辱。询籍注簿，隔舱分住。有犯强奸、私合者，立杀。又虑粮食缺绝，凡乡民贪利者，接济酒米货物，必计其利而倍之。有强取私毫者，立杀。以故火药、米粮，皆资用不匮。"② 从以上帮规中可见：首先，一旦进入海盗组织就很难脱身；其次，海盗组织内部对收入分配有着严格的规定；再次，海盗会适当保护劫掠来的妇女。海盗的生活用品大多源于陆地，所以在与沿岸乡民交易时，严格采取厚往薄来的策略，禁止抢夺。张保仔每事皆与郑一嫂商议，严格执行帮规戒律，在海上树立了权威，使得红旗帮"独雄于诸部矣"③。这里作者刻画书写出一名具有卓越领导能力，赏罚分明，深谋远虑的海盗头领形象。字里行间中呈现出海盗组织纪律严明、系统严密、势力强盛的画面。

总之，是书开篇描绘出这样一幅图景：凭借安南西山政权扶植而强大的广东海盗组织，回归粤洋后，在广东水师羸弱乏人的局面下，形成六大帮。红旗帮在郑一嫂与张保仔的强势带领下，活动猖獗，声势浩大。这样一幅海盗势力猖獗的图景，为下文作者书写广东水师及沿海乡民对抗海盗时的悲情历史，做好了铺垫。

（二）对官军与海盗几次重要战役的建构

《靖海氛记》中官军与海盗的重要战役有以下几次。

嘉庆十三年七月（1808 年 8 月），虎门总兵林国良出海剿捕海盗：

---

① 萧国健、卜永坚笺注《（清）袁永纶著〈靖海氛记〉笺注专号》，第 10 页。
② 萧国健、卜永坚笺注《（清）袁永纶著〈靖海氛记〉笺注专号》，第 10 页。
③ 萧国健、卜永坚笺注《（清）袁永纶著〈靖海氛记〉笺注专号》，第 10 页。

张保谋知官军至，预伏战舰于别港，先以数舟迎之，佯败。国良觇其舟少，以二十五艘追之。及孖洲洋，贼舟遮合，绕国良三匝，遂大战。自辰至未，国良不能出，致死奋战。保立阵前，良发巨炮击保，烟焰所指，直抵保前，其弹子及保身而泻。人见之，群意其必死，须史烟散，而保端立如故，众惊以为神。未几，贼逼国良舟，保先锋梁皮保先飞过船，斩舵公，挽舟使近，贼众拥跃而过。国良率军士短兵接战，裹创饮血，苦战竟日，尸积舱面，杀贼无算。日将晡，贼发炮击碎我三舟，军士怯，落水死者，不计其数，被贼抢去十五舟。所冲突奔还者，数舟耳。保欲降国良，良大怒，发直指冲冠，切齿狂骂。贼徒复好言劝之，良坚不可，以死自誓。保本无杀国良意，其手下遽以刃刺之，国良死，时年七十。①

从这段文本叙事中可以看出：第一，作者笔下的海盗头领张保仔机智勇猛，作战讲究战术，能够诱敌深入，海战经验丰富，熟知火炮射程；第二，战况的描写异常惨烈，画面感十足，给读者以身临其境的感觉；第三，尽管官军最终战败，总兵林国良被俘，但作者成功将其塑造成一个英勇不屈、视死如归的悲情英雄形象。

嘉庆十四年二月（1809 年 3 月），提督孙全谋率米艇（官号师船曰米艇）百余号，出海剿捕：

（此次战役分万山与广州湾两阶段）侦知贼聚于万山，乃分船四面合围而进。贼恃众不避，摆列迎拒。我军士薄之，大呼奋击，殊死战，又以火药筒掷烧之。众篷尽，贼大惧。悬帆将遁。官军以火箭射，其风帆舟，遂梗不动。由是合舟进逼。复以灰枧四围泼射，贼目眩，皆仆。我军乘势拥跃过舟，斩贼无算，生擒二百余人……时红旗方聚于广州湾，孙全谋欲以骤胜之兵，乘势掩其不备。郑一嫂不动，先令张保率十余舟迎拒，再令梁皮保率十余舟抄出吾后。我军方前后分兵鏖战，忽香山二、萧步鳌，率数十舟从左右夹攻，我舟遂为贼沂截，分散成数处，阵势遂乱，人各自为战，呼声动天，无不一当百。良久，郑一嫂复以生

① 萧国健、卜永坚笺注《（清）袁永纶著〈靖海氛记〉笺注专号》，第 10 页。

力之众，大队冲入，官军遂不支，失去十四舟。①

可以看出：提督孙全谋以少胜多，利用火攻于万山大挫海盗，但之后却在广州湾败给了战术运用更灵活的郑一嫂。作者在这段叙事中描写的郑一嫂形象，沉着冷静，足智多谋，与孙全谋轻敌冒进相比，似胜一筹。

嘉庆十四年六月（1809 年 7 月），总兵许廷桂之提师出洋：

> 驻师桅夹门，欲东往，适数日大雨连绵，未遑解碇。初八夜，张保以小舟乘雨探其虚实，绕寨而过。桂以雨故，不虑贼至，弛于候望。初九晨，保以二百艘猝至，直冲桂舟。时雨初霁，桂风篷未挂，锚碇未拔，猝遇寇，不能脱，望见贼舟如蚁集，樯旗蔽目，将士皆失色，勉强而战。桂大呼曰："尔等皆有父母妻子，宜奋勇击贼，不可不死中求生！我荷朝廷厚恩，脱有不测，惟以一死报国耳！"军士皆感激，无不奋力死斗，以一当百。酣战良久。桂发巨炮，击其一头领总兵宝毙，贼稍却。无何，而贼之战舰愈添，我师之兵力渐竭。及日中，保逼廷桂舟，短兵接战，杀贼颇众。俄而贼先锋梁皮保先跃过船，官军披靡。廷桂见势不敌，遂自刎。官兵落水死者无数，失二十五舟。②

是役，许廷桂因"雨故"疏忽大意，被张保仔等偷袭，终因仓皇应战，寡不敌众而战败身死。作者利用语言描写，生动地塑造出许廷桂临危不惧、以死报国的忠烈形象。

在百龄赴任两广总督，推行"禁船出海，盐转陆运"③ 政策后，官军在赤沥角的大屿山海域包围了张保仔的红旗帮，这就是闻名中外的"赤沥角之战"。《靖海氛记》写道："初十日（1809 年 11 月 17 日），彭恕遂点阅西洋夷舶六只，配以夷兵，供其粮食。是时，张保方聚于赤沥角之大屿山。夷船往迹之，适提督孙全谋亦率舟师百余号至，遂会同击贼。十三日（11 月 20 日）对阵，连打仗两昼夜，胜负未分。"孙全谋愤破贼之未有胜算，对属下说："我集全省之兵力以围之，复以火船攻之。彼何能与我相较乎！""及

---

① 萧国健、卜永坚笺注《（清）袁永纶著〈靖海氛记〉笺注专号》，第 11 页。
② 萧国健、卜永坚笺注《（清）袁永纶著〈靖海氛记〉笺注专号》，第 11 页。
③ 萧国健、卜永坚笺注《（清）袁永纶著〈靖海氛记〉笺注专号》，第 12 页。

二十日（11 月 27 日），北风大作，官军即将火船二十只，爇药引，顺风放入东涌。将及贼营，为掩山风所止，不能达，反延烧兵船二只。贼亦先诇知之，预以铁叉包长蒿末，及火船将近，乃以铁叉遥拒火船，使不得近。官军愤计不行，乃乘势奋力齐攻，计毙贼三百余人。保惧，问玟于三婆神，卜战，不吉；卜速逸，则吉；卜明日决围可否，三玟皆吉。及二十二日（11 月 29 日），晨，南风微起，樯旗转动。贼喜，预备奔逸。午后，南风大作，浪卷涛奔。近暝，贼扬帆鼓噪，顺风破围而出。数百舟势如山倒。官军不意其遽逸，不能抵当。夷船放炮，贼以数十烂船遮之，不能伤贼。贼遂弃烂船而逃，直出仰船州外洋。"①

　　在袁永纶笔下，赤沥角之战由提督孙全谋指挥。孙氏主导的火攻战术并未完全奏效，但战况竟使张保仔产生恐惧，甚至"问玟于三婆神"，充分反映出火攻之策的威猛。最终，海盗凭借风势，趁官军不备，出其不意地成功突围。

　　"赤沥角之战"是嘉庆粤洋海盗历史上规模最大的海战，所以清代有诸多文本对其进行书写。如时任署理盐运使的温承志，"出百龄门……尝著《平海纪略》，多归美于百龄，其实百龄先后皆用承志策，故能期月蒇事云"。② 对于赤沥角之战，《平海纪略》这样写道：

　　　　寻为舟师追剿，困于赤沥角之大屿山，公檄令各兵船堵塞海口，载草数十艘，实以硝磺，纵火焚之，将聚而歼焉，贼大惧，乘昏夜死力冲突，遂溃围逸去。③

　　南海县岁贡生朱程万著《己巳平寇篇》，收于同治《南海县志》本传内，其曰：

　　　　公愤气填膺，大集舟师追逐张保，四面兜截，困贼于赤沥角之大屿山，侦知其地，水势内浅外深，艨艟难入，檄令兵船堵塞海口，载芦草数十艘，实以硝硫磺，因风纵火，将聚而歼焉，贼大惧，乘昏夜死力冲

①　萧国健、卜永坚笺注《（清）袁永纶著〈靖海氛记〉笺注专号》，第 15 页。
②　光绪《太谷县志》卷五《人物·功勋》，中山大学图书馆藏光绪十二年刻本。
③　温承志：《平海纪略》，《丛书集成续编》史地类第 279 册，新文丰出版公司，1998，第 61 页。

突，遂溃围逸去。或曰时有统兵元戎，素通贼，知贼入死地，遣子劝止，贼留其子以为质，该将恐玉石俱焚，特开一面以逸贼，未知是否也。①

光绪《香山县志》则曰：

贼张保避风于大屿山、赤沥角。赤沥角惟东西通海，可截而歼也。知县彭昭麟侦知之，令渔户陈敬裕等以缯船截其东口，檄蕃舶三助之。时贼别队方攻陷他处，闻急回救。彭昭麟复驰请提督孙全谋移师截其西口，贼数百艘尽困港中。未几，东南风作，彭昭麟请沈二巨舰阻贼西遁之路，孙全谋坚不从。又请以火攻纵之，彭昭麟贻书邑绅士，犹以为节制既定，贼可一举尽也。邑人皆额手相庆，然火船小而少，贼拒以木，不得近。彭昭麟以事多掣肘，虑其终变，驰请总督百龄视师。是夜，贼冒死乘风西出，孙全谋麾师船长列一字避之，贼遁去，蕃舶、缯船追之不及，翼朝百龄至，则无济矣。闻者谓孙全谋前纵寇于广州湾，而倾黄标；后失机于赤沥角，而违彭昭麟，粤东之祸，孙全谋酿之。旋下狱，黜其官，自是始有招抚之议。②

光绪《广州府志》亦曰：

（嘉庆十四年）冬，贼数百艘避风于新安之赤历角，昭麟侦其实，即请兵于提督孙全谋，并檄缯船、夷船分扼隘口。孙全谋军其西，昭麟军其东，为一举灭贼计。贼乘风张帆西出，孙全谋麾师船避之，昭麟觉，率缯船夷船追之不及。归则欷歔语绅士曰：虎狼既纵，不复得矣。摩厉以须，公等慎无怠。明年，贼受抚，海患纾。③

① 朱程万：《己巳平寇篇》，见同治《南海县志》卷一四，广东省地方史志办公室辑《广东历代方志集成》广州府部第11册，岭南美术出版社，2007，第624页。
② 光绪《香山县志》卷二二，《续修四库全书·史部地理类》，上海古籍出版社，2002，第508页。
③ 光绪《广州府志》卷一一〇《宦绩七》，《广东历代方志集成》广州府部第8册，第1695页。

考察以上所举四部历史文本，可以看出以下几点。第一，《平海纪略》《己巳平寇》将百龄作为赤沥角之战的指挥，火攻之策亦是由其提出。两文本的书写只突出两广总督百龄的作用。第二，《香山县志》《广州府志》则将彭昭麟书写为赤沥角之战的主角。其中《香山县志》篇幅较长，将彭昭麟塑造成积极负责的官员形象，火攻之策即由其提出。孙全谋则显得被动消极，还是红旗海盗成功突围的责任人。第三，考察《嘉庆朝实录》不难看出，百龄将赤沥角之战的失败责任推给了孙全谋，清廷给予孙夺职处分。①四部文本皆为官书，某种意义上，体现的是官方的权力意志。第四，拿《靖海氛记》与这四部文本相比，在袁氏所讲赤沥角之战的故事中，两广总督百龄始终处于缺席的状态，并不在场，看不出其有任何作用。香山县令彭昭麟只是被一笔带过，且被误写为"彭恕"，也看不出有什么贡献。孙全谋则是袁氏文本中的主角，且并未有任何失职之处。

在袁永纶的叙事中，海盗集团在战略战术方面皆胜过官军，这为历次战役惨败的官军抹上一层悲情色彩。林国良与许廷桂皆兵败不屈而死，作者通过对战役过程的生动刻画，塑造了他们为国捐躯的烈士形象。而领导两次战役却并未获胜的孙全谋，作者亦塑造了其恪尽职守、奋勇杀敌的忠臣形象。

（三）对沿岸乡民反抗海盗内犯的建构

百龄调任两广总督后，实施封港海禁的策略，于是引起海盗集团对珠江三角洲内河地区的大举侵犯。《靖海氛记》上卷用颇多篇幅书写沿岸乡民的抵抗活动。在书写这段历史中，作者通过树立典型人物的英勇事迹和忠烈品格，使得抵抗故事丰满立体，悲壮感人。兹举如下。

嘉庆十四年七月（1809 年 8 月），"郭婆带率舟百余号直入，烧紫泥关。……大舟环列鸡公石（在紫泥关下），檄紫泥乡输万金。邻右三善庄，紫泥之连路小乡也，值派二千。其庄人有欲输贼者、有不欲输贼者。……议论纷纷，竟日未定。适有一庄人自外回，云：'贼乌合，易与耳。不可输。'力争之，于是立赏格、募乡勇、备器械。自十六岁以上、六十岁以下，齐出执兵防御。……是役也，贼众亦多死伤，而乡之户口，仅二千余人。其被祸

---

① 《清仁宗实录》第三册卷二百二十一，嘉庆十四年十一月乙亥，中华书局影印本，1986，第 980 页上。

之惨，有难以缕述者矣"①。

嘉庆十四年八月（1809年9月），"郑一嫂率五百余艘。自东莞、新会转扰顺德、香山等处……旋到半边月"，乡民预先知道海盗将至，一齐出动防御。海盗以五百人突进，乡民则以三千人拒守。有乡民"欧科奋前突阵，有一番贼挺枪迎战，格斗数合。科运矛刺之，贯心。旁一贼怒，挥刀来砍。科拔矛不及，贼断其手，仆，贼刺杀之。于是两阵相拒，互有杀伤"②。

八月二十六日（1809年10月12日），张保仔率队进攻南海县澜石海口，把守官军见海盗来势凶猛，纷纷逃窜。有"监生霍绍元率乡勇拒战。贼大队上，乡勇见贼势，惧，且皆未经战阵，怯而逃。绍元独自率数人前斗，挥刀杀贼，众寡不敌，死之。贼遂焚铺户民房四百余间，杀村里十余人。及贼退，乡人重霍绍元之义，为之立庙。巡抚韩崶亲致祭焉"③。

八月二十九日（1809年10月15日），红旗海盗劫掠圩溶，与乡民战于林头渡口，"拳师周维登，奋前伤贼十余人。贼将遁，张保复亲督战。良久，乡人不支，贼围维登，其女亦勇力善战，知父困在围中，挥刀冲入杀贼数人。贼更蜂拥环绕，围数重，冲突不出。登被重伤，不能战，贼攒刺之。女旋亦被伤，同死于其下"。"杨继宁之女梅英，有殊色。贼首欲纳之，英大骂，贼怒。悬于帆樯上，胁之，英骂愈烈，贼放下，凿去其二齿，血盈口颊。复悬上，欲射之。英阳许焉，及放下，英以齿血溅贼衣，即投河而死"④。

综上所述，三善庄民联合行动保卫桑梓；欧科奋不顾身勇斗盗贼；监生霍绍元义无反顾率乡勇拒敌；拳师周维登义不容辞殉乡难，其孝女为救父，亦战死；烈女梅英痛骂贼寇视死不屈。作者通过模式化的书写，展现出一幅体现儒家忠孝节烈观念的人物群像，凸显出珠江三角洲沿岸乡民对抗海盗、保卫家园的正义性。与之相比，海盗进犯内河烧杀抢掠的行为也就毫无合法性可言。

（四）对红旗海盗投诚的建构

赤沥角之战中，郭婆带并未对张保仔伸出援手，双方最终公然决裂，武

---

① 萧国健、卜永坚笺注《（清）袁永纶著〈靖海氛记〉笺注专号》，第12页。
② 萧国健、卜永坚笺注《（清）袁永纶著〈靖海氛记〉笺注专号》，第13页。
③ 萧国健、卜永坚笺注《（清）袁永纶著〈靖海氛记〉笺注专号》，第13页。
④ 萧国健、卜永坚笺注《（清）袁永纶著〈靖海氛记〉笺注专号》，第13页。

力相向。郭婆带还在虎门外洋打败了张保仔。郭婆带惧怕实力强大的张保仔报复，转而向清廷投诚。《靖海氛记》中附带一份所谓郭婆带的投降文书，全文如下：

> 窃惟英雄之创业，原出处之不同；官吏之居心，有仁忍之各异。故梁山三劫城邑，蒙恩赦而竟作栋梁；瓦岗屡抗天兵，荷不诛而终为柱石。他若孔明七纵孟获，关公三放曹操；马援之穷寇莫追，岳飞之降人不杀。是以四海豪杰，效命归心；天下英雄，远来近悦。事非一辙，愿实相同。今蚁等生逢盛世，本乃良民，或因结交不慎而陷入崔符，或因俯仰无资而充投逆侣，或因贸易而被掳江湖，或因负罪而潜身泽国。其始不过三五年成群，其后遂至盈千累万。加以年岁荒歉，民不聊生。于是日积月累，愈出愈奇。非劫夺无以延生，不抗师无以保命。此得罪朝廷，摧残商贾，势所必然也。然而别井离乡，谁无家室之慕；随风逐浪，每深萍梗之忧。倘遇官兵巡截，则炮火矢石，魄丧魂飞；若逢河伯行威，则风雨波涛，心惊胆落。东奔西走，时防战舰之追；露宿风飧，受尽穷洋之苦。斯时也，欲脱身归故里而乡党不容，欲结伴投诚而官威莫测，不得不逗遛海岛，观望徘徊。嗟嗟！罪固当诛，梗化难逃国典；情殊可悯，超生所赖仁人。欣际大人重临东粤，节制南邦。处己如水，爱民若赤。恭承屡出示谕，劝令归降。怜下民获罪之由，道在宽严互用；体上天好生之德，义惟剿抚兼施。鸟思静于飞尘，鱼岂安于沸水。用是纠合全帮，联名呈叩。伏悯〔虫〕蚁之余生，拯斯民于水火；赦从前冒犯之愆，许今日自新之路。将见卖刀买牛，共作躬耕于陇亩；焚香顶祝，咸歌化日于帡幪。敢有二心，即祈诛戮。①

关于此篇投降文书，学者们争议颇多。有人认为是由张保仔起草②，叶灵凤认为是百龄的幕府师爷为点缀其功业所作，③ 袁永纶则认为是郭婆带所呈。无论如何，这篇叙述海盗生成缘由及悲惨的海上飘零生活的历史文本，世间少有，弥足珍贵。袁氏将其收入《靖海氛记》中，表明他认同该文本

---

①　萧国健、卜永坚笺注《（清）袁永纶著〈靖海氛记〉笺注专号》，第16页。
②　〔美〕穆黛安：《华南海盗：1790~1810》，刘平译，第223页。
③　叶灵凤：《张保仔的传说和真相》，第117页。

的叙事，同情海盗群体被逼无奈下的苦难人生。

在《靖海氛记》的下卷中，张保仔所属红旗帮的投诚经过占去了多半篇幅，可见作者的重视。在袁永纶的叙述中，紫泥司章予之与澳门医生周飞雄，在促成张保仔集团最终投降的过程中，起到了关键的作用。章予之"乃命周飞熊往为间以致之。周飞熊者，业医澳门，颇识贼情，素有胆识。予之欲致贼降，募人作间，莫有应命。有荐其能者，遂命之往"①。接着，作者通过周飞雄与张保仔之间的对话，将海盗面临的不利形势陈述明白。最终，张保仔在郑一嫂的支持下，同意投诚。尽管在与两广总督百龄的首次谈判中，"适西洋番舶扬帆入虎门口，艨艟大舰，排空而至。贼大惊惧，疑官军阴合夷船以袭己也，拔锚而遁"②，导致谈判失败。但得知是误会后，郑一嫂决定带领家眷前往广州城为人质，促成谈判。后又经章予之与周飞雄联络，红旗海盗才顺利投诚。总之，在袁氏所讲红旗帮投诚的故事里，紫泥司章予之及所任命的周飞雄发挥了不可替代的作用。可是，我们在考察葡萄牙所存档案时，却看到了历史的另一面相。

葡萄牙《东波塔》档案中藏有四封澳葡判事官眉额带历参与斡旋张保仔集团投降事宜的书信：《判事官眉额带历为受托招安盗首张保仔事呈两广总督百龄禀》《驻澳门某清朝官员为招安张保仔事致判事官眉额带历信札》《判事官眉额带历为招安事致张保仔信札》《张保仔为受招安事覆判事官眉额带历信札》。③

眉额带历接受百龄托付，致信张保仔，请求商谈投诚的具体事宜：

> 嘉庆十五年三月初□□（日）（下缺约二十字）。窃为英雄处世，义气为先。豪杰相□（交），忠信为本。故夷（下约缺十二字）乎西域。前闻足下投诚有□（意），本（下约缺十六字）疑未定，自到虎门。再□□，□（本）使深愿代为图全。但彼此来得具（下缺数字）足下信爱相托，且奉督宪面谕真情。故尔屡觅线人，传□（旨）劝处。此皆本使诚心片，实可以对天人。屡接来书，知足下所议章程已定，惟是胜和亚四虽任往来，但其为人鲁钝，多恐传说未真，□（以）致宪

① 萧国健、卜永坚笺注《〈清〉袁永纶著〈靖海氛记〉笺注专号》，第17页。
② 萧国健、卜永坚笺注《〈清〉袁永纶著〈靖海氛记〉笺注专号》，第18页。
③ 刘芳、章文钦主编《葡萄牙东波塔档案馆藏清代澳门中文档案汇编》上册，澳门基金会，1999，第512~513页。

谕、呈词格格不□（甚）相入。兹有李汉华兄，与澳商朱梅官、蔡保官相处甚厚。今其由省来澳，忠厚诚实，素有善名，故特托其持书拜候。请问足下底细情形，尊养有无送省？口后所禀督宪章程如何？……□□□□□决者，即可详悉妥缮一口（折），或县禀督宪呈词，实托本使代求俾得□□□下人凭本□□当合具禀词。随请督宪早日驾临，以免牵延时日，本使亦即代足下亲赴台前，力承担保，务祈（下缺）。

张保仔回复眉额带历，希望他能从中斡旋促成投诚，并许诺让郑一嫂去省城谈判。

　　中外本无二志，为情为（下约缺十三字）贤使。捧谕宣扬百大人保民若赤之心，使我们回□□□□□仁人之用者也。但愚前□□□□□太平，满拟回头是岸，□□□事不果行，徒自怆怀，至蒙屡经□□指点迷津。今又蒙着李汉华兄持大札，捧诵顿芽，臆是即将遣贱眷赴省成信。倘大人如前召问旧因，从中□□得蒙，俾以成就此番美举。素心千古，亦无负大人万家生佛一盂口口，活涸鱼，感德无涯！余不嚅，即当面讨。端此布达，并候近祉不一。

眉额带历所起的作用，在龙思泰《早期澳门史》中有更清晰的表述。

　　由两广总督 Pae 授权，喵嘧嘧呀和张不断谈判，徐和潘两位官员也在场。谈判取得了进展，确定与两广总督一起召开一次会议。会议于 2 月底在虎门附近召开。它因一种谣言而中断。谣传澳门总督已命令阿尔坎福拉多不要让海盗出香山湾，而不按已商定的方案行事。这件事使害怕背信弃义行为的海盗头目大为惊恐，以致他们从会议所在地逃走，回到各自的船队。两广总督授权喵嘧嘧呀解决归附的条件问题后，回到广州，喵嘧嘧呀也回到澳门。在打消澳门总督的所有顾虑后，他将谈判活动恢复，并机智地处理此事，使张保终于同意遵照两广总督的命令，将各船队带到一个叫做"芙蓉沙"的地方。[1]

———————————

[1]　〔瑞典〕龙思泰：《早期澳门史》，吴义雄等译，东方出版社，1997，第 136 页。

综合以上域外文本，可以发现：在处理张保仔海盗集团投诚的过程中，澳葡判事官眉额带历起到了关键的作用。明清两代朝廷与澳葡打交道，皆通过香山县，故官员 Pom 极有可能是香山知县彭昭麟。《东波塔》档案中有一份《香山知县彭昭麟为盗首张保仔投诚事下判事官等谕》①可以佐证。也就是说，澳门判事官眉额带历与香山县令彭昭麟，才是张保仔集团投诚事宜中的关键人物。回过头看《靖海氛记》的投诚叙事，澳葡在袁永纶的书写中完全缺席，而彭昭麟则被误写为彭恕，所起作用也不明显。

综上，袁永纶《靖海氛记》文本开篇即展现了一幅粤洋海盗活动猖獗的图景，海盗头目精明能干，海盗组织严密强大，为下文官民与海盗之间的对抗奠定了悲壮惨烈的基调。海登·怀特曾说："特定历史过程的特定历史表现必须采用某种叙事化形式，这一传统观念表明，历史编纂包含了一种不可回避的诗学——修辞学的成分。"②历史书写中必然掺杂着文学成分，这些文学要素会增加历史书写的感染力和文本的"真实性"。在官军与海盗的几次战役中，作者充分发挥文学想象，文本叙述生动写实，刻画出为国捐躯、恪尽职守的烈士和忠臣形象。在赤沥角之战中，作者让两广总督百龄缺席，弱化香山知县彭昭麟的存在。在海盗投诚的叙事中，作者将起到关键作用的澳葡方遗忘，同样弱化彭昭麟的影响，反而突出紫泥司章予之及其属下周飞雄的作用。

三 《靖海氛记》书写模式解析

尽管《靖海氛记》被两位序作者盛赞为"信史"，作者袁永纶也强调该文本叙事的真实可靠。但众所周知，历史的书写往往与权力相纠葛。所谓的"历史真实"其实是"文本真实"，由语言或话语构成的历史文本常常与一定的权力相关联。诚如王明珂所言："历史事实造成某种政治、社会情境；在这种情境中，掌握权力者（个人或群体）也掌握'历史建构'，于是他们以'历史'来强化有利于己的社会现实情境。"③袁永纶，作为一名道地的儒家知识分子，在其凡例中就明言："是编表扬忠烈为多，凡忠臣、烈士、

---

① 刘芳、章文钦主编《葡萄牙东波塔档案馆藏清代澳门中文档案汇编》上册，第511页。
② 〔美〕海登·怀特：《元史学——19世纪欧洲的历史想象》，陈新译，译林出版社，2013，前言第2页。
③ 王明珂：《反思史学与史学反思》，上海人民出版社，2016，第17页。

节妇、义夫，务必详记里居，俾其人其事，炳耀今古。使后之修志者，到彼访闻，得以信而有征，确而可据。"① 在《靖海氛记》上卷中，袁氏通过模式化的书写，塑造了林国良、许廷桂、孙全谋、欧科、监生霍绍元、拳师周维登及其女、梅英等符合官方意识形态的道德符号。在儒家伦理道德主导的社会情境下，袁永纶通过书写这群符合儒家教化的人物历史，进而强化了这种社会情境，同时也维护并实现了作为儒家士人自身的权力诉求。

所有书写下来的历史都只是"历史真实"的一部分，绝非全部。历史通过记忆来书写，而"记忆犹如孤岛，环绕着这些孤岛的则是遗忘的海洋。记忆的形成过程，一方面是努力记住一些东西，另一方面则是努力忘记一些东西"②。在赤沥角之战的叙事中，袁氏"遗忘"了两广总督百龄，是因对其仓促推行坚壁清野政策，导致海盗大举进犯珠三角内河地区的不满。海盗对内河地区的侵犯，造成沿岸乡民生命财产的巨大损失，顺德县首当其冲，身为顺德士人的袁永纶，对百龄不满亦属正常。③ 在海盗投诚的叙事中，袁氏选择"遗忘"起关键作用的澳葡方面，而"记忆"紫泥司章予之及其属下周飞雄的作用。一方面因为，袁永纶作为正统的儒家知识分子，持有"严夷夏之防"的华夷观念，蔑视澳夷；另一方面因为，紫泥司属顺德县下辖，袁氏把功劳算在顺德县所属官员身上，无疑能突出家乡顺德在海盗投诚过程中的作用。至于始终弱化香山知县彭昭麟的存在感，目的无非亦此。书写者的意识形态、个人立场、利益诉求等皆是影响历史书写的重要因素。

袁永纶《靖海氛记》文本呈现出一幅嘉庆粤洋海盗历史的鲜活画面。但诚如罗新所说，"我们所能了解的历史史实，不过是被种种力量筛选过的、幸存下来的碎片，另外那巨量的史实，都已被屏蔽和排斥在我们的记忆库之外了。我们无法了解的那些，有相当一部分是前人认为不应该或不值得为后人所了解的"④。嘉庆粤洋海盗的真实历史远比《靖海氛记》所述复杂。海盗集团能够产生并壮大，与东南沿海民众的生产生活方式密切相关。濒海社会民盗不分，互相交通贸易，形成正常经济体系交易市场之外的"影子

① 萧国健、卜永坚笺注《（清）袁永纶著〈靖海氛记〉笺注专号》，第9页。
② 罗新：《有所不为的反叛者：批判、怀疑与想象力》，上海三联书店，2019，第27页。
③ 卢坤、邓廷桢编《广东海防汇览》卷四二《事纪四·国朝二》，王宏斌等点校，河北人民出版社，2009，第1039页。
④ 罗新：《有所不为的反叛者：批判、怀疑与想象力》，第28页。

经济"体系，这是当地历史的"常态"。安乐博教授对此有很好的研究。[①]
作为顺德地方士绅的袁永纶，并未对海盗群体深恶痛绝，反而表现出某种同
情，这从《靖海氛记》中录用郭婆带投降文书一事可见一斑。对海盗集团
内部掌故的如数家珍，对海盗头领形象刻画的生动鲜活，袁氏的这些知识资
源从何而来？不难想见，袁永纶所书写建构的海盗文本——《靖海氛记》
所遮蔽掉的嘉庆粤洋海盗的真实历史内容，恐怕不在少数。

A Study for the History Writing with the Pirates of the South China Coast in Jiaqing Dynasty by Yuan Yonglun's *Jing Hai Fen Ji*

Peng Chongchao

Abstract：Yuan yonglun who experienced the disaster of the pirates of the South China Coast in Jiaqing Dynasty, wrote the book named *Jing Hai Fen Ji*. This book has great historical value, and became the source of the historical writing about the pirates of the South China Coast in Jiaqing dynasty during the Daoguang dynasty. Based on the action of the pirates, the battle between pirates and government forces, the resistance of locals and the surrender of the Red Flag Pirate, we can make a textual research on the *Jing Hai Fen Ji*, and analyse the textual representation and the situative wahrheit.

Keywords：History Writing; the Pirates of the South China Coast; Yuan Yonglun; *Jing Hai Fen Ji*

（执行编辑：林旭鸣）

---

① 〔美〕安乐博：《中国南方的海盗活动及影子经济（1780~1810）》，〔美〕张兰馨译，《海洋史研究》第二辑，社会科学文献出版社，2011，第 183~201 页。

戏金、罟帆船与港口

——广州湾时期碑铭所见的硇洲海岛社会

吴子祺[*]

在以往的海洋史研究中，研究者对边陲小岛关注不多，也较少讨论水上人对陆地的控制。这些岛屿虽不及广州、厦门和澳门等主要港口重要，但也有值得学界关注之处。学界普遍认为，是否在陆地定居是水上人与陆地居民的划分标准。[①] 若透过历史人类学的视角，已有一些研究成果聚焦于滨海和海岛社会。例如对于疍家（或称为"水上人"），贺喜和科大卫的编著中提出水上人并非区别于陆地居民的种族，而是牵涉了经济权益、社群结构和身份认同等问题。[②] 此类理论在黄永豪等人关于沙田的研究中得到了充分验证，[③] 现有的珠江三角洲地方社会在一定程度上就是由一群从岛屿沙洲上岸的水上人所营造的。但是这一解释并非普遍适用于所有滨海和海岛地区。水上人不一定都有上岸的意愿，海岛社会也未必自然而然朝上岸定居"线性历史"发展。此外，就关于硇洲岛的研究而言，程美宝对珠江三角洲沙田

作者吴子祺，法国社会科学高等研究学院（École des Hautes Études en Sciences Sociales，EHESS）博士研究生，研究方向为广州湾租借地史（1898~1945）和近代中法关系史。

本文广州湾时期指的是 1898 年至 1945 年。1898 年 4 月法军侵占广州湾，次年 11 月中法两国签订《广州湾租界条约》，规定法国租借广州湾 99 年。1943 年 2 月日军占领广州湾，1945 年 8 月中国政府提前收回广州湾租借地，随后成立湛江市。

① 黄向春：《"流动的他者"与汉学人类学的"历史感"》，《学术月刊》2013 年第 1 期，第 134~141 页。

② Xi He and David Faure eds. , *The Fisher Folk of Late Imperial and Modern China: An Historical Anthropology of Boat-and-Shed Living*, London: Routledge, 2016.

③ 黄永豪：《土地开发与地方社会：晚清珠江三角洲沙田研究》，香港三联书店，2005。

开发者与王朝国家之间利益角力的解释①也有"生搬硬套"之嫌。② 正如东南亚研究者反复强调的，地方社会并非必然走向国家整合，而是有一个复杂的逃离与规避政权管治的过程。③

简言之，我们不应以"是否在陆地定居"作为水上人与陆地居民的划分标准，也不应默认陆地居民排斥水上人上岸定居，从而导致水上人生活模式、信仰形态和社会组织的独特性。关于硇洲岛，我们要思考：20世纪50年代之前，经历清中期至近代法国管治时期（1898～1945）的变迁，水上人是否真的难以上岸定居？还是他们更愿意享有浮生水上的便利和经济优势，便于以多种方式参与陆地社会的公共事务，从而发展与港口其他群体的互惠共生关系？此外，清代官府和广州湾法当局自上而下的介入对海岛社会产生什么影响，水上人如何抵制或接受，他们之间的角力亦将在文中讨论。本文以硇洲岛的水上人为例，试图对上述问题予以作答。

一　水上人在硇洲北港的经营

硇洲岛位于粤西南雷州半岛的东部海域，是地壳运动火山爆发形成的岛屿，清代属吴川排县管辖（为该县南四都），同治年间的硇洲巡检司王近仁概括其地貌："虎石排乎三面，鸿涛环于四周，斯亦海岛之绝险者也。"④ 该岛海岸密布体积较小的玄武岩，虽然小型渔船可以在礁石之间靠岸停泊，但难以躲避风暴巨浪。就北部海岸而言，礁石尤为密集，只有烟楼村沿海有较为平坦的烟楼湾沙滩，但其过于开阔，亦不宜船只避风。相较之下，西面海岸背风且有东海岛作为屏障，地势又相对平缓，因此淡水南港（也称"下港"）和北港皆坐落于西海岸。19世纪初，为捕捞海产和躲避风浪，官民

① 程美宝：《国家如何"逃离"——中国"民间"社会的悖论》，《中国社会科学报》2010年10月14日。
② 林春大：《湛江硇洲海岛社会历史族群构成的人类学考察》，《曲靖师范学院学报》2019年第5期，第26～31页。
③ Jennifer L. Gyanor, *Intertidal History in Island Southeast Asia: Submerged Genealogy and the Legacy of Costal Capture*, Ithaca, N.Y.: Cornell University Press, 2016.
④ 《重建翔龙书院碑志》，引自钱源初《从"停贼之所"到"邹鲁之风"：粤西硇洲岛地方开发考察记》，《田野与文献：华南研究资料中心通讯》第91期，2018年7月，第14～15页。

决定加深北港。道光八年（1828）硇洲水师营①官兵与地方民众共同捐资开港，并撰《捐开北港碑记》记录此事：

> 兹硇洲孤悬一岛，四面汪洋，弥盗安良，必藉舟师之力。且其水道绵澳，上通潮福，下达雷琼，往来商船及采捕罟渔，不时湾聚。奈硇地并无港澳收泊船只，致本境舟师、商渔各船坐受其飓台之害者，连年不少。本府自千把任硇而升授今职，计莅硇者十有余年，其地势情形可以谙晓。因思惟北港一澳，稍可湾船，但港口礁石嶙峋，舟楫非潮涨不能进。于是商之寅僚，捐廉鸠工开辟，数越月厥工乃竣，迄今港口内外得其夷坦如此，则船只出入便利，湾泊得所，纵遇天时不测，有所恃而无恐。

> 特授广东硇洲水师营都阃府邓旋明②、千总阮廷灿、把总何朝升、吴全彪、林凤来、外委唐振超、苏维略、房士元、吴勇、陈必成暨合营记名百队兵丁等。

监生李超明两罛□景全	李振启两罛黄信扬	李图振两罛□□□
石□□	何士贤	□□□
吴作舟两罛□□□	□□□两罛□文贤	李佳珍两罛□□□
□□□	□永兴	周志全

吴方骏两罛□□□
□□□

以上各棚助银四元

罟棚总理吴景西助银二元

道光八年岁次戊子季秋下浣吉旦立③

---

① 乾隆年间起，硇洲营兵额逐渐裁减，至道光二十年守兵实有 389 名。嘉庆十五年硇洲营归阳江镇管辖，光绪十三年改归高州镇管辖，设千总一员，各级把总若干。见光绪《吴川县志》卷四《兵防八十七》，《广东历代方志集成》高州府部第 12 册，岭南美术出版社，2009，第 407 页。

② 疑为硇洲都司邓旋启。邓旋明之名未载于光绪《吴川县志》及《高州府志》，似有误。参见光绪《高州府志》卷二十四《职官七》，《广东历代方志集成》高州府部第 3 册，第 344 页。

③ 《捐开北港碑记》，引自钱源初《从"停贼之所"到"邹鲁之风"：粤西硇洲岛地方开发考察记》，第 13 页。

此碑立于港头村镇天帅府（光绪《吴川县志》记为"三七庙"）前。[1]北港地形呈袋状，船舶可自西驶入港内，南岸为杂姓村港头村，居民来自吴川县和岛上其他村落，北岸有黄屋村、梁屋村和后角村等。根据碑文，开港资金部分来源于官兵，部分来源于水上人。碑文中的"罟""罟棚"代表水上人（疍户）集体捕鱼的经济生产组织。[2] 结合碑文与贺喜的研究来推测，每个作业单位（可能是一艘罟帆船）有一人为小头目，两个单位之上有一头目，再由他们推举一名罟棚总理。即吴景西为罟棚总理，李超明、李振启、李图振、李佳珍、吴作舟、吴方骏等为头目，□景全、石□□、黄信扬、何士贤、□文贤、□永兴、周志全等为小头目。

北港的开发，带动了沿岸经济的繁荣。至 20 世纪初，港头村有若干商号分布其间，并形成了小型市埠，各类物资一应俱全。[3] 然而，硇洲岛清初以来的衙署格局却没有因此而改变。负责军事的硇洲水师营和具有缉捕治安职能的巡检司[4]仍设在淡水附近的上街。下文将要提及的广州湾时期的公局亦在淡水，在法当局修筑公路以前，相距约 7 公里的北港与淡水之间的陆路交通应不算便利。那么谁来管理或分享北港的权益？广州湾时期淡水公局所立的《黄梁分收立约碑》为我们提供了一些信息。

黄梁分收立约碑

广州湾属硇洲第三起公局为谕饬遵照事。现据黄村头人[5]黄福秋、黄金养、黄金口等禀称，彼村设立境主神庙，每年演戏分黄、梁两村，各演合同戏一本，按照各该村船只多少相替派钱。现两村公议，将船只分定收派，以照公允。其梁村即收烟楼、吊□、谭井船只之钱币为戏金，黄村仝后角即收本港来往商船、虾船、鱼罟等船之钱币为戏金，□□□□。为免彼此争论，□□□□冒亵渎神明，应请给谕遵照办理，

---

① 光绪《吴川县志》卷首图三十五，第 269 页。
② 贺喜：《流动的神明：硇洲岛的祭祀与地方社会》，李庆新主编《海洋史研究》第六辑，社会科学文献出版社，2014，第 236~258 页。
③ 根据法国人绘制的地图《广州湾租借地地图》（Carte du territoire de Kouang-Tchéou-Wan，1900 年初版，1935 年修订版），北港南岸的港头村形成一个小型市镇聚落。另外，黄炳南回忆该处有多个商行和生活设施。
④ 关于清代巡检司的职能，参见胡恒《清代巡检司时空分布特征初探》，《史学月刊》2009 年第 11 期，第 42~51 页。
⑤ "头人"即村中父老。

□□并先分梁村□□事同一体各等情。据此，复查两村先后所禀均为神愿戏金起见，如此□议□□□并所派事极妥当，□□照准分别给谕，以照公允。除出示并分谕梁村遵照外，合就□饬为此谕给黄村头人、船户□□□遵照，□□仝后角村准收本港来往□□□□□□各船之□□派戏金之用，派□越收生事致干血究，各宜禀官□□□谕。

公元一千九百零三年□□□□号谕①

该碑是目前仅见的广州湾时期的公局②碑铭，相较于其他公局碑铭，③其特殊之处为弃用清代纪年，而采用公元纪年，这应该与当时广州湾受法国管治有关。④ 根据碑铭，每年神诞期间，黄屋村和梁屋村各出钱演戏一本，并以演戏敬神的名义，按照规定数额向北港（碑文为"本港"）和硇洲岛北部沿海村落的各类船只征收名为"戏金"的款项。后双方达成共识，由梁屋村征收硇洲岛北部沿岸烟楼和谭井等村船只的戏金，而黄屋村及有黄姓定居的后角村则征收北港来往商船、虾船和鱼罟等船只的戏金，村和船户（水上人）划分征收范围，并将情况禀告淡水公局，请公局给谕，以示各方遵照。

各村分别征收不同区域不同类型船只的戏金，反映了硇洲北部船只丰富各异的生意经营或作业模式，背后是当地不同群体经济和社会情况的差异。"烟楼、吊□、潭井船只"，当指硇洲岛东北部村落平时就近停泊本村海岸，每当售卖渔获或遇风暴避险则驶入北港的近海作业小型渔船。至于"本港来往商船、虾船、鱼罟等船"，则是经常停泊北港的各类渔船，主要包括体型较大的罟帆船和外港帆船，主要用于远海捕捞。此外亦有途经此处的载货

① 碑原在湛江市经济技术开发区硇洲镇黄屋村海边，2009 年文物普查移入该村调蒙宫（大王公宫）内。2019 年 5 月 16 日吴子祺、陈国威、赖彩虹拓录碑文。
② "公局"又称"公约"，从士绅权力机构化的乡约演变而来。（王一娜：《明清广东的"约"字地名与社会控制》，《学术研究》2019 年第 5 期，第 132~139 页。）尽管不是官方正式的行政机构，但在官府的认可下，在广东乡村社会具有稽查、缉捕、处理民事案件以及代官府传递命令和征税等职能，虽然有助于清廷统治秩序延伸到基层，但又经常引起局绅和官员的利益摩擦，影响国家与乡村基层社会的关系。（邱捷：《晚清广东的"公局"》，《晚清民国初年广东的士绅与商人》，广西师范大学出版社，2012，第 75~89 页。）
③ 现广州市番禺区沙湾镇仁让公局旧址存有四通碑铭（详见王一娜《清代广府乡村基层建制与基层权力组织》，南方日报出版社，2015）。
④ 类似的碑铭还有湛江市坡头区麻斜村张氏始祖墓的"奉天诰命"碑，同样采用公元纪年。

商船（往来潮州府、广州府、高州府、雷州府和琼州府之间①的海上航线）。② 这些来自不同地方或常泊港内的船只都需要使用北港，向神祇奉献戏金是其享有港口便利的代价。

从道光年间官民开挖北港，到 20 世纪初港口北岸的黄、梁两村因为戏金征收问题产生矛盾，在涉及港口的公共事务中，水上人均占一席之地。甚至可以说，在官府和地方权力机构之外，更有水上人控制着硇洲北港的地方社会。

二　三忠信仰所反映的渔业经济

《黄梁分收立约碑》所在地黄屋村调蒙宫③，为笔者考察 20 世纪初北港社会的利益关系提供了更多线索。据该村村主任黄炳南介绍，调蒙宫在1949 年前已是两进格局的建筑，20 世纪 20 年代曾被用于革命活动，1950年解放海南岛战役时也被征用，后经村民争取，1985 年获政府批准得以恢复使用，2011 年、2015 年先后被公布为区级和市级文物保护单位，官方制作的文保牌匾记作"大王公宫"。而庙中以神主牌表示的神祇正式名称则是"境主敕封调蒙灵应大侯王"。"境主"是一片地域（往往包括若干村落）的主要守护神。据黄炳南讲述，调蒙宫所覆盖的"境"（即信仰范围）包括硇洲岛西北部的七个村：那甘、那凡、大浪、庄屋、后角、梁屋、黄屋。它们都属于今北港村委会管辖，除了调蒙宫，北港村委会管辖范围内还有港头村供奉的镇天帅府（三七庙），另外南部村落也各有神祇，所以北港管区另外八个村都不属于调蒙宫的"境"。

在黄氏村民口耳相传中，调蒙宫境主是南宋末年抗元人士左丞相陆秀夫（1237~1279）。为强化该认知，20 世纪 80 年代重修庙宇时还制作了两块刻有陆秀夫相貌的木板置于神龛两侧。调蒙宫对联"国祚虽移尽瘁鞠躬唯有

---

① 20 世纪 30 年代，由海口经过徐闻、海康、硇洲至广州湾西营的帆船，顺风一二日可至，逆风则需数日。每艘容量二三百担，每年平均二千五百余艘，共载货六十万担。参见陈铭枢等编撰《海南岛志》，神州国光社，1933，第 210~220 页。

② 关于北港船只的类别，来自黄炳南和窦天南口述。黄炳南记得附近村落只有梁屋村有一个"地主"购置了一艘货船，往来北港和广州湾西营之间运输百货，其他村民均无力从事外海运输。

③ 据黄屋村民介绍，"蒙"为异体字，中间第二横写为"口"，读音近"凡"或"粉"。故将"调蒙"解读为"调教启蒙"有牵强附会之嫌。

宋，民心可用输诚矢志欲驱元"，也昭示了神祇与抗元事迹的关联。①

　　根据方志，硇洲在明代已有三忠祠。② 1918 年一名法国学者考察硇洲岛宋末史迹的记录也提到，明人在硇洲岛已建有三忠祠。③ 康熙五十三年（1714）知县何美将三忠祠迁往吴川县城，设于县学内。④ 然而硇洲的三忠信仰并未消失。⑤ 同治年间巡检王近仁重建翔龙书院，于偏殿恢复三忠祠。⑥ 并且，"宋末三忠" 的历史形象被附会为岛上三座庙宇的主神（即 "境主"）——西园村平天宫供奉的文天祥，那林村调但宫供奉的张世杰，以及调蒙宫供奉的陆秀夫。20 世纪 30 年代，曾在硇洲岛生活、与水上人结婚的浙江文人程鼎兴⑦曾到访筑有防浪堤的北港并指出港内渔船规模甚大，他描绘岛上的三忠信仰称："此岛上住民为纪念宋末三忠陆秀夫、张世杰、文天祥，到处供奉，真是不遗余力。"⑧ 钱源初认为，此种现象体现了国家正统文化借助三忠信仰强调忠义观。⑨

　　与调蒙宫 "境主" 所蕴含的王朝正统文化 "三忠信仰" 不同，该庙的 "神诞" 活动，体现的是水上人的社会经济生活。调蒙宫境主神诞定在农历五月初五，与屈原投水自尽为同一日，俗称 "五月节"。20 世纪 50 年代水上人离开北港迁往红卫社区⑩以前，每年 "五月节" 都要举行盛大的龙舟赛。如今红卫社区的水仙宫神诞亦是五月初五，更将水仙公视为屈原的化身。黄炳南关于 20 世纪上半叶北港渔业经济的忆述，更清楚地说明围绕着

① 湛江市郊区人民政府地方志小组编《湛江郊区志》，内部资料，1993，第 235 页。
② 光绪《吴川县志》卷三《坛庙十一》，第 337 页。
③ Henri Imbert, *Recherches sur le séjour à l'île de Nao-Tchéou des derniers empereurs de la dynastie des Song*, Hanoi: La Revue Indochinoise, 1918.
④ 光绪《吴川县志》卷三《坛庙十一至十二》，第 337 页。
⑤ 乾隆晚年吴川知县沈峻和教谕欧阳梧写诗颂扬硇洲岛的三忠信仰。见道光《吴川县志》卷十《艺文三十四至三十五》，《广东历代方志集成》高州府部第 12 册，第 230~231 页。
⑥ 《重建翔龙书院碑志》，引自钱源初《从 "停贼之所" 到 "邹鲁之风"：粤西硇洲岛地方开发考察记》，第 14~15 页。
⑦ 关于程鼎兴（1904~1937）的生平及其来到广州湾的缘由，参见刘中华《一丝鲁迅缘——读〈金淑姿的信〉引起的》，https://www.meipian.cn/1uxeelhv，2019 年 1 月 11 日。
⑧ 程鼎兴：《广州湾一瞥（下）》，《中央日报》1936 年 8 月 29 日。
⑨ 钱源初：《从 "停贼之所" 到 "邹鲁之风"：粤西硇洲岛地方开发考察记》，第 10~12 页。
⑩ 公社化过程中，政府将罟帆渔民组建为 "渔业大队"，集中定居淡水。参见《湛江市地名志》"淡水街" 条，广东省地图出版社，1989，第 52~53 页。"大跃进" 时期，罟帆社、津前社、南港社并存，政府协助渔民为增产而改良渔具、增加作业范围及时间和发展养殖。参见《硇洲巨变——硇洲人民公社先进事迹介绍》，《湛江市社会主义建设先进单位及积极分子先进事迹选编》，中共湛江市委办公室，1959，第 37~40 页。

港口的陆地村落、水上人和外来商户的互惠共生关系。[①] 黄炳南表示，北港港内的"疍家佬"与黄屋村人存在雇用和交易关系。由于黄屋村濒海少田，贫穷的村民又无资本制造出海船只，故他们多在"疍家佬"的罟帆船上打工，随船出海捕鱼，按每转"流水"（即每次出海周期）付工钱；或者撑艇在港内活动，为罟帆船供应淡水，将船上渔获搬运到港头村小型商埠的"鱼头栏"仓库，以及摆渡渔民上岸。物资交易方面，罟帆船腌鱼剩下的汤汁廉价售给村民制成鱼露酱汁，村民则回售番薯等粮食作物。被黄炳南称为"老板船"的罟帆船近二十艘，都是三桅帆船，每艘船要有十多人操作，需要颇多的资本投入。船员住在船上，妇女儿童安置在北港两岸沙滩上的高脚棚屋，向不落地居住。这些自北而来的水上人操"咸水白话"，有吴、周、李、黄等姓氏，往往是船与船之间的罟帆人家通婚，个别船上供奉"水仙公"。[②]

北港水上人之所以选择五月节作为当地最主要的社区节庆，更与他们的远海渔业作业方式密切相关。民国初年的资料记载，硇洲罟帆渔民所使用的"头号密尾船长六丈，广一丈五尺，载鱼十万斤。船上有三桅……顺逆风均可行驶。如遇顺风，其速率可比轮船"。捕鱼时，渔民使用车盘（绞盘）下网，两船并行将前方鱼群收入大网中，每次可得一千斤以上，多则四五千斤，但每天只下网一次。头号密尾船除了船主及其眷属，另有雇工 11 人，每船连渔具值二千元。至于二、三等密尾船和开尾船，其长宽度、渔网重量和雇工人数依次递减。[③] 由此可知，硇洲渔民的船只需要相当的人力和物力投入，作业天数也较长。根据 1949 年后的政府调查，硇洲罟帆船每艘都有技术员（即船主）、副技术员、大工、船头工、下脚仔（实习生），分别依附各自的"鱼头栏"，每年有三个鱼汛期：春汛，农历正月初一至五月初三；小春海，农历五月初四至七月十三；秋风头，七月十四至年三十。[④] 五月节恰好处于两个汛期之间，且小春海渔获较少，五月节符合水上人庆祝和修整所需。

1937 年日军全面侵华，一帮在南海作业的硇洲渔船避难于香港，渔民代表李达华和吴宏清（恰好对应北港水上人的主要姓氏）等携带向港英当

---

① 黄炳南讲述，吴子祺记录，湛江市硇洲镇黄屋村，2020 年 1 月 25、26 日。

② 如此描述符合贺喜等学者所称的"家屋"社会形态。随着水上人迁到红卫社区居住，加上北港海沙流失和淤塞，高脚棚屋今已不复可见。

③ 李茂新：《农业畜牧讲义·农业养鱼学全书》，上海科学书局，1916，第 338~339 页。

④ 《湛江郊区志》，第 203~205 页。

局和广州湾法当局注册的牌照，向香港渔民协进会请求援助。据协进会交给港英政府的呈文所知，这帮硇洲渔船规模甚大，67 艘大小渔船的人口共有2000 人之多，他们每年秋冬"结队出海捕鱼，若有所得，则来港销售"。①硇洲渔民趁着鱼汛结队出海，作业范围颇广，所需的人力、物力亦非小数，这也反映了他们财力之殷厚。

罟帆船以拖网捕鱼，每次出海少则七八日，多则十几日，主要在硇洲岛东部和北部海域作业。不同批次的渔获在船上不同舱室腌制，总重量可达数吨。回到北港雇用小艇运到鱼头栏的"大池"，由港头村的鱼头栏处理后再运销外地。北港的另一类渔船是外港渔船，来自雷州乌石和海南临高等港口。这类渔船体型略小于罟帆船，多是两桅加上前置三角帆，每年春秋两季在硇洲海域捕鱼，并在北港补给物资。此外，还有来自吴川的小型渔船"三人拖"，船员有三人。由于多艘罟帆船和外港渔船、商船聚集，港头村的小型商埠颇为繁荣。该埠既有收购渔获的鱼头栏，也有供应盐的东海盐户，还有鸦片烟馆和嫖娼"娘馆"等。每逢农历五月，各类船只聚集北港，共同参与盛大的"五月节"。

五月节是北港社区关系的集中体现，既展示不同群体的身份差异和经济差距，又展示彼此之间的包容和合作。黄炳南回忆，1949 年前征收戏金已经约定俗成，多年来形成黄屋村、梁屋村和罟帆船三个"单位"轮流更替的惯例。每年农历五月初三至初六演出粤剧四本，第一晚是最重要的正本，由上述三者每年按序轮换，余二者承包第二晚、第三晚的剧目。当年出钱演正本者有权向"境"内村落、"境"外邻村和港内船只收取戏金，以便集资演出第四晚的粤剧。每年来演出的粤剧戏班由掌庙公从广府地区或粤西的吴川和廉江等地请来，有二三十人之多，住在村民临时搭建的"戏馆"。五月初五节庆正日全天演戏，戏班分为三班轮番上台，景况热闹。若将黄炳南的回忆理解为 20 世纪 30~40 年代的情况，我们可发现这已与 1903 年碑铭所约定的戏金分派略有不同，而碑铭中几乎没有出现的罟帆船或水上人（仅提及"船户"一次）在黄炳南的认知中却相当重要：虽然黄屋村、梁屋村和罟帆船每年都以各自名义出钱演戏一本，但村民按人数所捐的戏金有限，"境"外收的戏金也是自愿捐献。既然陆上村民出资总数不多，因此需要仰仗出钱较多的罟帆船老板。有时轮到他们做正本时，由于忙于出海，甚至委

① 《广州湾渔船请求护送》，《香港工商日报》1937 年 10 月 13 日。

托黄屋村人去收钱。1985 年调蒙宫恢复信仰活动，北港水上人早已加入渔业大队（后称罟帆社、红卫大队）离开北港，失去这一重要戏金来源的北港民众已筹不够钱请粤剧戏班，只能请价格不足一半的雷州歌班。

演戏之余，"扒龙船"（龙舟竞渡）也是五月节的重要活动。龙舟竞渡只限于罟帆船渔民参加——因为制作和维护龙船所费甚多，陆地村民不能负担。渔民以船为单位组成六七支龙舟队，每艘龙舟长七八米，两排人划桨，有鼓手敲鼓，五月初五潮水退去之时从港外逆流划入港内，最先到达终点者赢取烧猪一只，当场分食，输者也可获得猪肉，而其他民众则在两岸观看。当日还在庙前发射多束"火箭炮"（烟花），罟帆船老板对此颇为热衷，甚至雇用黄屋村小孩捡拾炮头以讨得好彩头。

经营罟帆船的水上人占有经济优势，并以"老板"身份受到岸上居民尊重，他们通过五月节演戏和龙舟竞渡等活动积极参与社区事务，维持其与不同群体的友好关系。黄炳南直言，1949 年前的黄屋村人以打工为生，要么在罟帆船和外港渔船务工，要么四五人经营一艘小艇为大船提供服务。在他的记忆中，村民不会为难在岸边搭棚的"疍家"，也不会向其收钱，理由是沙滩"天然形成"——笔者认为，黄炳南童年时，水上人与黄屋村的互惠共生关系已形成有年，容许水上人在岸边搭棚是双方的默契，以及对前者经济支持的回报。

调蒙宫供奉陆秀夫的现象固然来自官府认可的三忠信仰，但不足以解释 1903 年碑铭所载的社会关系。通过田野考察和口述访谈，笔者认为从事远海捕鱼的北港水上人，为了长期湾泊北港，需要发展与陆上社区的关系。他们利用经济优势和以调蒙宫"大王公"为中心的五月节活动，将北港各色群体整合在一起。水上人无须上岸定居，亦能与陆地居民发展互惠共生关系。

三　反思硇洲岛的社会分化

19 世纪至 20 世纪初的北港水上人有着区别于陆地居民的经济活动和社会生活——尽管彼此之间关系紧密。那么海岛社会的分化从何而来，体现在哪些方面？水上人和陆地居民从而形成怎样的社会关系？我们不妨扩大视野，讨论硇洲岛不同区域的信仰和宗族活动的差异。贺喜关注硇洲岛的民间信仰和水上人"家屋"社会结构，提出"轮祀"的信仰圈层结构——民众以轮流的方式居家供奉神明。轮祀的方法大体分为三类，第一类驻于庙中，调蒙宫属于此类；第二类有庙却不驻庙；第三类没有庙宇，完全居于民居。

贺喜指出不能以水陆对立的预设观念去理解水上人的社会，社会的分化并非全然来自上岸的先后。在宗族发展不甚成熟的硇洲岛，分属不同轮祀圈的村民通过轮祀活动，将彼此整合到一个共同体中。①

硇洲岛的确存在数个不同的村落群，② 如今调蒙宫神祇也参与全岛性的祭祀活动——正月初八游神。但硇洲岛各地的内部组织方式不尽相同，轮祀和水上人上岸结合的理论范式不能普遍运用于硇洲全岛，因为该岛既有不发展宗族的水上人，也有宗族组织发展较好的村落。传承光绪年间族谱抄本的硇洲岛东北部潭北湖及其周边窦姓村落的宗族活动情况可作为一个反例。③据《窦氏族谱》记载，沿海复界后，康熙四十三年（1704）二世祖根心迁回硇洲岛居住。咸丰六年（1856）族内 68 名男丁凑钱创制祖尝，说明他们开始形成宗族组织。这笔祖尝年年生息，按例每年冬至"分肉"回馈上述男丁及其继承人。到了光绪年间，窦氏宗族进一步扩大规模，新丁可到祠堂"告祖立名"和题捐，从而参与"分肉"，而 68 名创始人后代的权益保持不变。与此同时，族人购买田地用来收租，以求稳定收入，并且在祠堂办私塾提倡文教。

窦氏宗族的发展除了年代偏晚，似乎与广东宗族的一般进程并无二致。就笔者所见，窦氏宗祠前厅供奉象征文教的"九天开花结果文昌梓潼帝君"，正厅悬挂近年重制的"仁厚传家"牌匾，据传原为乾隆四十六年吴川知县和遂溪知县共同致送以褒奖该族三世祖世昌（卒于乾隆四十年）。村人另有一件辗转流传、多番重抄的谏文长布——吴川知县宋景熙领衔硇洲巡检和水师营将官等人联名表彰世昌长子、四世祖广明（逝于乾隆四十七年）。从谏文可知，窦广明"功名不就，出学馆而持家政，德行昭著……建祠以祭先延，师儒以育幼"。由此可见，乾隆年间窦氏宗族颇为迎合官府的文明教化，践行儒家礼仪，尽管他们仍无法通过科举获取功名。两件颇具象征意义的文物原件均已不存，村民仍将相关文字代代相传，对此甚为重视，甚至将其纳入丧礼——每当村中有人亡故，村民都会在棺材前方悬挂这件长约三

---

① 贺喜：《流动的神明：硇洲岛的祭祀与地方社会》，第 242~245 页。
② 以 2019 年硇洲岛正月初八游神为例，全岛村落分为八个方队参加，分别是淡水、潭北、南港、孟岗、北港、津前、宋皇和卫，对应硇洲镇辖下的八个管区。
③ 潭北湖村北巷族编《窦氏族谱》附件一、二、三，2017 年印刷本，存于湛江市经济技术开发区硇洲镇潭北湖村窦氏宗祠，吴子祺、梁衡 2019 年 9 月 15 日查阅。

米、宽约两米的谏文复制品，至今如旧。① 潭北湖村作为硇洲岛上少见的有祖尝、族谱、祠堂和祭祀礼仪的村落，也证明硇洲岛并不存在一种通用的地方社会组织形式，或是统一、分层次的"轮祀圈"。

若是说潭北湖村窦氏宗族的情况可证明"轮祀"理论有其局限性，且王朝国家向地方的扩张促进祭祀礼仪的演变；那么调蒙宫所属的三忠信仰的差异化现象，亦能体现三忠信仰在硇洲岛不同区域环境所发生的分化，其背后力量以经济为主。笔者在考察过程中发现，多地村民对宋末三杰等历史人物或神主牌上的名字同样不甚熟悉，他们一般将神明称为"侯王"或"公"，视之为保护一方地域的境主。村民之所以传说调蒙宫等庙宇供奉的境主是宋末的忠义之臣，应是地方社会对明清以来官府推广的儒家教化及其塑造的文化景观——三忠信仰加以回应和利用的结果。由此村民积累本地文化资源，迎合王朝正统，这一变化应发生在康熙年间的沿海复界之后，与硇洲渔业和海上交通的发展大有关系。然而，同样是三忠信仰的继承者，西园村和那林村虽然分别建有平天宫和调但宫，但神像却不常居庙内，而是以轮祀的形式居于村民缘首家中。笔者认为，西园村和那林村不濒临海岸，未如黄屋村享有北港的渔业经济条件，更没有水上人或商户的支持，因此既缺乏足够财力，也没必要在庙宇中固定供奉神祇和"做节"，这正是造成岛上不同村落情况差异的原因所在。

更有甚者，同一个调蒙宫神祇，水上人视作亲水的大王公，黄屋村等村民则奉之为庇佑一方的境主，但又以陆秀夫形象的三忠信仰迎合官方礼仪并向外扬名。或许可以借用人类学家华德英所提出的意识模型（conscious model）② 加以解释：境主是基于日常生活的"直接的意识模型"，而陆秀夫的历史形象则是符合官府倡导的"理想的意识模型"。两者并行不悖，村民面对不同人或场景使用不同的意识模型，用相互有别的话语来介绍神祇。他们对于"境"内外范围的界定，也成为界定他者的标准，所以他们不能强求"境"外村落捐献戏金。作为节庆活动的重要捐款者，水

---

① 窦天南口述，吴子祺记录，湛江市经济技术开发区硇洲镇潭北湖村窦氏宗祠，2019 年 9 月 15 日。

② 华德英（Barbara E. Ward, 1919-1983）长期从事华南渔民的研究，考察香港滘西洲等地，指出渔民具有三种意识模型，分别是"直接的、家庭中形成的意识模型"、"他者的意识模型"和"理想或意识形态的意识模型"。Barbara E. Ward, "Varieties of the Conscious Model: The Fishermen of South China," in *Through Other Eyes: Essays in Understanding 'Conscious Models' —Mostly in Hong Kong*, Hong Kong: Chinese University Press, 1985, pp. 41-60.

上人并不反对神祇同时兼具境主和陆秀夫的身份，而是将其视为联系北港各群体的纽带。此外，这也使得调蒙宫和镇天帅府成为硇洲岛上为数不多始建于清代的庙宇建筑，超越陆上居民轮祀的内部限制。

　　一旦渔业经营模式发生重大改变，昔日由水上人主导的信仰生活也就势难持续。如今生活在红卫社区、20世纪50年代初父亲以两艘罟帆船加入合作社的梁荣木也表示，咸鱼是水上人的主要出售产品。1949年前北港的避风条件优于淡水，二十多艘大型罟帆船根据需要停泊北港或淡水，每次经过北港都会向大王宫（即调蒙宫）燃放鞭炮做礼。[①] 1949年以后政府动员水上人上岸，罟帆渔民移居淡水，他们与北港的关系渐趋疏远。虽然80年代调蒙宫恢复信仰活动后，水上人的头人一度募捐继续支持北港五月节，但随着长老故去，红卫社区的居民宁愿重建当地水仙宫并奉屈原为神祇，90年代之后便不再参与调蒙宫的仪式。

　　综上所述，硇洲岛水上人的渔业经营与信仰生活密不可分，北港调蒙宫和镇天帅府（三七庙）因为水上人的支持和需求而具有鲜明特征。三忠信仰的推广和北港的开辟皆体现了清中期以来硇洲岛的社会经济变迁。三忠信仰本来带有明显的官方属性，但在民间的仪式实践中，北港水上人将其对于亲水神祇的信仰融入供奉陆秀夫的调蒙宫，与陆地居民共同塑造互惠共生关系，也使得调蒙宫与同属三忠信仰的平天宫和调但宫显著区分开。水上人是推动这一系列变化的重要力量，既迎合国家礼教和官府治理，也着力发展建基于经济合作的在地关系。北港的案例亦说明，由于群体的多样性，我们很难总结一个覆盖全岛的信仰模式来消弭海岛社会的内部差异，必须具体问题具体分析。而20世纪初的法国管治，在延续硇洲岛社会分化的同时，也带来若干新变化。

四　法国管治带来的变化

　　我们不能以为硇洲海岛社会的发展单靠渔业经济和民间信仰的内部力量，而忽略"国家"带来的影响。20世纪初法国殖民势力的入侵，对硇洲岛影响重大，使之走上不同于邻近地区之路，公局是其中一项变化。有学者

---

①　梁荣木讲述，吴子祺记录，湛江市经济技术开发区硇洲镇红卫居委会水仙宫，2020年1月26日。

指出设在广州湾乡间的多处公局的主要职能是维护公共秩序，充当"沟通法国统治者与广州湾民众之间的桥梁"。[①] 印度支那总督保罗·杜美（Paul Doumer，1897~1902 年在任）主张改造和利用地方基层组织，将其纳入统治手段。硇洲岛很早就被法军占领，成为一个重要的战略据点。1898 年 7 月法国海军登陆占领硇洲岛淡水炮台，[②] 1899 年 11 月中法签订《广州湾租界条约》，硇洲岛被划入广州湾租借地范围。1900 年 1 月保罗·杜美宣布在广州湾实行民政管理制度，2 月初驻军长官马罗（Marot）随即发布公告，将租借地划分为"三起"，每起设一帮办（即副公使），所有界内墟市村庄事务由各起公署办理，其中第三起"由东海至硇洲，公署设在硇洲大街"。[③] 这也就是《黄梁分收立约碑》将硇洲淡水公局名为"广州湾属硇洲第三起"的由来。随后的 1902 年，清廷正式将硇洲司巡检以"移驻"之名撤到吴川内地，改设"塘㙍巡检"[④]，以应对法国入侵广州湾造成的变局。

自 1900 年起淡水成为硇洲和东海两岛的行政首府，1903 年法当局在硇洲设有副公使（一名）、驻军（警备军，俗称"蓝带兵"）和法庭（由法国长官和四名当地乡绅组成）。[⑤] 1910 年广州湾法当局改组地方行政，辖域改划为七区，蓝带兵驻扎在淡水，其营官兼任行政工作。法当局十分重视硇洲岛在航道上的战略价值，硇洲灯塔是租借地最重要的航标。法国海军占领之初就在西北角的庄屋村建造了一座简易石质灯桩，以便进出广州湾的船只辨识。[⑥] 1900 年 3 月，河内当局批准广州湾航道的照明和灯标工程，启动招标建造硇洲灯塔。[⑦] 1902 年在硇洲岛中部的马鞍山正式动工，两年

---

① 景东升、何杰主编《广州湾历史与记忆》，武汉出版社，2014，第 16~17 页。

② 《两广总督谭钟麟致出使庆大臣电》，龙鸣、景东升主编《广州湾史料汇编》（一），广东人民出版社，2013，第 34 页。

③ 《大法国五划官广州湾海陆军马为出示晓谕事》，引自《广州湾历史与记忆》，第 14 页。

④ 朱寿朋编纂《光绪朝东华录》第五册，中华书局，第 4875 页。转引自廖望《明清粤西州县杂佐的海防布局探论》，苏智良主编，薛理禹执行主编《海洋文明研究》第四辑，中西书局，2019，第 71 页。

⑤ Gouvernement Général de l'Indochine, *Annuaire général de l'Indo-Chine* (*1903*), Hanoi: Imprimerie d'Extrême-Orient, 1904, p. 636.

⑥ 苏宪章编著《湛江人民抗法史料选编（1898~1899）》，香港：中国文化出版社，2004，第 80~81 页。

⑦ Paul Doumer, *Situation de l'Indo-Chine* (*1897 - 1901*), Hanoi: Imprimeur-Éditeur, 1902, pp. 214-215.

后竣工启用，法当局持续派遣一名法籍公务员常驻管理灯塔，下属有"安南师爷"（越南籍文职人员）和本地招募的多名劳工。与此同时，法当局在烟楼村海滩建造了一座灯桩，辅助硇洲灯塔在北部航道的照明引导。硇洲灯塔的作用亦不限于照明导航，更在 20 世纪 20 年代具备了通信和气象观测功能。法当局对灯塔的投入所费不少，以维持硇洲灯塔及其附属设施的航行交通和通信联络功能。① 由此可见，相较于租借地其他区域，法当局颇为重视硇洲的管治和建设。至于渔业方面，1912～1915 年担任广州湾总公使的卡亚尔（Gaston Caillard）指出当地渔民多是使用两艘船一起作业，然而硇洲渔船则是成帮结队，且每年鱼汛期间硇洲岛周边海域总会吸引各地渔船前来捕捞。此外硇洲岛的礁石海岸盛产龙虾，以及用于出口的各种日晒干虾。② 由此可见，硇洲岛的渔业资源丰富，引起广州湾法当局的格外重视。而基层权力机构公局正是法当局管理民间事务的主要权力下达渠道。

处理 20 世纪初北港纠纷的机构是淡水公局，就广州湾境内及其周边的公局而言，这种基层组织应与鸦片战争以后广东地方军事化和团练武装的兴起有关，反映了乡绅参与管理地方事务，再经法国当局改造利用而形成制度的历史过程。法国人占领广州湾之前，硇洲是否已有公局，其管辖范围如何，仍有待考证。在黄炳南的记忆中，三个法国人管理整个硇洲岛，这显然是不可能完成的任务，故法当局必须借助公局。公局位于数公里以南的淡水——广州湾法当局机构的所在地，也是今硇洲镇政府驻地。相对于法当局派驻硇洲的法籍副公使或营官，华人充任的淡水公局如同辅助机构，主要负责治安和调解事宜。公局长均由硇洲本地人出任，其下设有一名文书和若干局兵，经费由法当局财政支拨。1900 年 6 月，保罗·杜美向法国殖民地部汇报，根据 1 月 27 日的广州湾行政组织法令，各所公局，或当地乡绅委员会（Conseils des notables indigènes）已经完成重组并且开始运作。③ 1902 年，法国人的管治已初步建立，在相对"令人满意"的内部政治形势之下，首

① 吴子祺：《广州湾时期建造的硇洲灯塔》，湛江市政协编《新中国成立以来湛江文史资料选编》第七册《文化建设（下）》，内部资料，2017，第 335～341 页。

② Gaston Caillard, *Notre domaine colonial*, tome VIII : *L'Indochine*; *Kouang-Tchéou-Wan*, Paris: Notre Domaine Colonial, 1926, p. 122.

③ *Le Gouverneur Général de L'Indo-Chine à Monsieur Minister des Colonies*, N. 826, le 5 Juin 1900, INDO/NF/627, ANOM.

任总公使阿尔比（Alby）也指出若干隐忧：商人逐渐接受法当局的"保护"，乡村民众也减少了偏见，但法当局尚未与村民建立更为直接和持续的联系，仍不讨村民喜欢。当地民众经常要求法当局介入村中甚至家庭事务——尽管在阿尔比看来，比起当地乡绅，法国官员更能不偏不倚，免除个人利益的纠葛。阿尔比也委婉批评公局滥用权力，法当局不能置之不理。①公局虽然受命于法当局，但其两项主要职能——治安和调解——与法国官吏之职能有所重叠，他们共同治理一万两千多名硇洲居民，②难免发生龃龉。此外，在公局之下，还有各村的"保长"和"甲长"，黄屋村相关人士负责每年向渔船收取船牌税等费用，交给法当局。③到了 20 世纪 20 年代初，硇洲已增设北港公局（具体年份不详），赖博仁担任公局长，曾与权势颇大的赤坎公局长陈学谈合作容纳陈振彪匪帮。④北港公局的设立，或许说明法当局意识到硇洲岛事务非淡水公局一家可以治理，有必要另设公局治理渔船汇聚的北港。

要言之，19 世纪末法国侵占广州湾，硇洲岛扼守航道的战略价值及丰富的渔业经济价值受到殖民者重视，因此广州湾法当局在岛上颇有建设，其管治为当地带来许多变化。随着广州湾城市建设的发展和航运的开拓，一方面硇洲渔民出产的海产品销往首府西营和香港的大型市场，另一方面硇洲岛上的设施为雷琼等地的帆船提供中转补给或为远洋轮船导航照明。而法国官员和军队的驻扎，以及改造公局等举措，延续和加强了"国家"对于海岛社会的治理。不过公局未必体现法当局管治有效深入民间，而只能说明广州湾法当局利用晚清已出现的公局来间接"以华治华"。故《黄梁分收立约碑》所载的公局处事方式，似乎仍离不开当地社会的情理和社会关系。目前学界关于广州湾公局或基层组织的研究相当欠缺，笔者希望以上的讨论可引起注意，将来进一步探讨更多案例。

---

① *Note sur la Situation du Territoire de Quang-Tchéou*，Septembre 1902，INDO/GGI/5106，ANOM.

② 据广州湾法当局 1902 年的统计，硇洲岛共有居民 12668 人，村庄 93 个。*Annuaire général de l'Indo-Chine française*，Hanoi：F. H. Schneider，1902，p. 606.

③ 黄炳南讲述，吴子祺记录，湛江市经济技术开发区硇洲镇黄屋村，2020 年 1 月 25、26 日。

④ 赖博仁（Lai Poc Yen）事迹见钟侠《法帝国主义在广州湾豢养的陈学谈》，《广东文史资料》第十四辑，内部资料，1964，第 7 页。另据 1931 年的广州湾法当局职官文件，仍是赖博仁担任北港公局长。

结　语

　　浮生海上、从事渔业的水上人并不总是被动地流离迁徙和选择居住方式，也未必在社会结构中处于弱势。水上人就算不上岸，亦可主导社区的日常生活秩序。在官府缺位或只是施予间接影响的情况下，19 世纪中期以来以罟帆船为家的硇洲岛水上人能够发挥经济优势，与陆地居民和港口商户形成供应合作，促进北港的渔业和商贸发展。水上人出"戏金"，奉献经济资源来推动民间信仰和渔业经营相配合，从而以"五月节"节庆的形式发展北港社区的互惠共生关系，建立当地的社会秩序。正如马木池指出的，民间信仰的宗教仪式作为一种展演方式，所展示的意义会随着支配仪式的社会内部权力转变，而出现不同的演绎与诠释。[1] 以调蒙宫为中心的戏金征收和演戏争议在 20 世纪屡经变迁，受到广州湾时期法国管治和 50 年代合作化运动的影响，反映了政治变动对地方社会造成冲击，明显改变北港各群体的内部权力和利益关系。

　　近年来硇洲岛的渔业生产脱离集体化的约束，但也日益受到政府基建和财政政策影响。在硇洲和外地注册船籍的大型机动渔船大多停泊在南港——这是硇洲镇的驻地，也是国家级中心渔港和省级示范性渔港。与之相对，北港已经淤塞，在民间自治乏力的情况下无人倡议疏浚。目前已少有渔船停泊北港，当年的水上人早已迁到淡水红卫社区居住，旧日节庆规模已不复再有，调蒙宫限缩为黄屋村和梁屋村等"境"内村落的信仰，缺乏渔业经济的支持。概而论之，渔业生产以及渔民使用港口情况等经济方面的变化，在根本上改变了地方社会的组织结构和日常生活，进而影响民间信仰的表现形式。

　　诚然，不论是清代还是广州湾时期，也不论硇洲如何偏远，"国家"总是笼罩在海岛社会之上，王朝国家和法当局在硇洲交替进行直接或间接的统治。尤其是 20 世纪初法国管治对粤西南地方社会带来的变化，至今还较少引起学界讨论。若我们将北港水上人和陆地居民视作能动的历史主体，就能重新理解碑刻和档案文献所不载的当地海岛社会的结构过程。[2] 道光年间，

---

[1]　马木池：《宗教仪式与社群结构的互动：香港长洲岛水陆盂兰盛会的发展》，王加华主编《节日研究》第十四辑，山东大学出版社，2019，第 116~134 页。

[2]　参见赵世瑜《历史人类学的旨趣：一种实践的历史学》，北京师范大学出版社，2020，第 60~61 页。

水上人借助驻扎岛上的水师营之名义开辟北港，建成避风港和商品交易之地；广州湾时期，他们借助硇洲公局订立戏金征收的规矩，重新确立社会秩序，利用法当局建设所带来的销路和便利。另外，临港的黄屋村人受雇于水上人挣得经济收入，且他们一同利用地方传统的"三忠"文化资源为调蒙宫神祇增添合法性，长期分享北港渔业商贸的红利。

或再追问这项关于硇洲北港水上人的个案研究的学术意义，不妨回到中国社会的历史人类学早期学者华德英提出的问题：水上人如何自我定位？为何看似被陆地居民轻视的水上人，反复在她面前强调自身习俗的中国文化正统性？同样的问题也可以反问硇洲岛的罟帆船水上人——身为不在陆上拥有固定住所的渔民，不上岸未必是一件有失体面和利益的事情，他们长期以来已经发展出一套"不上岸的艺术"，利用海岛社会环境和渔业经济占据优势地位。若非国家的强力干预，上岸定居可能并非他们的意愿，亦非其命运的必由之路。

Tributes, Fisher Folk and Port:
Insights from a Twentieth-Century
Inscription on Island Society of Naozhou

Wu Ziqi

Abstract: Previously, in the Chinese maritime history researches, the role of remote islands was neglected as the scholarly attention usually given to the commercial exchanges initiated from principal ports in southern China. However, benefiting from the studies of historical anthropology on costal area and island especially fisher folk in recent decades, scholars are taking steps to unfold the veil of the complicated local society in China. This paper starts with an inscription dated back to 1903, which was issued by Kong-Koc (*gongju*), local agency of French colonial government in Guangzhou Bay. Oral testimonies, French archives and local documents are also used in this case study: a group of boat and shed living people played a key role in a port community of Naozhou Island. They enhanced economic privilege and developed reciprocal relations with land villagers and merchants through their contribution to temples and fishery cooperation. From them, there was the "art of not being settled (on land) ". By advantage of the officially-recognized cultural and religious resources in annual Dragon Boat Festival, they secured their position during the turbulent transfer from imperial state period to colonial state period during the early 20th century.

Keywords：Guangzhou Bay；Local Society；Fisher；Colonial Governance

（执行编辑：王一娜）

上川岛海洋文化遗产调研报告

肖达顺*

　　上川岛位于广东省台山市广海湾南侧的川山群岛东部海域，西与下川岛隔海相望，东北距大陆 9.19 公里，东邻香港、澳门及珠海，距香港、澳门分别为 87 海里和 58 海里，距大陆山咀码头 9.8 海里。上川岛是珠江口西侧最大的岛屿，呈哑铃形，南北走向，长 22.54 公里，最宽处 9.8 公里，最窄处 1.2 公里，海岸线长 139.8 公里，面积 137 平方公里，有多处港湾。考古发现先秦时期的陶片、石器，明清甚至近代青花瓷片、天主教堂建筑基址等海洋文化遗存，彰显上川岛海洋性历史文化特质。宋代之后，上川岛是中国古代海上丝绸之路上的重要航标，葡人东来后更是中西文明交流的标志性岛屿。耶稣会传教士方济各·沙勿略来到并长眠于此，该岛一度被西方奉为天主教圣山，西方朝圣者络绎不绝。清同治年间，法国人在岛上建立两座教堂，岛上宗教文化交流甚盛。

　　1965 年，朱非素等到上川岛做过考古工作，并在沙勿略教堂附近海滨发现明代外销瓷遗址。21 世纪以来，北京大学师生和台山博物馆等多次上岛调研，并发表系列研究成果。[①] 2014 年开始，广东省文物考古研究所及国家文物局水下文化遗产保护中心相继在岛上及周边海域做了一系列田野调查

---

　*　作者肖达顺，广东省文物考古研究所副研究馆员，研究方向为水下考古、田野考古、陶瓷考古。

　①　蔡和添、叶玉芳、黄清华：《广东上川岛发现明代外销瓷遗址》，《中国文物报》2004 年 2 月 25 日，第二版。黄薇、黄清华：《广东台山上川岛花碗坪遗址出土瓷器及相关问题》，《文物》2007 年第 5 期。林梅村：《大航海时代东西方文明的冲突与交流——（转下页注）

和水下考古调查工作，① 获得一批考古材料，对上川岛海洋文化有进一步
了解。

一　地理环境与气候条件

上川岛自古就是石头山，孤悬海外，但能存淡水，具备人类生存的必要
条件。山脚下方济各·沙勿略墓园教堂下方的"圣井"，与海边潮水近在咫
尺，数百年来源源不断渗出淡水。附近山涧小溪潺潺，山脚下多处发现磨圆
度很高的鹅卵石，说明水流量大、持续时间长。山上天然水体众多，淡水资
源丰富。

上川岛岸线曲折，多港湾，港湾丘陵台地海岸占岸线总长的
96.3%，其特点是：（1）具有凹入的海湾和两侧突出的呷角，形成深嵌
于丘陵台地中的港湾；（2）湾内堆积有沙堤、潟湖平地等；（3）近岸岸
坡较缓，5 米等深线离岸较远，但很多湾内水深仍有 8~10 米。由于岛上
河流短小，中、上游植被覆盖较好，水土流失轻微，河流的输沙量有限，
而且湾内水较深，一般不会引起波浪掀沙，所以这些湾内淤积是极为缓
慢的。上述地貌特征为港口建设提供了良好条件。② 先秦时期的打铁湾遗
址，明代中葡早期贸易外销瓷遗址——大洲湾遗址等都处于这样的海
湾中。

南亚和东南亚是世界上著名的季风区，冬季的东北季风和夏季的西南季
风尤为显著。表层海水在风的推动下又会沿着一定方向流动，形成特定方向
的洋流，其流速可达每小时 0.9~2.8 公里。每年冬季中国东南沿海盛行东
北风，受其影响近海沿岸洋流方向由北向南，海水从长江口向南一直流到爪

（接上页注①）16 世纪景德镇青花瓷外销调查之一》，《文物》2010 年第 3 期。林梅村：《澳门
　　开埠以前葡萄牙人的东方贸易——15~16 世纪景德镇青花瓷外销调查之二》，《文物》2011
　　年第 12 期。黄薇、黄清华：《澳门开埠前中葡陶瓷贸易形态初探——以上川岛花碗坪遗址
　　为例》，载广东省博物馆编《海上瓷路国际学术研讨会论文集》，岭南美术出版社，2013，
　　第 235~256 页。

① 王欢：《台山市海上丝绸之路遗存发现与研究》，《福建文博》2015 年第 1 期。广东省文物
　　考古研究所：《台山川岛镇上川岛航海标柱、大洲湾及天主教堂文物考古调查、勘探工作
　　简报》，《江门市海上丝绸之路文物图录》，云南美术出版社，2017，第 110~131 页。广东
　　省文物考古研究所：《广东台山上川岛大洲湾遗址 2016 年发掘简报》，《文物》2018 年第
　　2 期。

② 林晓东：《上下川岛地貌考察》，《热带地理》1986 年第 2 期。

哇岛，一条下南洋的天然航线就此诞生。当航线延伸到印度洋并继续向西向南拓展时，受印度洋东北季风和季风洋流的影响，航行依旧顺风顺水。夏季，印度洋盛行西南季风，季风洋流也调转方向，海商们则可以随之驶向中国。此时，中国杭州湾以南，东海、南海的沿岸流与外海暖流（主要是台湾暖流）汇合在一起，自南向北流动。①

　　季风造成中国东南沿海到南海海域有不同季节的风向和洋流方向，也造就古代海上丝绸之路的东方季节性航路。广东省南部沿海地带正处于这条季节性航路的亚热带季风区，是古代海上丝绸之路必经的一段航路，也是近现代中西方海上交流必经的一段。"大金门海在海晏都，流接铜鼓海，在上川之左。诸夷入贡经此。上川之右，又曰小金门海。诸夷入贡，遇逆风则从此入。"② 上川岛正是这条季节性航路的必经之地，也是其重要路标。

二　海岛先民的文化遗存

　　新、旧石器时代之交，珠江三角洲地区人类活动已有一定发展。该时期清远青塘遗址考古荣获 2019 年度"全国十大考古新发现"。新石器时代遗址大量发现并扩散到现代海岸线一带，形成特色鲜明的沙丘遗址或贝丘遗址。甚至还呈现大陆人口向太平洋岛屿及东南亚地区岛屿扩散的迹象，这些岛屿的人都操着同源的"南岛语"。

　　在上川岛对岸大陆海边的台山核电项目建设工地，曾发现新石器时代的沙丘遗址。2015~2017 年，广东省文物考古研究所联合国家文物局水下文化遗产保护中心对广东上下川岛海域进行水下考古系统调查。2016 年，在沙堤港南面的打铁湾发现一处先秦遗址，出土一些夹砂陶片，以及少量石吊坠、石锛等石器。2018 年，对打铁湾遗址做进一步调查和试掘，又获得一批陶器与石器，以及晚期的青花瓷等。其中的一片夔纹陶片对比博罗横岭山遗址出土的同类纹饰，应该属于西周晚期（见图 1）。2019 年，当地退休教师在该遗址又捡到一片夔纹陶片（见图 2），与前一年调查采集的一致。因

---

① 单之蔷：《一个中国海盗的心愿》，《中国国家地理》2009 年第 4 期。

② 嘉靖《新宁县志》卷一《封域志·山川》，《广东历代方志集成》广州府部第 29 册，岭南美术出版社，2007，第 17~18 页。

此可推断，至少在 3000 年前，上川岛就有古代人类的海洋活动了。遗址具体内涵还有待考古工作的深入。

图 1　2018 年水下考古国际培训班采集的夔纹陶片（杨荣佳摄）

图 2　2019 年当地采集的夔纹陶片
（退休教师关容佳提供）

三　古代海上丝绸之路文化遗存

上川岛暂未发现先秦到宋代以前相关遗迹遗物。据考证，最早的、直接与江门海上丝绸之路相关的舆图，是从明代《永乐大典》中辗转抄录、辑

佚而来的《广州府志辑稿》中所收录的《广州府新会县之图》。该图标注有
上川岛以及周边地方军事机构、海防要地及通江海口"崖山门"的位置等。
至少在明代之前，上川岛作为广东海洋活动的标志性岛屿之一已广为人
知了。①

　　1987 年"南海 I 号"沉船在下川岛西南大小矾石海域被发现，2007 年
整体打捞成功，2013 年进行全面保护发掘，至 2019 年底提取了南宋瓷器等
各种文物达 18 万件，可见上下川岛海域宋代海上贸易之繁盛。岛上一个施
工现场曾经发现了一些宋代青瓷碗的碎片（见图 3），但究竟是生活遗址还
是临时贸易点，有待进一步调查研究。

图 3　下川岛发现的宋代青瓷碎片（退休教师关容佳提供）

---

　　①　石坚平编著《江门海上丝绸之路文献资料汇编》，广东人民出版社，2016，第 3 页。

史书记载："上川洲、下川洲，在县南二百六十里大海中。其洲带山，湾浦极广，出煎香，有盐田，土人煎盐为业。"[①] 2016~2018 年，在打铁湾遗址下面沙滩上采集到大量疑似陶灶的陶器残件，未见可复原器（见图 4）。这些残件是否与岛上盐业有关，具体年代、性质均有待深入研究。不过可以肯定，宋代上川岛已经有一定的手工业，也有一定的海洋贸易活动。

图 4　2018 年采集的大量疑似陶灶残件（作者摄）

四　大航海时代中葡贸易文化遗存

16 世纪葡萄牙人占领马六甲后，顺着古代季风航线来到中国，建立了直接的贸易联系。葡萄牙获得罗马教皇的东方保教权，积极向东方传播天主教，试图在经济上和精神上一举征服东方世界。几经波折，葡萄牙人在广东、福建、浙江沿海先后建立过短暂的贸易据点，最终入居澳门，建立稳定的东方据点。

入居澳门之前，葡萄牙人曾经在上川岛建立起贸易据点，大洲湾遗址至今还散落有明代中葡贸易留下的大量青花瓷片。该遗址位于上川岛西北部三洲港的西北角，方济各·沙勿略墓园的南侧，当地人称之为"花碗坪"。大洲湾海滩上散落着大量的碎石、蚝壳，部分地方有自然礁石延伸至海中。这

---

① 乐史：《太平寰宇记》卷一五七《岭南道一·广州》，王文楚等点校，中华书局，2007，第3021 页。

些礁石以前是一处码头，据称 1949 年后被炸毁，现在还能看到礁石上人为钻孔的多处痕迹。

自 2016 年 8 月 9 日开始，广东省文物考古研究所对大洲湾遗址进行了抢救性发掘，在遗址中心区方济各墓园牌坊下方较平整平台上布置了 5 米×5 米发掘探方两个。以发掘区为中心又清理了附近长达 80 余米的断崖，断面上能刮面的都刮净并划出地层线。这段断崖上能清楚看到底下有一层碎石层堆积。通过对发掘区周边断面的观察，以及其他区域的局部断面刮面分析，该碎石层堆积沿大洲湾海边分布，直接叠压在山体基岩上，长约 200 米，表面大致在一个水平线上浮动，内含磨圆度较高的卵石类石块，明显是人为在水边采集堆筑而成。因此，该碎石层堆积很可能是当时的防潮工事，更可能是为便于岛上贸易活动而修筑的人工平台——当地称之为"花碗坪"也是有一定历史根据的。此次发掘清理中，大量青花瓷片出现在坡面及碎石堆积上（见图 5、图 6、图 7）①。

图 5　2016 年发掘区断壁层位（作者摄）

上川岛出土青花瓷片，近年来引起考古界关注。大洲湾遗址出土的瓷器碎片，基本来自景德镇窑口，有青花、青花红绿彩或红绿彩瓷器，除了花鸟

---

① 广东省文物考古研究所：《广东台山上川岛大洲湾遗址 2016 年发掘简报》，《文物》2018 年第 2 期。

图 6   2016 年发掘区以东断壁典型碎石层（作者摄）

图 7   2016 年探沟瓷片堆积（作者摄）

纹、龙狮纹、八卦纹和人物故事等中国传统纹样，还有些疑似西方人形象，特别是青花圣十字架纹饰以及葡文瓷片的发现（见图 8、图 9），更证实其属于中葡早期外销瓷性质。目前学界认为这批瓷器产于景德镇，运至粤闽浙沿海港口，再辗转到上川岛交易，转运至东南亚、印度、西亚甚至非洲和欧洲地区，往东则运往日本。这种贸易兴盛一时，以至上川岛成为西方人熟知的航标。天主教耶稣会士方济各·沙勿略等人的书信明确记载了中葡贸易，以致有学者认为葡萄牙人首航中国到达的岛屿即是上川岛。[①]

　　由于上川岛是中葡贸易的据点，方济各·沙勿略在 1552 年上岛驻留，随后病逝长眠于此（见图 10）。得益于方济各·沙勿略在天主教界的地位和圣名，上川岛在西方世界名气很盛，西方船只过境上川岛海域时，无不注目瞻仰其胜迹。

**图 8　2016 年发掘出土的青花圣
十字架纹饰瓷片
（作者摄）**

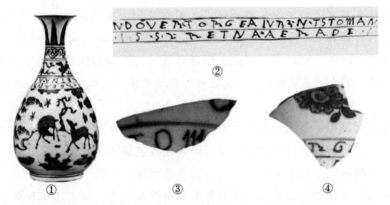

图 9　大洲湾遗址采集的瓷片与葡萄牙文玉壶春瓶的铭文对比

①1552 年葡文玉壶春瓶；②玉壶春瓶铭文展开图；③大洲湾花碗坪"（T）OM"铭葡文瓷片；④大洲湾花碗坪"（JO）RG（E）"铭葡文瓷片

　　资料来源：吉笃学著《上川岛花碗坪遗存年代等问题新探》，《文物》2017 年第 8 期。

---

①　黄清华、黄薇等到上川调查，并在《文物报》《文物》等发表相关文章。此外相关文章有：林梅村《大航海时代东西方文明的冲突与交流》，王冠宇《葡萄牙人东来初期的海上交通与瓷器贸易》《早期来华葡人与中葡贸易——由一组 1552 年铭青花玉壶春瓶谈起》，吉笃学《上川岛花碗坪遗存年代等问题新探》等。关于上川岛贸易具体时间，金国平、张廷茂等先生已有研究成果，《广东台山上川岛大洲湾遗址 2016 年发掘简报》中明确该遗址主体年代上限应为葡萄牙人 1549 年被逐闽界重返粤海，下限为"华人于 1555 年将他们移往浪白澳并于 1557 年迁至澳门"（1549~1554）。

图 10　上川岛象山，左侧为墓园教堂，右侧为大洲湾遗址（2016 年作者摄）

五　16 世纪以来西方宗教建筑遗存

葡萄牙学者徐萨斯在《历史上的澳门》一书中指出：

> 他（方济各·沙勿略）逝世后，去上川的葡人总要去瞻仰他的墓地。尽管后来他的遗骸被运回果阿，但人们的吊唁活动并未停止。这引起了当地明朝官员的不安。据估计，这些官员担心葡人打算占下那块地盘，因为中国有个风俗，死者的亲属对墓地有着神圣的权利。1554 年，葡人被禁止涉足上川。与此同时，邻近的浪白滘岛被指定为对外贸易中心。据说，葡人同意缴纳税金，被准许在那里居住，还可以去广州做生意。[①]

这段话解释了上川岛大洲湾作为中葡早期贸易据点结束的时间和原因。从此，上川岛与西方世界的直接接触即从经济贸易转向宗教文化交流，方济各·沙勿略和天主教主题史迹也开始更多地出现在该岛。

方济各·沙勿略去世后，虽然官方禁止洋人登岛，但还是有不少神甫或信徒陆续上岛。"7 月 20 日我们来到了上川岛。梅尔乔尔（Mestre Melchior）神甫登岸去我们尊敬的沙勿略曾下葬处的坟穴做一弥撒。"[②] 至 1639 年（崇祯十二年）澳门耶稣会神甫在方济各·沙勿略墓地上建起中葡文石碑（现教堂内石碑为复制品，见图 11）。1699 年（康熙三十八年），经广东当局批准，法国耶稣会的特科蒂神甫在原墓冢上建成小墓堂，并立了一块中文铭文的墓碑（见图 11）。[③]

---

① 〔葡〕徐萨斯：《历史上的澳门》，黄鸿钊、李保平译，澳门基金会，2000，第 12 页。

② 《平托修士致果阿耶稣会学院院长巴尔塔扎尔·迪亚斯神甫的信函（1555 年 11 月 20 日发自亚马港）》，引自金国平《中葡关系史地考证》，澳门基金会，2000，第 27~28 页。

③ 台山市上川镇志编纂委员会编《上川镇志》，2008，第 305~306 页。

图 11　方济各·沙勿略墓园教堂内的明代石碑复制品与清代墓碑（作者摄）

1700~1813 年，葡萄牙及澳门耶稣会士被逐出中国，岛上"朝圣"活动中断，小教堂也遭到破坏，康熙年间的墓碑也被折断。1813 年墓碑被重新立起，到鸦片战争前，扫墓活动断断续续。大洲湾中葡贸易据点上又建起了中式海神庙。2016 年发掘确认，该处早年发现的石构建筑并不是明代建筑（见图 12），证实文献关于明朝不允许葡人在岛上建设长久居住建筑的记载是准确的。

图 12　2016 年发掘暴露出来的房址墙基航拍图（作者组织拍摄）

明清之际，除了西方来华，国内商船出洋仍以上川岛为主要地标，尤其是上川岛东南，是古代海舶往还东西洋的一座重要望山。又《东西洋考》记：

"乌猪山，上有都公庙，舶过海中，具仪遥拜，请其神祀之。回用彩船送神。"① "都公者，相传为华人，从郑中贵抵海外归，卒于南亭门。后为水神，庙食其地。舟过南亭，必遥请其神，祀之舟中。至舶归，遥送之去。"② 乌猪山上何时及如何出现都公庙还有待考证。另《上川镇志》记有乌猪岛娘妈庙，建于清朝嘉庆年间，毁于抗日战争时期，现仅遗留几段残墙断壁。③ 近年江门五邑大学石坚平等曾上岛调查，采集少量遗物。④ 未见明代遗物，更应属于《上川镇志》所记的娘妈庙（见图13）。

图13　乌猪岛海神庙附近散落遗物

资料来源：石坚平编著《江门海上丝绸之路文化遗产图录》，广东人民出版社，2016，第39页。

　　除了岛上古迹，乌猪岛南侧悬崖陡壁，下面水域碎石成堆。2015～2018年，广东省文物考古研究所、国家文物局水下文化遗产保护中心在此发现铁炮6枚，打捞起3枚。铁炮沉点周边见零星的铁皮包的残断木块，还有大量鹅卵石，应该是战船发生事故沉没被海浪推到乌猪岛南面海域，船体被打散，铁炮沉落在石缝间。铁炮被捞起后移交台山博物馆，现仍在保护处理中

① 张燮著，谢方点校《东西洋考》卷九《舟师考·西洋针路》，中华书局，1981，第172页。
② 张燮著，谢方点校《东西洋考》卷九《舟师考·祭祀》，第186页。
③ 台山市上川镇志编纂委员会编《上川镇志》，第312页。
④ 石坚平编著《江门海上丝绸之路文化遗产图录》，广东人民出版社，2016，第39页。

（见图14、图15）。该沉船应该属于清代中晚期，是否属于外国沉船，有待进一步研究。

图14　乌猪洲沉船遗址发现的其中一枚铁炮（作者摄）

图15　2015年中国水下考古船"考古01"在渔船配合下
打捞起一枚铁炮（作者摄）

此外，广东水下考古工作者还在上川岛南部围夹洲水道上发现一些清代瓷片（见图16）。沙堤港口的墨斗洲北岸礁石、打铁湾沙滩上以及其他小湾口，都发现过一些清代瓷片，说明清代上川岛贸易活动仍然十分频繁。

图16   围夹洲水道出水的瓷碗（作者摄）

第二次鸦片战争后，天主教逐渐向上川岛渗透。为纪念方济各·沙勿略，澳门耶稣会为其建立墓园，1869年法国巴黎外方教会更修建了一座墓园教堂（即现存教堂，见图17），同时在新地村大洲小学内建立一座圣母教堂，为希腊式，坐东朝西，面向大海。用来接纳新入教的天主教徒，旁边附有学校和神甫居所等。①

1942年，新地村教堂及其附属建筑为侵华日军所摧毁，其基址在1949年以后被反复利用，地方多有拆解、取用砖石。今新地村天主教堂遗址，仅存教堂基础结构，神甫楼则是1949年前重建的。2016年，广东省文物考古

① 1868年里昂出版的《传教年鉴》上载明稽章上报总部的报道中提及相关内容。转引自陈静《〈黄埔条约〉签订后法国教会在粤活动研究（1844~1885）》，中山大学博士学位论文，2008。佚名《广东上川岛历史及归化始末记》（《圣教杂志》第三年第一期，1914）载："祁主教初至岛上……经营二载，甫成圣堂两所。"该教堂与圣墓教堂同筹建于1867年，并于1869年4月25日"行圣堂大礼"。

图 17　方济各·沙勿略墓园教堂（作者摄）

研究所对教堂礼拜区铺砖地面进行清理，基本了解了各个部位结构和不同时期的活动面（见图 18、图 19、图 20）。

图 18　2016 年清理出来的教堂礼拜区铺砖地面（作者摄）

教堂北侧原小学食堂树丛里，有一段石构基础的墙基，可以确认为 1914 年民华天主教会机关刊物《圣教杂志》上刊登的早年照片左侧的建筑，

图 19　教堂东北角探沟露出的几个时期的活动面及石条下堆石（作者摄）

图 20　教堂前庭底层铺石及翻动过的条石（作者摄）

推测即是与教堂同时的学校（见图21、图22）。《圣教杂志》记载："今夏7月22日，飓风骤至……岛中四堂，虽云未倒，而损失之巨，不下二三万余。"[1] 教堂损失严重。

---

① 佚名：《上川岛盗患与风灾》，《圣教杂志》第十二年第十期，1923年。

图 21　1914 年《圣教杂志》上刊登的新地村天主教堂全景照片

资料来源：佚名《广东上川岛历史及归化始末记》，《圣教杂志》第三年第一期，1914。

图 22　教堂北侧探沟内暴露的石墙局部（作者摄）

　　除了圣墓教堂、新地村天主教堂，岛上还有两座小教堂：一在西牛村，一在浪湾村。这两处教堂早被改造或废弃，原貌难以辨识。西牛村教堂为

1919 年美国天主教会所建，为十字形结构。1949 年后改为马山小学校舍，后因台风蚁蛀等成为危房，拆建改成单一横向两层教学楼（见图 23）。[①]

图 23 西牛村教堂原址（作者摄）

上川岛最高处塔顶山，海拔约 370 米，山顶上有一处外国人建造的石构建筑，岛民认为影响风水，将其捣毁，今残存一些石头基础（见图 24）。

《广东上川岛历史及归化始末记》对该建筑有记载：

> 一八六七年……经营二载，甫成圣堂两所……无何，又建二碑。一碑在山中，石座高三十尺，一碑在岛上最高处圣堂之后，作石柱式，高有三十迈当，上置十字圣架。小堂后面又立一圣人铜像，自地面起高约一百尺。主教之意欲使外人至中国者，舟行至此，即能瞭见此十字记号，追念东洋宗徒之事迹也。[②]

近年香港关于教堂设计者的一篇文章中亦有提及，其中一幅油画上也可清晰看到上川岛两座教堂及其后山山顶十字架（见图 25）。[③] 该建筑遗迹位

---

① 台山市上川镇志编纂委员会编《上川镇志》，第 314 页。
② 佚名：《广东上川岛历史及归化始末记》，《圣教杂志》第三年第一期，1914。
③ Stephen Davies, "Achille-Antoine Hermitte's Surviving Building," *Journal of the Royal Asiatic Society Hong Kong Branch*, Vol. 56, 2016, pp. 92–110.

图 24　塔顶山遗址近景（作者摄）

于新地村天主教堂东面塔顶山山顶，底部呈阶梯式金字塔状。底部基础除西北角较清晰，周边各处都破坏严重。边长约 7 米，周边未见古代遗物。因此，该山顶石构建筑是新地村天主教堂同时期的宗教遗迹。

图 25　油画中的上川岛两座教堂及山顶十字架

资料来源：Les Missions Catholiques, 2426（3, December, 1915）p. 577。

六　海岛文化遗产的保护

新地村天主教堂及附属建筑，与方济各·沙勿略墓园教堂以及相关其他教堂，都是中西文化交流的重要载体，体现了天主教"东方圣人"方济各·沙勿略的影响，是上川岛海上丝绸之路主要文化遗存。20 世纪 80 年代起，台山县政府便组织重修上川岛方济各·沙勿略墓地、教堂等文化遗产，又修山道，并申报为省级文物保护单位。2015 年，经广东省人民政府批准，包括上川岛周边海域在内的"南海 I 号"水下文物保护区成为第一批广东省水下文物保护区。2016 年，配合国家海上丝绸之路申遗工作，广东省文物考古研究所在大洲湾一带开展了一系列的考古调查发掘工作，中国文化遗产研究院、五邑大学等陆续开展一批文物保护规划与建设工程，岛上海洋文化遗产得到实际性保护。新地村天主教堂原址旁边一个学校教学楼还被改造成上川岛海上丝绸之路博物馆，以供了解上川岛海上丝绸之路文化。

A Research Report on Marine Cultural Heritage
of Shangchuan Island

Xiao Dashun

Abstract：Located in the southern coast of Guangdong Province, Shangchuan Island is an important place for the ancient Maritime Silk Road in the South China Sea. Marine cultural relics of different periods can be seen everywhere on the island. Since the new century, through some island investigation, field archaeological excavation and underwater archaeological investigation and trial excavation, people found pottery and stone tools of the pre-Qin period on Shangchuan Island. It shows that Shangchuan island had been developed and utilized by human beings as early as the bronze age. Since then, no ancient remains before the Song Dynasty have been found, but some surrounding underwater sunken ships of the Song Dynasty have been found. It shows that at least since the Song Dynasty, Shangchuan Island has been an important node on the ancient

Maritime Silk Road in China. The early ceramic trade site by China and Portugal was discovered in the Dazhou Bay of Shangchuan island, and on the hillside beside the site was the cemetery Church of Jesuit missionary Francis Xavier. These archaeological remains confirm that Shangchuan island directly participated in the trade and cultural exchanges between China and the West after the opening of the era of great navigation.

Keywords：Shangchuan Island；Marine Archaeology；Marine Cultural Heritage

（执行编辑：杨芹）

2018 年中国海洋史研究综述

杨　芹[*]

2018 年，在国家海洋事业发展与"一带一路"倡议推动下，在国内外学术潮流互相激荡下，中国海洋史研究持续受到学界关注，成果丰硕，呈现蓬勃发展态势。海洋史研究被列为年度"中国十大学术热点"之一、"中国历史学十大热点"之一。[①]

一　研究述评

2018 年，中国海洋史研究方面出版发表的相关中文论著（含学位论文）约 400 篇（部）。专题研究成绩斐然，内容更加细化深入，既有对海洋政策、海外贸易、航海造船、海盗海防等传统领域的考察，也有对海洋环境、海洋文化等新领域的探索。

海洋政策与海防研究。海洋政策是国家制定规管海外国家关系、海上贸易的相关法令、制度、措施，直接体现国家经略海洋的观念、对海洋管控的意志和能力；而海洋政策变动、法令制定或废止，又对海洋发展产生深刻影响。中国历代海洋政策及其影响，一直是海洋史研究的核心内容。

海禁、开海、迁海，以及海岛、海域管理等问题，是明清时期海洋政策的重要内容和时代特色。王日根系统阐述了明代朝贡体制的重建和海洋政策走向，倭匪问题与海疆管理的强化，月港开禁与漳州社会经济的发展，清代

　＊　作者杨芹，广东省社会科学院历史与孙中山研究所（海洋史研究中心）副研究员。
　①　2018 年度"中国十大学术热点"评选由中国人民大学书报资料中心、《学术月刊》杂志社和《光明日报》理论部共同主办；2018 年度"中国历史学研究十大热点"由澳门科技大学社会和文化研究所、澳门大学《南国学术》编辑部组织专家评选。

海洋政策调整与江南城镇发展等问题。① 刘璐璐梳理晚明东南海洋政策频繁变更的过程，指出这是各种海上势力在东亚海域相互竞逐的结果。② 张柳、潘洪岩从海商利益集团兴起的角度，分析影响明代海禁制度变迁的相关因素。③ 陈尚胜研究认为，隆庆开海这一重大变革有效促进了中国市场与世界市场的相互衔接。④ 朱子彦关注元明时期海运与海禁的博弈。⑤ 郑宁将视角投向浙江迁海的善后工作，指明官府在迁海之后漠视民生、一意催科的作为，是对迁民的深度搜刮，极大地加剧了民生灾难。⑥ 罗诚以顺治十八年（1661）温州迁界为例，对迁界过程中涉及的地域空间、人口、土地规模及社会效应等进行了复原和讨论。⑦ 聂有财结合满汉历史档案，阐明明清政府对珲春南海岛屿长期有效管理的史实，有助于匡正中俄边疆历史问题中的一些观点。⑧ 王潞从王朝经略的角度揭示 16~18 世纪南澳岛的行政建置演变，重点呈现南澳岛由军事重镇向独立行政区域转变的复杂过程。⑨

关于海洋贸易管理制度的研究，陈支平、戴美玲深入探讨了明代朝贡体系下的"番舶"征税问题，厘清其缘由和演变过程，从一个侧面反映明朝政府在海洋政策上的缓慢变化。⑩ 此外本年度也继续有一些涉及市舶司及沿海海关等海洋贸易管理机构的研究。⑪

---

① 王日根：《耕海耘波：明清官民走向海洋历程》，厦门大学出版社，2018。
② 刘璐璐：《晚明东南海洋政策频繁变更与海域秩序》，《厦门大学学报》（哲学社会科学版）2018 年第 4 期。
③ 张柳、潘洪岩：《从海商利益集团兴起的角度分析明代海禁制度》，《兰台世界》2018 年第 2 期。
④ 陈尚胜：《隆庆开海：明朝海外贸易政策的重大变革》，《人民论坛》2018 年第 30 期。
⑤ 朱子彦：《元明时期的海运与海禁》，《济南大学学报》（社会科学版）2018 年第 1 期。
⑥ 郑宁：《催科为重：清初浙江迁海的善后作为》，《史学月刊》2018 年第 2 期。
⑦ 罗诚：《清初迁界与移民——以顺治十八年的温州迁界为中心》，《中国社会经济史研究》2018 年第 2 期。
⑧ 聂有财：《〈中俄北京条约〉签订前清政府对珲春南海岛屿的管理》，《云南师范大学学报》（哲学社会科学版）2018 年第 3 期。
⑨ 王潞：《论 16~18 世纪南澳岛的王朝经略与行政建置演变》，《广东社会科学》2018 年第 1 期。
⑩ 陈支平、戴美玲：《明代"番舶"征税考实》，《中国高校社会科学》2018 年第 3 期。
⑪ 陈少丰：《宋代两浙路市舶司补探》，《国家航海》2018 年第 1 期。彭纯玲、游庆爱、陈媛媛、赵燕虹、叶瑜：《鸦片战争前粤海关统计制度探析》，《海交史研究》2018 年第 1 期。罗亮亮：《清代前期粤海关监察制度特点简析》，《海交史研究》2018 年第 1 期。王军、邹晓玲、陈娉婷：《粤海关赴港澳轮船相关章程释析》，《海交史研究》2018 年第 1 期。金曙：《近代海关保税关栈制度的构筑特点——近代中国海关"共治"模式的又一突出范例》，《海交史研究》2018 年第 1 期。邢思琳：《英国新发现的粤海关中英文船钞执照》，《国家航海》2018 年第 2 期。

海防史研究愈来愈受到重视，多视角、多层面探讨历史上不同区域的海防实态。陈支平、赵庆华考察了明代嘉万年间闽粤民间为抵御倭寇海盗而兴起的修筑寨堡现象，分析其长远的社会影响力。① 何乃恩剖析明代浙江备倭官制及其职能。② 王宏斌论述两次鸦片战争期间海患之严重及水师巡洋制度恢复面临之困境。③ 吴昊探析清代前期澎湖水师的汛防制度，反映清朝海防观念的局限性。④ 祁磊整理鸦片战争以前清朝水师战船的历次改造和演变⑤，章荣玲梳理明清广东沿海所城从修建、使用、废弃、裁撤到并入州县的过程⑥，于志嘉则以浙江沿海卫所为例看明代的附籍军户之实态。⑦ 李其霖从海疆史脉络切入，论述金门、澎湖等地区的海岸军事防务及区域治安，并最终构筑黑水沟防线。⑧ 高志超、王云英论述了清前中期黄海海防体系调整与建设情况⑨，黄顺力分析晚清海塞防之议与台湾海防地位的衍变。⑩ 此外还有关于海防图的探究。⑪

海洋疆域和海洋权益研究。从民国时期至今，学界一直重视南海主权研究，科学阐释南海历史发展的过程，体现出海洋史研究关注现实的情怀。⑫本年度学界继续开展南海主权问题研究。⑬ 李金明明确指出，中国是西沙、

---

① 陈支平、赵庆华：《明代嘉万年间闽粤士大夫的寨堡防倭防盗倡议——以霍韬、林偕春为例》，《史学集刊》2018 年第 6 期。
② 何乃恩：《明代浙江备倭官制与职能研究》，陕西师范大学博士学位论文，2018。
③ 王宏斌：《论两次鸦片战争期间海患与水师巡洋制度之恢复》，《近代史研究》2018 年第 2 期。
④ 吴昊：《清代前期澎湖水师汛防制度探析》，《中国边疆史地研究》2018 年第 1 期。
⑤ 祁磊：《鸦片战争以前清朝水师战船的演变》，《历史档案》2018 年第 1 期。
⑥ 章荣玲：《明清广东沿海所城的功能及演变》，《文博学刊》2018 年第 3 期。
⑦ 于志嘉：《再论明代的附籍军户：以浙江沿海卫所为例》，《明史研究》第 30 期。
⑧ 李其霖：《清代黑水沟的岛链防卫》，台湾：淡江大学出版中心，2018。
⑨ 高志超、王云英：《清前中期黄海海防述论》，《中国边疆史地研究》2018 年第 3 期。
⑩ 黄顺力：《晚清海塞防之议与台湾海防地位的衍变》，《厦门大学学报》（哲学社会科学版）2018 年第 4 期。
⑪ 李新贵：《明万里海防图之全海系探研》，《史学史研究》2018 年第 1 期。何沛东：《清代方志舆图的海防描绘——以〈嘉兴府志·海防图〉为例》，《海洋史研究》第十二辑，社会科学文献出版社，2018。贾富强：《〈海防一览图〉注记疑误摭拾》，《国家航海》2018 年第 1 期。
⑫ 袁航、陈梁芊：《史学视域下的国内南海主权问题研究综述》，《民国研究》2018 年第 1 期。
⑬ 王胜：《〈南海诸岛位置图〉中"南海断续线"的内涵——基于时任方域司司长傅角今论述的考察》，《中国边疆史地研究》2018 年第 2 期。丁铎、林杞：《日韩两国发行的部分地图中涉南海诸岛标注情况述评》，《边界与海洋研究》2018 年第 3 期。

南沙群岛的最先发现者和开发者。① 刘永连、卢玉敏以日本政府档案为基础，探讨日本势力渗透西沙群岛②；赵德旺以日本亚洲资料中心（JACAR）史料专门考察何瑞年事件③；王静以"西沙事件"为中心，透视 20 世纪初国人对西沙群岛的主权认知及捍卫④；郭渊检视 20 世纪 20 年代初孙中山和南方政府与西沙岛务开发之关系⑤；任雯婧关注 20 世纪初法国西沙群岛政策的演变⑥，共同建构对西沙群岛等南海疆域问题的认识。⑦ 也有研究者从理论角度思考海权思想⑧和国外海权问题。⑨

南海诸岛地名是长年在南海从事渔业活动的渔民用方言命名的，世代口耳相传，记录在《更路簿》上。《更路簿》蕴含了大量南海诸岛历史文化信息，具有重要的史料价值。刘南威、张争胜主编《〈更路簿〉与海南渔民地名论稿》，运用数理统计等定量方法分析《更路簿》的版本传承关系，利用 GIS 软件构建诸岛地名数据库并绘制渔民航线图，探究《更路簿》和诸岛地名的形成与演变机制，将汇集与精校的 20 个版本的《更路簿》与论著一并出版，是《更路簿》和地名研究的最新成果。⑩ 吴清雄等对南海《更路簿》进行了一

① 李金明：《中国是西沙、南沙群岛的最先发现者与开发者——评黎蜗藤〈被扭曲的南海史：20 世纪前的中国南海〉》，《云南社会科学》2018 年第 4 期。

② 刘永连、卢玉敏：《从日本史料看近代日本势力对西沙群岛的渗透——以 1921～1926 年何瑞年案为中心》，《中国边疆史地研究》2018 年第 1 期。

③ 赵德旺：《论民国时期"何瑞年出卖西沙群岛权益案"经纬——以日本亚洲资料中心（JACAR）史料为据》，《南海学刊》2018 年第 2 期。

④ 王静：《20 世纪初国人对西沙群岛的主权认知及捍卫——以"西沙事件"为考察中心》，《边界与海洋研究》2018 年第 1 期。

⑤ 郭渊：《20 世纪 20 年代初孙中山与西沙岛务开发关系之考量——兼论英国对日本在西沙存在的关注及研判》，《社会科学》2018 年第 5 期。

⑥ 任雯婧：《20 世纪初法国西沙群岛政策的演变——基于法国外交部 20 世纪 30 年代西沙群岛档案的考察》，《海南大学学报》（人文社会科学版）2018 年第 6 期。

⑦ 谷名飞：《再谈"嘉隆皇帝插旗"说的真实性——基于法国档案的研究》，《南京大学学报》（哲学·人文科学·社会科学）2018 年第 2 期。杜雪磊：《近代报刊中的战后国民政府接收西沙群岛事件》，曲阜师范大学硕士学位论文，2018。

⑧ 赵书刚：《姚锡光对清末海权的深度诠释》，《郑州大学学报》（哲学社会科学版）2018 年第 5 期。

⑨ 张光政：《俄罗斯、乌克兰海洋争端问题的历史与现状》，《南海学刊》2018 年第 2 期。师小芹：《海权战略思想寻迹》，《史学月刊》2018 年第 2 期。

⑩ 刘南威、张争胜主编《〈更路簿〉与海南渔民地名论稿》，海洋出版社，2018。

次全面性的科普解读。① 有学者对《更路簿》中"更"之含义作出新的解读。②
阎根齐厘清了海南渔民称西沙为"东海"、称南沙为"北海"的来历。③

　　海洋贸易与海上交通研究。海洋贸易是海洋史的重头，主要体现在以海
洋为纽带的中国对外贸易关系及对外交往的发展进程与演进趋势的研究，尤
其集中在海商与商会组织、贸易商品与海港城市、商贸网络等问题上。代表
性成果当数蔡鸿生《广州海事录——从市舶时代到洋舶时代》④ 一书。该书
收录与广州古代海事直接相关的论文 22 篇，坚持"以人为本"导向，从一
系列具体个案的史事考证出发，小题大做，钩沉辑佚，梳理出唐宋至鸦片战
争前中国与亚洲（主要是东南亚、南亚、中东）、欧洲（主要是西欧、北
欧、俄罗斯）的海上贸易往来及文化交流诸多史事，拓展了学界鲜少涉猎
的话题和领域。吴义雄通过对 1814 年通事阿耀案的剖析，呈现了 19 世纪早
期广州口岸的政治、外交和商业实态，以及早期全球化进程对当时重要国际
口岸广州产生的影响。⑤

　　陈文源重新检视澳门开埠的背景和原因，突出开埠过程中活跃于南海的
中国海商发挥的重要作用。⑥ 王日根、陶仁义探寻明代淮安府民间海上力量
在国家政策反复变动之下的实际发展情况，揭示明中后期淮安海商在逆境中
不断寻觅着海运商机，推进从淮安到辽东的海上商业活动。⑦ 探明由淮安盐
徒、灶丁及早期黄渤海海域海上活动人群征募而来的水兵也兼具海商性质，
在东江集团主导毛文龙遭孤立被疑为割据一方时，为其输送粮饷。⑧ 戴昇考
证了徽州海商代表人物许栋之相关史实。⑨ 冷东、罗章鑫从英国剑桥大学图

① 吴清雄等：《更路簿新读》，南方出版社，2018。
② 李文化、夏代云、吉家凡：《基于数字"更路"的"更"义诠释》，《南海学刊》2018 年第
　　1 期。逢文昱：《再说〈更路簿〉的"更"——兼与李文化等先生商榷》，《南海学刊》
　　2018 年第 1 期。
③ 阎根齐：《海南渔民称东海、北海的来历辨析》，《云南社会科学》2018 年第 4 期。
④ 蔡鸿生：《广州海事录——从市舶时代到洋舶时代》，商务印书馆，2018。
⑤ 吴义雄：《国际战争、商业秩序与"通夷"事件——通事阿耀案的透视》，《史学月刊》
　　2018 年第 3 期。
⑥ 陈文源：《明朝中国海商与澳门开埠》，《中国史研究》2018 年第 2 期。
⑦ 王日根、陶仁义：《明中后期淮安海商的逆境寻机》，《厦门大学学报》（哲学社会科学版）
　　2018 年第 1 期。
⑧ 王日根、陶仁义：《从"盐徒惯海"到"营谋运粮"：明末淮安水兵与东江集团关系探析》，
　　《学术研究》2018 年第 4 期。
⑨ 戴昇：《许栋里籍考——兼论地域认同与徽州海商群体形成》，《国家航海》2018 年第 2 期。

书馆和英国国家档案馆找到"外洋会馆图记"印迹，考实"十三行"之正名。[1] 此外，一些学者也关注海商和文化交流与传播的关系。[2]

学界一如既往关注茶叶、瓷器、丝绸、绘画等外销商品的历史，以及每一种工艺品的贸易状况及其贸易结构。刘勇、刘章才、魏峻、范金民、林玉茹等分别考察了近代中荷茶叶贸易史、18 世纪中英茶贸易、13～14 世纪亚洲东部的海洋陶瓷贸易、16～19 世纪前期海上丝绸之路的丝绸棉布贸易、19 世纪台湾海产生产与消费等问题。[3]

关于海洋贸易网络和海洋贸易圈，陈衍德总结 17 世纪东亚海域贸易新态势的种种表现和特点，提出将海域视为一个整体，纳入世界体系进行考察；将以国家为行为体的研究，与以集团、个体为单元的研究结合起来，发现以往研究许多被忽视的"客观存在"。[4]

分析不同历史时期、不同地区的海外贸易情况，反映中国以海洋为媒介的对外关系进程。王铿推论东汉、三国时期会稽郡是南方铜镜、瓷器、布帛、纸张等的重要产地，并且有活跃的市场交易；[5] 徐桑奕、顾苏宁分析了六朝时期南京的海外贸易状况及其影响因素；[6] 赖泽冰、汤开建通过详细考述 1608 年澳门日本朱印船事件和 1610 年长崎葡萄牙黑船事件，窥探明代澳

①　冷东、罗章鑫：《"外洋会馆图记"之发现暨"十三行"正名考》，《古代文明》2018 年第 3 期。

②　李广志：《南宋海商谢国明与中国文化在日本的传播》，《宁波大学学报》（人文科学版）2018 年第 6 期。黎思文：《清商龚恪中及其与日人的文艺交流》，《福建师范大学学报》（哲学社会科学版）2018 年第 6 期。

③　刘勇：《近代中荷茶叶贸易史》，中国社会科学出版社，2018；刘章才：《"奇迹般的商品"：18 世纪中英茶贸易述论》，《海洋史研究》第十二辑，社会科学文献出版社，2018；魏峻：《13～14 世纪亚洲东部的海洋陶瓷贸易》，《文博学刊》2018 年第 2 期；范金民：《16～19 世纪前期海上丝绸之路的丝绸棉布贸易》，《江海学刊》2018 年第 5 期；林玉茹：《进口导向：十九世纪台湾海产的生产与消费》，《台湾史研究》25 卷 1 期，2018；赵全鹏：《中国古代海洋珍宝消费与朝贡贸易关系》，《南海学刊》2018 年第 1 期。蒋继瑞：《近代早期英格兰海上毛皮贸易研究》，《海交史研究》2018 年第 2 期。张丽玲：《〈红楼梦〉中舶来织物察考》，广东省社会科学院硕士学位论文，2018。赵莹：《宋日木材流通》，山东大学硕士学位论文，2018。

④　陈衍德：《17 世纪东亚海域贸易的新态势》，《东南亚南亚研究》2018 年第 2 期。

⑤　王铿：《六朝时期会稽郡的海外贸易——以古代中日之间的一条海上航道为中心》，《中华文史论丛》2018 年第 2 期。

⑥　徐桑奕、顾苏宁：《六朝时期南京的海外贸易及其影响因素探析》，《中华文化论坛》2018 年第 10 期。

门与长崎、葡萄牙与日本的商贸往来；① 刘畅依据海关史料解析近代上海与朝鲜的海上贸易的发展轨迹和贸易特征；② 陈思通过 17 世纪前期台湾海峡中、日、荷三角贸易格局观察早期日荷在台湾的冲突③；等等。④

　　海上交通航路是海洋航运、国际贸易、海外交流的重要依托。陈少丰考辨宋初南海诸国来华朝贡的路线。⑤ 李晴通过 1341 年摩洛哥旅行家伊本·白图泰远航中国一事，探讨印度古里—安达曼群岛—苏门答腊—吕宋—泉州（刺桐城）航线。⑥ 王宏斌考订了清代南海各国帆船来往行走的 13 条海道。⑦ 费晟通过对殖民地档案、港口记录与跨太平洋航海日志的发掘，探究以澳大利亚为代表的近代大洋洲区域与中国建立远洋交通网络的过程。⑧ 冯立军关注中澳海上交流的历史。⑨ 柳若梅重构了 1771 年俄罗斯首次远航澳门的史实。⑩

　　与海上交通航路研究相联系，涉海地图、海图研究有重要进展。郑永常对典藏于美国耶鲁大学图书馆的明清时期山形水势图《耶鲁航海图》进行深度解读，考释地理名词，阐述海图蕴含的讯息，梳理出海图中"二王船"及相关航线，勾勒出明中叶以降中国帆船东亚海域贸易网络图。⑪ 王耀通过美国国会图书馆所藏中文古地图《江海全图》，研究图绘道光年间存在的运送漕粮、黄豆的三条海上航路。⑫ 黄普基、周晴利用 1883～1936 年英国所绘海图研究近代珠江干流河道变化特点。⑬

①　赖泽冰、汤开建：《明代的澳门与长崎——以 1608 年澳门日本朱印船事件和 1610 年长崎葡萄牙黑船事件为例》，《古代文明》2018 年第 4 期。
②　刘畅：《近代上海与朝鲜的海上贸易（1883～1904）》，《史学集刊》2018 年第 3 期。
③　陈思：《从 17 世纪前期台湾海峡中、日、荷三角贸易格局看早期日荷在台湾的冲突》，《海交史研究》2018 年第 1 期。
④　王卿超：《近代中朝海上贸易中的上海》，山东大学硕士学位论文，2018。
⑤　陈少丰：《宋初海上贡道考索》，《海交史研究》2018 年第 2 期。
⑥　李晴：《伊本·白图泰远航中国考》，《海交史研究》2018 年第 1 期。
⑦　王宏斌：《清代南海帆船海道考》，《安徽史学》2018 年第 4 期。
⑧　费晟：《论 18 世纪后期大洋洲地区对华通航问题》，《海洋史研究》第十二辑，社会科学文献出版社，2018。
⑨　冯立军：《"中澳航线"：一段被"忽略"的"海上丝绸之路"》，《厦门大学学报》（哲学社会科学版）2018 年第 4 期。
⑩　柳若梅：《1771 年俄罗斯人首航澳门考》，《海洋史研究》第十二辑，社会科学文献出版社，2018。
⑪　郑永常：《明清东亚舟师秘本：耶鲁航海图研究》，台湾：远流出版事业股份有限公司，2018。
⑫　王耀：《〈江海全图〉与道光朝海运航路研究》，《故宫博物院院刊》2018 年第 5 期。
⑬　黄普基、周晴：《近代珠江干流河道演变特征研究——基于近代英国所绘海图》，《历史地理》2018 年第 1 期。

　　造船和航海研究。造船业与航海技术是推动海洋发展的关键性因素。朱勤滨指出，海防与民生是清前期出海帆船规制变化的双重制约因素，清廷在出海帆船规制与适用上呈现出内海、外洋有别，以及严宽不定的状态。① 徐晓望考订了古代船"料"的容量和郑和宝船排水量。② 胡晓伟通过分析泉州东西塔度量单位，从新的角度解读了郑和宝船的尺度。③ 袁晓春解析了宋朝多层外板造船技术。④ 范金民考订了明代南京宝船厂遗址。⑤ 还有期刊集中发表了航船史研究专题成果。⑥

　　陈晓珊研究古代航海文献中记载"针迷舵失"的现象，观察古代航海活动对岛礁区风险的认识。⑦ 伍伶飞以中国旧海关出版物和日本航路标识相关文献等资料为基础，讨论东亚灯塔体系及其在航运格局演变中所担负的角色。⑧ 龚缨晏对《针路蓝缕》一书做出深度解读。⑨ 单丽对海道针经的撰述与流传等问题也有翔实考释。⑩

　　涉海人群与海洋社会研究。沿海民众耕海牧渔，向海而生，从事海洋捕捞、海水养殖、煮海为盐、入海采珠、围垦沙田、海船制造以及以出口为导向的陶瓷、丝绸制作等海洋性生产活动，构成人类海洋社会活动的重要内容，具有浓厚的海洋性特征，也是海洋社会史研究的核心内容。

　　海盗问题由来已久，历来是涉海人群研究的焦点之一。2017 年底，厦门

① 朱勤滨：《清代前期出海帆船规制的变化与适用》，《史学月刊》2018 年第 6 期。
② 徐晓望：《破译"料"与郑和宝船的尺度》，《学术评论》2018 年第 1 期。
③ 胡晓伟：《郑和宝船尺度新考——从泉州东西塔的尺度谈起》，《海交史研究》2018 年第 2 期。
④ 袁晓春：《南海"华光礁Ⅰ号"沉船造船技术研究》，《南海学刊》2018 年第 2 期。
⑤ 范金民：《明代南京宝船厂遗址考》，《江苏社会科学》2018 年第 1 期。
⑥ 主要体现在《国家航海》2018 年第 1 期，发表文章包括陈志坚《雷州市乌石䂬帆船的传统技艺与习俗》，叶冲《木船维修保养的传统工艺：燂船》，龚昌奇、张治国《华光礁一号宋代古船技术复原初探》，刘义杰《蜈蚣船钩沉》，谭玉华《广西贵港梁君垌东汉墓出土陶船模》，曾树铭《台湾的复原船模与复原船》，何国卫《开孔舵的技术分析》，刘炳涛、单丽《技术变革与上海航道的疏浚：以机器挖泥船为中心》等。此外还有郑诚《火轮船初到珠江口——鸦片战争前来华的明轮蒸汽船》，《国家航海》2018 年第 2 期；胡晓伟《郑和宝船尺度新考——从泉州东西塔的尺度谈起》，《海交史研究》2018 年第 2 期。
⑦ 陈晓珊：《"针迷舵失"与中国古代航海活动中对岛礁区风险的认识》，《国家航海》2018 年第 2 期。
⑧ 伍伶飞：《近代东亚灯塔体系与航运格局研究》，《中国经济史研究》2018 年第 2 期。
⑨ 龚缨晏：《史海泛舟探针路——读〈针路蓝缕〉》，《国家航海》2018 年第 1 期。
⑩ 单丽：《异源杂流：海道针经的撰述与流传》，《海交史研究》2018 年第 2 期。

大学出版社出版陈钰祥和江定育关于海盗问题的专著。① 2018 年发表的海盗
研究成果，徐松岩、彭崇超、邵雍等分别管窥了不同时期、不同海域海盗行
为的本质及其社会影响②，祝秋利阐述西方海盗文化的历史演变和"海盗式
海洋文化"特点③，邹顗韬、李广志聚焦明代东南海疆倭乱记忆中的烈女故
事及女性文化。④ 杨跃赟解读《瀛舟笔谈》海盗史料⑤，王竞超从现状及未
来去探索海盗治理方略。⑥ 也有学者总结反思以往海盗史研究⑦，关注与之
有关的海防与国土安全问题。⑧ 海盗群体之外，疍民、船民等也受到关注。⑨

　　王承文以敦煌文书和隋唐石刻碑铭等资料为核心，深入探讨唐朝中央对
岭南及南海的开拓经略，揭示唐代岭南社会变迁及中国南部边疆、海疆形成
的历史过程。⑩ 苏惠苹关注到 16 世纪以后月港地方政府、士绅和普通百姓
不同程度都参与了海洋管理，共同推动闽南海洋社会经济的发展与变迁。⑪
白斌、刘玉婷、刘颖男对宁波的海洋经济变迁作了系统考察。⑫ 钱源初叙述

① 陈钰祥：《海氛扬波：清代环东亚海域上的海盗》，厦门大学出版社，2017。江定育：《民国时期东南沿海海盗研究（1912~1937）》，厦门大学出版社，2017。
② 徐松岩：《略谈古代地中海地区的海盗行为》，《海洋史研究》第十二辑，社会科学文献出版社，2018。彭崇超：《清嘉庆年间的粤洋海盗——以张保仔为中心的讨论》，《史志学刊》2018 年第 3 期。邵雍：《中法战争爆发前海盗在越南的活动考证》，《钦州学院学报》2018 年第 7 期。王树勋：《前期倭寇与明初中日关系》，陕西师范大学硕士学位论文，2018。
③ 祝秋利：《解读西方海盗文化的历史演变》，《东吴学术》2018 年第 3 期。
④ 邹顗韬、李广志：《明代东南海疆倭乱记忆中的烈女故事——以浙江方志书写为中心》，《浙江海洋大学学报》（人文科学版）2018 年第 3 期。
⑤ 杨跃赟：《〈瀛舟笔谈〉的海盗史料价值》，《名作欣赏》2018 年第 14 期。
⑥ 王竞超：《南海海盗治理机制研究：现状评价与未来前景》，《海洋史研究》第十二辑，社会科学文献出版社，2018。
⑦ 安乐博（Robert Antony）、余康力（Patrick Connolly）：《中国明清海盗研究回顾——以英文论著为中心》，《海洋史研究》第十二辑，社会科学文献出版社，2018。魏基立：《20 世纪以来广东海盗史研究综述》，《岭南师范学院学报》2018 年第 5 期。
⑧ 丁晨楠：《18 世纪初朝鲜燕行使对陈尚义海盗集团的情报搜集》，《海洋史研究》第十二辑，社会科学文献出版社，2018。
⑨ 吴永章、夏远鸣：《疍民历史文化与资料》，广东人民出版社，2018。林少骏、张恩强、曾筱霞：《晚清来华西人视野中的疍民形象》，《东南学术》2018 年第 2 期。刘长仪：《从"白水郎"到"水生人"：疍民的生计变迁与认同建构》，《地域文化研究》2018 年第 3 期。阎根齐：《论海南渔民在"南海丝路"上的地位和作用》，《南海学刊》2018 年第 1 期。刘季鸣：《霞浦船民族群身份的演变历程》，《福建史志》2018 年第 5 期。
⑩ 王承文：《唐代环南海开发与地域社会变迁研究》，中华书局，2018。
⑪ 苏惠苹：《众力向洋：明清月港社会人群与海洋社会》，厦门大学出版社，2018。
⑫ 白斌、刘玉婷、刘颖男：《宁波海洋经济史》，浙江大学出版社，2018。

古代硇洲岛地方开发与文化建设。① 吴建新、衷海燕试图展现明代广东香山县与海洋相关的社会生态。②

海外华人华侨是中国沿海人口向海外流动的结果。张侃、壬氏青李挖掘越南会安的庙宇碑刻、土地契约、明乡社文书、华人族谱等民间文献资料，讨论 17~19 世纪会安华人社区的历史变迁、贸易活动、社会生活、社会组织与文化认同等问题，强调华人群体对这个港埠贸易发展的作用。③ 林广志、陈文源对早期澳门华人社会结构及其特性的形成进行系统梳理与探讨，展示了澳门华人社会的总体面貌。④

海洋文化与海洋信仰研究。这方面研究集中在海洋观念与知识传播、海洋信仰与民俗文化等方面。黄纯艳以唐宋为中心，探讨了中国古代官方海洋知识生成、选择和书写等问题。⑤ 潘茹红阐述了不同历史时期海洋图书的编写类型、题材、内容的变迁历程。⑥ 戴伟思揭示了 19 世纪中叶中国与西方对海洋空间认知的差异。⑦ 海洋信仰研究主要集中在妈祖文化等领域，总结和反思海内外的妈祖文化研究。⑧ 莆田学院学刊《妈祖文化研究》刊载了一系列妈祖主题的论文。王元林辨析了漳州《（安船）酌献科》中"下南"航线闽境天妃宫观的分布。⑨ 一些宗教通过海路传播，也有学者对此作出有价值的研究。⑩

海洋环境史研究。关注历史上海洋资源开发模式、海洋物种和生态系统的状态及其与社会经济发展的关系，强调人类的经济活动，尤其是工具技术等生产力和生产方式的变化对海洋环境的重要影响与相互作用。赖惠如、林

---

① 钱源初：《古代硇洲岛地方开发与文化建设》，《地方文化研究》2018 年第 2 期。

② 吴建新、衷海燕：《明代广东香山县的生态环境和社会变迁》，《地方文化研究》2018 年第 2 期。

③ 张侃、壬氏青李：《华文越风：17~19 世纪民间文献与会安华人社会》，厦门大学出版社，2018。

④ 林广志、陈文源主编《明清时期澳门华人社会研究论文集》，澳门基金会，2018。

⑤ 黄纯艳：《中国古代官方海洋知识的生成与书写——以唐宋为中心》，《学术月刊》2018 年第 1 期。

⑥ 潘茹红：《海洋图书变迁与海上丝绸之路》，厦门大学出版社，2018。

⑦ 戴伟思：《19 世纪中叶对海洋空间不同的认知：耶鲁地图与西方水文学》（英文），《国家航海》2018 年第 2 期。

⑧ 林晶：《多学科视域下日本学界关于妈祖文化的研究——以日本 CINII 系统为中心》，《中国史研究动态》2018 年第 2 期。陈颖：《问题与出路——妈祖文化研究述评》，《中国史研究动态》2018 年第 5 期。

⑨ 王元林：《〈（安船）酌献科〉与"下南"航线闽境地名及妈祖信仰考释》，《南海学刊》2018 年第 3 期。

⑩ 姚潇鸫：《真言宗僧人入华与 9 世纪中叶后的唐日佛教交流》，《古代文明》2018 年第 4 期。

信成、李其霖、陈美圣运用田野调查法等探讨和还原了台湾北海岸地区移民筑沪捕鱼维生的生活样貌。① 刘诗古以江西鄱阳湖区为对象，观察清代内陆水域渔业捕捞秩序的建立及进化过程②，徐晓望考察明代东海渔业的发展状况③，这些成果都关注到海洋渔业资源的开发管理及对人类经济社会的影响。有些成果对海洋环境史研究状况及方法进行了思考。④

海洋考古研究。海洋考古是考古学的新兴分支，考察对象包括沉入海洋的船只、器物、城市、港口、聚落与生产、生活遗址，以及被人们作为圣地的水域中的祭品、海底墓葬，乃至濒海地区人们从事与海洋活动相关的宗教遗迹、信仰系统等，为考古学、历史学特别是海洋史研究提供了大量宝贵的实物资料与研究数据。本年度"南海Ⅰ号"沉船发掘等有新进展⑤，林唐欧、赵志军分别考察了"南海Ⅰ号"的船载铁器与植物遗存。⑥ 此外，孙健通过绥中三道岗沉船考察了元代的海上贸易⑦，吴敬、石玉兵、潘晓暾结合遗址发现对金代沿海地区瓷器海运港口的体系进行考察⑧，等等。

世界海洋史研究。本年度学界对世界海洋史也有持续关注，有多篇研究论文。王煜焜，杨雨蕾和郑晨，胡杰，张兰星，王华分别探讨了近世初期日本德川幕府的海洋政策、朝鲜舆图与琉球认知、一战期间英日海军合作问题、近代早期西班牙对日通商的尝试及日本的态度、19 世纪 60 年代至 20

① 赖惠如、林信成、李其霖、陈美圣：《沪里沪外：台湾北海岸地区的石沪发展与变迁》，《淡江史学》（台湾）第 30 期。

② 刘诗古：《清代内陆水域渔业捕捞秩序的建立及其演变——以江西鄱阳湖区为中心》，《近代史研究》2018 年第 3 期。

③ 徐晓望：《明代的东海渔业》，《福建论坛》（人文社会科学版）2018 年第 5 期。

④ 张宏宇、颜蕾：《海洋环境史研究的发展与展望》，《史学理论研究》2018 年第 4 期。郑薇薇：《古代日记在历史台风研究中的利用方法探析》，《中国历史地理论丛》2018 年第 3 期。

⑤ 国家文物局水下文化遗产保护中心、广东省文物考古研究所、中国文化遗产研究院、广东省博物馆、广东海上丝绸之路博物馆编著《南海Ⅰ号沉船考古报告之二——2014～2015 年发掘》，文物出版社，2018。广东省文物考古研究所：《广东台山上川岛大洲湾遗址 2016 年发掘简报》，《文物》2018 年第 2 期。福建博物馆、闽清县博物馆：《闽清下窑岗一号窑址发掘简报》，《福建文博》2018 年第 2 期。

⑥ 林唐欧：《"南海Ⅰ号"船载铁器初探》，《遗产与保护研究》2018 年第 8 期；赵志军：《宋代远洋贸易商船"南海一号"出土植物遗存》，《农业考古》2018 年第 3 期。

⑦ 孙健：《绥中三道岗沉船与元代海上贸易》，《博物院》2018 年第 2 期。另，《博物院》2018 年第 2 期还刊有杨睿《"南海Ⅰ号"南宋沉船若干问题考辨》，孟原召《华光礁一号沉船与宋代南海贸易》，丁见祥《"南澳Ⅰ号"：位置、内涵与时代》，邓启江、王霁《珊瑚岛一号沉船遗址》。

⑧ 吴敬、石玉兵、潘晓暾：《金代瓷器海运港口的考古学观察》，《考古》2018 年第 10 期。

世纪初南太平洋岛民强制劳工贸易及其影响①，等等。

　　海洋史料汇编与整理。史料是史学研究的前提和基础，本年度海洋史史料汇编与考释成果颇多。金国平、贝武权主编《双屿港史料选编》，分中文卷、葡西文卷、日文卷、法英文卷四卷，对大航海时代双屿港贸易与中葡关系史研究有重要价值。② 宫楚涵、俞冰主编《海上丝绸之路文献汇编》收录了古代中国与海上丝绸之路有关的原始文献及部分近代早期研究文献。③ 广东省档案馆编《民国广州要闻录》（近代广东海关档案·粤海关情报卷，共20 册）是研究近代中国海关史、口岸史、海外贸易史等之重要史料。④

二　趋势和特点

（一）研究领域不断拓展，成果丰硕，年轻学人不断成长

　　2018 年，中国海洋史研究注重多角度、多学科相结合，在全球史、整体史视野下不断开拓创新，无论是旧话题或新领域，都涌现出一大批有新意、有分量的论文和专著，议题新颖，见解精到，既有史学前沿领域的宏观考量和理论探讨，也有地区性、专题性微观思考和实证佳构。海上丝绸之路作为海洋史的热点专题，研究领域不断深化与拓展，成果尤多⑤，并为国家

① 王煜焜：《博弈与牺牲：近世初期德川幕府海洋政策特点》，《海交史研究》2018 年第 1 期；杨雨蕾、郑晨：《多元的认识：韩国古舆图中的琉球形象》，《海交史研究》2018 年第 2 期；胡杰：《英国视角下的英日一战海军合作》，《边界与海洋研究》2018 年第 2 期；张兰星：《论近代早期西班牙的对日通商尝试》，《海洋史研究》第十二辑，社会科学文献出版社，2018；王华：《南太平洋岛民强制劳工贸易的发展、特点及影响（1863~1911）》，《世界历史》2018 年第 3 期。
② 金国平、贝武权主编《双屿港史料选编》，海洋出版社，2018。
③ 宫楚涵、俞冰主编《海上丝绸之路文献汇编》，学苑出版社，2018。
④ 广东省档案馆编《近代广东海关档案·粤海关情报卷·民国广州要闻录》，广东人民出版社，2018。
⑤ 除上文中提到的成果外，李庆新著《海上丝绸之路》（中文修订版）2018 年由国际出版机构皇家柯林斯（印度）公司（Royal Collins India Company）出版了英文版，在韩国出版了韩文版。相关论著还有黄纯艳《宋代东亚秩序与海上丝路研究》，中国社会科学文献出版社，2018；黄科安、郭华主编《全球视野下的海上丝绸之路研究》，中国社会科学出版社，2018；万明主编《丝绸之路的互动与共生学术研讨会论文集》，中国社会科学出版社，2018；黄宇鸿、李志俭：《广西海上丝绸之路史》，中国社会科学出版社，2018；张开城、卢灿丽：《广东海上丝绸之路城市历史文化》，海洋出版社，2018；汤苑芳：《汕尾港与海上丝绸之路》，广东经济出版社，2018；郑泽民：《海口港的发展与海上丝绸之路建设》，《南海学刊》2018 年第 1 期；杨玲：《汉至宋时期的梧州与"海上丝绸之路"》，《钦州学院学报》2018 年第 6 期；等等。

"一带一路"倡议提供了有益的历史启示和决策参考。一批经过正规专业训练、基础扎实、视野开阔、具有国际学术交流与对话能力的青年学人，茁壮成长，与前辈学者一起，成为中国海洋史研究队伍的骨干。

（二）学术刊物质量不断提高，大部头专业丛书不断出现

海洋史研究中心主办《海洋史研究》、中国海外交通史研究会、福建泉州海交史博物馆合办《海交史研究》、上海中国航海博物馆主办《国家航海》等学术刊物，不断发表海洋史研究各领域的最新学术成果，对海洋史研究起到了重要的引领与推动作用。厦门大学出版社出版"海上丝绸之路研究丛书"12种，以专著的形式，推出一批海洋航运、海贸航线、海洋图书编纂与流通、海洋活动中的商盗人群、海外华人社区、著名商号的专题著作。于逢春、王涛主编《环东海研究》，展示了中国海洋历史文明发展的新成果。①

（三）高水平学术交流频繁，对外影响力不断扩大

本年度国内或国际性海洋史学术研讨会甚多，学界影响不断扩大。其中海洋史研究中心、《海洋史研究》编辑部于12月主办"海洋史研究青年学者论坛"，为首届全国性青年海洋史学工作者学术会议，特邀国内资深学者参与，聚焦亚洲、南太平洋等海岛历史与海洋文明问题，思考海洋史研究方法与理论建构，推动海洋史学传承、发展与创新，被列为"2018年度中国十大学术热点"代表性重要学术会议。

三　思考与展望

21世纪是海洋的世纪，因应国家发展需求和国际学术潮流，继续大力加强海洋史研究，建构具有中国特色的海洋史学体系，是中国海洋史研究发展的时代要求和历史使命。

（一）坚持学科本位、全球视野与海陆融通，不断拓展研究领域

作为全球史研究的重要组成部分，未来海洋史研究应继续坚持全球史视

---

① 于逢春、王涛主编《环东海研究》，中国社会科学出版社，2018。

野和认识①，打破地区界限和传统观念体系的束缚，重视互动的观察视角，形成区域与整体、微观与宏观相互联系的观察取向。海洋史研究"以人为本"，从海洋人群角度去观察、思考海洋历史，审视人与海洋的关系，融通"陆地"与"海洋"两种史观的界限。"立足于海陆融通的视角与方法，积极进行跨学科、宽视域的研究"。②

在全球史、整体史视野下，应拓展诸如湾区、半岛、海峡等海洋区域史研究，持续推进南太平洋、印度洋等海域研究，加强濒海地区社会经济史、海上贸易与航海史、海洋环境与海洋生态史、海军与海战史等重要方向和领域研究，不断建构更为完整、更为生动精彩的世界海洋历史。

（二）推进跨学科整合与多学科合作研究，拓宽资料选取范围

海洋史研究对象包罗万象，海洋史研究的深化与创新，必须打破学科畛域，加强与生态学、环境学、海洋学、地理学、气象学等自然科学学科，以及人文社会科学的交叉合作研究，借鉴、运用它们的理论与模型、方法与内容，为海洋史学研究增添新方法，熔铸新理论，注入新活力。加强海洋史研究资料的挖掘、整理，充分利用中外现存官方档案、民间文献等海洋历史资料信息；加强与海洋考古等学科领域合作，关注沿海聚落、海防遗址、水下遗址等考古发掘进展，拓展史料基础，为海洋史研究打好厚实根基。

（三）加强学科建构与理论创新，扩大学术话语权

作为集自然科学和人文科学多方面属性的交叉性综合学科领域，海洋史学研究需要明确自身的学科属性、定位、内涵、框架体系及研究范畴。遵循学术规律，推进理论创新，建构具有中国特色的海洋史学理论体系。整合相关研究力量，搭建协作创新平台，培养、造就一批高水平的研究人才和学术团队，推动学科良性发展。加强国际学术交流，追踪学术前沿与学术潮流。积极参与国际海洋史学对话，讲响海洋史学的"中国话语"。

（执行编辑：王潞）

---

① 赵世瑜在《改革开放 40 年来的明清史研究》一文中指出，近年兴起的"海洋史研究"，已经开始体现全球史的认识框架，形成一批建立在实证基础上的高水平个案研究，将区域史转化为全球史，成为新的引人注目的学术潮流（《中国史研究动态》2018 年第 1 期）。
② 李红岩：《"海洋史学"浅议》，《海洋史研究》第三辑，社会科学文献出版社，2012，第3~8页。

"大航海时代珠江口湾区与太平洋-印度洋海域交流"国际学术研讨会暨"2019海洋史研究青年学者论坛"会议综述

周　鑫　申　斌*

　　珠江口湾区位于南海北部、广东中部珠江出海口，孕育了丰富多彩的海洋文明。这个季风吹拂的湾区，又处在太平洋、印度洋海域航海区位之要冲，历史上是中国大陆与东亚及全球海上交通的重要孔道。大航海时代以广州、澳门为中心的珠江三角洲港口城市群蔚然兴起，成为明清中国对接世界的海运枢纽与贸易中心，东西方海洋经济、科技文化在此交融互动，珠江口湾区的地理、人文与经济优势愈加凸显。当前中国正在大力推进粤港澳大湾区建设，研究珠江口湾区与海洋历史，探寻早期全球化时代海洋文明发展轨迹及其历史启示，具有特殊的研究价值和现实意义。

　　为此，中国海外交通史研究会、国家文物局水下文化遗产保护中心、广东省中山市社会科学界联合会、广东省中山市火炬开发区管委会、广东省社会科学院海洋史研究中心，联合于 2019 年 11 月 9～10 日在中山市举办了"大航海时代珠江口湾区与太平洋-印度洋海域交流"国际学术研讨会暨"2019 海洋史研究青年学者论坛"。广东省社会科学院党组书记郭跃文，中

* 作者周鑫，广东省社会科学院历史与孙中山研究所（海洋史研究中心）研究员，研究方向：南海史地、海洋知识史；申斌，广东省社会科学院历史与孙中山研究所（海洋史研究中心）助理研究员，研究方向：明清财政经济史、古文书学。

山市委常委、统战部部长梁丽娴，中国海外交通史研究会会长陈尚胜教授，
国家文物局水下文化遗产保护中心技术总监孙键研究员，广东省社会科学界
联合会党组成员、副秘书长李翰敏出席研讨会开幕式并致辞，来自中国、美
国、德国、奥地利、法国、日本、澳大利亚的学者百余人参加会议。参会学
者围绕海洋贸易、跨海网络、海洋生态、航海生活、海洋文献与知识、海洋
信仰与滨海社会等议题展开交流与讨论，下面分而述之。

大航海时代的海洋贸易

随着大航海时代的展开，在海洋贸易的驱动下，人群、商品、技术、制
度、器物、词语、文献、图像、知识、信仰、观念、文化乃至生态等要素通
过岛屿、港口、湾区、海峡等海洋地理空间和不同层级的海洋网络逐渐实现
全球流动。新航路的开辟是划时代的一笔，但大航海时代从来不是西方海洋
力量狂飙的独角戏，而是众多涉海国家、人群共舞的多幕剧。李伯重教授的
主题演讲《从蒲寿庚到郑成功：中国海商的历史演变》，抓住海洋贸易和大
航海时代的灵魂人群——民间海商，通过对比 13 世纪蒲寿庚和 17 世纪郑成
功这两位中国海商巨擘的事迹，呈现了明代中国本土商人取代外来商人成为
海上贸易主体的历程，揭示出大航海时代与中国海商的互动关系。刘迎胜教
授的主题演讲《蒙元时代的东西海路》则将目光投向更具组织性和权力性
的存在——王朝国家。元朝创造的世界帝国，使西太平洋与北印度洋的海路
贯通，地中海世界与中原直接沟通，元朝成为大航海时代的第一推动力和全
球化的初始点。

元朝的海洋遗产在明初郑和下西洋的海洋活动中得到继承和拓展。郑海
麟教授的《大航海时代中华文明体系的传播及其国际意义再认识》从影响
人类历史进程的诸多文明体系的宏观角度，高度赞扬"郑和航海的最重要
意义在于将当时已充分发展成熟的传统中华文明通过王道的方式（当然，
对不遵守文明规则的海盗也实施了武力的惩戒）传播至整个东方世界，建
立起以王道为规则的东方世界文明秩序"。廉亚明教授则通过绵密地考证郑
和航海图阿拉伯半岛南部诸港口，描绘出郑和下西洋构建的前大航海时代的
全球化图景。

大航海时代是海洋贸易打造的新时代，海洋贸易的内容更加丰富。中岛
乐章教授的《龙脑之路——15 至 16 世纪琉球王国香料贸易的一个侧面》充

分利用中、日、韩三国文献和葡萄牙人的记载、地图等史料，细致勾勒了琉球王国在15~16世纪进行的南海产香料、药品的中转贸易。王巨新教授的《清前期中缅、中暹贸易比较研究》从贸易方式、贸易路线、贸易主体、主要商品等方面梳理出17~19世纪清朝与缅甸、暹罗贸易的差异，并阐明差异背后的地缘交通、物产与对外贸易政策、双边关系的因由。李庆博士的《〈明史〉所载"中荷首次交往"舛误辨析》稽考西文文献，对《明史》等中文史料所载的中荷首次交往提出了新的看法。于笛博士的《瑞典东印度公司档案所见18~19世纪中西贸易与交流之管窥》介绍了瑞典东印度公司与广州十三行进行贸易的若干档案，对十三行背景下的中瑞贸易做了初步梳理。柳若梅教授的《向往海洋：历史上俄国对澳门的认识》利用现存俄文档案，全面梳理了此前不为学界所知的俄国与澳门的直接和间接联系，更好地诠释了大航海时代以来更大范围的全球化。杨蕾教授的《明治时期日本南进政策与海运业扩张》一文重点考察日本近代海运发展的轨迹，揭示明治时期日本近代海运业的诞生、发展和扩张过程与南进政策相辅相成的关系。叶少飞教授的《从安南到长崎——17世纪东亚海域华人海商魏之琰的身份与形象》聚焦于明清鼎革之际，来往于中国、日本、安南三国的福建海商魏之琰的生前身后事。魏之琰虽然只是一介海商，却卷入中国、日本、安南的政局与海洋政策变动之中，因而被赋予了不同的身份与形象。

在海洋贸易中，民间海商与国家的博弈是恒久的主题。为实现有效管理，国家发明了诸多管理海商和海洋贸易的制度与机制。张楚楠同学的《关市之赋：清代粤海关的船税制度》全面考察了清代粤海关的船税制度，并从清朝的治国思想与决策过程的角度对这一制度展开反思。阮锋博士以首航中国的法国商船"安菲特利特号"为切入点，论述了大航海时代粤海关对珠江口湾区贸易的监管。他们由面到点和由点到面的研究路径颇能相映成趣。侯彦伯博士的《五口通商时期清朝对珠江湾口中、西式船只的管理（1842~1856）》细绎中国旧海关史料，厘清了五口通商时期清政府对珠江口广州、香港、澳门三地华商可以兼用中、西船只的管理制度。黎庆松博士的《越南阮朝对清朝商船搭载的人员的检查（1802~1858）》则利用阮朝朱本档案考察法国入侵前越南检查入港清船随船人员的点目簿制度，初步分析了入港商船的来源和点目簿制度的作用。他们的文章对被管理的海商的反应没有过多着墨，但已经透露出海商并非被动接受制度，而是主动利用、逃避制度甚至反抗制度。

跨海网络：涉海人群、物质文化与知识观念

伴随着贸易交往发展的，是跨海网络的进一步拓展，涉海人群承载的交流进一步丰富，这既表现在物质文化上，也表现在知识观念上。黎志刚教授在《海洋视野下的中国和世界：贸易、移民与华商》中提出，传统时代王朝国家的制度安排是制约海上丝绸之路发展的主要因素，民间的跨国网络才是推动海上丝绸之路变迁的主要因素。东南沿海的劳工、以香山商人为代表的广东商人通过向外迁移不断扩张网络，从而使中国更深地卷入全球化的贸易新世界中。宋燕鹏研究员的《宗族、方言与地缘认同——19世纪英属槟榔屿闽南社会群的形塑途径》立足于对槟城乔治市、厦门海沧区五大姓原乡的田野调查，细致描述了19世纪英属槟榔屿时期福建人群如何逐步运用宗族组织、福建公冢来建构社区网络。阎云峰博士的《中西海盗组织管理架构之比较》则聚焦于采取激烈手段反抗政府管理的海盗集团。他通过18~19世纪中国南海海盗与加勒比海盗的对比发现，中西海盗组织管理架构之不同，脱胎于海盗们来源的常态社会，他们在本国形成的组织观念是母体，而盗匪社会的非常规经济环境促成其特有的组织安排。这一研究反映出成为海盗的海商尽管在反抗朝廷的管理，但由于共享相同的组织观念，实际又成为朝廷制度文化的某种翻版。对此进行精深综合性研究的当推陈博翼教授的《"界"与"非界"：16~17世纪南海东北隅的边界与强权碰撞》。该文以16~17世纪中国、西班牙、荷兰权力碰撞和边界塑造为背景，关注那些所谓的海盗行为和活跃于界内界外的流动人群。在大航海时代带来的16~17世纪东亚各种强权互相碰撞中，重新界定出"非界"人群的位置。这些无国家的人群以自己的方式实践区域自身的"秩序"和分类统治。

海洋贸易的另一关注点是商品。陶瓷是中国海洋贸易的代表性商品。王冠宇研究员的《葡萄牙人东来与16世纪中国外销瓷器的转变——对中东及欧洲市场的观察》一文选取土耳其伊斯坦布尔托普卡比王宫博物馆收藏、葡萄牙旧圣克拉拉修道院出土的16世纪中国外销瓷分别作为中东市场和欧洲市场流通的代表类型，并结合17世纪欧洲画作、圣迭戈号沉船、勒娜浅滩号沉船出水中国外销瓷等材料，经过仔细比较中国外销瓷在品种类型、尺寸规格以及纹样风格的变化，揭明葡萄牙人东来后随着中葡瓷器贸易的迅猛发展，中国外销瓷从原来适应中东市场向进入新兴的欧洲市场的转变过程。

张丽教授的《中西富贵人家西方奢侈品消费之同步——基于〈红楼梦〉的考察分析》则通过对《红楼梦》中贾府的西方舶来品消费的考察，发现荣国府不光有被同时代欧洲富贵人家追捧的欧洲本土制造的摆钟、怀表、穿衣镜等奢侈品，还有当时欧洲利用美洲殖民地资源开发出来的鼻烟、银制日用品等，以此推断当时中国与欧洲富贵阶层在奢侈品消费上的趋同。两篇论文都共同指向大航海时代以后商品如何经由远距离的海洋贸易实现商品品味和消费文化的趋同。马光研究员在《近代广东土产鸦片的生产与消费问题新探》中利用海关档案、英国议会文书等资料，重新探察近代广东土产鸦片的生产与消费问题，发现自 19 世纪 80 年代始，土产鸦片成为外国鸦片的竞争商品，逐渐赢得广东鸦片消费市场。倪根金教授的《历史时期有关鲎的认识、利用及其在岭南的地理分布变迁》对中国历史上有关鲎这一海洋生物的记载做了全面整理，将中国人对其的认识利用及在岭南的地理分布放入科技史和生态史的研究视野之内，令人印象深刻。

　　在海洋活动中，伴随人群、商品流动的，还有器物、词语、文献、图像、知识、信仰、文化等。金国平教授的《关于葡王柱的商榷》立足于对中西文献的精湛考释，提出上川岛石笋并非葡王柱的观点，结论令人信服。冷东教授《大航海时代的旗帜文化：以清代珠江口湾区为视野》分类展示了来广州贸易的欧洲商船的航海旗帜、十三行商馆各国国旗及珠江航行的中国商船旗帜，从中窥视海洋背景下的中外贸易冲突与中国社会变迁。程美宝教授的《"十五仔的旗帜"：道光年间中英合作打击海盗行动及其历史遗物》研究的也是中西冲突中的"旗帜"。她重点围绕英国国家海事博物馆收藏的一面据说属于 19 世纪横行中国南海西部海域的海盗十五仔的旗帜，重建道光年间中英合作打击海盗十五仔的史事，透视当时英军对缴获"旗帜"的文化创造。

　　词语是知识与文化交流的工具与产物。汪前进教授的《早知潮有信，嫁给弄潮儿：古代广东地区的"潮候"与"风潮"的理论与实践》选题新潮，对古代文献中的"潮"进行了系统整理和科学分析。沈一民教授的《"鲸川之海"再辨》通过层层的文献上溯指出，"鲸海"是唐至明清中国长期使用的海洋专有名称。其指涉对象从朝鲜半岛的周边海域逐渐固定为今天的日本海、鄂霍次克海。它不仅反映出东北地区人群对自身海洋的认知，而且体现了中国海洋命名的规范化过程。王丁教授的《裕尔辞典中的南洋与中国语汇》注意到英国著名汉学家亨利·裕尔编纂的解释英语中印度俗语方言词语的 Hobson-Jobson 词典，发现其中南洋系语词中含有汉语语源的词条有些疏漏、误解，进而做出补苴。这一方面揭示出在大航海时代前中国与东南亚的语言交汇和知识交融，另一方面也提醒，在大航海时代以后，随着西方在东南亚的文化霸权的建立，其推动的跨文化交流活动可能会遮蔽南海贸易圈内部原有的知识景观。谢必震教授的《古代中国航海叙事的启示》则通过对"闽在海中""海舟以福建为上"等词条和郑和下西洋、使者与舟师对话的历史叙事及海神信仰诸层面的分析，对相关的海洋知识和海洋文化进行了现代诠释。

潘茹红教授《传统海洋图书的演变与发展》、叶舒博士的《清代前中期域外游记述论（1669~1821）》、彭崇超同学的《袁永纶〈靖海氛记〉对嘉庆粤洋海盗的历史书写》尝试从涉海文献的书写角度去观察相关的文本和知识是如何被书写的。与海洋词汇、文献相映成趣的是，图像尤其是海洋地图成为本次会议学者们研究海洋知识生成传递的热点。吴巍巍教授的《海峡两岸古建装饰艺术中的"海丝"图像文化初探》通过对台湾麦寮拱范宫的"憨番扛庙角""洋人拱斗"，泉州开元寺、天后宫的塑像、石柱等饱含"海丝"元素的建筑装饰的个案研究，展示海上丝绸之路文化的传布与影响。孙靖国研究员的《明代长江江海交汇地带的地图表现》系统梳理了明代保存至今的 10 种江防图的系谱，指出明代江防图本身是南京都察院为防范海上威胁而绘制的，其重点突出江海联防，同时从绘本地图与刻本地图、官方地图与坊间地图的区别进行了探讨。丁雁南研究员的《地理知识与贸易拓展：十七世纪荷兰东印度公司手稿海图上的南海》以欧洲多家图书馆和档案馆收藏和开放的一批 17 世纪荷兰海图为对象，重点讨论其反映的南海知识进步，并进一步揭橥其在南海的地理探索和水文测绘乃是服务于荷兰东印度公司的贸易拓展。周鑫研究员的《17~18 世纪中国南海知识的转型：以汪日昂〈大清一统天下全图〉为线索》通过讨论汪日昂《大清一统天下全图》的刊绘脉络与知识源流，考察 17~18 世纪中国南海知识的转型问题。夏帆研究员的《民国地图与海权意识互动研究》以大量的民国时期报刊资料和地图史料，详细论证了当时中国的地图绘制与海权意识强化的互动关系。徐志良研究员的《傅角今与中国陆海疆域地图之编绘》分析傅角今编绘 1948 年版《中华民国行政区域地图》的历史使命、技术导向、过程方法，进行图式解读。他们的研究不仅留意到海洋地图的绘制技术与知识来源同政府权力的密切关系，而且都注重从更宏大的海洋局势和海洋知识体系来展开论述。韩昭庆教授的《中国海图史研究现状及思考》不仅综括近年来的中国海图史在地名考证、海图校正、图名命名、成图时间、绘图人员等方面的进展，更从相关理论和方法上展开思考。

海洋信仰与滨海社会

与之相比，有关海洋信仰的几篇论文更突出信仰与濒海地域社会的关系。尤小羽研究员的《明教与东南滨海地域关系新证》通过爬梳史籍、文集、方志等文献，并根据霞浦、屏南文书，探讨了滨海民众信仰体系下明教在东南地区的适应与演变。张振康同学的《宋代广东地方官员与南海神信仰》以宋代主祭南海神的广东地方官员为线索，勾勒出南海神从海神转变为珠江三角洲民间信仰地方神的过程。陈刚博士的《陈稜信仰与宋元浙东的琉球认知》系统梳理了陈稜信仰在唐至明清时期浙东地区的流传演变过程，并由此揭示了宋元浙东独特的琉球认知。吴子祺同学的《戏金、罟帆船与港口：广州湾时期碑铭所见的硇洲海岛社会》以《黄梁分收立约碑》为线索，对 20 世纪初硇洲岛的民间信仰展开研究。

岛屿（包括岛礁）一直是海洋史研究的重点之一。本次会议提交的三篇与岛屿有关的论文是从海洋考古的角度展开，显示着考古资料对海洋史研究的巨大价值。孙键研究员的主题演讲《考古视野下的南海丝绸之路遗迹》系统回顾了中国水下考古的历程，并简述了西沙群岛、南海群岛、南澳Ⅰ号和南海Ⅰ号等沉船考古的工作和研究情况。肖达顺研究员的《上川岛海洋文化遗产调研报告》利用近年的海洋考古发现，重建了上川岛从先秦至明清的海洋历史。贝武权研究员的《双屿港 16 世纪遗存考古调查报告》主要参考中国国家博物馆水下考古中心舟山工作站 2009 年开始对六横岛及其周边小岛的文物普查、水下考古，结合中外文献史料，廓清了 16 世纪双屿港的大致轮廓。

上川岛和六横岛都是明代的重要港口。另外还有两篇讨论港口的论文。古小松研究员的《会安与海上丝绸之路》对越南会安古港的地理位置与历史变迁、贸易与文化交流、华侨华人的开拓展开了长时段的描述。周静芝教授的《广州港于粤港澳大湾区中发展研究》则观照粤港澳大湾区的国家战略，宏观考察广州港的历史发展，并就其未来发展路径提出建议。

以广州为中心的珠江口贸易不只是面向海洋，还同广阔的内地市场紧密相连。安乐博教授从档案和田野调查入手，考察连阳的贸易制度，向人们呈现出海洋贸易的另一重面相。海洋贸易只是珠江口湾区的一种经济业态。珠江口沿岸的人群充分利用盐场、沙田等海洋资源禀赋和国家制度、正统文化，不仅发展出高度发达的盐业、农业经济，更由此形成形式多样的地方社会秩序。段雪玉等教授的《明清时期广东大亚湾区盐业社会——基于文献与田野调查的研究》、李晓龙教授的《再造灶户——19世纪香山县近海人群的沙田开发与秩序构建》运用历史人类学的看庙读碑的功夫探讨明清时期广东的盐业制度、人群、社区和社会秩序。张启龙教授的《民间文献所见清初珠江口地方社会——"桂洲事件"的再讨论》、王一娜研究员的《晚清珠江口濒海地带的基层治理：以南海县为中心》则进一步注意到清初迁海、清中期珠江三角洲的民众暴乱后，朝廷和地方通过宗族、村落联盟的军事化重整地方秩序，形成珠江口新的地方秩序。杨培娜等教授的《明清珠江口水埠管理制度的演变——以禾虫埠为中心》注意到此前较少研究的珠江口水埠，通过禾虫埠钩沉出明清时期广东官员对珠江口各类水埠的管理观念和制度演变，多层面地讨论珠江口濒海物产资源的经营、人群身份与地方政策之间的互动，新意迭现。

李庆新研究员的《海洋变局、制度变迁与湾区发展：1550～1640年广州、澳门与珠江口湾区》，从海洋史、制度史和经济史相结合的视角，考察16世纪中叶澳门开埠以后，在近一个世纪的海港城市发展史上，澳门在明朝"广中事例"制度框架下与珠江口湾区传统的中心城市广州构成"复合型中心结构"，开启珠江口湾区城市发展与对外贸易的"黄金时代"。作为对照，薛理禹教授的《近代上海与旧金山崛起之比较研究》则通过近代上海与旧金山湾区的发展历史比较指出，海洋文明的深远影响、优越的地理位置和多元的族群文化共同促进两座城市依托湾区崛起。

视野拓展与理论思考

上述文章中，不少学者的视野都跨越了太平洋的海洋网络，进入更远的印度洋。而集中笔力探讨印度洋海域历史的是钱江教授的主题演讲《西方及阿拉伯文献记述的古代印度洋缝合木船》和萧婷教授的主题演讲《印度洋-太平洋水域外科医生与医师的流动》。他们的研究利用多语种史料，看上去一个着眼海船，一个关注人群，但都深入到更复杂的技术与科学层面，揭示了海洋活动的交通工具基础和海洋日常生活，不仅增加了比较的视野，更为深入海洋史研究提示了某种方向。

自 20 世纪上半叶西域南海史地研究以来，中国海洋历史研究已经走过近百年的历程。从会议报告和专家评议中可以看出，学者们对在新的学科体系式下开展海洋史学研究有了新思考，可概括为以下三点。

海洋史学研究应当突破史料的藩篱。海洋史研究是一门专业和综合性的学科，只有尽可能地占有多语种、多形态的文献资料、考古资料，进行深入细致的阅读并保持对资料的反省方可进入相关的语境，综合运用多学科交叉的方法，贴近研究中的人、事、物。正如程美宝教授所言，以一件实物为线索，追查文献，让我们对同一事件有更多角度的认识，并对博物馆给出的陈列说明和藏品介绍多一份怀疑，多几种参证，而不是简单地认为既有物可证，就必然可信。

海洋史学研究应突破既有研究理念的藩篱。从海洋的流动特性而言，海洋空间的自然禀赋、普通百姓的生产生活与国家制度文化并不是彼此分割的，从人的本位出发，它们是融为一体的。在海洋史研究相关的史学训练和研究中，加强宏大历史叙事与国家制度的训练和思考，从生态、性别等更多层面深入涉海人群的社会生活，认识和理解海洋。

海洋史学研究应当突破学科藩篱，积极地同自然科学结合。尽管在当下的海洋史研究中，传统的文献学考证和人文学科的学术范式尚无陷入高水平"陷阱"之危险，但某些领域已经进入瓶颈。敞开胸怀亲近自然科学，能打开更新的一片"学海"。

（执行编辑：罗燚英）

后　记

　　2019 年 11 月 9 日至 10 日，中国海外交通史研究会、国家文物局水下文化遗产保护中心、广东省中山市社会科学界联合会、中山市火炬开发区管委会、广东省社会科学院海洋史研究中心联合在中山市举办了"大航海时代珠江口湾区与太平洋-印度洋海域交流"国际学术研讨会，广东省社会科学院党组书记郭跃文，中山市委常委、统战部部长梁丽娴，中国海外交通史研究会会长陈尚胜教授，国家文物局水下文化遗产保护中心技术总监孙键研究员，广东省社会科学界联合会党组成员、副秘书长李翰敏出席研讨会开幕式并致辞，来自中国、美国、德国、奥地利、法国、日本、澳大利亚的学者百余人出席会议。同期召开 2019（第二届）海洋史研究青年学者论坛，来自中国社会科学院、北京大学、清华大学、复旦大学、香港中文大学、广东省社会科学院、波恩大学、大阪市立大学等高校与科研机构的 12 位青年学者出席会议。北京大学历史系李伯重教授、清华大学国学院刘迎胜教授、中国历史研究院古代史研究所李锦绣教授、暨南大学华侨华人研究院钱江教授、香港城市大学中文与历史系程美宝教授等著名学者应邀担任评议嘉宾。其间，广东省社会科学院海洋史研究中心与社会科学文献出版社还共同举办了《海洋史研究》（1~10 合辑）首发暨赠书仪式。

　　这次海洋史国际研讨会全方位聚焦大航海时代中国珠江口湾区与太平洋-印度洋海域之间的物质、技术、文化等领域，以海洋生态、海洋贸易、跨海网络、航海生活、海洋社会、海洋知识与海洋信仰等为议题展开广泛深入的探讨，在视野方法、选题内容、理论思考等方面均有诸多开拓与深化，这些都是国际学术界关注的热门话题和前沿领域，与粤港澳大湾区历史、海上丝绸之路史、"一带一路"倡议也紧密关联，极具学术意义和现实意义。这次会议是近年国内举办的一次高水平国际海洋史学盛会，也是青年才俊切磋问学的一次难得机会。

　　会后，组委会组织专家对会议论文进行评阅筛选，择其中与会议主题紧密相关者及与会学者的相关研究论文予以结集出版。

编　者

2021 年 9 月 10 日

图书在版编目（CIP）数据

大航海时代西太平洋与印度洋海域交流研究：上下
册 / 李庆新，胡波主编.--北京：社会科学文献出版
社，2023.6
　ISBN 978-7-5228-1722-4

　Ⅰ.①大…　Ⅱ.①李…②胡…　Ⅲ.①西太平洋-文
化史-研究②印度洋-文化史-研究　Ⅳ.①P72-091

　中国国家版本馆 CIP 数据核字（2023）第 066406 号

大航海时代西太平洋与印度洋海域交流研究（上下册）

主　　编 / 李庆新　胡　波

出 版 人 / 王利民
组稿编辑 / 宋月华
责任编辑 / 杜文婕
责任印制 / 王京美

出　　版 / 社会科学文献出版社·人文分社（010）59367215
　　　　　　地址：北京市北三环中路甲 29 号院华龙大厦　邮编：100029
　　　　　　网址：www.ssap.com.cn
发　　行 / 社会科学文献出版社（010）59367028
印　　装 / 三河市东方印刷有限公司

规　　格 / 开本：787mm×1092mm　1/16
　　　　　　印张：55　字数：955 千字
版　　次 / 2023 年 6 月第 1 版　2023 年 6 月第 1 次印刷
书　　号 / ISBN 978-7-5228-1722-4
定　　价 / 498.00 元（上下册）

读者服务电话：4008918866